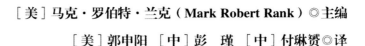

〔美〕马克·罗伯特·兰克（**Mark Robert Rank**）◎主编

〔美〕郭申阳　〔中〕彭　瑾　〔中〕付琳赟◎译

迈向宜居生活

社会工作的21世纪议程

中国社会科学出版社

图字：01-2021-2201 号

图书在版编目（CIP）数据

迈向宜居生活：社会工作的 21 世纪议程／（美）马克·罗伯特·兰克主编；
（美）郭申阳，彭瑾，付琳赟译．—北京：中国社会科学出版社，2022.6
书名原文：Toward a Livable Life：A 21ST Century Agenda for Social Work
ISBN 978-7-5203-9085-9

Ⅰ.①迈… Ⅱ.①马… ②郭… ③彭… ④付… Ⅲ.①居住环境—社会
工作—研究—美国 Ⅳ.①X21 ②D771.27

中国版本图书馆 CIP 数据核字（2021）第 190950 号

出 版 人	赵剑英	
责任编辑	马 明	郭 鹏
责任校对	王佳萌	
责任印制	王 超	

出　　版	中国社会科学出版社	
社　　址	北京鼓楼西大街甲 158 号	
邮　　编	100720	
网　　址	http://www.csspw.cn	
发 行 部	010-84083685	
门 市 部	010-84029450	
经　　销	新华书店及其他书店	

印　　刷	北京明恒达印务有限公司
装　　订	廊坊市广阳区广增装订厂
版　　次	2022 年 6 月第 1 版
印　　次	2022 年 6 月第 1 次印刷

开　　本	710×1000　1/16
印　　张	30.5
字　　数	483 千字
定　　价	139.00 元

主|编|简|介

马克·罗伯特·兰克（Mark Robert Rank），威斯康星大学麦迪逊分校社会学博士毕业，现任圣路易华盛顿大学Herbert S. Hadley社会福利教授，美国享有盛名的研究贫困、不平等和社会正义的学者。

撰写多部有关美国贫困的著作，在众多同行评审期刊上发表论文；研究被众多知名媒体报道，包括《纽约时报》《华盛顿邮报》《华尔街日报》《洛杉矶时报》和国家公共广播电台等；为美国参议院、众议院以及参与经济和社会正义问题的许多国家层面和州层面的社会组织提供研究咨询和建议。

作为本书主编，邀请了圣路易斯华盛顿大学布朗学院各个领域，同时也是在美国社会工作各个领域享有盛名的教授共同撰写不同的议程主题。

中译本前言

呈现在读者面前的，是2020年1月牛津大学出版社出版、由马克·罗伯特·兰克主编、圣路易斯华盛顿大学布朗学院教授们撰写的《迈向宜居生活：社会工作的21世纪议程》（*Towards a Livable Life：A 21st Century Agenda for Social Work*）。

我们翻译这部著作，不仅因为我们与布朗学院有着特殊的缘分——郭申阳是该院的教授，彭瑾是校友，付琳赟也是校友并曾担任学院的国际项目经理，更重要的是，这部著作的作者在美国社会工作享有盛誉，这部著作有着很高影响力。

圣路易斯华盛顿大学在美国社会工作学界一直名列前茅。很长时间内，它与密歇根大学并列第一；三年前开始，位居第二。"美国社会工作社会福利科学院"的183名院士中有16位来自布朗学院。[①] 此书主编马克·罗伯特·兰克也是该院院士。他是圣路易斯华盛顿大学 Herbert S. Hadley 社会福利杰出教授，全美享有盛誉的研究贫困、不平等和社会正义的学者。

本书是美国社会工作在转型关键期推出的引领整个行业从业方向的一部重要著作。美国社会工作正面临着重要转型。最近几年发生的三件大事标志着这个转型：（1）2012年由 John Brekke 提出并随之展开的社会工作科学化运动；（2）由美国社会工作社会福利科学院领导的"社会工作巨大挑战"研究；（3）为纪念 Mary Ellon Richmond 1917年《社会诊断》一书出版100周年和美国社会工作协会（NASW）诞生100周年而展开的"美

---

① 按照2021年1月的统计

国社会工作下一个百年走向何方"的大讨论。

这部著作，从社会工作的首要原则和特点出发，对这个行业所面临的挑战，美国面临的社会问题，社会工作实务、研究和政策工作未来几十年的任务，用实证数据做支撑，做了深刻阐述。我们借此机会就此书所涉及的美国问题、社会工作的基本原则和方法、这部著作对 21 世纪社会工作的意义，谈一些看法。

一　美国 2020

2020 年必将作为一个极为特殊的年份载入史册。一场突如其来的新冠肺炎疫情，让整个美国陷入瘫痪。到 2020 年岁末（12 月 23 日），美国累计确诊病例 18238233，占世界总数的 23.3%；累计死亡人数 322849，占世界总数的 18.8%；单日死亡人数自 12 月起一直在 3000 左右徘徊。[①] 这个单日死亡人数一直持续到 2021 年 1 月底。美国 9·11 事件死亡 3000 人。也就是说，2020 年 12 月至 2021 年 1 月底，美国每天都在经历 9·11。

与此同时，美国发生了三件大事。第一，由于疫情防控和居家隔离，美国遭遇了自 20 世纪 30 年代以来最严重的经济萧条，失业人数激增。3 月 27 日国会通过了 CARES 法案，批准 2 万亿美元的救助。12 月 21 日国会又通过了 9000 亿美元的救助法案。这是直接开支，还不包括由商业停滞带来的损失。与此同时，股票又遭遇大起大落的震荡。第二，由白人警察执法不当杀死黑人弗洛伊德及随后的类似事件，引起美国近百座城市民众的强烈抗议，掀起了"黑人的命也是命"（Black Lives Matter）和反对种族主义运动。第三，特朗普虽然败选，但是仍然获得 7400 万张选民支持票（占比 46.9%）；当选总统拜登获 8100 万张支持票（占比 51.4%）。这说明，特朗普的政策仍然获得很多美国民众特别是底层民众的支持。

这三件事都与疫情有关，但反映的是美国社会矛盾的激化。《迈向宜居生活：社会工作的 21 世纪议程》英文版出版在疫情之前，但它提供的翔实数据和精辟理论，似乎对美国 2020 有先见之明。该书对美国阶级矛

---

① 截至 2022 年 5 月底，美国累计确诊病历 8500 多万，累计死亡人数超 100 万。——编者注

盾和种族矛盾所做的分析，对我们理解今日美国问题，有极大帮助。这里，不妨摘录几条，以飨读者。

第一，自20世纪70年代起，美国经历不断加深的收入与财富的不平等。几乎过去50年所有经济上获得的财富都集中于收入与财富分布的前1/5人群中，特别是最富有的1%—5%之中。

第二，1973年男性全职工作者的中位数收入在调整通货膨胀以后为55317美元。到2017年，他们的收入已经降到52146美元。也就是说，美国一个典型的男性工作者在这段时间中的实际工资水平事实上已经退步。今天，美国40%的工作属于低工资，即不到每小时16美元。

第三，健康是一个受到特别关注的领域。尽管在医学领域我们花费巨资并取得了显著的成果，但美国在健康方面的状况落后于世界其他国家。美国的健康照护系统与其他工业化国家相比处于低下水平。男性白人45—54岁之间的期望寿命事实上下降了。此外，由于医疗照护的不对称，许多非优势群体不得不为健康地活着和过上有回报的生活而挣扎。低收入和低教育背景的人特别是有色人群等，在健康维持上通常遇到更大挑战而无法得到有品质的医疗照护。

第四，在高贫困普查区（40%或更高的贫困率）居住的黑人，几乎有50%十年之后仍然居住在那里。在美国最贫困的25%居民区长大的儿童，有72%在成人之后依然住在最贫困的25%居民区中。

第五，由于黑人房屋拥有者比白人更可能较晚买房子，他们的房屋净资产要远远低于白人。后果是，在2016年，白人总净资产中位数为171000美元，而黑人仅为17600美元。这个财产上的10∶1差距，对儿童的福祉和生命机遇造成的是更为深刻的累积效应。

第六，贫困与低收入进一步在成人年龄段造成许多健康风险——从增高了的心脏病发病率到严重的牙科疾病。收入分布最高的前5%美国人可以期望比收入最低的10%的美国人大约多活9年。

第七，那些接受较少教育和拥有较低技术的人在工作年份从事的是低薪酬工作。结果是，他们很可能获得不充分的退休储蓄或养老金。对不少人来说，他们到退休时得到的是非常少的财富和储蓄。2018年大约有

21% 的退休人口只拥有 5000 美元退休储蓄。

第八，社会正义的原则与美国历史上强调的机会平等息息相关。它的根本思想是，所有人都有某些基本机会，并能让他们在生命的过程中把握机会。这些机会包括有质量的教育、对就业和房屋市场的开放式获取，以及其他。要快乐生活，实现所谓"机会的大地"这个美国代名词所隐含的目标，所有这些条件必须满足。

第九，同样重要的是一个根植于经济学的强有力观点：让人口中很大一部分人变得没有价值或不对他们投资，整个社会将付出代价。所以，正视并解决这个问题直接关切到每个人的利益。

第十，儿童贫困每年的总和代价大约超过 1 万亿美元。这个代价意味着什么呢？美国 2015 年总联邦预算为 3.7 万亿美元；也就是说，儿童贫困每年的代价占到 2015 年所有预算的 28%。此外，每一元用于降低儿童贫困的钱，大概可以帮助整个国家节省至少 7 美元用于反贫困的累积成本。

第十一，是认真讨论如何改革美国现行的税率和预算侧重点的时候了！美国目前是所有经济合作与发展组织成员国中对高收入人群收税最低的国家。此外，美国是世界所有国家在国防和国家安全上花费最高的国家。尽管讨论增加税收在政治上不受欢迎，但却是认真讨论税结构重组，特别是对高收入端提升个人和公司所得税的时候了。

第十二，美国 1% 的最富人口目前占有整个国家所有金融财产的 46%，而人口末端的 60% 占有不足 1%。

第十三，再将一个普通工作者的薪水与 S&P 500 强公司平均首席执行官的工资做一比较。在 1980 年，平均首席执行官挣的钱大约是普通工作者的 48 倍。到 2017 年，这个差距高升到 361 倍。一个普通工作者今天比 40 年前或 50 年前更难得到同样的福利。健康保险、养老金、病假、工作保障性及其他许多福利日益变得遥不可及。

第十四，美国教育部的一份报告这样说道，"尽管一些年轻的美国人（主要是白人和富人）接受到世界一流的教育，但那些在高贫困居民区读书的人所接受的是与发展中国家类似的教育"。造成这种状况的原因之一，是这个国家公立教育的财政拨款方式。美国是少有的几个公立学校的主要财政拨款来源于州和地方税收而不是来自联邦政府的工业化国家之一。特别需要指出的是，一个学区的房地产总价值是该学区拥有资源的关键因素。这样做的结果是，相对于富裕居民区的孩子，低收入居民区的儿童入读的学校资源匮乏、质量低下。

第十五，自 20 世纪 70 年代中期起，学校事实上已经呈现出以种族和收入为基础的隔离。例如，在 2002—2003 学年，全国 73% 的黑人学生所读的学校由 50% 或更多少数族裔组成，38% 的黑人学生所读的学校由 90% 或更多少数族裔组成。类似的关于拉丁族裔学生的百分比是 77% 和 38%。

第十六，对非洲裔美国人和其他少数族裔来说，就业市场上一系列微妙和非微妙的歧视性行动进一步加剧了累积劣势的效应。已有许多诉讼和研究案例显示了这些歧视性行动。其中最好的一个案例由两位经济学家 Marianne Bertrand 和 Sendhil Mullainathan（2003）的最新研究展示。他们向芝加哥和波士顿不同的工作广告投送了同样的简历。这些简历的一项差别是，一些简历使用了"听上去像白人"的名字，而其他一些使用的是"听上去像黑人"的名字。尽管这些简历实际上都一样，但听上去像白人的简历比听上去像黑人的简历有高 50% 的概率收到雇主的联络。

第十七，美国儿童，居住在同一个大都市区，有些享受着一流的教育，有些却无法享受。说这些孩子都经历着教育平等，或人人机会均等，完全是荒唐的！

第十八，自英国 20 世纪 60—70 年代 Whitehall 项目①所做的突破性研究起，流行病学一项最一致的发现是，健康与社会经济地位具有强相关关系。社会经济地位越低（特别是贫困），随之产生的对健康的有害效应越高。反之，社会经济地位越高，它对健康的正面效应也越高。过去几年的几百项研

---

① Whitehall 项目是英国学者对健康的社会性决定因素所做的研究。该项目的"一期队列研究"（Whitehall 研究 I）对 17500 名年龄在 20—60 岁的男性公务员的健康状况从 1967 年起做了十年的跟踪调查。该项目的"二期队列研究"（Whitehall 研究 II）对 10308 名年龄在 35—55 岁的公务员（2/3 为男性，1/3 为女性）的健康状况从 1985 年起做了三年的跟踪调查。对这两个队列的长期跟踪目前仍在进行中。如本书第 024 页所言，这项研究发现社会经济地位与健康高度相关："社会经济地位越低（特别是贫困），影响健康的有害因素所起的作用就越大。反之，社会经济地位越高，影响健康的积极因素所起的作用就越大。"参见 Wikipedia，"Whitehall Study"，https：//en. wikipedia. org/wiki/Whitehall_ Study#：~：text = The% 20first% 20of% 20the% 20Whitehall，to% 20men% 20in% 20higher% 20grades。

究都重复地证明了这种关系。此外，种族被发现是诸多因素之外对健康状况产生独立影响的因素。非洲裔、拉丁裔以及土著美国人比白人更可能遇到各种健康问题，这种关系在社会经济地位的影响被控制后依然存在。

第十九，经济不平等自 20 世纪 70 年代中期起持续加剧。政治两极化和诸多群体的不满在上升，特别在过去十年中。种族非正义持续并威胁到 20 世纪 60 年代以来的进步，表现在有色人种负担沉重，特别是犯罪司法系统中的问题、选举萎缩、教育和就业机会方面的障碍。

这部著作对美国所面临的社会问题，特别是两极分化和贫困，收入不平等，健康资源不对称，种族主义，对少数族裔和少数群体的歧视、污名化和社会排斥，都做出了深刻批判和揭露。读者从这部著作中看到的，不是曼哈顿的摩天高楼和奇幻夜色，不是对引领信息革命的超级行业如谷歌、特斯拉的赞美，不是密西西比河领航员马克·吐温式的现实主义批判（那条美国的"长江"横贯圣路易斯市），也不是颂扬令无数美国人引以自豪的自由和民主，而是对美国的搭脉诊病和基于数据和理论的实证分析。它发出鲁迅式的呐喊——"救救美国孩子"，它呼吁税务改革和削减军费，呼吁大家"为了 15 美元而战"（即参加把最低工资提高到 15 美元的斗争）。虽然全书探讨的是社会工作 21 世纪的工作议程，它对当今美国社会深刻的阶级和种族矛盾所做的分析，对所有关心美国的学者，包括政治学、社会学、经济学、公共卫生学、流行病学、心理学、精神病学等领域的研究人员，无疑都有重要的参考价值。

二 巨大挑战与三项基本原则

社会工作作为一个为弱势群体服务、解决社会问题的行业，在它 100 多年的历史中有过辉煌的记录。但是，进入 21 世纪以来，由于社会变革，这个行业也面临着转型。如本书第十五章所说，它"处在一个十字路口"。2012 年，由美国社会工作先驱 Jane Addams 于 1889 年创立的位于芝加哥市的社会服务机构 Hull House Association 遭到了关闭。这个久负盛名的社工机构的关闭，被业界称作"警讯性事件"（sentinel event）。它让许多学者认识到（见第十五章），完全依赖福利国家的传统解决方法将不再可行，由福利社会包括欧洲在过去近一百年间形成的社会工作模式在新形势下遭遇挑战、需要变革；我们行业的知名度和影响力是不充分的；纵观整个行业，有一个明显的需求，那就是，必须重振和重新提升我们在社会政策、社会安全服务网络方面的领导角色。那么，什么是社会工作最本质的特征，什么样的基本原则定义了我们这个行业，使它能够重振这样的领导角色呢？为回答这个问题，首先必须关注我们社会发生的巨大变化。美国2020 只是世界发生的诸多变化中的一个例子。我们必须对社会工作面临的巨大挑战有清醒认识。

1900 年，德国数学家 David Hilbert 列出了数学领域悬而未决的二十三大难题，为数学领域下一个世纪研究的重点指出了方向，是为讨论巨大挑战的先驱。大约 20 年前美国工程学和一些国家的健康领域首先发起了他们行业关于巨大挑战的讨论，这个讨论，影响到美国社会工作领域。2013年，美国社会工作社会福利科学院在时任主席 Richard Barth 的领导下，展开了我们行业所面临的巨大挑战的讨论。布朗学院积极加入了这场讨论。经过若干年的工作，一共总结出了社会工作领域三大类共十三项巨大挑战。由社会工作各领域的专家组成的小组，对这十三项挑战的每一项都写出了概念论文（concept paper）和政策建议。这项成果见于 https：//grand-challenges for social work. org/网页。这三大类十三项挑战是：（1）"个人与家庭福祉"——保证所有青年健康发展，缩小健康差距，构造健康人际关系并终止暴力，长寿与老有所为；（2）"更健硕的社会结构"——根除社会隔离，终止无家可归，对变化中的环境做出社会应对，利用技术做好社会工作；（3）"正义社会"——根除种族主义，提升智慧的监外执行，为所有人建设财务能力，降低极端经济不平等，实现机会平等和正义。

面对这些巨大挑战，《迈向宜居生活：社会工作的 21 世纪议程》的作者认为，有三项基本原则，定义了社会工作行业，是保证我们在 21 世纪做好社会政策和社会服务的法宝。它们是：社会正义、环境中的个人，以及证据为本。

第一，追求社会正义是我们行业的内在价值观。社会工作不是一个价值中立的行业。从它诞生之日起，它就追求为弱势群体伸张社会经济正义。社会工作认为，存在一个基本信条，那就是任何人都享有某些基本人权，包括：有权获得充足的食物和蔽身之所、健康照护、有质量的教育、安全的居住社区、挣取生活的手段，以及其他很多。为提升社会正义，社会工作必须努力减轻或最终消除所有影响这个目标实现的障碍，即实现让所有个体充分发挥他们所有潜能的目标。

第二，社会工作第二个标志性特征，是通过"环境中的个人"这样一个特殊视角理解社会问题。社会工作者自它诞生的早期就意识到，他们看到和致力于解决的某些个体问题，其实都是由个人和家庭生活的更广意义上的环境所造成的。这类环境（也称作生态）包括社区的经济、社会、政治以及实体结构。唯理解这些系统以及它们影响的重要性，社会工作者才有可能从本质上找到产生社会问题的根源，才有可能从长远解决问题。

第三，社会工作第三项关键原则是证据为本的研究、实务和评估。应对社会问题最好的政策与实务方法就是通过严谨的研究生产有效证据。这些证据反过来又成为政策和实务解决社会问题的指导方法。21世纪的社会工作者，无论他们是研究者还是实务工作者，都必须仰赖信息革命带来的高科技，用最新的手段（大数据、机器学习、人工智能、统计方法）生产、传播证据，并将每一项服务于案主的治疗方案、改变社区结构的规划、改革现行法律和政策的倡议，植根于证据之中。

围绕这三项基本原则，这部著作阐述了21世纪社会工作服务十个关键领域的挑战、机遇和工作特点，总括起来，为我们未来几十年的工作议程勾画了工作重点和策略。这十个领域是：应对不健康的社会性决定因素（第二章），减轻贫困（第三章），正视污名、歧视和社会排斥（第四章），降低累积性不平等（第五章），为低收入家庭开发金融资产（第六章），预防儿童虐待（第七章），培养整个人生中的公民参与（第八章），建设健康、多元和繁荣的社区（第九章），实现环境正义（第十章），以及促进老年人参与（第十一章）。除了这十个领域，本著作还提出了三项对我们这个行业实现宜居生活有重要意义的倡议：产生有效需求和社会服务的使用（第十二章），设计和实施政策与项目创新（第十三章），发挥大数据分析学和信息学杠杆作用（第十四章）。

三　社会正义的意义

那么，这部著作对 21 世纪社会工作的意义在哪里呢？为回答这个问题，我们仍然围绕这三项基本原则展开讨论，从这些原则理解本书的意义。

提升社会正义，不是一个新命题。但是，这部著作将 21 世纪提升社会正义的工作重点置于宜居生活，特别是号召"为所有人过上这样的生活而奋斗"，是一个创新。在我们的工作中体现这一重点，要求社会工作者摒弃传统的思维和工作模式，投身到变革的大业中，从结构的层面解决社会不公正。

在过去两千年中，人类有过许多界定完美生活的尝试。本书作者对宜居生活的定义，主要参考了亚里士多德和马斯洛的理论。在亚里士多德看来，完美和满意的生活就是让人充分发挥真正的潜力；人类生活的目标就是要创造这样的环境，使人能够充分发展、发挥完全的潜能，并且幸福。中国的学者可能都比较熟悉马斯洛（Abraham Maslov）的"需求层次理论"（生理需要、安全需要、社交需要、尊重需要，以及自我实现需要）。满足所有人的这些基本需要，就是人类几千年梦寐以求的，21 世纪仍然需要为之奋斗并构成社会工作核心任务的"宜居生活"。

根据亚里士多德和马斯洛理论、Amartya Sen 的"能力视角"，联合国人权宣言中详细阐述的"第二代权利"，以及许多社会正义推动组织所提出的"尊严概念"，本书提出："我们关于宜居生活的定义是：它是一种让个人有能力成功，并能以健康方式在生命周期中发挥完全潜力的生活。心理学的研究表明，我们中的每个人都有各种各样的才华、技术、能力和天赋。更重要的是，我们每个人都拥有引领我们过上完美生活的各式各样的人格特征。宜居生活就是让所有这些特征充分发挥作用的生活。它的结果是：个人能够在自己的生活中有目的感、成就感、参与感和控制感。肯尼迪总统在描述幸福时，曾简要地把这样的生活总结为'在生命承载的范围内完全调动你的力量并在各方面出彩'。"[①] 显然，在实现生活中，人的这

---

① 摘自本书第一章。

些能力和天赋在人群中有很大差异。"宜居生活的意义，就是承认并且赞赏这种差异。宜居生活的目标就是保证每个人都能充分发挥自己的才华和天赋。能力因人而异，但重要的是，所有能力都被允许充分发挥。马丁·路德·金的名言说明了这一点：'如果某人应召做一个马路清扫工，他就必须把马路清扫干净，其精致和完美如米开朗基罗的画、贝多芬的音乐，或莎士比亚的诗。他必须这样做，以至天上和地上的所有人都赞誉到，这儿居住着一位敬业的伟大清扫工。'"①

不幸的是，在现实世界，很多美国人以及世界许多地方的人已经很难过上这样一种宜居生活了。"因为各种障碍的存在，过上宜居生活在过去几十年已经变成了一个躲躲闪闪的话题。在很多方面，这些障碍代表着今天和未来社会工作所面临的挑战。"② 社会工作者在 21 世纪的主要任务，就是要投身到变革的大业和洪流中，为搬除阻碍所有人过上宜居生活的障碍而工作。这项工作的核心，就是伸张社会正义。

本书提出，社会工作者的责任就是挑战陈规，在赞扬声中想到问题。或许，这就是 21 世纪社会工作区别于他们前辈的最本质的特征！这个思想，在布朗学院前任院长 Khinduka 2001 年的演讲中得到了精辟阐述："我们使命的根本性质，要求社会工作者挑战社会广泛接受的陈规……当一些人抱怨是他们的不幸导致了他们被压迫的状况时，我们需要提出主导制度的不公平性。当一些人为我们国家（美国）史无前例的繁荣庆祝时，我们就提请人们关注所存在的不合理的贫困。要鼓励社会工作者成为社会的良心，而不是唱赞歌的人。我们精神上的满足，不来自被精英阶层、有权利的人、名人或魔力阶层赞许，而是来自那种感受，知道我们为擦干人类的眼泪做了一点工作，帮助了儿童和脆弱的老人，组织了对人的赋权活动，以及偶尔在一两次小冲突中为人类的尊严赢取了胜利。"③

要做一个 21 世纪的合格社会工作者，我们必须有锐利的目光（当然还要有娴熟的技巧，包括经过严格训练的社会工作方法和运用证据的能

---

① 摘自本书第一章。
② 摘自本书第一章。
③ 摘自本书第十五章。

力）、时时看到工作对象所面临的问题在结构层面的深层次原因，为解决
这类问题从结构入手，帮助政策制定者制定新政策或改变现有政策，做好
智库和智囊的工作。在我们看来，为搬除结构障碍做好决策者的智囊，是
新一代社会工作者与传统意义上仅为服务对象解决眼前问题而承担的"临
床工作者"的最大区别，也是社会正义的本质所在。全书几乎在每一个社
工领域、每一章，都对这样的社会工作提出了具体的案例、规范和操作特
点。这里，我们仅以第四章为例，对 21 世纪社会工作伸张社会正义的新
特点，做一讨论。

　　本书第四章讨论了产生污名、歧视、社会排斥的社会根源，相关的理
论和实证数据，以及"新式操作"的特点。在伸张社会正义方面，本章有
这样几个重要思想。第一，本章从污名化和社会排斥的理论角度对美国的
种族歧视做了深刻探讨。它提出了一个叫作"扩展了的防卫型另类"概
念。"防卫型另类"最早是受压迫群体的成员对他们群体中的某些人如何
对其他人或其他受压迫群体施展力量的过程所做的一种工具性描述。这个
过程的产生，为的是应对污名威胁及主导群体的信条，通常伴随着消极的
陈规化，让某些人得以提升自己在"低级"群体面前的地位。本章提出了
扩展了的防卫型另类概念，提请人们注意种族主义贬低非洲裔男性的价
值、对他们非人性化的过程，是通过"表现污名"和"感觉污名"形成
的。在美国，贫穷主要被看作是个人和品行上的失败。这种个人失败的观
点，代表了美国对贫穷的普遍理解。本章作者把这种基于个人主义的对贫
困和穷人的通行观点，解释为美国统治群体对防卫型另类的另一种使用
（即"扩展了的概念"）：它"防卫"了从我们经济体系中获利的人的地
位，却同时把那些在这个经济中最脆弱的人当作了"另类"。理论上同样
可以将这个由看到威胁而被迫采取保护措施的概念，用到主导群体的成员
中去。这一过程可以是有意也可以是无意的，但它最终将社会中居于特权
地位的人与其他人拉开距离，特别是与那些对习以为常的社会秩序提出挑
战的人、有可能威胁社会结构的潜在行动拉开距离。

　　第二，为阻断社会结构负面力量，社会工作者必须使用一种自我觉察
self-awareness 的批判方法。本章引用了 Mary Kondrat（1999）的思想，她

认为，社会工作者通常依赖的是那些并没有完全将自身置放到更宏大的社会、经济和政治力量中的自我觉察方法。例如，许多社会工作者努力用自己的感觉来理解他们对案主所做的工作，或从同事那里听取对他们所做工作的反馈，但是，他们没有做到的是，用一种批判性的思维审视他们自己的工作，他们是否在工作中（通常在不知不觉中）强化了压迫性的社会规范，伤害了他们所服务的案主和社区。例如，一些社会工作者，尽管他们有接受女同性恋（lesbian）、男同性恋（gay）、双性恋（bisexual）、跨性别者（transgender）和酷儿（queer）（通常称作 LGBTQ，取以上单词第一个字母组成）的意识，但是在他们的工作中还是不知不觉地遵从社会在性别上的规范，有"跨性别恐惧"（transphobia），即本质上还是不接受 LG-BTQ。这种潜意识，不仅不能服务好我们的案主，而且是对现有"规范"（社会陈式）的投降，本质上是与我们社会正义的原则背道而驰的。

第三，为说明上述思想，笔者引用了一个实例。有位女同性恋者，接近 60 岁，通常以兼具两性的形式出现在公众前（例如，她不化妆，剪短发，穿中性服装）。她告诉她的一位新治疗师，她通常在公共厕所中惊吓了其他妇女，这种经历让她不安并产生焦虑。这位治疗师建议，她可能需要考虑改变一下穿戴，让别人不要将她错当作男人。这位案主断然拒绝了这个建议，质疑这位治疗专家为 LGBTQ 老人服务的能力，并很快终止了与这位治疗师的关系。如本章所说，在这个案例中，这位治疗师有良好的愿望，可能在工作中也用到了以解决问题为目的的方法。确实，如果戴上耳环可能就把这个"问题"轻易解决了。但是，改变性别外观的建议，让人立刻觉察到，这位治疗师是社会异性恋规则的产物，而且也在推崇这种规则。将此事归结为个人选择，而不正视异性恋规则的社会力量，以及这种规则对性别少数群体的污名，这位治疗师错过了在这个案例中将"宏观"与"微观"力量结合起来，为这位案主做释放性治疗的好机会。如果社会工作者想要正视污名、歧视和社会排斥，他们必须严谨地检查自己，包括他们自己的想法、感觉、行为和行业的优先点，也许他们做的正好加强了他们所要反对的东西。这当然具有挑战性，是项艰巨的工作；它要求社会工作的实务有一种结构性取向。

第四，本章通过这些对少数族裔、性别取向弱势群体污名、歧视和社会排斥，进一步提出，21 世纪的社会工作是一种 "新结构社会工作"（new structural social work），社会工作者必须采取 "激进人文主义"（radical humanism）和 "激进结构主义"（radical structuralism）。这个由一位加拿大社会工作学者 Bob Mullaly 提出的思想，展示了这样一种社会工作实务取向，即在一个当代新自由主义社会（neo-liberal societies）解决结构性非正义问题时，社会工作者必须在实务中找到导致人类痛苦的真正原因，从结构上做出改变，而不能无意之中加入对弱势群体指责的行动中。从这个模式出发，Mullaly 认为，传统的三段论式的社工模式（提出问题、田野工作并测试干预模式、推广干预模式）将不再有效。激进人文主义基于这样一种认识，个案工作或临床工作可以是解放性的而不是压迫性的，必须在微观层面有意识地提升这种结构改造理念。社会工作者在 21 世纪要采纳激进结构主义，以达到两个目的：减轻一个剥削型和让人边缘化的社会秩序对人造成的负面影响（也就是说，提供释放），同时改变造成这些负面影响的条件和社会结构。

以上这些讨论，展示了新形势下社会工作的特点，是理解本书宜居生活理念特别是传统 "社会正义" 原则如何为实现这个理念提供指导的重要示例。虽然，这里讨论的是美国的情况，与中国的国情完全不同，但我们认为，作者的思想、他们提出的伸张社会正义的原则，对中国的社会工作者有重要借鉴意义。

四　环境中的个人的意义

社会工作的生态方法，即 "环境中的个人" 视角，一直是社会工作的重要方法。但是，如前一节关于社会正义的讨论所示，21 世纪面临的巨大挑战，使这个方法也经历着重要变革，赋予这项原则以新意。我们认为，这个新意就在于它必须与其他两项原则在 21 世纪的 "新意" 一同考察："环境中的个人"，在巨大挑战之下要求我们关注个人生活于其中的社会生态，关注结构，通过激进人文主义和激进结构主义的操作，伸张社会正义；这个原则在 21 世纪中，要求我们运用科技革命、信息革命带给我们的巨大方便，运用所有高科技的手段生产、传播并使用证据。

为说明这个思想，我们想用本书第二章的例子做一说明。美国的高种族隔离限制了健康资源的分配，如对新鲜食品、安全的健身场所的获取，以及方便地获取预防性健康照护。本书通过一系列发表的文章展示了强有力的证据，说明：第一，健康的、买得起的食物供应链不容易获取，而且在某些地区聚集了很多快餐店和售卖高热量食品、无营养价值食品的商店。被称为"食品沙漠"的场所总是聚集于低收入、非白人居民区。美国农业部将这些地区定义为低收入地区，在城市地区要一英里（约 1.6 千米）之外才能找到全服务杂货店或超市，在农村社区十英里之外才能找到全服务杂货店或超市。第二，尽管促进公共卫生的运动催促人民进行体质锻炼，但是生活在高犯罪率居民区的人们只能做室内运动或坐式运动。因此他们不能安全地在社区进行散步或骑自行车等活动。

这两个实例，说明了环境中的个人视角，在新的环境或巨大挑战下，发生了实质变化。它的意义至少有四点。首先，面对巨大挑战，研究者的选题是受立场（伸张社会正义的立场）决定的。那些能够引起社会关注、产生高影响力的研究，必定是影响到国计民生特别是不被广大民众注意到的弱势群体的社会课题。它既是责任，也是生存所必需。我们这里讲的"生存"，是就研究者而言。今天，在一流杂志发表文章，是所有学术机构考核研究者业绩的重要指标。而要发文章，对社会工作者而言，必须是那些最接地气的选题；伸张社会正义，无疑是这类题目之首选。其次，这两个研究，把食物供应链的地理分布和体质锻炼的环境，与穷人、生活于高犯罪社区居民联系在一起，无疑是一个研究的大智慧。它在生产证据时，用到科技成果的最新手段，如大数据、管理型数据、地理信息科学 GIS、各种尖端统计模型包括因果分析模型，无疑成为我们证据为本的典范。再次，现代社会工作必须使用"跨学科型"（transdisciplinary）方法。这方面，社会工作研究者与公共卫生研究者的紧密合作，带来巨大成果，也值得借鉴。最后，也是最重要的，就是这些证据的使用将带来社会工作本质的变革，将实现激进人文主义和激进结构主义，将对政策制定者改变政策（如规划食物链的社区分布、降低居民区犯罪率）做出重要影响。当然，有些问题的根本解决，有待时日，也有待弱势群体及其利益相关者、倡导者的艰苦奋斗。

五　证据为本的意义

证据为本的实务，在百年前社会工作创始人 Mary Ellen Richmond 的著作中，就已做了经典阐述。当时，在她脑海中，社会工作的模式就是医学的模式，所有对病症的检测、诊断、处方、治疗和效益评估，都必须使用通过科学方法生产出来的证据。为需要帮助的人提供服务，光有一颗慈善之心是不够的，还必须有提供优质服务的精湛技术。没有技术的服务，有时不仅不能帮到案主，还可能对他们造成伤害。而所有这些技术，都来自于用科学手段生产的证据。

21 世纪是一个科技革命的世纪，我们今天经历的呈指数级数增长的科技变革，它带给人类的便利和福祉，正在深刻地改变着我们这个星球所有人的生活方式和思维模式。在这样一个条件下，生产证据的方式也在经历着变革。本书第十四章，讨论了科技革命对证据生产的影响，特别是对如何使用大数据，如何运用社会工作引以自豪的、在同行中较早使用的管理型数据做社工服务，大数据的缺陷及挑战，都做出了饶有深意的解读。

读者可以惊喜地发现，大数据这个常用词汇的最初含义，是美国国家航空航天局特指的"超大规模信息"状况，即电脑使用中出现的一种数据超出了硬件（也包括软件）承受能力的状况。这一定义，今天已经不再适用。今天，一枚花费 15 美元的 128 千兆字节 U 盘，可以在不到 2000 美元的电脑上花几分钟或更短的时间完成复杂的资料管理，或完成对几百万例个案和几百个变量的分析。由电脑空间/时间带来的限制在今天的大数据应用中已经越来越不成为问题。那么，大数据是指什么呢？它的最准确的含义，或许是由美国国家标准与技术研究院（NIST）的信息技术实验室最近做出的一个定义，指包含四 V 的数据：大数据背景下，容量（volume）指数据的规模、储藏或数据生成的超大规模；高速（velocity），指这类数据的生成和传播的飞快性；种类（variety），指数据

的类型、储藏的广阔范围；变异度（variability），泛指数据的高变异性
（NIST，2015）。社会工作在所有使用大数据的行业中，是较早走在前列
的行业，主要反映在其运用管理型数据将社区的社会经济、犯罪状况放
到网上，让社会工作者、社区居民、利益相关者、政策制定者"实时"
看到并使用数据。从实时角度说，社会工作者是最早将数据变为"活的
数据"（life data）的先驱。

证据为本在新时期的重大意义，通过大数据，可见一斑。为了说明这
一原则的重要性，我们还想在这里与读者分享我们自己的一项研究成果。
我们曾发过一篇论文《社会工作科学化：定量研究工作者应当做些什
么？》[1]。我们认为，定量研究者在社会工作科学化过程中应当承担三项重
要任务：（1）依循实证研究（包括孔德的传统实证主义和卡尔·波普尔的
后实证主义），使用经验数据检验理论假设；（2）吸收邻近学科包括计量
经济学、统计学、生物统计学、计量心理学的最新方法，生产、评估社会
工作的证据；（3）解决社会工作研究与实践中最紧迫和最具挑战性的问
题。该文通过对美国社会工作五份核心期刊在两年内（2012 年 1 月 1 日至
2013 年 12 月 16 日）发表的定量研究文章所做的系统评审，发现：为生产
和评估证据，社会工作用到了一系列现代和当代的前沿统计分析方法。除
了传统的回归分析外，使用的模型有：logistic 或 probit 模型、因子分析、
结构方程模型、HLM 或其他多层次模型、增长曲线模型、潜增长曲线模
型、生存分析、差中差方法、倾向值分析、工具变量模型等。现代统计科
学的成果正在并将越来越多地使用到社会工作研究中。

六　前景光明

沉舟侧畔千帆过，病树前头万木春。虽然，过去的 2020 年，美国社
会工作与其服务的人民经历了生死考验，虽然面临巨大挑战，但社会工
作的前景是光明的。本书结尾第十五章由曾经在布朗学院担任过或至今

---

① 彭瑾、李娜、郭申阳：《社会工作研究中的定量方法及其应用》，《西安交通大学学报》
（社会科学版）2022 年第 1 期。

仍然担任的三任院长写成。他们认为，社会工作是一个有生命力、有社会需求，并在 21 世纪为最广大人民过上宜居生活提供必不可少帮助的重要行业。美国的人口普查数据显示，社会工作行业在上升之中。根据美国人口普查局的资料，2015 年自我认定的社会工作者有 85 万人，他们中有 65 万人拥有社会工作学位，有 35 万人拥有从业执照。进一步说，过去 15 年，进入社会工作项目的学生数明显增长。2005—2015 年，获得社工硕士（MSW）的人数从 16956 人增长到 26329 人，或增长55.3%；获得学士社工学位（BSW）的人从 13939 人增至 21164 人，或增长 51.8%；此外，很多服务领域都接纳了社会工作者。三位院长认为："在我们迈向未来时，我们这个行业正在积蓄有力的动能。我们相信，这个领域有广泛需求，并将在未来变得更加重要。……我们正处在许多经济、社会、政治和环境变革的边缘。我们从未遇到过这样巨大的挑战。但是，同样，我们也从未有过这样的机遇、这样大的对社会工作者的需求。我们真的是一个'有动力的行业'，一个急于在 21 世纪创造更美好的世界、有知识并训练有素的行业。这样的世界，无疑是宜居生活得以实现、每一个儿童都期盼的世界！"

最后，作为本书译者和社会工作的一员，我们还想说几句话。

第一，我们翻译并向中国同行郑重推荐这部著作，是基于一个最基本的信念，那就是：社会工作是一门科学；因为是科学，所以它是跨国界、跨意识形态、某种意义上也是跨越文化和制度的。在这部著作出版后不久，中美关系出现了少有的挫折，跌到了 40 年来的最低谷。这种状况与地缘政治特别是美国右翼政客刻意追求自己的政治利益，有很大关系。这种状况一定会改观。从另一角度说，全球化的世界潮流，浩浩荡荡，不可阻挡。在这样一种形势下，我们必须关注美国社会工作的最新发展。

第二，本书对美国 2020 现象的深刻分析，写在该现象出现之前，但反映的是美国一流学者对体制的深刻反思，是我们了解今日美国不可多得的一本参考书。此书对所有研究美国的学者有用，是一个机缘巧合，也是我们翻译之初没有料到的。如我们在第一节所述，我们相信此书对社会工作以外的学者也有参考价值。

第三，在介绍美国社会工作时，我们尽量避免使用价值评判的语言。我们想强调，如本书作者所言，美国的社会工作也从世界吸收养料，学习增强自己工作的能力。过去 20 年中美社会工作同行的交流，特别是美国学者对中国的访问和讲学，从中学到的中国社会工作的宝贵经验，已经也必将越来越深远地影响到美国社会工作。

第四，同理，我们所有的介绍，用的都是原著的内容，而没有讨论这些内容对中国社工的意义。中美制度不同，许多方面、很多思想不可照搬。中国社会工作者已经在社会工作本土化方面做了非常有价值的工作。我们将这部著作对中国社工的影响，如何使用它的核心思想来认识中国问题、推动中国社工的发展，当作一个研究题目，交给我们中国同行。一言以蔽之，我们囿于知识的浅薄和视野的狭窄，没有讨论本土化问题，望国内同行海涵。

本书第一、二、四、五、十四、十五章由郭申阳翻译，第三、七、八、九、十章由彭瑾翻译，第六、十一、十二、十三章和索引等文字由付琳赟翻译。付琳赟担任此翻译项目经理。

此书每页的脚注为翻译者添加，以帮助读者理解重要词汇或概念的国外背景。

郭申阳、彭瑾、付琳赟

2022 年 5 月 31 日

致　　谢

　　担任本书的主编是一项令人愉悦的工作，因为我有机会更加了解和熟悉同事们的研究领域及其思考。在过去的几年中，我很幸运有机会学习到很多在圣路易斯华盛顿大学乔治·沃伦·布朗社会工作学院①进行的研究，这些研究思想的碰撞发生在办公室、教室和走廊的各个角落。我院教师们致力于理解并使这个世界变得更美好的奉献精神和创造力总是让我备受鼓舞。首先，这本书是对这些学者的开创性研究的一份致敬。

　　其次，如果没有 Gautam Yadama 教授的远见和付出，此书不会成功面世。Gautam 教授在推进本书出版方面发挥了重要作用，为图书奠定了知识基础。尽管他现在已经到波士顿学院（Boston College）社会工作学院担任院长②，但他对书中思想的影响较为深远。

　　多年以来，我们学院很幸运得到了真正杰出领袖的领导。在华盛顿大学任职期间，我一直为能在三位院长下任职深感荣幸，这三位院长分别是 Shanti Khinduka 院长、Edward Lawlor 院长和 Mary McKay 院长。他们每个人都以自己的方式鼓舞和激励教师们达到新的高度。他们创造了一个欢迎创新和影响力的环境。学院的成功在很大程度上取决于他们出色的领导才能。

---

　　① 此处学院名称为 George Warren Brown School of Social Work。现在，学院已经改名为 The Brown School 或布朗学院，考虑到已有新增的公共卫生和社会政策专业，学院已经不是单一的社会工作专业。但是，本书所有关于学院的名称，我们仍然按照本书出版时的说法，翻译成"乔治·沃伦·布朗社会工作学院"。

　　② Gautam Yadama 教授之前担任布朗社工学院的教授。

　　这里，我还想特别指出我们华盛顿大学及其社会工作学院的一些不同寻常之处。当我与全国各地的教职工交谈时，他们有时会抱怨：在上级管理部门眼中，他们感受到自己的学院或系处于二等地位。幸运的是，在华盛顿大学，情况并非如此。从我们的校长层面到下级管理部门，我们社会工作学院得到了来自学校各方的鼎力支持。这种自豪感是我们学院多年来成功的另一个原因。

　　有人说，只有"站在巨人的肩膀上"，我们才能对世界有更深入的了解。通过参与本书的编写工作，我对这句话深有感触。我们的社会工作创始人和先驱们奠定了坚实的基础，我们可以在此基础上建立和拓展他们的思想和发现。对于所有走过这条路的人，在此表示衷心的感谢。

　　最后，向我们在牛津大学出版社的杰出编辑 Dana Bliss 致敬。Dana 在整个项目中提供了鼓励和指导，这对此书的成功出版至关重要。他对社会工作领域的思考和所拥有的知识无疑是本书的宝贵资产。

　　非常感谢大家！

马克·罗伯特·兰克

2019 年 10 月

目　　录

第 一 章

导　　论

Mark R. Rank

　　社会工作从历史上看是一个应对最棘手的社会问题和挑战而形成的行业。起源于 19 世纪末 20 世纪初，社会工作的兴起是为了应对贫困化以及导致贫困的破坏性因素。在整个 20 世纪中，社会工作拓展了它的工作范围以解决引起生活质量下降的各种问题，包括种族差异、精神疾病、儿童虐待、社区解组等。

　　进入 21 世纪后，时代要求这个行业重新定位以解决当代最紧迫的问题。于是这个领域重新开展了关于社会工作的目标及其抱负的讨论。

　　本书中我们将探讨在这个题目之下的若干关键问题。为此，我们组织了圣路易斯华盛顿大学乔治·沃伦·布朗社会工作学院在不同领域工作的社会工作学者和实务工作者撰写此书。在进入正题之前，有必要将有关背景做一简介。

　　几年前我们学院开展了关于未来社会工作总体目标的对话和讨论。虽然我们坦承我们的意见不能代表整个行业，但是我们认为我们的重要声音将有助于这场讨论。经过系列的讨论和思考，我们形成了一个核心理念，我们的估判是，社会工作最主要的任务是保证每一个人都有能力过上我们所称的"宜居生活"。

宜居生活可以被看作保证个体能够发挥他们最大潜能的一种生活。为达到这个目标，若干条件必须满足。譬如，个人的生活必须具有某种适当程度的经济安全，包括满足基本需求（如蔽身之所、营养、安全、健康、教育）等所必备的支持和资源，这些资源最终将个人置于较为理想的地位，并使他们自己及子女拥有充分发挥潜力的机会。

根据我们的观察，在美国过去几十年中，实现宜居生活的目标变得更加艰难。更多的个人和家庭为谋求体面的生活而挣扎。家庭和个人不断增长的压力随处可见。总之，对越来越多的美国人来说，过宜居生活绝非易事。

由此产生的值得讨论的下一个问题是，个人在追求这样的生活中究竟遇到了什么样的障碍和挑战？在讨论个体挑战的同时，社会工作领域发起并组织了社会工作在未来若干年所面临的"巨大挑战"的讨论。约 20 年前工程学和全球健康领域首先发起了关于巨大挑战的讨论并影响到许多邻近学科，如社会工作。作为社会工作的领军学校和知识生产者，我们相信我们学院在定义并且应对巨大挑战的策略方面可以提供很多帮助。

这些对话和思考的结果，形成了您手中的这本书。布朗学院的教师组成了不同的团队，就我们这个行业和服务对象最为紧迫的问题发表了意见。

把这本书串在一起的是不同领域中的个人在实现宜居生活时所面临的各种挑战。正如我们在本书中所阐述的，实现宜居生活必须是 21 世纪社会工作的终极目标。无论我们的工作重点是个人、家庭、社区，还是社会的总体，努力改善环境，使这些群体的所有成员都能发挥他们的所有潜能，无疑至关重要。

我们对社会工作挑战的检视，主要集中于美国的大环境。但是，在全书各章，我们同时讨论了这些社会问题的国际维度。我们的专业知识主要限于美国国内，但是我们意识到，同样重要的是，必须从一个国际视角去认识这些社会问题和挑战。

在本章中，我们首先探索社会工作领域的独特性，以及帮助理解我们所生活的世界有关社会工作的指导原则。其次，我们讨论宜居生活概念，主要侧重于这个概念的理解以及它与社会工作的关系。最后，我们将概述本书的总体结构及各章的主要内容。

第一节　社会工作方法

社会工作自诞生之日起，就被认为是一个"提供帮助的行业"。在过去的几十年中，一大批社会工作者接受了系统的教育和训练，应对社会最棘手的问题并对这些问题的直接关联者提供帮助。如前所述，这些问题包括贫困、歧视、家庭解体及其他很多经济及社会病症。不仅如此，社会工作者还肩负着从根子上解决这些问题的使命，从问题产生的一开始就帮助问题的减轻。

这个领域在早期与社会学紧密关联。社会学的主要任务是为理解这些问题提供理论和研究的基础，而社会工作更被看作是应用型的专业并使用行动导向的方法解决社会问题。两门学科的结合为许多需要解决的社会问题提供了一个整体的方法。几十年之后，这两门学科终于分道扬镳。许多大学的"社会学与社会工作系"分解成了独立的系或学院，这个变化在20世纪20—30年代尤甚。

社会工作在自己的发展中仍然向社会学借用洞察力，它的目光也转向其他社会科学，如心理学，以充实自己的研究与实务。社会工作许多对临床重视的做法是建立在心理学与精神病学的理论和研究框架之上的。此外，对社会福利政策的分析在很大程度上受到经济学的方法和技术的影响。

总之，社会工作受惠于很多学术领域的重要思想。这同时也提出了一个问题，什么是社会工作理解和解决社会问题独一无二的特殊性？毋庸置疑，从广泛的学科领域吸取营养以充实自己的研究和实务是这个专业的长处。但与此同时，这种"折中主义"的做法让人对"社会工作"在理解和改善我们所处的世界时所具有的独特性提出质疑。

我们认为，今天的社会工作在理解和影响社会方面确实有它的独特性，而且自它诞生之日起，一些独一无二的特征就在很大程度上定义了这个专业。这些特征代表了社会工作方法的核心。具体说来，有三个总体原则代表了社会工作理解并试图纠正人类发展所遇到的有害情境时使用到的独特方法。

一　社会正义

首先，这个行业很长时间以来一直由社会正义这一核心价值所驱使。社会工作不是一个价值中性的行业，它试图建立一个在社会意义上比我们目前所生活的世界更公正的世界。事实上，很多促进这个领域发展的原动力就是"纠正"由 19 世纪末 20 世纪初社会改革家所看到的突出"错误"。譬如，Jane Addams 为许多新移民所遇到的经济和社会不公正奔走呼号。这类社会改革的实质就是促进社会正义。

为纪念美国社工协会（NASW）诞生 100 周年，学术刊物《社会服务综述》出版了一期评估我们这个领域现状的专刊。该杂志主编 Mark Courtney 写道："也许这期专刊显示的最一致的主题就是：实现社会正义对所有社会工作实务领域至关重要。"（2018：495）追求社会正义已经并将继续成为定义这个行业的内在价值观。

人们自然会问，"社会正义"的含义究竟是什么？我们认为，社会工作领域关于社会正义的讨论是在两个前提之下展开的。第一，存在一个基本信条，那就是任何人都享有某些基本人权。它包括：有权获得充足的食物、蔽身之所、健康照护、有质量的教育、安全的居住社区、谋生的手段，以及其他很多（例，参见联合国［2015］《世界人权宣言》）。一个正义的社会必须让它的所有成员有权并能够获取这些必需品。

社会工作所强调的社会正义的第二个要素与前一个息息相关，即实现让所有个体充分发挥他们所有潜能的目标。随之而来的理念是，社会工作必须努力减轻或最终消除所有影响这个目标实现的障碍，包括贫困和绝对贫困、种族和性别歧视、经济剥削、政治上的强权结构，及其他许多。

我们这个行业从一开始就承诺为扫清这些障碍而工作，以使所有个人拥有真实的机会，在生活中获得成功并不断提升。在我们看来，这是社会工作如何实现社会正义的价值基石。当然还存在其他一些指导社会工作实务的价值观，包括由社会工作伦理规范所界定的许多价值范畴。但是，在所有这些原则的背后，我们看到的是社会正义这一核心理念。

事实上，社会工作作为提供帮助的行业这个概念本身就隐含着社会正义的立场。"帮助"一词意味着我们彼此之间担负着集体责任，通过互相帮助，我们开始建立一个更人性更正义的社会。有些人对"帮助"一词有些惧怕，事实上这是一个活生生的真实的概念，它关注所有人的权利以及诉求。

对于社会正义的强调，是社会工作区别于其他秉持价值中立的社会科学学科的显著特征。社会工作者研究的课题强烈地受到社会正义议题的影响。无论这些议题是经济的不平等、不同种族在服刑率方面的差异、儿童虐待的不同原因，还是其他许多类似的议题，我们关心和注重的是：通过对这些问题的深入认识，我们在消除障碍并创造一个更美好的世界上占据了一个更有说服力的地位。如 Heidi Allen 及合作者所言："对贫困的深入研究以及相关的实务最有代表性地说明了我们这个行业起源于对社会正义的承诺。社会工作学者不仅搜求对贫困的本质及其产生原因的理解，更承担了降低贫困化的行业使命。大多数从事社会工作的学生选择这个专业，就是因为他们对这个承诺有认同，并且相信，通过在我们学校的学习，他们将获得实现这个使命所必备的工具。"（2018：543）

显然，追求社会正义是社会工作方法的第一特征。

二　环境中的个人

社会工作方法的第二个标志性特点，是通过"环境中的个人"这样一个特殊视角理解社会问题。在社会工作诞生的早期，社会工作者就意识到，他们看到和致力解决的某些个体问题，其实都是由个人和家庭所生活的更广意义上的环境所造成的。这类环境包括社区中的经济、社会、政治以及实体结构。社会工作者几十年来接受的教育和培训，使他们清楚意识到理解这些系统以及它们的影响非常重要。所以，这个行业总是从更广意义的环境中找到解释个人行动和行为的原因。

这一视角也称作生态方法。从系统理论和环境研究出发，这个方法将个人置于更宽泛的情境之中。这样做的结果从本质上造成了社会工作的跨学科性。如 Allen 所说："社会工作领军学者从不孤军奋战，他们工作于跨学科的研究团队中，或者，至少从其他学科获取见识。"（2018：535）社会工作总是将个人的问题和担忧置于更广泛的环境结构之中。

以贫困问题为例，在美国最普遍的看法是将贫困视作个人的失败。调查数据不断显示，民众和决策者的大多数都将贫困解释为个人失败（Eppard，Rank，Bullock，2020），包括不努力工作，决策错误，缺乏技术和才智等。按照这种解释，受贫困打击的人要成功或脱贫，就必须找到自己的缺陷，解决自己的问题。

与这种观点相对立，社会工作者使用"环境中的个人"或"生态视角"，从个人所居住的更广泛的环境中搜寻个人致贫的原因。他们会问：社区中的经济条件和就业机会如何？以前是否存在雇人方面的系列歧视？社区里面教育系统的质量如何？社会安全网或保障措施是否充分并足以从源头上预防贫困？实体环境是如何影响到个人福祉的？所有这些问题或更多，都是我们将个人问题置于环境中考量时会自然提出的。

此外，这个视角还认识到个人和群体对更广泛的环境有影响力。所以，环境中的个人视角不简单地认为它是一个"单向"过程。Mary Kond-rat 正确指出：这个视角将"个人—环境的关系视作相互影响，即个人可以影响环境中的一些因素，反过来环境可以对个人产生助长或抑制影响"（2008：348）。

作为这种双向过程的一个例子，我们来看一下美国为争取生存工资而开展的斗争。由于经济停滞和一些低工资的工作，很多社区出现了有组织的为提高最低工资而斗争的行动。这些行动在很多地区和州获得成功，导致了最低工资的提升。但是，一些学者认为，这些最低工资的提升可能会让雇主雇佣较少的工作者，因为雇主们不可能在较高的工资水平上使用更多的人。这样做的结果，使个人的就业机会大大减少。

这个例子说明，当我们使用"环境中的个人"观察问题，这个过程就变成了双向或相互影响。这个方法，为某些问题的产生及应对措施提供了一种更为深刻的动态理解。所以，它代表了社会工作理解社会问题及其应对措施的第二个标志性特点。如 Kondrat 在她的综合评述结束时所言，"迄今为止，社会工作以环境中的个人为视角而开展工作的原则，似乎是经得起时间考验的"（2008：352）。

三 证据为本

指导社会工作学科的第三个关键原则是证据为本的研究、实务和评估。应对社会问题最好的政策与实务方法就是通过严谨的研究设计生产有效证据。这些证据反过来又成为政策和实务解决社会问题的指导方法。

对证据为本的关注起源于 20 年前的医学领域，并很快波及社会工作。不过，必须指出，社会工作学者和实务工作者写作的用证据为本做研究的文字，已经有几十年的历史了。比如，英国学者 Seebolm Rowntree 在 20 世纪初就用有创意的研究技术揭示生命过程中贫困出现的普遍性。这个研究帮助这个领域的实务工作者警觉地意识到，在某些特殊的成人阶段，人们会遭遇与日俱增的贫穷和经济窘困的风险。

同样，社会工作关键奠基人 Mary Ellen Richmond 的著作也对证据为本的模型有指导性的论述。Jeanne Marsh 和 Mary Bunn 指出："Mary Ellen Richmond 的著名贡献是她的个案工作法，即她为直接实务工作者勾画了理解个案问题必须采用程式化的科学方法。虽然有很多对 Richmond 模型的批评，主要是该模型过分强调实务工作者的权威性和专业性以及这个模型对社会问题的适用性，但是她强调的定义严谨的和科学的实务工作方法已经成为今天直接实务模型的关键成份，是当代社会工作关于证据为本实务

这一专业认知的先声。"（2018：658）

这个行业的最新发展强调什么是"最优实务"。同样，这里的核心思想是，所有临床和政策工作都必须使用证据，必须在严谨的科学研究指导下进行。

有一个共识，就是这类研究必须使用多种方法，包括定量方法、定性方法以及混合方法。这个共识反映了一个基本事实，那就是社会工作者所面对的社会现状是多维度的。在许多方面，运用混合方法揭示社会问题的形态、原因和结果，社会工作呈现了优越性。使用多种方法可以帮助对某个问题的多层次理解。

当然，在我们所讨论的所有这三项原则上，社会工作也曾被质疑为偏离正道。例如，Harry Specht 与 Mark Courtney（1994）曾经争辩，社会工作追求专业化的一个后果，是在很大程度上摒弃了社会正义的视角以及对社区的关注。反之，右翼观点的思想则指责，这个行业受政治正确性的驱动而排斥事实与证据。

不过，我们要做的辩护是，这个行业总体上是受这三个主线制约的：（1）社会工作的价值观是将我们的世界变得更具社会正义和公平；（2）社会工作试图用环境中的个人这样的视角来理解世界；（3）社会工作通过证据为本的研究和实务来检视、测量、评估并影响我们的世界。通过研究和实务工作者在这三个主线方面的努力，我们的行业希望达到让社会所有成员都过上宜居生活的目标。

第二节 宜居生活的目标

一 背景

自 20 世纪 70 年代起，美国经历日益加剧的收入与财富的不平等。过去 50 年几乎所有经济上获得的财富都集中于收入与财富分布的前五分之一人群中，特别是最富有的 1%—5%。许多美国人在过去 50 年辛苦工作，到头来却发现自己在财产上远远落后。

例如，1973 年男性全职工作者的中位数收入在调整通货膨胀以后为 55317 美元。到 2017 年，他们的收入已经降到 52146 美元（U. S. Census Bureau，2018）。也就是说，美国一个典型的男性工作者在这段时间中的实际工资事实上已经退步。今天，美国 40% 的工作属于低工资，即不到每小时 16 美元（U. S. Census Bureau，2018）。

此外，许多这类工作无法提供基本福利。最显著的是，适当的和能够承受的健康保险日益变得不可获及。更糟糕的是，越来越多的美国人只能做兼职工作，尽管他们想得到的是全职工作。

伴随工资窒滞，个人的经济风险和脆弱日益增长。工作保障性弱化，收入不稳定性强化，消费债务水平达到历史最高纪录。这种日益增长的经济脆弱性，反过来又加深了家庭和社区中的社会紧张。

健康是一个受到特别关注的领域。尽管在医学领域我们花费巨资并取得了显著的成果，但美国在健康方面的状况落后于世界其他国家。一项联邦基金会（Commonwealth Fund）的研究（Schneider et al.，2017）发现，美国的健康照护系统与其他工业化国家相比处于低下水平。进一步的研究表明，男性白人在 45—54 岁之间的期望寿命事实上下降了（Case and Deaton，2015）。此外，由于医疗照护的不对称，许多弱势群体不得不为健康地活着和过上有回报的生活而挣扎。低收入和低教育背景的人、有色人群等，在健康维持上通常遇到更大挑战而无法得到有品质的医疗照护。

与此同时，社会安全网的其他一些方面也受到侵蚀，导致中低收入家庭在社会经济保障上退化。许多社会项目遭到削减。也就在这同一时期，公共政策通过对富人的大幅度减税、对有房产者高额的资产建设津贴、退休储蓄计划以及其他一些社会项目，进一步加深了不平等。中低收入家庭在这些大幅度资产建设津贴中获益甚微或完全无所获。在这个背景下，人们实现宜居生活的能力受到了极大的限制。那么，什么是宜居生活，为过上这种生活需要满足什么条件呢？

二　宜居生活的含意

在过去两千年中，有许多界定完美生活的尝试。在亚里士多德看来，完美和满意的生活就是让人充分发挥真正的潜力。如 Edith Hall 在她的《亚里士多德方式》一书中所言："亚里士多德最近被重新界定为乌托邦类思想家，因为他关于伦理和政策的主张假定：人类生活的目标就是要创造这样的环境，使人能够充分发展、发挥完全的潜力并且幸福。"（2018：50）Hall 继续说道："一个为实现亚里士多德发挥人的充分潜能而制定的普遍承诺，或许就能解决人类今天面临的种种问题。"

较近的定义完美生活的尝试包括 Abraham Maslov（马斯洛）的"需要层次论"、Amartya Sen 的"能力视角"、联合国（2018）《人权宣言》中详细阐述的"第二代权利"，以及许多社会正义推动组织所提出的"尊严（decency）概念"。

将以上重要思想考虑在内，我们关于宜居生活的定义是：它是一种让个人有能力成功，并能以健康方式在生命周期中发挥完全潜力的生活。心理学的研究表明，我们中的每个人都有各种各样的才华、技术、能力和天赋。更重要的是，我们每个人都拥有引领我们过上完美生活的各式各样的人格特征。宜居生活就是让所有这些特征充分发挥作用的生活。它的结果是：个人能够在自己的生活中有目的感、成就感、参与感和控制感。肯尼迪总统在描述幸福时，曾简要地把这样的生活总结为"在生命承载的范围内完全调动你的力量并在各方面出彩"。

显然，这些能力和天赋在人群中有很大差异。宜居生活的意义，就是承认并且赞赏这种差异。宜居生活的目标就是保证每个人都能充分发挥自己的才华和天赋。能力因人而异，但重要的是，所有能力都被允许充分发挥。马丁·路德·金的名言说明了这一点：

> 如果某人应召做一个马路清扫工，他就必须把马路清扫干净，其精致和完美如米切朗基罗（Michelangelo）画的画，贝多芬（Beethoven）

谱的音乐，或莎士比亚（Shakespeare）写的诗。他必须这样做，以至天上和地上的所有人都赞誉道，"这儿居住着一位敬业的伟大清扫工"。

宜居生活的概念也与社会工作赋能的理念相重合。社会工作一直以来强调对案主赋能的目标，以使他们在未来的生活中能够自己解决问题。在宜居生活中，事实上个人有可能在自己的生活中发挥这样的作用。有能力感觉到并同时控制自己的命运，是心理学总体福祉的一个重要组成部分。

与宜居生活概念紧密相关的是 Amartya Sen 关于能力的讨论。Sen 认为，提升人类的各种能力可以让"人们过上自己认为有价值的生活并且增加他们的实际选择"（1999：293）。Sen 提出社会政策的目标就是保证个人能够发展自己的各种能力以过上那样的生活。如他所言，如果扩展人的自由能够让个人"过上一种自己觉得有价值的生活的话，那么，在扩展机会中经济增长的作用就必须整合于对发展过程更基础的理解，因为人类能力的拓展会导致更有价值和更自由的生活。"（1999：295）

Martha Nussbaum（1995）进一步注意到，这些能力有广义特征，包括良好的体质和精神健康、有力的情绪管控、创造力、成熟的道德观念等等。

所以，宜居生活让个人在发展中感到丰富多彩，能对自己的生活发挥作用，最后能充分发挥自己的所有潜能。Michael Reisch 在讨论社会工作和社会正义的作用时写道：

> 从一个最理想的状态看，社会工作代表着创建一个社会，在那里，无论个人还是社区，人人都过上一种有尊严的生活并有充分的可能发挥其潜能。这就要求我们努力消除不利于人们自己管控自己生活的政策，以及不把有限资源用于满足人们基本需求的政策。与此同时，我们还要拓展能够增加个人自由的项目，消除人们对经济和实体灾难的恐惧，并让他们感觉到自己是这个社会有价值的一个内在部分。（2002：351）

三 宜居生活的障碍

不幸的是，很多美国人以及世界许多地方的人已经很难过上这样一种宜居生活了。如前所述，因为各种障碍的存在，过上宜居生活在过去几十年已经变成了一个难以捉摸的话题。在很多方面，这些障碍代表着今天和未来社会工作所面临的挑战。我们可以将这些障碍归纳为经济的、社会的、政治的以及社会的物理环境等几个方面。

也许最显著的挑战就是经济的不安全性、脆弱性以及贫穷。如我以前的文章所述（Rank，2004），这些问题阻碍了人类的发展，特别是儿童的发展。经济贫困的状况导致了日益增长的压力和焦虑，从而产生了体质和精神健康方面的问题。

此外，贫困以及收入不足直接威胁到生活的方方面面，从而阻止人们过上宜居生活。例如，Sen 把贫困定义为缺乏自由。在很多欧洲国家，贫困被看作社会排斥（social exclusion）或社会权利剥夺（social disenfranchisement）。显而易见，这些问题削弱了人们过上完美生活的能力。

从社会环境看，一座障碍的金字塔阻碍了宜居生活。它们包括各种形式的偏见和歧视、家庭发展的机能障碍、低质量教育制度、文化规范和暴力范式等等。所有这些社会障碍存在于社会的微观和宏观的各个层面。

实现宜居生活的障碍也见诸政治层面。这些障碍的表现形式是各式各样的政策、项目，以及联邦、州和地方政府的法律。政策和法律促使不平等加深的例子，几乎随处可见。它包括对收入分布的顶端人口做回归性税务减免，针对少数族裔的犯罪司法，现存的移民政策，以及最近最高法院做出的限制竞选活动和财政改革的决定。所有这一切，对许多美国人的生活质量产生了负面影响。

最后，物理环境对实现宜居生活也会产生深刻的影响。对环境正义的研究显示，低收入和有色族裔人口更可能接触环境毒物。同样道理，这些人口在他们居住的社区中有更高的可能性遭遇暴力风险。在国际背景下，全球变暖和气候变化更可能对世界上的低收入人口产生与人口占比不匹配的负面影响。所有这些环境风险构成对宜居生活的严重威胁。

当然，这些经济、社会、政治、物理障碍对宜居生活的影响是交织在一起的。譬如，环境恶化会引起经济机遇的丢失，反过来，它又加重了社会问题，导致了为降低犯罪而制定的惩罚性法律。显然，所有这些经济、社会、政治和物理障碍都紧密地交织在一起。

本书以后各章将讨论许多这类障碍。如我们将阐述的，这些障碍削弱了个体和家庭在成长与发展环境中为实现健康生活所必需的营养。它们代表了社会工作在未来若干年将遇到的许多关键挑战。一言以蔽之，它们是阻碍人类实现宜居生活的大敌。

第三节　结构框架

本书围绕社会工作领域为实现个人和家庭宜居生活必须关注的十个关键问题展开。它们是：疾病或亚健康的社会经济性决定因素，减轻贫困，应对污名、歧视和社会排斥，降低累积性不平等，为中低收入人口开发金融和有形资产，预防儿童虐待，提升在不同生命周期公民的参与与契约，建设健康、多元化和繁荣的社区，实现环境正义，以及包容老人。

除了这十个问题，还有三项对我们这个行业实现宜居生活有重要意义的倡议值得关注：催生对社会服务的有效需求和使用、设计并实施政策和项目创新、促进大数据分析和信息学运用。

本书最后一章，由在乔治·沃伦·布朗社会工作学院工作过的三任院长合作写成。这三位院长在我们学院的经历，代表了自 20 世纪 70 年代中期至今的将近 50 年的历史。他们写作此章，主要目的是运用他们的集体智慧回顾过去几十年获得的经验教训，并前瞻未来的承诺与挑战。

综合在一起，《迈向宜居生活：社会工作的 21 世纪议程》对社会工作所面临的挑战做了深入探讨。如我们在此书开篇时所提及，我们邀请了圣路易斯华盛顿大学乔治·沃伦·布朗社会工作学院各个领域的教师撰写各章，以对研究的课题做出较为深刻的阐述。在我们学院，教师们从事社会工作、公共卫生、社会政策三个领域的研究和教学。此外，这些教师获得的训练来自广泛的领域。他们的见解代表了各领域前沿专家的意见。我们也非常荣幸能够从他们丰富的经验和知识中获益。

在各章中，作者们的任务是回答：（1）所研究课题的沿革和范围；（2）为何这个题目重要，如何通过宜居生活减轻该问题；（3）怎样才能理解问题背后深层次的原因；（4）如何才能应对并找到解决问题的潜在方法？通过这些问题，不同题目之间得以达成一定程度的统一性和凝聚性。

作者们还被要求从全国和国际的视角讨论所研究的问题。尽管此书聚焦于美国，但作者们被要求尽可能做国际研究并使用相关示例。这样做的结果，使此书的很多章节对研究题目的讨论都同时涉及国内和国际的问题。全球在城市化、老龄化、经济不平等以及社会模式方面所形成的整合趋势，无疑是驱动我们探讨社会工作各个领域应对国内和国际问题的深层次动力。此书的国际维度，有助于读者认识所研究问题的性质、范围和深度。

以上思考根植于一个基本观点，那就是阻挡宜居生活的障碍不仅存在于美国，而且存在于其他许多社会。在全球某个角落找到的解决问题的方法或创意，必然有助于在这个星球的其他部分从事社会工作的专业人员。对复杂问题的有效干预，是通过整合不同领域的知识以及全世界所有社区实务工作者的经验完成的。

对每个课题从国内和国际的视角来观察，开启了教育工作者、实务工作者、研究人员找到问题的解决方法和知识交流方面的对话；它不仅指把美国的经验传到其他国家，也包括逆向传播以推动美国社会工作的实务创新。

最后，我们真诚希望，这本书能够激励社会工作研究人员、实务工作者以及学生之间有意义的对话，并且帮助未来的社会工作者开启他们将世界变得更美好的旅程。美国人以及这个世界日常所面临的挑战和问题是巨大的。这一点，当然不需要本书告诉你。可是，我们相信现在确实是一个让社会工作者非常振奋的时期。我们正生活在一个伟大变革的时代,因为变革,所以我们有了很多可能的机遇。社会工作领域正好充当了积极和重要的表演者,并帮助生成这一变革的轨迹。如马丁·路德·金所观察到的,"让我们意识到,道德世界的拱桥是漫长的,但它在正义面前弯曲"。社会工作者传统上是站在历史的正义一边,许多社会工作者不屈不挠为之付出的努力即将变为成果。

当然未来取决于我们自己。社会工作者在面临机遇的同时,也承担着改变个人、家庭、社区和社会生存条件的责任。努力为所有人创造宜居生活是我们这个行业在 21 世纪极具价值的使命。对这样一种生活,我们遇到的挑战和障碍当然是巨大的,但绝不是不可攻破的。现在是我们将精力付诸使命的时候了,也是我们撸起袖子加油干的时候了。

第 二 章

应对不健康的社会性决定因素

Darrell L. Hudson，Sarah Gehlert，& Shanta Pandey

　　健康的身体是宜居生活的基石，为个人提供成长机会，充分发挥潜能。它是人们在学校、工作场地、家中及其他生活场所获得成功的关键因素。反之，不健康的身体即刻把"正常"人变为"病人"（Rose，2001）。实务社会工作者经常面对的情形是，某些个人因为慢性疾病而变得虚弱，由于精神疾病症状而影响到人际交往。个人和家庭在充满压力的健康问题面前，其他一切都变得不重要了，与健康有关的事占据了其主要精力。所以，优良的健康状态最为基础，与反映宜居生活的社会经济结果直接相关。

　　健康从较早的年龄阶段就影响到个人的社会经济轨迹。例如，慢性疾病如气喘病和癫痫对儿童教育产生负面影响，有这类疾病的儿童因为缺课而在成绩上落后于其他同学（Dowd，Zajacova and Aiello，2009；Johnson and Schoeni，2011）。同样，缺乏关键营养，人们就没有精力完成规定的任务，处于患病的高风险和不健康状态，并存在发展和认知方面的问题（Barker，1997；Dowd et al.，2009；Scholte，van den Berg and Lindeboom，2012）。类似地，在一些发展中国家，缺乏干净的水、公共卫生、卫生习惯和居住条件等方面的问题，导致十余亿成年人和儿童因寄生虫患上慢性疾病，增加了在体质发育和认知发展方面产生缺陷的风险（Andrews，

Bogoch and Utzinger，2017；Clarke et al.，2017）。

　　长期接触社会性的压力因素，比如那些与贫穷有关的因素，不仅在生命周期的不同阶段产生不良的健康结果，而且降低学习能力、弱化记忆。反过来这又影响到个人接受教育和培训的稳定性，错过重要机会，影响到整个生命周期（McEwen，2003a；Seeman et al.，2010；Shonkoff and Gar-ner，2012；Tse et al.，2012）。整个这一过程被称为"累积性劣势因素"，将在本书第五章详细讨论。由健康不对称造成的累积性劣势因素始于较早年龄阶段，并在生命的其他阶段都产生影响。

　　传统上社会工作者是在案主的烦恼和健康问题出现以后，来解决这些问题。现在有越来越多的社会工作者注重在个人、家庭、社区和人口等不同层面来预防不健康的发生。对预防的注重也开始反映到社会工作的课程设置中，包括宏观课程对健康的重视。在名称上，我们的领域已经逐渐把"医院社会工作"改称为"医务社会工作"，再改称为"健康社会工作"；名称的转变反映了对社区层面的注重（Gehlert，2011）。健康类问题将在未来变得越来越重要。

　　本章的目标是说明：为什么健康照护的社会性决定因素对实现宜居生活至关重要，健康的社会性决定因素最基本的性质及变化，对研究者、实务工作者、政策制定者改进宜居生活提出一些方向性建议。此外，我们还讨论：如何利用资源（如食用健康食品、安全卫生的消遣场所、卫生服务等）让健康的社会性决定因素改变现有环境，消除健康不对称[①]。

第一节　健康：宜居生活的基石

　　由国际卫生大会 1946 年 6 月 19—22 日在纽约采纳、由 61 国代表于

---

　　① "健康不对称"原文是 health disparity。这是本书作者提出的一个重要概念，指健康资源在不同群体（不同族裔及收入悬殊群体）之间占有的差异，或分布的不均衡。我们将 disparity 统一译作"不对称"。

1946 年 6 月 22 日签署的《世界卫生组织章程》的"序言"对健康做出的
定义是：

> 一种在体质、精神和社会方面的优良状态，它不仅仅是指没有疾
> 病或虚弱；健康的最高标准是每一个人的基本权利得到满足，不因人
> 的种族、宗教、政治信仰、经济或社会条件而异。

这个定义还隐含着如下思想："所有人的健康"取决于个人与国家之
间的合作，政府有效地应对健康社会性决定因素的能力，以及人民对健康
相关知识的获取程度。所以，健康与个人过宜居生活的社会经济因素紧密
相连。简单地说服个人吃更健康的食品或多参加体质运动是不够的。也就
是说，改善整个人口的健康、消减或去除由种族和社会经济因素造成的健
康不对称，需要我们在不同的层面采取与健康的社会性决定因素有关的
措施。

除认识到社会性决定因素在宜居生活中所起的作用外，还必须看到，
优良健康并不是平等地分布于社会之中的。健康方面的不平等，广泛存在
于种族、社会经济地位、性别、性取向以及移民地位等差异之中。这些不
平等不仅对个人生活来说是重要的，对整个社会来说更重要；降低这类不
平等将提升经济生产率、降低健康成本并减轻疾病传播（McLaughlin and
Rank，2018；Wilkinson，2005；Wilkinson and Pickett，2011）。

第二节　定义健康的社会性决定因素

尽管"健康的社会性决定因素"这个术语使用广泛，要真正搞清影响
健康的社会性因素，我们还需对这个术语做一些工作。到目前为止，世界
卫生组织于 2005 年 3 月成立了一个"健康的社会性决定因素委员会"（简
称 CSDH），并于 2008 年 7 月发布了报告（CSDH，2008）。使用多国数据，

该报告展示了社会因素与健康的结果变量之间存在强烈关系。与 Amartya Sen 关于人类能力的文字一致（见本书第一章），该报告明确提出，疾病带来的沉重负担以及较差的生命机会在很大程度上由"人们出生、成长、居住、工作并步入老年的条件"所决定（CSDH，2008：26）。它的结论是，一系列经济和政治的环境，包括贫穷和不公平的经济安排，导致了较差的健康结果。健康的社会性决定因素很关键。它们包括种族、社会背景、与场所有关的资源如学校、与有质量的食品供应地的接触程度以及休闲空间的安全性。

此外，报告还重申，健康反过来又影响到经济和社会的福祉。健康与社会经济安全性方面存在一种交互影响的关系。优良的健康帮助提升经济福祉，反过来，这种经济福祉又放大了个人总体的体质和精神福祉。

健康的社会性决定因素是一个挑战性很强的命题，因为这些因素影响到多种疾病结果，并且直接造成健康方面种族的和社会经济上的不对称。于是，研究者要求我们研究健康的社会性决定因素时，要考虑到所有与健康有关的政策，从区域到住房，从教育到劳动力开发。对那些生活在贫困中的人群，研究健康的社会性决定因素，就需要考虑他们的街区是否足以安全，能让他们做体质运动，要考虑他们的人际关系是否存在不理想的个人隔绝，还要考虑他们是否缺乏健康食品。健康社会工作者经常通过与社区组织接触，了解这类信息，从事这类工作。

影响理想结果（如就业、理财能力、学校质量、家庭成员和朋友的安全性和福祉状况）的社会性因素通常与保持健康的行为有关，如关注血压和经常做体检。医务工作者通常注意到，病员们深深关心他们的工作、家庭责任以及他们所爱的人的健康和福祉状况（Fiscella 等，2002；Fiscella and Franks，1997）。这些都是人们深切关心的事，有时甚至超过对他们自己健康的关心。

这些在个人层面的所谓"竞争性需求"有助于解释为什么有时人们不做常规性医疗或对癌症、冠心病、糖尿病等疾病做预防性检测。不应当仅从个人选择的角度来解释健康不对称。事实上，许多影响健康的社会经济性决定因素不在个人控制的范围之内，特别是对那些社会经济地位低下的人来说，有时他们必须把有限的资源用在自己和家人的食物与住房上。但是，即使是那些有充足资源的人，他们有时也会因为保持健康生活习惯所需成本要比其带来的好处更高而放弃。这些健康生活习惯包括购买新鲜时蔬、学习烹饪健康食品、习惯于某种新菜肴的味道和分量（Ajzen，2011；Montano and Kasprzk，2008）。此外，由种族、性别、性取向等边缘化而造成的压力，有时也迫使人们放弃对自身健康的关注（Braveman，Egerter and Williams，2011；Gee and Ford，2011）。

社会经济地位有时也决定人们是否搜寻医疗照护。使用州医疗补助计划的人在减少，过去若干年很多位于农村和中心城市的这类医院和诊所都关闭了。确实，生活于贫困中的人，通常把健康照护所带来的成本看作比知道自己实际疾病状况，感到有更大压力。

第三节　健康不对称如何影响宜居生活

国立卫生研究院（National Institutes of Health）对健康不对称的定义是：在美国一些具体人群中存在的健康差别，即在疾病的发生、流行、死亡、疾病负担，以及其他一些负面健康问题上存在差别。这些人群包括非白人、农村、低收入以及其他一些未接受服务的人群（如性别方面的少数人群，移民群体）。人口层面的健康不对称是可以改变的，而不应当视作自然存在的现象。所以，健康不对称是可以避免的，在很大程度上可以通过政策和实务来改变，它要求系统地把社会与经济的劣势人群置于未来健康的考虑之中（Braveman，2006）。

CSDH 采用了一个概念框架，把健康不平等看作主要由三个因素来决定：（1）社会经济和政治背景，包括政府的管控、政策、文化、社会规范和价值观；（2）社会地位，包括教育、职业、收入、性别、种族；以及（3）对健康照护系统的获取程度（CSDH，2008）。在这个框架中，这三项结构性的因素决定了健康不平等。它们影响到人的一生多方面的疾病结果。最近的研究支持贫困的跨代影响，以及它对健康造成的后果（Adler and Stewart，2010；Johnson and Schoeni，2011；Wickrama，Conger and Abraham，2005）。

健康的社会性决定因素是健康预防措施的关键，因为它们影响到疾病的多重结果，特别是不对称地影响到那些在社会和经济上最不利的人群。在美国，社会经济因素决定了健康方面的种族不对称，因为它们影响到有利于健康保护的资源分配，如获取健康食品和健康照护的方便程度（Borrell et al.，2013；LaVeist and Wallace，2000；La Veist et al.，2011；Link and Phelan，1995）。简言之，占有较多资源的人保持了较好的健康行为。有较高教育和收入的人更可能使用健身房或寻找其他有利健康的运动。特别要注意的是，研究支持这样一种观点，不对称的健康结果通过受教育程度的差异而扩大。有较高文化程度的人比其他人更可能采取健康的生活方式和行为，适时采用预防性照护，并注意从医学发明中获利（Goldman and Smith，2011；Jemal et al.，2008；Olshansky et al.，2012）。与此同时，拥有较多的资源，如高收入和较高社会资本，可以用来避免生病的近端和远端原因，避免过早死亡。保险未覆盖的药品和治疗手段，当然是很多个人与家庭无法使用的。

同样地，美国的高种族隔离限制了健康资源的分配，如对新鲜食品的获取，安全的健身场所以及方便地获得预防性健康照护。不仅健康的、买得起的食物供应链不容易获取，而且在某些地区聚集了很多快餐店和售卖高热量食品和无营养价值食品的商店。被称为"食品沙漠"的场所总是聚集于低收入、非白人居民区。美国农业部将这些地区定义为低收入地区，在城市地区要一英里①之外才能找到全服务杂货店或超市，在农村社区十英里之外才能找到全服务杂货店或超市。

尽管促进公共卫生的运动催促人民进行体质锻炼，但在高犯罪率居民

———————————

① 一英里，约1.6千米。

区生活的人只能做室内运动或坐式运动，而不是在社区走路、跑步或骑自行车。在较贫困居民区生活的人面临较高的贫困率和社区暴力，这些特征反过来又削弱了居民区的信任度和组织程度（Balfour and Kaplan，2002；Cattell，2001；Stoddard et al.，2011）。

为消除健康不对称，必须把健康平等当作首要目标。健康平等的概念，要求所有人都能够达到尽可能的最优健康状态，无论何人，都不应当因为他们的社会地位或其他社会环境的原因而在健康方面处于不利地位。这一点与我们在第一章所讨论的宜居生活的概念是相通的，也就是说，我们的目标是要让所有人有能力实现他们的所有潜能。

Margaret Whitehead 及合作者辩护道，健康平等的目的就是创造机遇、清除障碍，让所有人都能充分实现健康潜能（Whitehead，Dahlgren and Gilson，2001）。根据美国卫生与公共服务部（DHHS）的说法，健康平等是指让所有人都达到最好的健康状态。由于不平等的存在，不是所有美国人都能达到优化的健康状态（DHHS，2010）。所以，越来越多的研究提出了有说服力的看法：健康是人权，所有人都有在他们所处的社会获取最高水平的健康的权利（Brudney，2016；Castillo et al.，2017；Chapman，2015；Christopher and Caruso，2015；Dauda and Dierickx，2012；Friedman et al.，2013；Gostin et al.，2016；Hunt，2016；Rumbold et al.，2017；Saunders et al.，2010；Tasioulas and Vayena，2015）。关于健康是人权的概念，要求我们从社会正义的眼光来看待健康平等。这一点，我们已经在第一章中讨论过，并且将它视为社会工作标志性的视角。

通过对健康的社会性决定因素的讨论，我们已经看到，是有可能同时在个人、社区和社会的层面改善健康的。回应健康的社会性决定因素，关键是要预防不健康的结果，并使各类人群有可能过上宜居生活。

这并不意味着应对宽泛的、人口层面的社会因素是一件容易的事。无疑，对一位社会工作者来说，改变案主个人行为远比改变现存的结构性障碍直接和容易。但是，在居民区、社区乃至全国的层面上做出改变，是"全国社会工作者协会"的《伦理准则》（2017）所要求的。事实上，如果社会工作者不从宏观上做出改变，我们就只会简单地指责不健康的受害者（Piven and Cloward，1978）。

健康的社会性决定因素通过不同的渠道和机制影响福祉。这类因素在全国和世界范围的不同居民区和社区随处可见。以场所为基础的资源，如学校，对有品质食物供应链的获取，以及安全的休闲场所，是影响健康各个方面的关键因素。《健康事务》（*Health Affairs*）2014 年有一期关于健康的社会性决定因素的政策摘要，它总结了五类决定健康的因素：遗传学，行为，社会环境，环境和物理影响，医疗照护（Health Policy Brief：The Relative Contribution of Multiple Determinants to Health Outcomes，2014）。报告同时强调，需要关注健康的多重决定因素以及它们之间的互相影响。它特别提出关注健康的不同层次的影响，从人与人之间的互动到全社会。

思考健康的社会性决定因素的另一个角度，是考虑"基础性原因"。Bruce Link 与 Jo Phelan（1995）把这些健康的基础性原因描述为：可用于规避风险的资源或最小化因素，在一段时间中影响到多重健康结果的因素，以及当风险轮廓（risk profiles）发生变化时导致不同健康结果的因素。如果干预项目只关注具体的疾病或影响这些疾病的条件而忽略了健康的基础性决定因素，疾病或影响这些疾病的条件最终就会转向那些最弱势的人群，那些缺乏社会经济资源和力量的人群。Leonard Syme（2008）争辩到，处于最弱势群体的人最终将取代那些被认为处于最大风险中的人群，无论这些风险是指某种疾病还是影响疾病的条件。

第四节 什么内在原因影响健康的社会性决定因素？

健康的社会性决定因素是紧密交织在一起的。有关健康的人口及社会性决定因素，包括社会经济地位、性别、传统或文化习惯、种族、移民身份、性取向。这些当然是重要的因素，因为它们可以增加或降低边缘化的风险。例如，女性通常比男性获得较低的工资（Mullings，2002；Seng et al.，2012）。同样，少数族裔在不同场景下更容易受到歧视（Hudson et al.，2015；Hicken et al.，2013；Lewis et al.，2012）。在下面的讨论中，我们通过健康的社会性决定因素这个视角，来解释若干社会性因素（如性别、传统或文化、种族、歧视行为）是怎样影响到健康的。我们做这样的讨论，不仅是因为性别和少数族裔在健康照护中受到不同的对待，而且是因为性别和少数族裔与社会经济地位、居民区的背景以及社会的不利地位紧密联系在一起。

一　社会经济地位

本书第五章讨论过，一个关于健康研究最有力和最一致的发现是：社会经济地位与健康存在正相关关系。从 20 世纪 60 年代至 70 年代在英国所做的 Whitehall 研究的开拓性发现开始，流行病研究的一项一致发现是，社会经济地位与健康高度相关。社会经济地位越低（特别是贫困），影响健康的有害因素所起的作用就越大。反之，社会经济地位越高，影响健康的积极因素所起的作用就越大。

这个发现在很多健康结果中高度一致。许多学者都把社会经济地位看作健康和福祉的"基础原因"（Link and Phelan，1995）。基础原因被定义为让个人规避风险或让致病原因最小化的资源，在不同时间中影响多重健康结果的因素，以及当风险轮廓发生变化时导致不同健康结果的因素（Phelan，Link and Tehranifar，2010）。这种社会经济地位影响健康以及加速健康方面的社会经济不平等的机制是显而易见的。例如，高收入的人可以在更安全、更规范化的街区买到房子。在那里，促进健康的资源，如优质学校、优质杂货店、安全的健身场所一应俱全。在生命的整个过程中，获取（或无法获取）这样的资源，不仅固化了个人和家庭的地位和稳定性，而且加深了社会经济方面的健康不平等，使低收入和低财产的人群不对称地受到伤害（Link and Phelan，1995）。

同样道理，大多数美国人使用雇主提供的健康保险，于是健康照护的获取在很大程度上就取决于提供健康保险和福利的"饭碗"了（Kaiser

Family Foundation，2018）。目前，美国有 2800 万人没有健康保险（Kaiser Family Foundation，2018）。这些人很难做预防性的常规检查，因为它们缺乏付得起的健康照护服务。很多人还推迟或回避了对健康问题的治疗，这同时又加重了健康问题的严重性，使小病变成大病（Kaiser Family Foundation，2018）。真实的情况是，一些美国人惧怕的是健康治疗费用而不是诊断费用（Hudson et al.，2018）。

另一个社会经济地位影响健康的渠道是通过压力过程实现的。研究者开发了不同的概念描述有压力的经历，如财务紧张惹人烦恼地影响到不同疾病（Geronimus et al.，2006，2016；Hertzman and Boyce，2010；Krieger，2001a）。Krieger 指出，这是一个具化过程，在这个过程中，人类将自己生活的世界，包括各种社会的和环境的因素，具化到自己的身体之中（Krieger，2001b，2001a）。对受到的贫困打击，具化过程又对健康施加了另一重挑战，因为许多人在生命早期所遇到的严重不利的经历，会在整个生命过程中对健康起到负面影响。若干研究者甚至做这方面的研究，以确定创伤和压力的代际传播是怎样负面影响到人的健康的（Walters et al.，2011）。社会经济地位对健康的长期影响是牢固的，并且很难抹除。我们下面的讨论，还将对这种机制做进一步探讨。

二　性别

2010 年大约有 289000 名女性死于与生育有关的并发症。这些死亡案例集中于撒哈拉以南非洲和南亚的低中收入国家（UN，2015）。尼泊尔一位怀孕妇女死于生育并发症的危险是相同美国妇女的 7 倍。在家中生产是尼泊尔、印度、孟加拉等国的习惯；如果怀孕和生产是正常的，这样的生育是安全的。但是，对于有生育并发症的妇女来讲，这种传统的、让自己家庭满意的、陈年的分娩方式，对他们将是致命的。一项系统分析汇集了 2003—2009 年 115 个国家 60799 例母亲死亡案例，发现大出血是导致死亡的主要原因，它占到北部非洲死亡总数的 37%，南亚的 30%，以及全世界的 27%（Say et al.，2017）。把出现并发症的妇女从家中送到医疗机构的安全措施，在许多这类国家的农村妇女中都不可能做到，这是健康不平等的又一例证。

做出"使用健康设施安全分娩"这样的决定，涉及一系列复杂的家庭、社区、结构层面的因素，非健康工作者本身可以定夺（Pandey et al.，2017）。健康工作者可以建议怀孕妇女到机构去分娩；但是，临近生产时，她们需要家中或社区的成员在第一时间把她们送到医疗机构去。在这些社区工作并懂得文化风俗的社会工作者，需要与健康工作者配合，一起改进条件，让妇女能够享用母婴保健设施。

为达到健康平等，所有健康机构都要有尊严地对待所有病员，而不因他们社会地位的不同而区别对待。如果被边缘化的妇女在健康机构中遭到歧视，她们以后就不会回到这些机构接受服务。若干研究表明，妇女在接受健康服务方面的不平等，是由社会阶层、种姓以及居住安排等因素决定的（Bhanderi and Kannan，2010；Iyengar et al.，2009；Kesterton et al. 2010；Nair，Ariana and Webster，2012）。例如，在印度的 Uttar Pradesh，妇女的种姓决定了她们是否可以采取避孕措施，使用产前照护以及在机构中分娩（Sanneving et al.，2013；Saroha，Altarac and Sibley，2008）。

社会工作行业的核心能力之一是提升人权，倡导社会与经济正义。社会工作者受过专门训练，知道如何分析并理解社会歧视和非正义的各种表现形式。与健康工作者合作，他们能够理解、应对挑战并找到解决问题的方法，应对根植于社会规范中的歧视和不平等。他们有这方面的技能，倡导接受服务的公平权利，能帮助服务对象获取平等的健康服务，而不论种姓或种族。在尼泊尔，联合国人口基金会（UNFPA）已经有了专业社会工作者从事社区干预的设计和实施，以增加妇女对避孕设施的获取度，并帮助终止对生育年龄妇女施行暴力。

三 传统及文化

第三项健康的社会性决定因素根植于传统和文化之中。具体说来，在某些地区盛行的女孩童婚风俗对妇女健康产生有害结果。尽管从全球范围说来，童婚现象在下降，但全世界每年依然有大约 1400 万年龄在 18 岁以下的女孩结婚（UNFPA，2012）。这一现象主要集中在发展中国家，约 50% 到 70% 在 18 岁之前结婚的女孩集中在亚洲国家（Hampton，2010；Nour，2009；Pandey，2017；Raj，2010）。这一传统的另一表现，是许多女童被强迫结婚（Kopelman，2016；McFarlane et al.，2016；Sabbe et al.，2013；Salvi，2009）。在童年期结婚的妇女遭遇更高的来自亲密伴侣的施暴和产妇死亡率（Babu and Kar，2010；Hampton，2010；Koenig et al.，2006；Lloyd and Mensch，2008；Nour，2006，2009；Pandey，2016；Raj，2010；Raj et al.，2010；Speizer and Pearson，2011）。

不解决童婚问题，就无法达到健康平等。虽然现在许多国家制定了禁止女孩童婚的法律，但文化风俗依然在起作用（Pandey，2017）。我们必须从根本上寻找原因以找到杜绝儿童婚姻的方式。在许多这类国家，政府没有关于出生与婚姻的声明登记。这种缺乏，使法律成为一纸空文。不过，在这些国家，社会工作者可以影响政府，可以促使政府搜集所有儿童的生命统计，从而使禁止童婚的法律更易实施（Pandey et al.，2017）。聘用社会工作者做雇员以后，联合国人口基金会—尼泊尔（UNFPA-Nepal）已经开始与神职人员和占星学人员合作，在尼泊尔最西部地区终止童婚。社会工作者同时还可以与本地社区各层次人员合作（如组织女孩、男孩、他们的家长、地方神职人员以及社区人员等），以保护儿童的权利，帮助女孩延迟婚姻直到法律允许的年龄（Pandey et al.，2017）。

四　种族

Mervyn Susser 断定，"健康并不存在于真空之中。来自于社会中的人，以及任何研究揭示的关于人的特征，都反映了社会因素的范式、结构以及它们综合作用的过程"（1973：6）。理解人类如何将自己组织起来，特别是如何通过社会的等级制度组织起来，对我们理解健康方面的种族不平等具有重要意义。由低下的社会地位和不健康产生的压力，在我们的文献中有详尽记录（Adler et al.，1994，2008；Kwate and Meyer，2011；Marmot et al. ，1991；Meyer，Schwartz and Frost，2008）。

种族分类和种族主义明确揭示了，在美国社会分层对健康不对称有重要作用。种族分类（racial categorization）在美国是一个基本分层因素。诚然，关于种族的数据从 1790 年美国第一次人口普查已经搜集，美国依然处于种族高度分层的状态。这种分层状态通过不同的层面表现出来，从个人偏见、陋习陈规，到法律和实践所决定的哪一些种群才有资格获得银行贷款、才有可能被包括到社会与经济的改革政策中，到处可见。研究者通过文献记录下来，种族主义（通过不同层面来测量）已经对有色人种的总体健康和福祉状况产生负面影响（Jones，2000）。建立在 Powell（2008）的理论框架之上，Gee 和 Ford 将结构种族主义定义为"彼此互相影响、在不同种族群体之间生成并不断强化的宏观层面的系统，社会力量、制度、意识形态和过程"（2011：3）。他们特别强调，结构种族主义"关注最有影响的社会生态层面，以及在这些层面上种族主义是如何影响到健康的种族不平等"（2011：3）。例如，美国的高种族隔离限制了那些以少数族裔为主的居民区对健康资源的占有（Jackson，Knight and Rafferty，2010；LaVeist et al.，2011；Mezuk et al.，2013）。同样，判刑方面的种族不对称，不成比例地影响到整个非洲裔美国人社区（Gee and Ford，2011；Western and Wildeman，2009）。

居住区的种族隔离是结构种族主义在当代最显著的表现形式。居民区是宜居生活的"脚手架"，它决定了对健康食品的获得、健康照护、安全、有质量的教育，这些只是少数的几个例子而已。然而，通过种族主义者的政策和实践产生的居民区隔离此书每页的脚注为翻译者添加，以帮助读者理解重要词汇或概念的国外背景。（segregation），限制了许多有色人种的资源和生活的可能性（Charles，Dinwiddie and Massey，2004；Williams and Collins，2001）。譬如，虽然健康行为是长寿和生活质量的关键因素，居民区隔离让有色人群居住在不利于改变行为的环境之中，这种环境往往是专业健康工作者不建议的（Gottlieb，Sandel and Adler，2013）。进一步看，人有许多竞争性的需求，如就业，财务压力，学校质量，家庭成员和朋友的安全和福祉，等等，这些需求最终让人们将维持正常的血压水平或做常规健康检测置之度外（Gottlieb and 2013）。有效预防措施必须将健康和优良状态的这些多维度性质考虑在内。所幸的是，研究者和实务工作者已经开始将嵌入人们生活的社会经济因素与健康照护的互动联结起来（Braveman，Egerter and Williams，2011）。

五　社会政策和实践产生的有意或无意的结果

对那些低生活质量或期望寿命降低了的人来说，健康的社会性决定因素通过政策和实践产生更负面的影响。为减轻 1929 年大萧条的影响而制订的"新政"（New Deal）策略和项目，是为改善人民生活、提升总体繁荣以实现美国梦的一整套卓越政策。新政时代的政策有一个项目叫低利息房屋贷款。联邦政府在新政时代推出的这项低息贷款政策，通过首付最终价格的 20%，让更多美国人买上了房（Katznelson，2005）。1933 年的"房屋拥有者贷款法案"（Home Owners' Loan Act）成立了房主贷款公司（HOLC），通过对非农家庭抵押贷款的财务再援助，帮助那些有丧失抵押品赎回权风险的家庭。本质上，HOLC 从银行买下这些有问题的抵押贷款，对房屋拥有者重新发放新的长期（15 年）分期偿还房屋贷款。

新政时代之前，买房人必须储存总房屋价格的很大一部分作为首付，然后在 3 至 5 年内还清所有贷款。实行低息贷款以后，抵押贷款公司在实际操作中使用歧视性的措施，致使有色人种在获得这项低息贷款时遭到系统性的拒绝。一些银行对少数族裔为主的居民区采取歧视措施，不对那里的房屋拥有者贷款（Conley，1999；Oliver and Shapiro，2006）。更有甚者，联邦住房管理局贷款广泛用在美国大城市郊区。这样做的结果，使许多中心城市人口下降，剥夺了中心城市的就业机会，减少了对那里新居住区和商业区的投资，同时造成城市服务能力匮乏（Farley et al.，1994；Oliver and Shapiro，2006）。

这些歧视性的做法对个人和人群产生直接影响，不仅使人们可以获得的有助于健康的资源在数量和质量上都大大降低，而且影响了这些人的财务能力。例如，房产证券占据了美国人财富的很大比例（Conley，1999；Oliver and Shapiro，2006）。尽管政府为减轻大萧条对房产拥有者的影响采取果断措施，但它使社会中的某些阶层边缘化，使他们无法享受到与居住在郊区的人相同程度的福利。

在政策和实践中奉行的系统种族主义，至今仍影响到住房领域。白人为主的居民区住房，远比那些位于非洲裔为主居民区的房屋值钱（Adelman，2004；Alba and Logan，1993；Charles，Dinwiddie and Massey，2004）。到 2017 年，白人房屋与黑人房屋的价值之比为十比一。

六　压力

考察健康的社会性决定因素，另一个重要方面是压力。人类有抵抗压力的韧性，他们能适应环境，避免恐吓（McEwen，2003b）。但是，压力，如同好的健康状态，并不总是均匀分布（Meyer et al.，2008）。虽然我们每个人似乎每天都要应对压力，但是，压力的类型、时间性以及长度有很大区别。人们所占有的资源，无论是金融的还是社会的，会在日常压力出现时起到巨大的帮助作用。Sarah Gehlert 及其合作者（2008）考察了环境压力对体质压力荷尔蒙的影响，发现它对黑人的影响甚于白人，导致黑人由此影响引起的死于乳腺癌的比例高于白人。

研究者日益关心压力是如何导致疾病的，特别是惹人烦恼的慢性压力（Kemeny and Schedlowski，2007；Seeman et al.，2010）。慢性压力对健康产生短期和长期的影响。例如，Krieger 描述了社会心理的压力如何在一段时间中溶于人们的身体中，就像社会在生物学意义上溶于人体中一样（Krieger，2001b）。Bruce McEwen 将适应负荷（allostatic load）描述为身体的"磨损"，它随人们慢性压力的增长而出现（McEwen，2003b）。Geronimus 及合作者（2006）开发了"侵蚀"（weathering）的概念，它指人们在慢性压力下所经历的累积起来的不利因素，在生命过程中加速了人的衰老。这些不同的理论模型解释了经历社会压力如何影响到不健康。

社会工作学者 Michael Spencer 和 Leopoldo Cabassa 与社区有关人员合作，希望通过改变饮食，改变人们与文化相关的健康行为。例如，底特律 REACH 项目与拉丁族裔社区合作，为糖尿病患者制定保持健康的讯息。这些通过社区内的社会变化而实施的干预项目，收到了小规模但具有统计意义显著性的血红蛋白 A1c 降低，表明干预对糖尿病有积极作用。确实，社会干预项目能通过改变生物机制降低健康不对称（Spencer et al.，2011，2013）。纽约 Mt. Sinai 医院的社会工作部，主要在社区而不是在传统的医院工作。密歇根和纽约的例子表明，这两个州正引领我们的行业对社区健康工作者提供标准化的培训并开发相关的证照制度。

生命过程中长期的慢性压力，叠加在一起，可以造成细胞层面的功能失调。这方面的例子包括，染色体端粒变短、炎症以及免疫功能下降（Geronimus et al.，2006；Kemeny and Schedlowski，2007；Link and Phelan，2002；Seeman et al.，2010）。例如，学者们提出一个假设，慢性压力负面地影响到染色体端粒，随之影响到细胞老化，因为这些染色体端粒保护我们的染色体（Buwalda，2001；Kemeny and Schedlowski，2007）。此外，压力负面地影响到免疫功能，使长期受压力困扰的个人更容易患上传染性或其他疾病（Link and Phelan，2002；McEwen，2003a）。来自心理神经免疫学领域的证据显示，慢性压力导致的功能失调会引起炎症，炎症又是心血管疾病的主要致病因素。心血管疾病已成为美国主要的死亡原因（Borrell et al.，2010；Kershaw et al.，2016；McEwen，2004）。

七 社会背景对健康的影响

社会背景，特别是人们所居住的居民区，对美国种族群体在健康不对称上产生着深刻影响。社会背景不仅影响到社会规范的形成，影响个人从生命早期就形成的健康行为，而且深刻影响到压力、应对压力的缓解措施以及其他一些影响个人的因素（Diez Roux and Mair，2010；Jackson et al.，2010；Link and Phelan，1995）。人嵌套于社会网络之中，遵守着某些社会规范，而这些规范可能并不有助于生活习惯的改变；人们的习惯并不总是与健康和健康照护工作者所期望的习惯相符。

例如，人们通过饮食与人互动，于是，重要的社会文化因素就是我们在开发改善饮食习惯的项目时必须考虑的。要求个人改变他们的健康行为，事实上就是要求人们在他们所参与的社会网络上做出重大改变。社会规范可能还会影响到，在何种程度上人们能够戒除健康工作者认为不健康的食品（Bandura，2001；Jackson et al.，2010；Rose，2001）。如果一个人在家中吃饭，家里的晚餐通常是高热量食品，这时要求他限制食用由家里准备的食物就很困难，这不仅是因为这样的限制强制他拒绝从小习惯了的、钟爱的食品，而且对准备晚餐的家人来说，也是一种负面的冒犯行为。

这一点，正是健康的权利作为人权，与健康作为责任的分享，所对立之处（Acharya，2016）。人们可能偏爱于从小喜欢的食物，或者缺乏其他的选择，而忽略自我照护。基于这样的现实情况，有学者提出，制度必须在指导个人选择方面扮演重要角色（Brudney，2016）。从这个思路出发，某些城市（如纽约）和国家（如墨西哥所实行的软饮料税）已经开始禁止使用某些不健康的食品，或对这些食品课重税（Halpin et al.，2010；Jacobson and Brownell，2000）。

环境的因素也对健康行为产生影响。在一些非裔美国人聚居的街区，快餐食品店和销售酒精类饮料的商店多于综合杂货店，使得这里的居民很难采纳健康行为（Jackson et al.，2010；La Veist and Wallace，2000）。使用巴尔的摩流域流行病研究的数据，Mezuk 与合作者（2011）发现，不良健康行为是应对压力（主要是社会不利因素产生的压力）的有效手段，它们能够减缓由压力造成的抑郁。确切地说，当压力增强时，有不良健康习惯的非裔美国人在抑郁上的风险事实上降低了。此发现说明，不良健康行为可以让人得到暂时的心理舒缓，减轻由慢性压力和社会不利因素产生的紧张；但是，从长期看，不良健康行为增加了体质健康问题的可能性。

毋庸置疑，健康很大程度上由个人选择决定，如保持合适的饮食，适当锻炼，以及寻找预防性的健康照护。但是，健康的社会性决定因素（在哪居住，居民区内置资源等），却超出个人的控制范围。认识健康在宜居生活方面社会性的决定因素，有助于我们促进健康，在微观上消除障碍、在宏观上增进积极的健康行为。

第五节　如何解决健康社会性决定因素方面的问题？

CSDH 的报告建议美国各州采取如下措施应对健康社会性决定因素方面的问题：（1）改善日常生活条件，即人们出生、成长、居住、工作并变老的社会经济环境；（2）解决权利、金钱以及资源方面结构性不平等；（3）评估干预项目，扩充知识库，增强大众对健康社会性决定因素的认知。重要的是，CSDH 要求各州，在一代人的时间内，找到并使用以证据为本的提升、维持健康平等的实务项目（Commission on Social Determinants of Health，2008）。恳求人们吃健康食物或做更多的锻炼是不够的。降低健康不对称并从整体上改善所有人的健康状况，要求我们解决健康社会性决定因素方面的问题。有效应对健康的社会性决定因素，要求我们从源头着手，找到复杂的解决方法。找到这些方法是有难度的，因为它要求跨部门的方法和巨大的成本，包括州政府的承诺以及花费政治资本。

在改善低收入家庭的经济条件方面，一些学者（Kim et al.，2015；Sherraden et al.，2016）开发并推广了儿童发展账户（CDAs）项目，以帮助这些家庭积累资产（见本书第六章更详细的讨论）。已有数据证明，即使个人较低水平的储蓄，依然能在较长时间内帮助累积资产。俄克拉荷马州已采用这个项目并实行了普遍的儿童发展账户项目（俄克拉荷马儿童 SEED 项目）。数据表明，与控制组相比，参加 SEED OK 项目的家庭更可能为他们的子女开一个"大学储蓄账户"（Nam et al.，2013）。这些适中的投资，让参加 SEED OK 项目的家长对子女有了更高的教育期望（Kim et al.，2015）。还有学者认为，实施"婴儿债券"可以帮助降低在财产方面的种族不平等（Hamilton and Darity，2010）。Hamilton 与 Darity 建议，美国可在儿童发展账户这个平台上进一步提升规模，对财富最低的 25% 儿童注入 5 万—6 万美元。他们辩护道，这个规模的投资对解决根深蒂固的、历史遗留下来的财富方面的种族不平等起到关键作用。这种金融资源上的逐步注入，将对许许多多贫穷的美国家庭起到改革性的作用，并有可能改善总体健康和整个国家的福祉。

有一项名为"有条件现金转移"（CCT）的国际性政策干预项目，已显示出改善社会健康的积极效应。CCT 项目 20 世纪 90 年代首先在墨西哥发起，之后在非洲、亚洲、拉丁美洲的许多国家开发了各自的 CCT 版本。在拉丁美洲国家，主要对符合条件的贫困怀孕妇女发现金，条件是她们必须使用预防性健康服务，参加健康教育课程，保证学龄儿童入学读书。研究表明，拉美的 CCT 项目提升了妇女的能力，改善了儿童的健康、营养和教育（Department for InternationalDevelopment，2011；Lagarde，Haines and Palmer，2007，2009）。类似的还有孟加拉的试验性补助金券项目，该项目显著提高了妇女到有资质的服务提供者那儿接受产前、分娩和产后服务（Nguyen et al.，2012）。为保证所有人的健康生活，来自不同领域的研究者与实务工作者的合作至关重要。

有效应对健康的社会性决定因素，必须开发更有解释力的社会理论，找到产生疾病的社会经济的基础性原因，找到解决健康不对称问题所需要的在不同层面和系统之间的干预项目。多层面的视角，可以帮助解决个人、家庭、社区、组织和政策等不同层面的问题。例如，我们已经知道，个人与社区社会经济地位的交互影响是死亡率的显著性决定因素。

要在健康生活习惯方面开发有效的干预项目和政策，社会工作实务人员任务艰巨。工作压力和家庭责任，使个人通常没有时间或精力做出某些生活习惯的改变，以延长寿命并改善生活质量。弱势群体成员最需要这方面的干预和信息，但这些人却又最难触及和影响到。这方面，社会工作教育者还要继续努力，通过课堂内外现实生活的例子，提高学生面对这类挑战的能力，将课堂知识用到解决实际问题的方法中。此外，发展有效的社区伙伴关系，有助于学生学习并同时满足社区机构和组织的需求。

健康的社会性决定因素整合于个人对资源的获取之中，并通过不同的机制影响到多方面的疾病结果。从源头上理解这些机制的性质，最好的办法就是与社区的利益相关者结成伙伴关系。社区参与和基于社区的参与式研究方法，把研究和社会变化结合在一起，已被证明是有效的；这方面，有一些以教堂为基础的糖尿病预防项目可以参考。让利益相关者参与进来的做法，同时还让社区成员感到这些干预项目是他们"自己的"项目，保证了项目的可持续性。

应对健康的社会性决定因素，需要多部门和多层面的配合协调。这里，结成伙伴关系很重要。伙伴关系可以帮助有效解决健康的种族不对称问题（Gehlert et al.，2014）。由于有各种因素阻碍个人达到最优健康水平，有必要与健康照护机构之外非传统的伙伴结成合作关系。对健康的影响，在人们踏入健康照护系统之前就已经开始了，存在于我们的家庭、学校、工作场所、居民区、社区之中。所以，为解决健康不对称、降低不平等、实现健康平等，需要建立多重伙伴关系。

一些组织，如总部设在加州奥克兰的"政策链接（PolicyLink）"组织，已经领导并开发了改善各类居民区经济、社会和健康地位的多重机构发展策略。PolicyLink 在他们的网页上（www. policylink. org）提供了一系列有助平等的工具，包括平等发展工具包，旨在开发社区机遇以实现结果平等。PolicyLink 通过"平等高层会议"及例行网络研讨会等不同渠道，展示了全国不同社区在这方面的原创性工作。

Robert Wood Johnson 基金会致力于建设一种"健康文化"。该文化的目标，就是建立跨越社会人口（如种族）的优质健康和福祉（www. rwjf. org）。为实现健康文化，该基金会已做出实现健康平等的行动计划。这个计划要求对个人和家庭提供健康选择，提升政府、商业、个人以及组织之间的合作，达到建立健康社区的目的。为达到这个目的，该基金会使用"健康文化奖金"宣传并评估美国不同社区为实现健康平等的目标所做的工作。

此外，必须重视那些影响人们在逆境中成功的因素。尽管在健康方面存在种族不对称，许多人活下来了并取得成功。清醒地认识到居民区中有利于社会经济弱势人群的资源非常重要。例如，社会联络程度是影响个人、社区风险以及抗逆力的一项主要因素（Cattell，2001）。人与人之间的社会网络和社会支持，是降低压力、整合资源的关键渠道（Krause，2006；Link and Phelan，1995）。官方的社会服务机构也许不能满足不利社区的需要，非正式的关系网却是个人赖以生存的渠道。提升社区中已经存在的有机社会关系网，可以加强居民区的信任度、安全感、集体效力以及人际交往规范（House，2002；Leventhal and Brooks-Gunn，2000；Rose，2001；Sampson，Raudenbush and Earls，1997）。加强社区与其他部门如商业或政策制定者等方面的联结，可以为社区赋能，通过倡导性活动获得居民过上成功生活所必需的资源（Israel et al.，2006；Israel et al.，1994）。这方面，我们仍然需要开发社会理论，指引我们探索抗逆力因素和影响健康的多层次因素，克服困难实现跨部门利益相关者的联合。

"健康人 2020"（Health People 2020）运动的目的，就是传送信息，并在全国、州和地方的各级层面上改良健康政策和实务。它的另一重要目的就是提升公众、个人和社区认知，提高他们对预防慢性疾病、发病率、致残率以及过早死亡的认识。通过健康保险覆盖获取健康服务，是一项卫生政策的方法，以帮助个人取得有质量的预防和治疗服务。

"平价医疗法案"（Affordable Care Act，ACA）已经提高了那些低收入和无保险人群获取健康照护的能力（Koh and Sebelius，2010）。这个法案同时帮助非营利卫生组织扩展它们的社区津贴项目。ACA 法案还要求健康照护组织制定社区的需求评估和健康改进计划，指导这些组织对所服务社区在慈善照护之外做投资。通过对社区投资，鼓励整体人口健康，这是全国的最高利益。

提供证据为本的照护对降低健康不对称起着重要作用。获取有品质的健康照护、并由专业卫生人员提供服务，是预防并发现疾病的关键。从业人员和他们的助手可以通过最新的、以证据为本的临床操作指南提升大众的健康行为。临床人员必须知晓个人为得到健康照护而存在的经济障碍，为病员推介处方津贴项目或 Medicaid/Madicare 报销的治疗方案（Gottlieb, Sandel and Adler, 2013）。

在地方和州层面上实行公共政策，包括对烟草和低营养食品（如软饮料）征税，以及法定的食品标签制度。相似地，烟草使用政策规定了对烟草制品的获取，禁止烟草广告和烟草商赞助，以及禁止在某些环境吸烟（如工作场所，餐馆，公共交通，及大众场所；Jacobson and Brownell, 2000）。城市规划的倡议项目，如建设步行与自行车通道、增设相关灯光，已经改善了现存的环境并提升了社区体质锻炼（Halpin et al., 2010）。其他的例子包括一些地方和州采纳的"区域法律"，对快餐店选点做出规定，并要求公立学校必须在它们的食堂提供健康食品。

从全球范围看，世界卫生组织已经制定了《烟草控制框架公约》（FCTC），以帮助发展中国家降低烟草使用、并在这方面采纳以证据为本的策略（WHO, 2003）。2015 年，联合国采纳的 17 项可持续发展目标中，有三项旨在保障健康生活并到 2030 年提升所有年龄人的福祉（UN, 2015）。联合国建议成员国关注健康不平等，找到去除不平等的方案，包括降低母婴死亡率。大多数成员国现在都有了公共政策，降低烟草使用，禁止儿童婚姻以及对妇女施暴。例如，2011 年尼泊尔的烟草控制和规范法案遵循了绝大部分 FCTC 条款，如禁止对孕期妇女和 18 岁以下人销售烟草制品（Ministry of Health and Population, 2012 年）。私立基金会，如盖茨基金会不仅关注为所有儿童打预防针的方案以根除脊髓灰质炎和疟疾，并且注意提升健康社会性决定因素有关的价值观，以消除健康结果上的差距。盖茨基金会最近承诺了 8000 万美元，以增强妇女和女孩能力，消除性别差距，帮助中低收入国家实现联合国可持续发展目标。

尽管我们这里讨论的为降低健康不对称、提升健康和福祉的努力不可能涵盖全部，它们提供了这个领域多层次公共卫生方法的基本思路。设计预防和干预项目时，必须考虑目标人口、目标行为以及它们的社会、政治和环境背景。在影响个人的保护性因素方面获得更多信息，将有助于设计多层面的干预项目。那些在不利社会环境中成功抗逆的个人经验，也是宝贵财富，能够为有创意的解决方法提供思路（Walsh，1996，2016）。对各种因素的审慎思考，有助于找到与文化调适的健康项目。一些公共卫生研究学者认为，与文化调适的项目是改进健康最有效的手段（Kreuter et al.，2005；Sanders Thompson，2009）。

必须把健康的社会性决定因素的视角，整合于科学政策的制定、特别是对国家研究基金侧重点的确定上。如前所述，对个人和社区的侧重通常错误地划归到对卫生专业人员的侧重上。同样，对机构的基金侧重，如对美国国立卫生研究院的侧重会被错误地当作对社区需要的关注（Syme，2008）。例如，在社区工作中，一些为健康的社会性决定因素投放的社区资金，往往投到经济机遇、学校质量和安全等方面，而不是某些疾病或影响疾病的条件。结果，在开发项目解决健康不对称的时候，很多干预项目通常无法满足社区成员的需要，解决他们需要解决的问题。

社会工作教育工作者必须关注从生物到社会层面的所有影响因素。导致不健康的社会问题是多维度的。我们必须准备一支队伍，他们会使用宽泛而整合的方法，以解决面临的问题。在社会鼓动方面配合研究和实务，是显著提升人口健康有意义的做法。通过这些努力，我们可以让更多的人过上宜居生活。

第 三 章

||◆||◆||◆||◆||◆||◆||◆||◆||◆||◆||◆||

减轻贫困

Mark R. Rank

　　如导论所述，社会工作在 20 世纪的出现主要是为了回应普遍存在的贫困和经济匮乏状况。几十年来，贫穷一直是社会工作专业最为关注的问题。本书探讨的很多问题都因受到贫穷所带来的破坏性影响而被削弱：无论是在减少健康不对称、促进公民参与、为弱势群体开发资产，还是在其他很多方面，贫困都是阻碍这些目标实现的巨大障碍。

　　因此，贫困这一主题已经成为社会工作专业关注的核心问题。事实上，甚至可以说"解决贫困问题"是社会工作专业的根基所在。正如 Barbara Simon 所说，社会工作最初的两个使命是"为绝望的人们减轻痛苦"以及"建立更加公平和人性化的社会秩序"（1994：23）。这个使命直到今天依旧回响在耳边。美国社会工作协会的"伦理准则"开宗明义地指出："社会工作专业的主要使命就是去提高人类福祉以及帮助人们满足基本的生存需要，特别是要关注那些处于弱势、受压迫以及生活在贫困中的人们的需要，并为他们增能。"同样，社会工作教育委员会（CSWE）的课程政策声明宣称："社会工作专业的目标要通过寻求社会和经济的公平、保护人们的权利、消除贫困以及提高当地和全球人民的生活质量来实现。"

　　社会工作对减轻贫困十分重视的原因至少有两个。首先，贫困被看作对一个公正社会的破坏。在像美国这样富裕的国家，不仅有许多人不能享有这种繁荣，而且他们生活在匮乏的经济环境中，这显然是不公平的。正如导论所述，社会工作专业的特征之一就是强调要努力创造一个更加社会公正的世界。无论从国内还是国际层面上来看，贫困都是实现这样一个公正世界的主要障碍。

其次，如前文所述，长久以来社会工作者都明白：贫困问题是他们每天都要面对的许多困难和问题的根源。研究表明，无论是有关种族或性别的不平等、家庭压力、儿童福利、经济发展或者很多其他的主题，它们都与贫困有着错综复杂的联系。所以，减少贫困问题被视为是努力提升福祉和帮助人们满足基本需要的关键所在。因此，社会工作专业长久以来通过研究、实践、组织和倡导的方式在地方、州和联邦各级开展减贫工作。

除此之外，很显然贫困问题严重损害了宜居生活的总体愿望（Hick and Burchardt，2016）。正如本章所讨论的，贫困摧毁了个人、家庭和社区的发展与福祉。此外，贫困需要整个社会为其投入巨大的资源。因此，减轻贫困对帮助更多个人和家庭实现宜居生活的能力是重要的一步。

本章分为四个部分，首先讨论贫困的普遍性，特别是在美国的情况；其次探究贫困对实现宜居生活的影响；接下来探讨贫困的驱动和持续机制；最后，回顾减轻贫困的一些方法。

第一节　贫困的范围

我们从贫困的程度展开讨论。定义和测量贫困的方式多种多样（见 Kus，Nolan and Whealan，2016；Smeeding，2016）。在美国，贫困是以低于官方认定的最低年收入标准来定义和测量的。在 2018 年，这个标准对于一口之家为 12784 美元，四口之家为 25701 美元，九口及以上家庭为 51393 美元。因此，如果一个四口之家在 2017 年的年收入低于 25701 美元，那么该家庭将会被官方认定为这一年处于贫困水平。贫困线的背后意味着在一段时期内，低于这个标准的人们在购买最低生存需求的商品和服务时存在很大困难，这些生活必需品一般包括食物、房屋、衣服、交通等。

依据这个测量指标，美国 2018 年的贫困率为 11.8%，这意味着有 3810 万人，也就是大约八分之一的美国人处于贫困。如果我们把贫困线的标准提高 25% 就会发现，大约有 5170 万美国人低于贫困线水平，占总人口的 16%。我们应该注意的是，无论如何划定贫困线，这一数字代表的是最阔绰水平上的贫困，即贫困人口在该水平线下的贫困程度差异较大。例如，在 2018 年，3810 万低于官方贫困线的人口中，有 45% 的人低于贫困线标准的一半，即所谓极端贫困。

在过去的 50 年里，美国的总体贫困率大约在 11% 到 15% 之间，在经济衰退期有所上升，在经济强盛期有所下降。一些群体（如老年群体）的贫困率在 50 年间大幅下降，而对于其他群体（如儿童群体），贫困率则有所上升。

有相当多的数据表明部分群体在特定年份内可能更容易遭受贫困。在劳动力市场上处于不利地位的个人会面临更高的贫困风险。因此，那些受教育程度较低、有残疾、单亲家庭、非白种人、妇女、儿童、年轻人以及居住在市中心或者偏远乡村地区的人们都有很高的贫困风险（U. S. Census Bureau，2019a），上述每一种特征都会使个体在竞争好工作和优势机会时处于劣势地位。

国际上广泛使用的另一种贫困测量方式是将贫困定义为低于一个国家家庭收入中位数的一半。因此，如果一个国家家庭收入的中位数为 60000 美元（2018 年美国的大致情况），那么收入低于 30000 美元将会被视为贫困。这种测量方法还经常被运用于贫困的跨国比较中。在 2016 年，按照这种相对贫困的衡量标准，美国的贫困率为 17.8%（Organisation for Economic Cooperation and Development，2019）。而相比之下，经济合作与发展组织中大部分经济发达国家的贫困率要低得多。例如，斯堪的纳维亚

（Scandinavia）国家①和比荷卢经济联盟②的相对贫困率基本处于 5%—10%，而美国的贫困率则处于 15%—20% 之间。

还有一种测量贫困的方法是从生命历程视角出发。这种方法不测量特定年份有多少美国人处于贫困线之下，而是测量有多少人在一段更长的时期内处于贫困状况。通过这种方法，Mark Rank 和他的同事已经证明人们在成年后陷入贫困的风险相当高。如果用一定的方式对贫困以及时间段进行定义，那么超过一半的美国人将会在人生某个特定的时刻陷入贫困。

例如，51% 年龄介于 25—60 岁之间的美国人将经历至少一年的贫困（如果将贫困定义为收入低于官方贫困线的 150%）。然而，如果我们对贫困采取更广义的视角，这一比例将变得更高。在这种情况下，79% 年龄介于 25 至 60 岁之间的美国人将经历一年的贫困、使用安全网项目（safety net program）或者遭遇失业（Rank，Hirschl and Foster，2014）。这些比例之所以这么高，是因为使个人和家庭陷入贫困的事件在长时期内更有可能发生（例如，失业、家庭分裂、突发健康问题）。

使用相对贫困测量的深度生命历程分析发现了类似的模式（Rank and Hirschl，2015）。在 25—60 岁，有 61.8% 的美国人至少会有一年处在美国收入分布的 20% 以下，而有 42.1% 的人至少有一年处于 10% 以下。

从生命历程的相关分析中可以得出的结论是：贫穷是会在大多数美国人生活中的某个时刻击溃他们的生活事件。而更糟糕的是，贫穷对个人、家庭和社区福祉都会产生负面影响，我们现在讨论几个这方面的影响。

第二节　贫困是宜居生活的障碍

虽然人们的许多经历与贫困有关，但我在早期研究中就论证过，有三

---

① 斯堪的纳维亚半岛位于欧洲西北角，包含两个国家：挪威和瑞典。

② 比荷卢经济联盟，指比利时、荷兰、卢森堡三国共同建立的联合经济组织所包含的国家。

类经历尤其体现贫困的本质（Rank，2004），它们每一类都严重损害了个体和家庭拥有宜居生活的能力。这三类经历是：（1）为了日常生活必需品做出重大妥协而不得不做一些事；（2）由于生活的匮乏而忍受高水平的压力；（3）由于贫困状况而使自身的发展和潜能受限。

一　向生活妥协

根据定义，贫穷意味着基本资源的短缺或匮乏。韦氏词典用三种方式来定义贫穷："1. 一种拥有很少或没有金钱、物品或生活来源的状态或条件；2. 缺乏必要或理想的要素、品质等；3. 贫乏或不足。"向生活妥协就是贫穷经历的典型缩影。

这种状态包括在食物、衣服、居所、医疗保健和交通等基本资源方面的短缺和妥协（Kus，Nolan and Whelan，2016），也意味着缺少很多人认为理所当然的一些物品和服务，像使用支票的方便，外出吃午餐的愉快等。简而言之，贫困体现了一种"对必要或理想要素的缺乏"，而这些要素是大多数人都拥有的。

尤其具有危害的是，生活在贫困中往往意味着不得不放弃足够均衡的饮食和充足热量摄入（Barrett and Lentz，2016）。一些大规模的研究表明，生活在贫困中的人常常会出现饥饿、营养不良，或在一个月的某些时刻对饮食做出不健康的调整（Coleman-Jensen et al.，2018）。上述这些风险对儿童和成年人都会产生影响（Food Research and Action Center，2018）。

第二个贫困家庭需要妥协的关键领域是健康。流行病学中最一致的发现是较低的社会经济地位（特别是贫困）会对个人的健康质量产生消极影响（见本书第二章）。贫困与许多健康风险有关，具体包括心脏疾病、糖尿病、高血压、癌症、婴儿死亡率、精神疾病、营养不良、铅中毒、哮喘、牙科问题以及其他各种大小疾病（Angel，2016）。研究结果表明，贫困人口的死亡率约是富裕人口的 3 倍（Pappas et al.，1993）。正如 Nancy Leidenfrost 在其文献综述中所指出的，"贫困人口和高收入人口之间的健康差距在健康所涉及的各个方面几乎都是普遍存在的"。

此外，贫困常常对儿童的健康状况产生消极影响，进而影响他们成年之后的福祉。Bradley Schiller 的例子可以说明这一点：

> 处在贫困中的母亲所生的孩子很有可能会在产前和产后都存在营养不良的情况。此外，这样的孩子不太可能接受合适的产后护理、疫苗注射或者甚至不太可能接受眼睛和牙齿的检查。因此，这些孩子很可能在长大后更加容易生病和陷入贫困，在最极端的情况下，他们甚至会受到器质性脑损伤。（2008：136）

尽管医疗补助、医疗保险和"平价医疗法案"有助于增加美国贫困人口获得医疗保健的机会，但是在对比医疗服务的使用与服务的需要时，低收入家庭的比例最低（Angel，2016）。例如，一些贫困人口没有医疗保险（16.3%），并且就算有保险，保险通常在承保范围方面是有限制的（U. S. Census Bureau，2019b）。

正如健康需要向贫困妥协，能否生活在一个安全和体面的社区对于贫困人口来说也是如此。虽然大多数穷人并不生活在极度贫困的市中心区，但贫穷仍然限制了一个社区的总体生活质量水平（Pattillo and Robinson，2016）。此外，住房市场上的种族歧视进一步限制了少数族裔，特别是非裔美国人的选择空间（Desmond，2016；Massey，2016）。

被限制在低收入社区加上交通不便，贫困者往往要花费更多的金钱和时间购买基本必需品（Caplovitz，1963；Dunbar，1988；Edin and Lein，1997）。更为讽刺的是，这些原本拥有最少资源的人们却往往要为基本物品和服务付出最大的代价，无论是金融服务，还是健康食品开销。

同样显而易见的是，缺乏金融资源造成了一种必须在必需品之间做出艰难选择的局面，这包括在平衡食物、衣服、住所、水电等需求方面做出妥协。众所周知的"要取暖还是要食物"困境多次在研究报告中被提及，这些报告指出贫困人口必须在各种基本需求的满足之间做出优先选择（Bhattacharya et al.，2003）。

简而言之，费力获取并在某些时候放弃我们大多数人认为理所当然的生活必需品和资源是在贫困中生活的一个缩影。它是向生活妥协的一种窘境，也是被排除在简单的生活乐趣外的一种苦涩。显而易见，贫困削弱了人们过上宜居生活的能力。

二 贫困的压力重担

前面的讨论得出了一个结论，贫困是处于这个阶层的人们肩上的重担。贫困的负担通常是个人必须承受的重负。本质上，贫困会放大日常生活和关系中的压力（Abramsky，2013；Desmond，2016；Edin and Shaefer，2015）。我们每个人一生中都有一系列的问题和焦虑需要处理，例如，我们常常疲于处理好与配偶、孩子、朋友、同事等各种关系；贫困则加重了个人内部的压力和紧张，进而也加剧了他们人际关系中的压力。

以婚姻关系为例，很多研究发现，贫穷和低收入增大了分手和离婚的风险，并且与家暴和儿童暴力有关（见本书第 7 章）。社会中常常发生由于失业导致人们陷入贫困并因此给婚姻带来巨大压力的情况。研究表明失业会对婚姻关系产生非常严重的负面影响（Edin and Shaefer，2015），但是当它与贫困交织在一起时，便会创造出一种具有特别破坏性的组合。

在许多方面，单亲家庭遭受的贫困压力更大。对于这些妇女来说，她们没有伴侣可以在前文提到的日常危机和窘境中为她们施以援手。此外，大多数单亲家庭的家长从事两份全职工作（在工作单位和家里），而由辛劳工作造成的压力、挫折和疲惫会对照顾和抚养儿童产生消极影响（Gibson-Davis，2016）。

结果，穷人所面对的经济压力导致他们一直处于巨大的精神压力和痛苦中。流行病学研究证明，这种压力会导致健康状况恶化和发展迟缓。

三 发展迟缓

生活匮乏和贫困生活的压力往往会遏制个人的成长。用树的生长来打个比方，如果一个人不能为一棵树提供适当的营养，同时又创造了压力重重的环境条件，这将会导致它无法发挥其全部的潜能进行生长，并且经常会出现明显的生长迟缓和枝干畸形。

贫困人口也是如此。食物、住所、教育和其他基本资源的缺乏加之贫困所带来的压力造成了个人发展的迟缓，这种发展迟缓有时是显而易见的，但大多数情况下往往隐藏在表面之下。此外，贫困的持续时间越长，贫困的程度越高，消极影响越大，儿童发挥其潜力的能力也会被贫困严重阻碍。

这些负面影响广泛存在于各个领域，其中最显著的可能是对幼儿身心发育的阻碍作用。研究表明，与非贫困儿童相比，美国贫困婴幼儿的身心发育水平（以多种方式测量）要低得多（Mcloyd，Jocson and Williams，2016）。

此外，贫穷的持续时间和程度都加剧了这些负面后果。在关于贫困对幼儿认知、语言能力以及早期学习成绩的影响研究中，Judith Smith 和他的同事们发现"贫困的持续时间对幼儿的智商、语言能力和学习成绩都有非常负面的影响，长期生活在贫困家庭的儿童在各项评估中都比从未陷入贫困的儿童低 6—9 分。此外，长期处在贫困中的消极影响似乎随着孩子的成长而增强"（1997：164）。他们还发现"家庭贫困对孩子的影响因一个家庭是极端贫困（家庭收入低于贫困水平的 50%）、贫困还是接近贫困的不同情况而产生很大的区别，生活在极端贫困家庭的儿童比生活在接近贫困家庭的儿童低 7—12 分"（1997：164）。

同样地，Jane McLeod 和 Michael Shanahan 在一项调查中研究了贫困时间对儿童精神健康的影响，他们发现"即使考虑到当前的贫困状况，贫困时间的长短也是儿童精神健康的重要预测因素。当贫困持续的时间增加，儿童的不安、焦虑和依赖感也随之增强"（1993：360）。

随着儿童年龄的增长，如果他们继续生活在贫困中，那么在贫困中成长的不利因素会成倍增加。这些不利因素包括上较差的学校（Hanaumand and Xie，2016），处理劣势社区的各种问题（Wilson，2016），生活在受教育程度较低的家庭（Mayer，1997），健康需求被忽视（Rylkoand Farmer，

2016），以及其他许多不利因素。

随着贫困对青少年的不利影响继续增加，当到了 20 岁时，他们在劳动力市场上的有效竞争力往往处于明显的劣势，这反过来又增加了他们成年后经历贫困的风险（Fox，Torche and Waldfogel，2016）。这一代际过程会在本书第五章做进一步讨论。

随着成年后年龄的增长，贫困的阻碍作用虽然逐渐减小但依旧真实存在。这些阻碍作用包括对身心健康、工作效率、公民参与和生活其他方面的负面影响。

可以说，贫穷的第三种苦涩所涉及的是无法充分发挥自己和孩子的潜力，这可能是最难以接受的痛苦。贫穷能够有效削弱我们所有人身上的能力，将这称之为悲剧并非夸大其词，因为这正是人类失去潜能的原因。

四 贫困的经济代价

正如我们刚刚所讨论的那样，贫困给那些属于贫困阶层的人带来了沉重的代价，然而我们通常很难认识到贫困也给非贫困人口带来了巨大的经济、社会和精神损失，这些损失对个人和国家都有影响。尽管如此，我们依旧未能及时认识到这些损失，通常人们的态度是"我并未发现自己被影响，所以我为什么要担心呢？"。

然而事实上，许多美国人热切关注的问题，诸如犯罪、医疗保健或是劳动生产率问题等都直接受到贫困状况的影响，并随之恶化。导致的结果是，公众最终为贫困的肆虐付出了惨重的代价。儿童保护基金会（Children's Defense Fund）关于儿童贫困代价的报告清楚地说明了这一点：

> 遭受贫困影响的儿童并不是唯一的受害者，整个社会都会因儿童成年后的不成功而付出代价：企业找不到足够的优秀工作者，消费者花费更多用来购买需要的商品，医院和医疗保险公司付出更多治疗本来可以预防的疾病，教师用更长时间补习和施行特殊教育，普通公民走在街上的安全感更低，州长需要雇佣更多的狱警，市长必须为无家

可归的家庭提供住所，法官必须审理更多的犯罪、家庭暴力和其他案件，纳税人必须为本可以预防的问题买单，消防员和医疗工作者必须对不应该发生的紧急情况作出回应，殡仪馆馆长必须埋葬那些本不该死去的孩子。（Sherman，1994：99）

这种对贫困代价的广义认知可以被称为"有见识的自我利益 enlightened self-interest"。换言之，通过意识到与贫困相关的各种代价，或者相反地，意识到减轻贫困所带来的各种利益，我们开始明白与贫困做斗争就是维护我们自己的利益。

由于这种联系往往不是那么显而易见，因此这种认识往往需要通过接受教育而获得，贫困就是一个很好的例子。对大多数美国人来说，贫困被视为一种个体化的状态，只会影响到贫困人口自身以及他们的家庭，或许还有他们的社区。我们很少认为一个陌生人的贫穷会直接或间接影响自身的福祉，直到通过权威知识①意识到这种影响后，我们开始明白减少贫穷在很大程度上符合我们自身的利益。

然而，估算贫困等问题的精确成本极其复杂，数额达到一美元的精确度尤其困难。尽管无数的研究表明，贫困的代价对于社会而言既是真实的也是必然的，但要把所有对社会影响的细微差别和相关成分都考虑进去是极其困难的。

尽管如此，一些人仍然试图估算贫困造成的总体损失（Holzeret et al.，2008）。这方面，最近的一次尝试是 McLaughlin 和 Rank（2018）的研究。在他们的分析中，作者估算了童年贫困对经济生产力的减少、医疗健康花费和犯罪的增加以及儿童无家可归和儿童虐待增长的影响，通过"成本—测量分析"，他们估算出美国因儿童贫困而付出的年度总成本为1.0298 万亿美元，占 2015 年整个联邦预算的 28%。此外他们还发现，为减少儿童贫困花费每 1 美元，将会为美国在贫困的经济损失中节省至少 7

———————

① 原文为 informed knowledge，我们翻译成权威知识，指通过研究而形成的知识

美元（最多 12 美元）。

归根结底，贫困，特别是儿童贫困，对美国而言是一个巨大的经济负担，这主要是因为在贫困中生活阻碍了儿童的成长，削弱了儿童的潜力。正如 Martin Ravallion 所指出的："在更为贫困家庭长大的孩子往往会遭受比其他孩子更大的个体发展差距，对他们的成年生活有着持久的影响。"（2016：595）此外，由于贫困儿童在成长过程中欠缺技能，对经济的贡献程度也较低，因而他们更容易犯罪并更为频繁地遭遇医疗问题。最终，这些费用不仅由儿童自己承担，同时也由整个社会来承担。

第三节　理解贫困背后的机制

鉴于贫困带来的损失和痛苦，我们必须思考一个问题：为什么会出现贫困？在本节中，我们认为美国的贫困主要是经济和政治层面的失败，而非个人层面的失败（Rank，1994；2004；Rank，Hirschl and Foster，2014）。

当然，在美国，人们强调个人能力的不足是造成贫困的主要原因，也就是说，贫困人口常常被认为缺乏动力，工作不够努力，没有获得足够的技能和教育，或者在他们的生活中做出了错误的决定，这些行为和特征被视为是导致人们陷入贫困并使他们持续处于贫困状态的原因（Gilens，1999；Hunt and Bullock，2016）。事实上，这正是我们以往了解这个国家大多数社会问题的方式，也就是个体病理学的方式（O'Connor，2016）。

与此相反，我们的观点是，贫困的根本问题在于事实上并没有给所有人提供足够多的可以获得的机会。虽然贫困人口确实存在个人的缺点，例如缺乏教育或技能，这有助于解释谁更有可能被排除在获得好机会的竞争环境之外，但并不能解释为什么他们在一开始就缺少这样的机会。为了回答这个问题，我们必须转向研究经济和政治结构。正是由于这些结构缺乏给美国人提供必要支持和机会的能力，导致他们难以摆脱贫困。

最显而易见的例子就是体面工作的数量与寻找这类工作的劳动力数量

之间的不匹配。在过去的 45 年里，美国经济创造了越来越多的低薪工作、兼职工作，以及缺乏福利的工作。据估计，2018 年美国大约 40% 的工作都是低薪的，也就是说，这些工作的时薪不到 16 美元（Gould，2019）。当然，除了这些低薪工作，还有数百万美国人一直处于失业状态。

例如，在过去 40 年中，美国每月的失业率平均在 4% 到 10% 之间（U. S. Bureau of Labor Statistics，2019），这些数据代表了处于失业状态而正在积极寻找工作的个人，但并不包括因为受挫而放弃寻找工作或正在从事兼职工作但希望找到全职工作的人。因此，值得人们注意的是，失业率代表了一个月内的失业人数，而如果我们把注意力放在一年中某个时间段出现失业的可能性上，那么失业人数和比例会更高。例如，美国 2017 年的月平均失业人数约为 700 万人，这代表着 4.4% 的失业率。然而，有 1560 万美国人在 2017 年的某个时候经历了失业，这代表了 8.6% 的年失业率（U. S. Bureau of Labor Statistics，2018）。

除了缺乏高薪工作外，美国也未能提供其他大多数发达国家通常都会提供的儿童照护、医疗保健和住房保障等类型的全民保障，这导致了越来越多的家庭面临经济萧条和贫困的风险。

在这里我用音乐椅的比喻来说明这种情况。设想在这个游戏中共有十个玩家，但始终只有八把可用的椅子，那么谁更有可能出局？那些更可能出局的人往往具有一些使他们在争夺椅子时处于劣势的特征（比如灵活性较低、速度较慢、音乐停止时位置较差等），我们可以轻易找到这两个人在比赛中失利的原因。

然而，由于游戏的设置决定了两个玩家出局，个人特征只解释了哪一些玩家出局，而并没有解释为什么一开始就有输家。最终，这两个玩家因为游戏没有给每个人提供足够的椅子而输掉了比赛。

我们在过去犯的一个重大错误是把谁输掉比赛的问题等同于为什么游戏事先设置了输家的问题，事实上，这是两个截然不同的问题。因此，无论是缺乏技能和教育还是生活在单亲家庭中，这些特征都有助于解释哪些人面临更高的贫困风险，而贫困一开始就存在于社会中并不是由这些特征所导致的，而是因为经济和政治结构并没有为社会提供足够的机会和支持。

通过仅仅关注个人特征，比如教育，我们可以对人们更有可能找到收入丰厚的工作进行调控，但如果没有足够的体面工作，则仍然会有人失业。

简而言之，我们正在进行一个大型的音乐椅子游戏，游戏中玩家比椅子更多。

对这一动态过程的认识标志着人们的思维与过去相比发生了根本性的转变，这有助于解释为什么过去40年的社会政策在降低贫困率方面基本上是无效的。在过去，我们把注意力和资源集中在通过各种福利改革措施激励或抑制那些玩游戏的人上，或者在非常有限的范围内通过各种职业培训项目提升他们在游戏中的技能和竞争能力，但与此同时却并没有寻求对游戏结构的改变。

当社会总体贫困率实际上升或下降时，它的上升或下降主要是由于结构层面的变化，即增加或减少了椅子的数量。经济表现尤其具有历史意义。为什么？因为当经济扩张时，劳动力和他们的家庭可以获得更多的机会（游戏中的椅子），而当经济放缓和收缩时，类似于2008年国际金融危机的情况就会发生。个人的不足或动机的上升或下降对于解释贫困的上升和下降是毫无意义的，相反，贫困人数的增加或减少却与经济状况的改善或恶化有着密切的关系。

同样，各种社会支持和社会安全网的变化也会对家庭脱离或靠近贫困的能力产生重大影响。当这些扶贫措施通过20世纪60年代的"向贫困宣战"倡议以及经济繁荣而增加时，贫困率显著下降。同样地，当20世纪60—70年代扩大社会保障福利时，老年人口的贫困率急剧下降；相反，当社会支持被削弱和侵蚀时，正如过去40年儿童项目的情况，老年人的贫困率上升。

承认贫困是一种结构性的失败也清楚地说明了为什么美国与其他经济发达的经合组织国家相比有如此高的贫困率。与其他国家相比，这些贫困率与美国人的积极性和努力程度无关，而是与美国经济所产生的数百万的用以应对全球竞争的低薪工作有关。与其他工业化国家相比，美国的社会政策在经济上对家庭的支持力度相对狭小。

从这个角度来看，解决贫困问题的关键之一是增加劳动力市场的机会，并提高对美国家庭的社会支持。通过这个方式，我们能够为那些玩游戏的人提供更多的椅子。接下来，我们将讨论减轻贫困的一些策略。

第四节　减贫策略

关于贫困的结构性分析，使我们有可能探讨减贫策略的决定因素。虽然目前存在很多的政策和倡议，但我们的讨论将集中在三个方面：（1）提供足够的有酬工作岗位以便在经济上支持一个家庭；（2）提供包含关键社会和公共物品的有效社会安全网；（3）为低收入的个人和社区建立资产。

一　提供足够的有酬工作岗位

在美国和其他国家，任何减少贫困的总体战略的关键都在于增加人们能够获得使其家庭处于贫困线以上的工作的可能性，正如 Bradley Schiller 提到的："充足的和高质量的工作是解决贫困问题最急需和最持久的办法。"（2008：296）

工作岗位不足，在美国与欧洲的表现情况有所不同。在美国，过去 40 年来的经济在创造新的就业机会方面做得相当好，而主要的问题在于这些工作中有许多是低收入或缺乏医疗保障这样基本福利的工作，它造成的结果是，尽管美国的失业率相对较低（平均为 4%—6%），但是全职工作并不能确保一个家庭摆脱贫困或远离贫困。例如，Smeeding 和他的同事们（2001）发现，25% 的美国全职工作者可以被归类为从事低薪工作（低薪工作被定义为薪酬低于全国工资中位数的 65%），这是迄今为止有关发达国家分析中的最高百分比，发达国家从事低薪工作的总体百分比为 12%。

相比之下，过去 40 年来，欧洲经济在创造新的就业机会方面更为迟缓，这导致了欧洲的失业率远高于美国。此外，工作者失业的时间也更长。但对于就业者来说，欧洲雇员与美国同行相比通常有更高的工资和福利水平，这使得欧洲的贫困率大大降低（Alesina and Glaeser，2004）。

那么，我们可以采取什么措施来解决工资水平不足以支撑家庭以及工作岗位匮乏的相关问题呢？两个广泛的举措似乎是必不可少的：第一个是改善现有的工资基础水平，使其能够支持家庭（在美国，这一点尤为重要）；第二个是创造足够多的就业岗位，能够雇佣所有需要工作的人（在欧洲，这一点尤为重要）。

在美国的背景下，我们应该从以下基准入手，即一个从事全职工作的人在一年当中（即在 50 周内每周工作 35 小时）获得的收入能够让他们有能力支撑一个三口之家处于贫困线水平以上，这样的家庭可能包括夫妻二人和一个小孩，有两个孩子的单亲家庭或者由祖母、母亲和儿子组成的三代之家。美国三口之家 2017 年的贫困线被设定为 19515 美元，因此，要使这样的家庭脱离贫困线，工作者需要每小时挣得 11.15 美元。

实现这一目标的具体方法至少有两种：一是将最低工资提高到能够支持家庭处于贫困线以上的水平，然后将其与通货膨胀率挂钩，以便在未来继续让这些家庭处于贫困线以上；二是提供税收抵免（例如收入所得税抵免［EITC］），通过增补工作者的工资使他们当年的总收入超过贫困线。

美国的最低工资标准于 1938 年 10 月生效，最初的标准为每小时 0.25 美元。它的基本概念是，任何雇员都不应低于这一最低工资标准。这蕴含着一个基本价值，即工作者在一天的工作中应获得公平的工资。然而，与社会保障不同，最低工资标准从来都没有与通货膨胀挂钩，最低工资标准的变化必须通过国会立法来实现。国会采取行动向上调整最低工资标准往往会耗费数年的时间，这往往会使最低工资标准落后于不断上涨的生活成本。美国目前的最低工资为每小时 7.25 美元，这是在 2009 年 7 月生效的标准，但在目前，一个全职工作者一年（50 周，每周 35 小时）总共能挣得 12688 美元，这个收入远远低于使一个三口之家脱离贫困线所需的 19515 美元。

如前所述，要使这样一个家庭脱离贫困线，个人每小时至少需要挣得 11.15 美元。因此，需要将最低工资提高到大约每小时 12.00 美元，然后将每年的最低工资与通货膨胀率挂钩，以保持其购买力。将最低工资标准提高到每小时 12 美元可能会在几年内逐步实现，以此分散工资提高的幅度。事实上，许多州现有的最低工资标准远远高于联邦最低工资标准。

将三口之家的最低工资标准提高至贫困线水平并将其与通货膨胀率挂钩将产生巨大的积极影响。第一，它将建立一个不让任何全职工作者陷入贫困的合理底线；第二，它将支持全职工作者供养一个三口之家使其处于贫困线以上；第三，它将强化美国人始终重视工作的价值观；第四，它将消除最低工资标准讨论中的政治争辩；第五，它将以有限的方式解决普通工作者与收入是他们 300 倍或 400 倍的首席执行官之间日益增长的不平等问题。

增补和提高低薪工作者收入的第二种方法是通过调整税收结构，特别是通过使用税收抵免来实现。这种税收抵免在美国的主要例子是收入所得税抵免制度，该制度始于 1975 年，并在 20 世纪 90 年代进行了大幅扩张。事实上，收入所得税抵免是美国目前最大的现金反贫困计划，这个计划经常被认为是美国经济政策中较具创新性的一个想法（参见 Ventry，2002，关于收入所得税抵免制度的历史和政治背景）。

该计划旨在为低收入工作者提供可退还的税收抵免，特别是绝大多数有子女的家庭。在 2018 年，如果一孩家庭的收入低于 40320 美元（或已婚夫妇收入低于 46010 美元），则有资格申请收入所得税抵免；如果三孩及以上家庭的家庭收入低于 49194 美元（或夫妻收入低于 54884 美元），则有资格申请。一孩家庭的最高抵免额度为 3461 美元，三孩或以上家庭的抵免额度增加到 6431 美元。该税收抵免金通常是作为上一年整体退税的一部分，可以一次性收到。由于该抵免是可退还的，因此，即使家庭不欠任何税款也会收到该笔款项。

收入所得税抵免的目标是在收入分配的低端提供经济救济和强有力的工作激励。没有工作收入的个人不能获得收入所得税抵免的资格，收入所得税抵免的影响在低水平人群中尤其强烈。例如，一孩家庭的户主每小时收入为 7.50 美元（她的总收入不到 10000 美元），而收入所得税抵免能够有效地将她的工资提高 3.00 美元/小时，达到 10.50 美元/小时。

收入所得税抵免制度为低收入者提供了一个重要的经济补充并鼓励他们工作。据统计，在 2016 年有 2800 万美国人从收入所得税抵免制度中受益，它还帮助了大约 580 万人脱离贫困（Center on Budget and Policy Priorities，2018）。对于仍处于贫困的家庭，收入所得税抵免帮助他们缩短了家庭收入与贫困线之间的差距。此外，该计划帮助家庭能够购买可以改善他们经济和社会流动的特定资源（如学费、汽车或新的住所）或支付日常开支（Meyerand Holtz Eakin，2002）。

为了让收入所得税抵免制度发挥更大的作用，该计划的长处应被扩大从而为无子女的低收入者提供更多的援助。绝大多数收入所得税抵免的受益者都是有孩子的家庭，但同时，我们也需要给无子女的家庭提供这些福利。我们还需要进一步研究以确定是否可以整年而不是在纳税季节一次性收到劳动所得抵免（尽管许多家庭确实喜欢这种获取方式）。一些符合收入所得税抵免资格的家庭未能成功申请并利用免税额度，这说明我们有必要更好地教育申报者了解收入所得税抵免的益处；州层面的收入所得税抵免应该被鼓励成为联邦层面收入所得税抵免之后额外的反贫困组成部分。最后，还应该考虑适当增加当前给予家庭的免税额度。（尽管前面提到的大规模扩张发生在 20 世纪 90 年代，但是联邦收入所得税抵免制度可能会在当前更接近其最佳规模；例如，见 Liebman，2002）。

扩大收入所得税抵免的政策以及提高最低生活工资标准并将其与通货膨胀挂钩将大大帮助那些尽管做出了努力却仍然无法使自己和家人摆脱贫困的美国工作者。此外，该政策开始着手解决（尽管方式非常有限）美国收入分配和工资结构的日益不平等以及不公平的问题。

创造足够的就业岗位在许多方面比补充和提高现有就业岗位的工资要困难得多（这在很大程度上是欧盟而不是美国的问题）。无论如何，提供足够数量的工作以满足现有劳动力的需求相当重要。

各种各样的劳动力需求政策都有可能促进更为强劲的工作岗位增长率。可以采取多种方法来实现这一目的：第一种方法，经济政策应该寻求以广泛的方式刺激工作岗位增长，这类方法包括增加政府支出、加强投资的税收激励、实施消费税减税等财政政策，货币政策可以通过使获得信贷变得更容易和更便宜来刺激（Schiller，2008）。

第二种方法是向雇主提供定向工资补贴以刺激就业岗位的增加。尽管这类计划的细节差别很大，但基本的概念都是雇主将获得的货币补贴用于创造职位或雇佣（通常来自定向人群）那些在没有这种激励的情况下可能不会雇佣的个人，这种方法可以针对有可能雇佣低收入和低技能背景工作者的公司和工厂。

第三种方法是通过公共就业服务创造就业机会，正如 Ellwood 和 Welty（2000）在回顾公共就业服务计划的有效性时指出的那样，全面认真的落实公共就业服务可以在不取代其他工作者的前提下增加就业机会，并且可以创造真正有价值的产出，这种方法对于那些长期失业的人来说特别重要。

总体而言，经合组织国家的总体减贫战略必须从一系列增加就业机会的政策开始，这些政策将会在经济上支持工作者的家庭使其处于贫困线以上。在很大程度上，工业国家的贫困是由缺乏工作或者缺乏能够有效支撑家庭的工作造成的，因此，政策必须在经济高度自由的市场环境中解决这些问题。

二 提供有效社会安全网以及获得关键社会和公共物品的机会

许多国家（特别是美国）减少贫困的第二个总体战略是建立一个有效的社会安全网以及提供像医疗保健、高质量教育、儿童照护和经济适用住房这样的关键社会和公共产品。

无论经济增长多么强劲，一些个人和家庭总是会陷入困境。无论是失业、意外残疾，还是一些其他意想不到的事件，人们的生活中总有出现需要社会安全网的时候和情况。在发达国家，社会安全网采用了社会福利国家所涵盖的各种计划和政策形式，而在发展中国家，社会安全网的角色通常由大家庭（几代同堂的家庭）来扮演。

Hyman Minsky（1986）指出，自由市场经济容易出现类似于周期性衰退和经济低迷这样的不稳定时期。在这些时期，安全网计划有助于充当经济的自动稳定器，也就是说，安全网在社会需要时增强，在社会繁荣时减弱。例如，随着失业率的上升，越来越多的人依靠失业保险来度过由于失业而导致的暂时性经济问题。而随着经济状况的改善，越来越多的人能够找到工作，因此不再需要失业保险。通过这样的方式，安全网计划就可以自动控制经济的内在不稳定性。

因此，社会安全网对于帮助需要援助的个人和家庭以及减轻衰退时期的经济不稳定有重要作用。美国贫困率如此高而斯堪的纳维亚国家（Scandinavian nations）贫困率如此低的原因之一就是双方的社会安全网的广度和深度不同。与其他西方工业化国家相比，美国用于援助经济弱势群体的项目资源要少得多（Alesina and Glaeser，2004；Brady，Blome and Kleider，2016；Lee and Koo，2016；OECD，1999）。事实上，美国投入在社会福利项目上的 GDP 比例比任何其他工业化国家都要小（Lee and Koo，2016）。正如 Charles Noble 所写："美国福利制度之所以引人注目，正是因为它的眼界和雄心非常有限。"（1997：3）

相比之下，大多数欧洲国家所提供的大范围的全民社会和保险计划在很大程度上预防了家庭陷入贫困之中，其中包括大量的家庭或儿童津贴，这些津贴旨在向有子女的家庭提供现金援助。同时，失业援助通常可以为失业者在失业后的一年多里提供支持，这远比美国慷慨。此外，还包括提供定期医疗保险以及针对儿童照护的大量支持。

社会政策的差异产生了不同的结果，欧洲和加拿大的减贫幅度很大，而美国的社会政策对减贫只产生了有限的影响。正如 Rebecca Blank 所说：

美国选择向低收入的家庭提供相对较少的援助带来的是更高的国家相对贫困率。尽管与其他国家相比，美国低收入家庭的人工作更

多，但是与欧洲同行相比，他们没有能力弥补政府提供的较低收入支持。（1997：141-142）

因此，美国贫困率如此之高的一个重要原因是其社会安全网的性质和范围。斯堪的纳维亚国家能够通过政府转移支付和援助政策将其很大一部分经济弱势群体的收入提高到贫困线以上，而相比之下，美国只通过其社会安全网提供了极少的支持，因此导致其贫困率目前处于工业化世界的最高水平。Jurgen Kohl 通过总结研究，得出以下结论：

> 如果在西方发达国家令人困惑的各种贫困率和风险背后有一个共同模式，这个模式可能是这样的：贫困程度和相对风险的不同反映了福利国家通过社会政策方案应对社会风险和问题的能力或意愿不同……跨国比较提供了有关完备的社会计划的例子，这些计划囊括了弱势群体的贫困风险和整体社会贫困程度。（1995：272）

除了提供一个社会安全网外，政府还必须为人们获得若干重要的社会和公共物品提供方便的准入渠道和负担得起的价格。需要特别强调的是，高质量的教育、医疗保障、经济适用住房和儿童照护对于建设和维持公民及其家庭的健康和生产力至关重要。这里的每一个方面都值得用专门的章节来讨论。

与美国相比，欧洲国家提供的医疗保健、经济适用房和儿童照护的机会和覆盖面要大得多（尽管其中许多国家的社会福利正面临越来越大的紧缩压力；Korpi，2003），所有欧洲国家都提供某种形式的国家医疗保障。此外，许多国家还提供无障碍、负担得起的和高质量的儿童照护和保障性住房。美国儿童在小学和中学阶段受到教育质量的大幅波动影响，在欧洲国家则不会如此。

我们可以得出的结论是，这些政策具有减轻贫穷和经济脆弱性的效果。此外，有一种观点认为，某些社会和公共产品是所有人都有权利拥有的，而且使人们能够获得这些资源无论在短期还是长期都会提高公民和社会的生产力。正如欧盟委员会给尼斯欧洲委员会（Nice European Council）的信函所述：

> 欧洲的社会模式及其发达的社会保障体系必将推动欧洲向知识型经济转型。人力作为欧洲的主要资产应该成为欧盟政策的焦点，大力投资人力和发展一个积极有活力的福利国家对于欧洲在知识型经济中的地位以及确保这一新经济体的出现不会使现有的失业、社会排斥和贫困等社会问题复杂化都至关重要。（Esping-Andersen，2002：18）

为人们获得这些重要的社会和公共产品提供方便的准入渠道和负担得起的价格是任何减轻贫困总体战略的关键所在。

三 资产建设

社会政策经常被设计用来减轻贫困的现状。事实上，创造工作和提供社会安全网的策略都是为了改善个人和家庭的当前经济状况。考虑到贫困此时此地会影响到儿童和成人，这一点是不难理解的。

然而，减轻贫困的办法也必须注意长远性和解决方式。特别需要关注的是，无论是在个人的生命历程中还是在家庭所在的社区中，资产的积累都是至关重要的，获得这些资产能够使家庭更有效地运作并达到我们减少贫困风险的目的。积累的资产能够使家庭度过经济贫乏期，同时也有助于增加和强化个人和家庭的发展。资产为未来建立的股份，其效益是收入无法达到的。而不幸的是，获得这些资产的机会对于低收入家庭而言往往是短缺的。

不过，如本书第六章所述，存在着许多旨在增加这些家庭资产持有量不断发展的措施。儿童发展账户的兴起就是这样一种政策。如本书第六章所述，这些账户的目的是建立儿童储蓄以便他们在年满 18 岁时可以用这些储蓄金来支付教育或其他花费。儿童发展账户一般是从政府提供的初始存款开始，然后往往由州政府将父母的存款与之相匹配，这些计划在美国的大多数州和其他一些国家都有。一个在资产建设概念上投入巨资的国家的例子是新加坡，其于 1955 年开始建设中央公积金（CPF），它是一个强制性的养老基金，其成员可以在住房、医疗和教育方面使用储蓄金。

正如个人随着资产的获得和增值而茁壮成长，社区也一样。贫困社区往往具有缺乏强大社区资产的特点，如优质的学校、体面的住房、充足的基础设施、经济机会和合适的工作，而这些因素反过来影响着社区居民的生活机会。

加强低收入社区的主要机构对于提高居民生活质量、促进人力资本积累以及增加社区居民的总体机会至关重要，这些机构包括学校、企业和工业、贷款机构、社区中心等。我们可以采用多种策略来加强这些机构以满足社区的需要。在各个学区之间创造更大的资金公平，吸引企业进入低收入社区，开放银行的贷款业务和向经济不景气地区的人们提供储蓄和贷款，都将带来巨大的好处。

实现这些目标的一些技术和政策将包括社区发展战略、草根组织技术、邻里运动（比如激励社区发展公司）以及针对位于特定贫困地区企业的税收激励政策（见第九章）。加强经济贫乏社区的资源和资产以及个人和家庭的资产建设对于全面减轻贫困策略至关重要。

第五节　结语

社会工作专业从成立以来就强调了减轻贫困的重要性和关键性。19 世纪末 20 世纪初，贫困和匮乏的可悲状况吸引了社会改革家们的关注。Jacob Riis 的著作《另一半人怎样生活》（*How the Other Half Lives*）记录了 19 世纪 80 年代纽约市一个被称为 "the Bend" 地区廉租房居住者的悲惨处境，Riis 用他作为一名警方记者的广博知识记录了贫困家庭发现自身陷入困境备受煎熬的状况。同样重要的是，Riis 依靠先进的摄影技术以视觉方式记录了他在书中所写的极端严峻的情况，这些照片直到今天都能够持续反映他在纽约市看到的可怕情形。

同时，其他开创性的工作有助于进一步揭露和解决这些情况。Jane Addams 的努力和 1889 年赫尔之家的建立促使人们开始关注通过睦邻组织运动为儿童和成年人提供自我发展场所的重要性。随后，其他有关强调减轻贫困和经济贫乏的破坏性影响的重要性以及强调为个人实现宜居生活提供机会的重要性的举措也接踵而至。

在整个 20 世纪和现在的 21 世纪，社会工作专业在国内和国际上都强调了贫困的不公正性。因此，社会工作者已经认识到解决贫困对人类影响的重要性。然而，人们对解决贫困根源问题的重要性认识不足。正如我们在本章中所说，这些原因主要是结构层面上的失误造成的，这意味着社会工作必须倡导和游说影响贫困的经济和社会结构政策，使之发生改变。社会工作者正处于能与社区领导、公共政策专家、州和联邦立法者分享实际见解和知识的理想位置。

当我们展望未来，贫困问题不可能很快消失。然而，"占领华尔街"（Occupy Wall Street）、"黑人的命也是命"（Black Lives Matter）和"争取 15 美元最低工资运动"（Fight for 15）等社会运动显示了围绕经济不平等和贫困问题组织起来的力量。由于这些问题在日后会继续困扰着人们，社会工作必须与那些在美国和世界各地进行社会正义斗争的人们携手合作，这些努力是通往实现全民宜居生活道路的关键和鼓舞人心的步骤。

第 四 章

正视污名、歧视和社会排斥

Vanessa D. Fabbre，Eleni Gaveras，Anna Goldfarb

Shabsin，Janelle Gibson，& Mark R. Rank

　　社会工作者关心由社会、经济、政治力量造成的社会不公正及其对个人、家庭、社区和社会总体产生的影响。这种关心促进了在不同层面上应对这类问题的一个行业的发展。污名、歧视和社会排斥是产生社会不公正并造成人类痛苦的主要力量，它们的存在阻碍人们过上以机遇和美好为标志的宜居生活。许多社会工作者服务的群体和案主都遭遇过由污名、歧视和社会排斥带来的痛苦。所以，社会工作者试图认识这些负面力量，预防并去除这些影响美好生活的障碍。

　　本章讨论并展示关于污名、歧视和社会排斥的几种互有关联的研究视角，用经验事实概括这些负面力量对人类福利的影响，特别从受压迫群体的角度来观察这些问题。我们通过一个称为"防卫性另类"（Defensive Othering）的概念展开讨论——这个概念以前用来描述那些受压迫群体采用的应对机制，我们认为这个概念从更广的意义上同样能用到主导群体中，帮助解释污名、歧视和社会排斥在不同社会层面上所产生的功能。在本章结束时，我们讨论这个扩展了的防卫性另类防卫性另类概念、它的关键现实与结构社会工作的关系，帮助我们应对这些负面力量，提升社会正义。

第一节　污名、歧视和社会排斥的概念

关于污名、歧视和社会排斥的性质及其对人类福祉的影响，已经有丰富的、跨学科的学术文献，反映了人文学家、社会科学家和生物医学科学家对这个领域的总体贡献。本书第一章谈到，社会工作者通常从多重理论传统和不同学科中汲取社会生活研究的养分。所以，他们有充分的理由综合关于这个题目的丰富文献，并使用已有的理论贡献。

一　关于污名的概念

Erving Goffman（1963）的著作《污名：对经营损坏了的身份的若干说明》是当代研究污名概念的基础。Goffman 将污名描述为"一种损坏别人正常身份的过程"（Nettleton，2006：95），它的含义是：一种通过贬低别人的"中性"特征或身份，降低他们社会地位的动态过程。这个"污名"隐含的关系维度表明，被污名的人知道别人在贬低他们的价值，所以在它发生之前就预期会遭遇到污名他们的人（Pescosolido 和 Martin，2015）。通常它形成了一个恶性循环，污名化导致自我设定的社会退出或隔绝，这样做的结果又形成了进一步的污名化和边缘化（Link 和 Phelan，2014）。Bruce Link 与 Jo Phelan（2001）还将污名定义为"与它的组成成分（标签化、陈规化、切割、地位降低，以及歧视）一同发生的现象"，并进一步指出，"污名化的出现，一定有某种力量的支持"（363）。他们关于这个过程中力量作用的观点表明，污名化是用来维持某种社会等级制度的。

最近关于污名概念的研究逐渐偏重于这个现象的多重层次，注意到污名既存在于周边的环境，也内化于个人之中（Corrigan and Watson，2002；Bockting，2014；Corrigan and Fong，2014；Link & Phelan，2014；White-Hughto，Reisner and Panchankis，2015）。对社会工作者而言，这个多层次视角与我们行业承诺的反对社会非正义相吻合，同时说明必须支持这些受到非正义负面影响的个人、家庭和社区，必须关注他们的福祉。用两个社会工作通常使用的模型（社会认知模型与社会生态模型），我们可清楚地看到，关于污名概念的研究与本书第一章讨论的"环境中的个人"这个社会工作的观点一致。

社会认知模型建立在 Albert Bandura（1999）的社会学习理论之上。该模型认为，人类行为由三类相互影响的因素决定：环境的因素（社会规范以及支撑这些规范的能力）、个人因素（个人的观点态度）行为因素（个人的力量、自我效率、行动）。Bandura 认为，通过观察性学习以及对环境的个人认知调节，人们对他们的社会系统做出行动并接受反馈，这些行动总体上又对社会环境发生作用。用社会认知模型来解释，污名理论将污名视作两种形态：公众污名和自我污名。公众污名是将某种特征或身份在价值上视作低于别人，而自我污名则是把这种社会规范内在化（Corrigan，1998；Corrigan and Watson，2002）。由公众污名产生的行动包括保持距离和歧视行为，由自我污名产生的行动包括社会隔离和退出社会服务（Corrigan and Watson，2002）。

对污名最近的概念化研究还使用了社会生态模型。Urie Bronfenbrenner（1994）的社会生态模型认为，任何对人类发展的理解都必须考虑微观系统（家庭、朋友、伙伴），生态系统（社会环境、社区、家长的工作），以及宏观系统（社会、政策、法律）。从这个模型出发，White-Hughto，Reisner 和 Panchakis 建立了个人、人际和结构等不同层面的关于污名的多层次模型。在个人层面上，污名的概念是指"人们对他们自己的感觉或他们相信的别人会如何看待他们，这种感觉进一步影响他们的行为，包括预期到的歧视或避免歧视"（2015：223）。在人际的层面上，污名指"直接或陈式化的污名"，如人们所知晓的对某人的语言骚扰、身体暴力和性侵犯（223）。结构层面是指"社会规范与制度政策对获取某些资源的限制"（223），它指个人的体验，但同时还指整个群体的人所遭遇到的通往幸福的障碍。

对污名的概念化方法，传统上关注于单一被污名或边缘化的身份，而没有考虑多重被污名的身份（Hatzenbuehler，Phelan and Link，2013）。此外，对污名的研究传统上关注的是那些"隐蔽"的身份，如有 HIV 阳性的人，有精神疾病的人，以及某些性别少数群体（Phelan，Link and Dovidio，2008；Bockting，2014；Pescosolido and Martin，2015；Hatzenbuehler，Phelan and Link，2013；White-Hughto，Reisner and Panchakis，2015）。污名研究学者辩解道，对污名的概念研究必须考虑到多重被污名的身份，这些身份以前被当作不同人口中分离的概念；研究必须注重这些有多重污名身份的个人或同时具有被污名和无污名身份的人是如何在社会世界中生活的，以及这些生活的复杂过程（Hatzenbuehler，Phelan and Link，2013；Pescosolido and Martin，2016；Oexle and Corrigan，2018）。此外，最新关于污名的学术文献要求关注被污名的个人以及他们所处的群体是如何在面对社会力量的制约下产生影响的（Bandura，2001；Fabbre and Gaveras，2019）。

二 关于歧视的概念

Doman Lum 将歧视定义为一个优势群体（在很多方面处于优势地位，占统治地位并有权势）用一种不友好的态度对待一个目标群体（缺乏权势和特别地位）（2004）。通常污名化的特征和身份被用来支持歧视，并且这些特征被看作永久不变。因此，歧视在本质上由污名化的信条所决定，这类信条反映的是一个由主导和服从群体组成的社会。进一步说，污名化的过程与偏见紧密相连。Gordon Allport 最早对这个概念做了研究和阐述，他将种族偏见描述为"一种从错误和固执的推理演化出来的憎恶"（1954：9）。"这种憎恶会指向整个群体，或针对某个个人，就因为那个个人属于此群体。"（1954：9）所以，污名和偏见决定了歧视，是歧视的原动力和合理化的依据。

在他们对比污名与偏见的学术研究中，Phelan，Link 和 Dovodio（2008）辩解道，这类研究污名与偏见的不同文献没有指明这两个概念之间的互相重叠，影响了学者对这类社会过程的理解，阻挠了开发有意义的干预项目。他们进一步认为，大部分关于污名与偏见的差异，仅仅在于注重点不同。例如，偏见的概念沿袭 Allport 最早的定义，通常关注的是种族问题；而污名则更聚焦于"离经叛道"行为、疾病和残疾。但是，这两个有重叠的概念又提出了开发一个联合概念的必要，这是因为它们在形成和助长对受压迫群体的歧视上起着重要作用。从这个角度出发，Phelan 等（2008）指出，污名与偏见为主导群体维系社会等级制度起到三个作用：（1）剥削与统治，或他们所称的"把一些人保持在下方"；（2）施行规范，或他们所称的"把一些人保持在内"；（3）回避疾病，或他们所称的"把一些人保持在外"。所以，歧视可以定义为人们（个人或集体）为达到这些目的所采取的行动，

歧视通过不同形式表现出来，从微小的轻蔑态度到群体的暴力行动（White-Hughto，Reinser and Pachankis，2015），到对一些种族群体从整体上做系统性的社会排斥（Link and Phelan，2014）。因此，分析这些行动的时候，有必要使用多重概念维度。这里，Link 和 Phelan（2001，2014）找出了歧视行为的四种机制。直接的人对人歧视，这是最常见，也就是一个人对另一个人用偏见或陈规旧俗表现出来的态度（Link and Phelan，2014）。结构性歧视可以是显性的，也可以是隐性的，通过社会政策、法律、制度性的操作、公众舆论表现出来（Link and Phelan，2014）。通常结构性歧视导致了社会资源的降低或分布上的不公平，伴随着舆论所认为的谁"应该得到"或谁"不应该得到"相关的公共资源，如安全居所、教育和健康照护等（Hatzenbuehler and Link，2014）。互动歧视在概念上被定义为主导群体的成员对某些无权人士采取的隐性行动，它表现为不确定性，傲慢态度，或"过分友善"（Link and Phelan，2014：25）。通过被污名化的个人表现出来的歧视，个人对实际或观察到的威胁的认识，通过缺乏自信、压力情绪、自我添加的社会隔离和排斥表现出来（Link and Phelan，2014）。

三　关于社会排斥的概念

社会排斥的概念是，采取行动与某一个人或一个群体保持距离；这些

人对社会来说属于不太理想的群体，对他们采取防范措施而不让他们参加一些有意义的活动，这样做的结果，是将他们的地位贬到了非理想群体（Morgan et al.，2007）。与污名相似，社会排斥使用污名或污名化的信条来构建社会，规定不同群体在社会中应当如何同时存在（Levitas et al.，2007；Morgan et al.，2007）。很多关于社会排斥的早期研究来自欧洲，主要讨论不同种族的移民在社会中的整合与排斥（Cantor-Graae and Selten，2005；Morgan and Hutchinson，2010）。这类研究产生了对社会排斥的多维度概念化，它与污名的多层次模型相似，强调的是对压迫群体既有区别又有联系的不同排斥维度。这里，受压迫群体的社会地位与机会，因为主导群体信条和行动的影响，而受到限制。

这项多维度概念化的工作在"布里斯托尔（Bristol）社会排斥表"中进一步体现出来（Levitas et al.，2007）。该表评估不同群体在下列领域的经历、并确定社会排斥的不同类型：（1）资源方面（物质的、经济的以及社会的，涵盖对公共和私立服务的获取）；（2）参与度（经济、社会、文化和教育方面的参与程度）；以及（3）生活质量（健康与福利、居住环境、对犯罪和损伤的接触程度，以及犯罪化程度）（2007：10）。按照此表，施加于个人和人口方面的维度越高，他们的社会排斥程度也越高。Ruth Levitas 与合作者（2007）指出，对个人和人口施加的维度反映了他们被主流社会排斥的程度，它同时展示了可以在哪些领域开发潜在的干预项目以促进包容。

如果社会排斥被定义为阻碍人们参与他们认为有意义的社会活动（Morgan et al.，2007），那么，这个概念就成为阻碍宜居生活的一种有影响的力量。从这个角度看，社会排斥就成为一种阻碍开发人的独一无二的能力，或错误引导这类能力以致最终让它们消失的关键机制，而这样的社会结构只有利于主导群体。这里，Amartya Sen（2000）的"能力贬值"概念，以及它所强调的排斥的关系性质，正好回应了污名和歧视的特性；从本质上看，这些都是控制人们的选择、机遇以及自由、与关系有关的范式。所有以社会排斥为目标的社会规范、法律和政策的目的，无论是有意还是无意的，都是为了赋予主导群体权利，使污名化成为现实，使歧视合法化，以保持他们主导的现状。对被污名化的群体来说，这些社会过程改变了他们的日常生活、他们的增长和发展的潜力以及生活轨迹的方向。

第二节　一个扩展了的"防卫型另类"概念

污名、歧视和社会排斥相互关联的特性召唤一种总体方法来思考这些压迫性的社会力量。我们关于"防卫型另类"扩展概念的基础是污名的力量，它关注污名是怎样被用来剥削、控制和排斥他人的，它们通常以潜在或错误的方式表现出来。在 Pierre Bourdieu（1987）关于象征性权利的研究上（该研究阐述了权利群体把自己对社会和世界的看法合法化并强加于他人），Link 与 Phelan 辩解道，污名被使用在不同的层面上，以保持将一些人控制在"下层，里面，以及外面"（2001：24）。为了说明权利是怎样被用来达到这些目的，Link 与 Phelan 建议考虑如下问题：

1. 那些试图要污名他人的人是否拥有权利，保证他们所看到的人的差异及标签是广泛定义于文化之中的？

2. 那些对他人污名化的人是否拥有权利，保证文化能够意识到并深深接受与他们标签化的差异相适应的陈规陋习？

3. 那些要污名他人的人是否拥有权利，能够将"我们"与"他们"区别开来，并拥有这种命名的指挥棒？

对这些问题的回答，直接涉及污名、歧视和社会排斥在维持社会等级、控制他人发展能力并过上宜居生活方面所起的作用。更进一步说，任何威胁到主导群体施展污名力量的因素（实际的或观察到的）都有可能激起防卫力量和进一步的努力，以维护现状并让这些群体获益。

"防卫型另类"概念最早由 Jean Miller（1976）提出，它是受压迫群体的成员对他们群体中的某些人如何对其他人或其他受压迫群体施展力量的过程所做的一种工具性的描述。这个过程的产生，为的是应对污名威胁及主导群体的信条，通常伴随着消极的陈规化，让某些人得以提升自己在"低级"群体面前的地位（Johnson，2006）。这个过程也被视作这些人根据自己的经验对污名化和压迫采取的应对措施。Michael Schwalbe 及合作者将防卫型另类描述为这样一种过程，"接受由主导群体强加的、在价值上受到贬低的身份，并使之合法化，然后又说，事实上'这只适用于其他人，而不适用于我'"（2000：425）。这个过程可被看作身份工作，它帮助主导群体认可那些被污名化的人，并最终将污名化的态度、信条和陈规具体化。

Matthew Ezzell（2009）曾用防卫型另类的概念，来解释那些女性橄榄球运动员是如何在这样一个男性为主的运动中对她们身份的两难处境做申辩的。为回应性别歧视和对女性橄榄球运动员的同性恋污名，一些妇女强调她们正是在实现异性恋的期望，并将其他运动员污名化为"假男人"或"爱扮演男性的女同性恋者"，恰恰是这些人破坏了性别规则；这种防卫性回应让她们在一个由异性恋男人群体占主导地位并由这些人决定的社会等级中占据优势。此外，Anima Adjepong（2017）发现，这个过程本质上是跨范畴的，它通常用种族性的污名和陈规来支撑社会地位以及在这项运动中的主导权。同样，Amy McClure 发现，美国两个在宗教方面边缘化的群体（无信仰者和异教徒）用防卫型另类应对不信教的威胁（如，"斗志昂扬的无神论者"和"享乐主义异教徒"），以此"对污名和指控做出防卫"（2017：340）。防卫型另类的概念还被用来理解无家可归者的身份（Snow and Anderson，2001），居住在上海过分拥挤的租房中的居民所处的社会地位（Liang，2018），以及某些妇女在色情行业中如何对其他女性施展权利和控制（Paul，2005）。

虽然防卫型另类概念主要用来描述受压迫群体应对主导群体的污名威胁产生的认知和采取的行动，但我们觉得，理论上同样可以将这个由看到威胁而被迫采取保护措施的概念，用到主导群体的成员中去。这一过程可以是有意也可以是无意的，但它最终将社会中居于特权地位的人与其他人拉开距离，特别是与那些对习以为然的社会秩序提出挑战的人，以及那些有可能威胁社会结构的潜在行动拉开距离。所以，特权的概念在这个扩展了的防卫型另类的概念化中起重要作用。如 Peggy McIntosh 著名的"看不见和无重量背包"的比喻所揭示的，特权是在社会中非挣得的赋权和对他人的某种既定的主导权（1989：10）。虽然特权并不一定是主导群体的成员自己选择的（即，是由社会结构和系统产生的；Johnson，2006），但从理论上说，它将人们放到一定的地位上，而这些人在他们的地位和身份受到挑战时意识到有防卫的必要。

一个把特权看不见与感觉不到的力量做可视化的比喻，是想象一个在顺风中骑自行车的人。在那个情景下，骑车人可以骑得非常快并且感觉不到任何风。只有当骑车人面对着风，他才可能感觉到风的真实力量。从理论上我们可以说，当主导群体的成员有意或无意地感觉到了受压迫群体的挑战或对既成事实造成威胁（即，风中骑车），他们会保护自己，通过污名化态度、信条、对抗性陈规的杠杆力量，与这些群体拉开社会距离。

所以，如 Link 和 Phelan 所阐述的，我们所看到的污名力量，是强调在一个不平等的社会中施加权力、保持主导地位；一个扩展了的防卫型另类概念强调的是有权和有主导力量的群体所看到的威胁。综合起来，我们认为，防卫型另类是一个让主导团体的成员施加污名力量并强化社会压迫力量的过程。此外，如果我们把宜居生活看作是通过对权利、资源、服务的占有以及让每一个人都能享有值得生活的系统而挣得的一种生活，并且我们同时还理解我们所有人都秉持有趣的身份（不管这些身份是污名化的还是非污名化的），那么，许多人在他们一生的某些阶段都会经历防卫型另类的危险。

第三节　防卫型另类与宜居生活

污名、歧视和社会排斥的综合效应，以及我们从主导和受压迫群体成员的角度所阐述的防卫型另类现象，对人们过上宜居生活的能力产生深刻和久远的影响。这些影响表现在个人、群体和社区的不同层面上，也存在于当代和历史之中。为考察防卫型另类与宜居生活的实证资料，我们首先从 Abraham Maslow（1968）的理论出发。该理论认为人类由个人成长的动因激发，有归属感，这些特点反过来又要求人的基本需要必须通过自我实现得到满足。进一步说，我们必须承认宜居生活通常由背景制约并且随文化而异。所以，我们关于防卫型另类影响的实证案例，最好被理解为对已有知识的不同形式的敏感度体现，它们将有助于我们进一步探讨不同人群所理解的关于宜居性的完整含义。我们这里关于防卫型另类影响的讨论将聚焦于当代美国社会两个最基本的宜居性：体质与精神健康，以及经济福祉。

一　体质与精神健康

污名、歧视和社会排斥对受压迫群体的机会和能力产生众多负面影响，如住房、就业、体质和精神健康（Link and Phelan，2001；Hatzenbueler，2011）。在体质和精神健康方面，学者们认为，污名是导致疾病、产生健康不平等并使之持久化的最根本的原因。持这种观点的 Hatzenbueler，Phelan 与 Link（2013）认为，污名作为健康的社会性决定因素，通过不同污名化的实际影响对人们的身份特征与健康状况的关系产生媒介作用。这些媒介因素包括：（1）对有型资源的获取程度（如，金融资源、就业、工资、住房）；（2）社会隔绝和社会支持；（3）对污名的心理回应（情绪管控策略和应对技巧，如抑制、反刍思考、吸烟、饮酒、饮食过度）；（4）紧张（由外部事件导致的内在压力，以及由担心拒绝而导致的过度紧张）。污名放大了这些媒介因素并对健康产生负面影响，降低了保护性因素如金融资源和社会支持的积极作用。在这方面，污名化作为防卫型另类的关键成份，通过多重渠道使健康状况恶化，从而降低了人们过上宜居生活的能力。

把防卫型另类与精神健康连接在一起的关键过程，是这些力量如何在个人和群体中内化，变成影响身份发展和精神健康的内在心理认知和情绪。为理解内在化过程，需要辨识导致内在化的两种污名形式。首先，"表现的污名"（enacted stigma）指与社会世界其他人接触遇到的真实和现实的污名，而"感觉到的污名"（felt stigma）指对某个歧视事件将要发生所产生的担心和忧虑（Bockting，2014）。例如，别人对严重精神症状（如自杀的念头和精神变态）的反映所形成的表现污名，会导致感觉污名，让这些有严重精神症状的人撤回所接受的精神健康服务。事实上，表现污名和感觉污名都会加重精神疾病的症状，如增加抑郁的发生次数，加重精神变态症状和自杀的念头（Lysaker et al.，2007；Yanos et al.，2008；Ben Zeev et al.，2012；Oexle et al.，2017）。又如，某些特殊人群如跨性别（transgender）成年人，由于社会对他们身份的污名，童年时代经历的对性别逾越的粗暴和羞辱性惩罚，使这些人将羞耻和恐惧感内化，成年以后也避免接受健康照护或社会服务（Fabbre，2017a；Fabbre and Gaveras，2019）。在这里，表现污名和感觉污名通常与生命过程中出现的吸毒问题和自杀念头相关联（Fabbre and Gaveras，2019）。

种族主义作为防卫型另类的一种形式，提供了一个"表现污名"和"感觉污名"影响健康的强有力例子。Johnson、Pate 和 Givens（2010）提请人们注意种族主义贬低非洲裔男性的价值、对他们非人性化的过程，这个过程是通过表现污名和感觉污名形成的。那些在贫穷居民区和社区长大的人，他们对社区暴力的接触加强了这种非人性化（Johnson，Pate and Givens，2000）。这些因素，加上精神创伤，导致了耻辱和焦虑，内在化地形成在社会上"无足轻重"的身份感。Johnson、Pate 和 Givens 进一步说道，这些内在化过程又通过外在化的情绪如气愤，损伤了他们的能力和表现。严重以种族为基础的健康不平等还表现在那些有严重精神疾病的人接受体质和精神健康服务方面。做心理社会评估时，非洲裔美国人比其他种族有更大可能性被检测到精神分裂症，或更严重的疾病症状（Schwarz and Blankenship，2014；Oluwoye et al.，2018）；有事实表明，这是由于照护服务人员的偏见而不是实际存在的群体差异（Schwarz and Blankenship，

2014；Oluwoye et al.，2018）。这里，我们将"健康照护者偏见"解释为保护型另类的表现形式；占有主导地位的专业服务者在无意之中受到非洲裔美国病员的经历和价值观威胁，所以他们选择跟病员的现实情况拉开距离，将病员的健康症状污名化。需要补充的是，一项用混合方法对拉丁裔，有精神疾病的人接受初级治疗的经历所作的研究表明，被研究的病员经历到基于种族、文化和明显语言能力产生的综合污名和歧视（Cabassa et al.，2014）。这项研究发现，由于精神疾病和少数族裔的双重作用，初级健康照护者通常忽略或不关心病员对照护提出的意见。反之，那些感到与照护者有更好私人关系或觉得照护者对他们的病情真正关心的病员，却没有这种被污名的感觉。

在生命早期感觉到、并与家庭和同伴关系有关的污名，对以后的生活会产生严重影响。例如，跨性别成人所报告的由家庭成员造成的儿童虐待率明显偏高（Factor and Rothblum，2007；Rotondi et al.，2011a，2011b），他们还有较高的受同伴霸凌的经历（Factor and Rothblum，2007）。由儿童虐待造成的对健康破坏性的影响，如心脏疾病、创伤后应激障碍等，在文献中也经常有报道（Felitti et al.，1998）。缺乏家庭支持（Simons et al.，2013），以及被家庭抛弃也对健康产生破坏性影响，包括骇人的无家可归经历，它通常增加了创痛风险、极端贫困以及随之形成的精神健康问题（Koken，Bimbi and Parsons，2009）。这类表现污名通常导致感觉污名，它们让跨性别人群惧怕出现在公众面前，这种惧怕一直持续到年老时期（Fabbre，2014；Gagne and Tewksbury，1998）。携带着儿童期污名的跨性别人群，都经历过与健康照护者的污名化互动，而这些照护者本来是为了给他们提供照护的（Poteat，German and Kerrigan，2013；Snelgrove et al.，2012）。这些经历包括拒绝治疗，在健康照护中的语言骚扰。这些经历造成了他们严重的负面情绪（Reisner，2014，2015）。以上实证研究的发现表明，在生命中某个时候经历到的防卫型另类会产生持续影响。

我们已经列举了若干以表现污名和感觉污名为形式的防卫型另类，通常都与人际互动有关。但是，污名化、歧视和社会排斥的集体力量，也在社会的结构层面表现出来。这里，结构性污名的概念有助于说明它们的功能。结构性污名由下列因素组成，"社会层面的条件，文化规范，以及限制机会、资源和影响被污名者的制度化政策"（Hatzenbuehler and Link，2014：2）。它们的限制性功能取决于主导群体的权力，我们认为这种权力使防卫型另类，作为一个总体概念，在结构层面发生影响。例如，Hatzen-buehler 与合作者（2009，2010）发现，生活在歧视性别少数人群的州，产生精神疾病的可能性也增高，包括情绪障碍、创伤后应激障碍和焦虑。性别少数人群的体质健康也受到如何应对这些结构压力的影响，表现在他们的烟草使用和酗酒行为上，这类行为大大增加了罹患心血管疾病的风险（Hatzenbuehler，Slopen and McLaughlin，2014）。进一步看，在高度歧视性别少数群体地区生活的性别少数青年，比生活在这类歧视较少地区的同类青年，有高出 20% 的自杀企图；这个发现在控制了个人层面的威胁因素如纵酒、同伴受侵害和身体受伤害之后依然存在（Hatzenbuehler，2011）。防卫型另类在结构层面并不是静止不变的。研究者使用动态方法发现，在 21 世纪 00 年代一些州通过了婚姻平等法案之后，性少数群体出现抑郁、焦虑和自杀企图的频率明显下降（Hatzenbuehler，Keyes and Hasin，2009）。

二　经济福祉

宜居性的第二个重要领域是经济福祉。如本书第三章所讨论的，贫困和经济上日益增长的不安全严重影响到人们过上宜居生活的能力。除物质窘困外，在美国，处于贫困之中和有经济需求也很可能遭到污名。此外，生活在贫困中的人例行地被排斥在主流社会之外，并且，遭到经济地位更高的人歧视。

在美国的背景中，贫困和那些使用安全网项目的人被高度污名。调查研究一再显示，人们通常将贫困理解成个人和品行上的失败（Eppard，Rank and Bullock，2020；Gilens，1999）。结果，穷人通常被看作懒惰，没有上进动机，以及在生命进程中曾经做出过错误决定。这种看法可以追溯到几百年之前。例如，17 世纪初颁布的"英国穷人法"（the English Poor

Laws）试图区分两种贫穷：值得的贫穷（deserving poor）和不值得的贫穷（undeserving poor）。值得同情和帮助的人，他们的贫穷被认为非自己之错，这部分人只占穷人的少数，如丧偶的人、较小的儿童、残障人士。另一方面，穷人的大多数属于有健全身体的个人，他们贫穷是因为"工作不够努力"，无法自己让自己脱贫，所以不值得获取帮助。

与这种观点相仿，美国的贫穷主要被看作是个人和品行上的失败。这种个人失败的观点，代表了美国对贫穷的普遍理解。我们把这种基于个人主义的对贫困和穷人的通行观点，解释为美国防卫型另类的通行形式：它"防卫"了从我们经济体系中获利的人的地位，却同时把那些在这个经济中最脆弱的人当作了"另类"。

许许多多社会研究证明，处于贫困中的人深深遭遇到这类污名态度的伤害（Abramksy，2013；Edin and Shaefer，2015）。例如，Mark Rank（1994）在他的著作《生活在边缘地带：美国福利的现实》中发现，遭遇污名和鄙视，对穷人和领取公共援助福利的人来说是家常便饭。这些经历，包括在超市使用"补充营养援助计划"（即食物券）的经历，到那种不断遭到监视和盘问时所产生的感觉。例如，一位 29 岁的母亲这样描述她被医务前台估判时的第一感觉：当看到医疗资助卡后，几位收银人收回了友善。几次我都觉得她们在打量我，也许我带着项链或别的什么。我不认为我看上去像陈规式的福利母亲，但我觉得她们在细细盘查并思考着什么。一种很微妙的感觉。（Rank，1994：139）

在另一个防卫型另类的案例中，Rank 发现福利项目使用者很小心地把他们自己的情形与那些通常认可的"典型福利项目使用者"区别开来。结果，当问到为什么他们会使用福利资助时，大多数都会引述一些并非他们自己能控制的事件，如暂时丢掉了工作、健康急迫事件、家庭破裂。与此相对，当问到为什么福利项目使用者会使用资助，我们听到的都是关于福利的一些陈规看法，如个人懒惰、无进取动机、药物滥用或酗酒等。这种把自己与通行的污名形象拉开距离的做法，不仅存在于"典型"的福利项目使用者中，而且也存在于其他一些被污名化的群体。这种拉开距离的做法，正回应了 Schwalbe 的看法，防卫型另类整合了这样的过程，那里"人们接受由主导群体形成的贬低某种身份的合法性，然后说，事实上'这只适用于其他一些人，而并不适用于我'"（Schwalbe et al.，2000：425）。

研究发现，这一类污名体验形成了美国贫困人口的扩散（Desmond，2016；Hays，2003；Seccombe，1999）。进一步说，这类污名化与系统地将穷人排斥在主流社会之外紧密相关。例如，在欧洲，贫困通常被看作一种内在排斥功能，并被看作是社会剥夺的一种形式。而在美国，这种排斥形式导致的是广泛的可怕结果，如较低的投票率，穷人对社区事务的较少参与，以及缺乏政府立法者对低收入人群的关心。如本书第三章所讨论的，贫困的人文含义强调的是剥夺和排斥的概念。Amartya Sen（1999）认为，贫困既代表了缺乏自由，又反映了对人充分发展能力的一种障碍。这个观点解释了经济福祉是如何从根本上与防卫型另类联系在一起，从而达到维系资本主义社会的社会等级目的。

最后，许多研究表明，贫穷人口遭遇各种形式的歧视。它们包括，在犯罪起诉时更有可能遭到指控并被判处更长时间的监禁（Reiman，2004），就业和房屋市场歧视（Desmond，2016；Feagin，2014），为基本生活品支付更多（Caplovitz，1963），在借贷和信用上遭遇匪夷所思的利率（Caskey，1994）。综合在一起，以污名化、歧视、社会排斥形式表现出来的对贫穷人口的防卫型另类，对这些最脆弱的人口形成健康和福利状况毁灭性的影响。这种影响，实际上是一个生存还是死亡的问题，因为美国收入分布最富的 5% 比那些最穷的 10%，可以期望多活 9 年（Jencks，2002）。

进一步说，如 Mark Rank 较早时的著作（2011，2014）所言，在贫困和社会安全网方面产生的污名、歧视和社会排斥，隐秘地让人接受一种现状，即，美国这样一个物质富裕的社会还存在高度贫困的现状。从理论上我们可以进一步说，这种对高度经济不平等的接受实际上是通过防卫型另类来维持和加强的，通过使用污名、歧视和排斥来贬低穷人，把他们与那些从高度物质财富中获利的人拉开距离。这个防卫型另类的过程很大程度上是无意的和看不见的，通过在美国社会广泛传播的信条——贫穷是个人和品行上的失败——来实现。正因为此，联邦和州政府都不承担责任，都不为降低贫困、挑战现状做出努力。事实上，保守派长期流行的观点是，政府的扶贫项目会把问题变得更糟，会让穷人更依赖于这些项目。在罗纳德·里根担任总统期间，他成功地辩解了这一点，他说，"我们打一场抗击贫困的战争，结果贫困赢了"。从那之后，这个观点就被保守主义长期奉行着。

　　将防卫型另类看作是维持不平等和让贫困永久化的手段，我们就理解了为什么穷人在向上的社会流动中面临如此巨大的挑战。我们也理解了，为什么与其他经济发达国家相比，美国有如此之高的贫困率和不平等。这些现象很大程度上是由极端脆弱的社会安全网和缺乏普遍福利造成，包括缺乏健康照护、儿童照护、低收入者可以承担的住房优惠等福利。不实行这些社会支持的一个关键原因，是经济特权集团的防卫心理，是他们希望，通过这些做法与那些受美国经济结构最负面影响的人保持社会距离。

第四节　批判性反射力与结构社会工作

　　虽然社会工作者试图阻断防卫型另类及其污名、歧视和排斥功能，但他们可能同时在不知不觉中也将这种不正义状况永久化了。尽管他们有善良的愿望，美国社会工作者也是从这个支持防卫型另类的结构中社会化的，他们也从这样的对主导群体有利的特权中获利。所以，社会工作者必须严格检查他们自己的社会立场，同时投入到反抗压迫和解放所有人的实务中去。这是一个雄心勃勃但必须在这个行业实行的目标，特别是从它的历史来看。虽然美国社会工作者长期为改善弱势群体的生活条件和机会努力工作，但在很多时候他们对自己行业的关心超过对社会变迁的关心（Ehrenreich，1985）。这个历史知识，必须成为我们重新认识社会工作者在 21 世纪实务工作的催化剂。

在她的一本意义深远的关于实务工作者自我觉察的著作《谁是自我觉察中的"自我"：从批判理论的视角理解行业的自我觉察》中，Mary Kondrat（1999）提出，希望阻断社会结构力量的社会工作者必须使用一种自我觉察的批判方法。她认为，社会工作者通常依赖的是那些并没有完全将自身置放到更宏大的社会、经济和政治力量中的自我觉察方法。例如，许多社会工作者努力用自己的感觉来理解他们对案主所做的工作，或从同事那里听取对他们所做工作的反馈，但是，他们没有做到的是，用一种批判性的思维审视他们自己的工作，他们是否在工作中（通常在不知不觉中）强化了压迫性的社会规范，伤害了他们所服务的案主和社区。例如，一些社会工作者，尽管他们有意识地接受女同性恋、男同性恋、双性恋、跨性别者和酷儿（queer）①，但是在他们的工作中还是不知不觉地遵从社会在性别上的规范，有跨性别恐惧（transphobia）。请看一看下列一个真实案例，它来自 Vanessa Fabbre 的文章"酷儿老龄化：对 LGBTQ 老年人社会工作实务的启示"：

> Cara 是一位白人，跨性别者，女同性恋，50 多岁（接近 60 岁），通常以兼具两性的形式出现在公众前（例如，她不化妆，剪短发，穿中性服装）。Cara 告诉她的新治疗师，她通常在公共厕所中惊吓了其他妇女，这种经历让她不安并产生焦虑。这位治疗师建议，她可能需要考虑改变一下穿戴，让别人不要将她错当作男人。Cara 拒绝了这个建议，质疑这位治疗专家为 LGBTQ 老人服务的能力，并很快终止了与这位治疗师的关系。

在这个案例中，这位治疗师有良好的愿望，可能在工作中也用到了以解决问题为目的的方法。确实，如果戴上耳环可能就把这个"问题"轻易解决了。但是，改变性别外观的建议，让人立刻觉察到，这位治疗师是社

---

① 这组人群也通常被称作 LGBTQ，取以上单词第一个字母组成

会异性恋规则的产物，而且也在推崇这种规则。将此事归结为个人选择，而不是正视异性恋规则的社会力量，以及这种规则对性别少数群体的污名，这位治疗师错过了在这个案例中将"宏观"与"微观"力量结合起来、为这位案主做释放性治疗的好机会。如果社会工作者想要正视污名、歧视和社会排斥，他们必须严谨地检查自己，包括他们自己的想法、感觉、行为和行业的优先点，也许他们做的正好加强了他们所要反对的东西。这当然具有挑战性，是项艰巨的工作；它要求社会工作的实务有一种结构性取向（structural orientation）。

Bob Mullaly，一位加拿大社会工作学者和教育家，提供了这样一种社会工作实务的取向，它有助于在一个当代新自由主义社会（neo-liberal societies）解决结构性非正义问题。在他所称的新结构社会工作（new structural social work）里，Mullaly（2007）列举了资本主义政治经济强化社会边缘化和压迫的方式，提请人们注意，社会工作者是如何在实务中忽略了这类导致人类痛苦的真正原因。例如，Mullaly认为，一些社会工作者无意之中加入了对弱势群体的"指责受害者"的行动中，他们加入了下面这样一种被William Ryan所描述的社会科学式的社会福利实务中：首先，社会科学家和社会福利倡导者辨识一个问题（如贫困）；然后他们研究那些受此问题影响的人群，寻找这些人是如何跟社会的其他人不同的（如，在贫困居民区做人类学研究）；他们定义这些差异，而这些差异事实上就是非正义和歧视，把它们当作问题产生的原因（如，关于贫困理论的文化）；然后，他们就推广某种干预，通过改变受问题影响的人来"纠正"这些差异（例如，推广居住区不同收入人群的混合居住）（1976，由Mullaly，2007：232引用）。这个指责受害者的过程是大有问题的，因为它转移了视线，没有让社会工作者从本质上寻找人类痛苦的根本原因，同时，它帮助压迫性的规范和社会结构永恒化。

Mallaly的结构社会工作的观点有两个目的：减轻一个剥削型和让人边缘化的社会秩序对人造成的负面影响（也就是说，提供释放）；同时改变造成这些负面影响的条件和社会结构（2007：245）。

要达到这些目的，Mullaly 推崇结构社会工作实务的二维方法：激进人文主义和激进结构主义。激进人文主义基于这样一种认识，个案工作或临床工作可以是解放性的而不是压迫性的，必须在微观层面有意识地提升这种结构改造理念。推行激进人文主义意味着做人际工作时将个人和群体置于背景之下，不把问题看作是怪异的和个人单有的，而是将问题与社会的结构力量联系在一起。要做到这一点，必须仔细聆听，自我觉察，并在处理关系时记住增强人们的能力①这个目标。它同时要求，有意识地思考下列问题并使这种操作规范化：看上去是个人层面的挣扎其实很可能是社会中较强的社会、经济和政治力量所导致。处理关系必须是对话式的，就是说，权力尽可能被分享，社会工作者对自己的动机和行动持透明态度，实务决定要双方来做。在处理与案主或社区关系的所有阶段，采用激进人文主义的社会工作者要努力使用批判性反射力（critical reflectivity），将他们自己和他们的工作置于社会结构中，目的是参与到治疗的关系中，明确地反抗压迫性的规范、制度、法律和政策。

激进人文主义提供了一种"从系统内"定义实务的方法（Mullaly，2007：288）。它的含义是：这个方法促进传统做临床实务的社会工作者（或在系统提供压迫性功能的制度内工作的人）做出改变。然而，这项工作也有不足，社会工作作为一个行业，必须为改造压迫性结构提供其他方法。Mullaly 介绍了许多这方面可做工作的实例：开发其他为人提供照护的服务模式和组织［如，男女平等（feminist）的健康照护系列模式］，建立并加入联合行动和社会运动［如，黑人的命也是命（Black Lives Matter）运动］，支持工会，发展激进行业协会（如 20 世纪 30 年代的普通成员运动［the rank-and-file movement）]②），投入选举政治，并寻找激活公有部门的方式——这些公有部门遭到新保守主义和新自由主义的同时攻击。

通过这些措施，社会工作者能够参与到激进结构主义中去，并促进

---

① 原文为 empowering people，也可译作"为人们赋权"
② 这是指 20 世纪 30 年代建立没有地位和级别的工会、组织，及其推广运动

"体系外"（outside the system）的改良（Mullaly，2007：331）。Mullaly 进一步指出，这个社会工作取向的核心是：不仅做实务，而且把它当作一种生活方式。激进人文主义和激进结构主义的最终成分，就是检查人们在社会中的地位和行动，有意为改变那些让压迫性社会秩序永久化的制度。这意味着，要关注人们是如何挣取、花费和储蓄钱财，人的行动如何影响自然环境，做哪些工作可以将激进社会工作与个人生活结合在一起。这是一个持续挑战，一项只有通过集体才能做好的工作，也是以正义为取向的社会工作的行业力量之所在。

第五节　结语

污名、歧视和社会排斥是一些强势社会力量，它们来自美国的社会结构，并同时加强了这个结构。从本质上说，这一结构有助于主导群体的宜居性，有损于那些对这个社会秩序造成威胁的人的宜居性，包括这些人的特征、经历、身份、实际行动和他们的价值观。要认识这些社会力量，它们的有害影响，以及可能的改变这些力量的干预措施，社会工作者必须从理论和经验知识入手，最终将研究变为行动。

从理论上说，污名是一个在社会施行的通过对某些人、群体的特征和身份做价值贬低的过程，并表现在不同的层面上——个人、人际以及结构上（White-Hughto，Reisner and Panchakis，2015）。Phelan and Link（2001）阐述到，污名化的功能是"把人降低，保持在内，以及排斥在外（keep people down，in，and away）"，这个观点使我们的理论把歧视看作是人们，个体或集体，为达到这个目的所采取的行动。进一步说，歧视通过多重机制发挥作用：使污名和偏见过度表现出来的直接的人与人的互动；结构性的形式如政策、法律、制度以及大众舆论；通过隐性的甚至无意识的行动造成的互动；最后，也是最危险的，是那些歧视性的规范在被污名的人心中内化所产生的机能，它让这些人实行自我社会隔离（Link and Phelan，

2014）。正因为这些特性，污名和歧视具有内在的排斥功能，成为社会排斥和贬低能力价值的理论之核心。这方面，Morgan 与合作者（2007）从理论上将社会排斥定义为，把一个人或群体视作社会的不理想部分而采取的"拉开距离"的行动，这些行动阻碍他们参加有意义的活动，限制他们获取社会资源，参加社会生活，降低生活质量（Levitas et al.，2007）。这些限制被认为是对人们能力的贬损，使他们无法用自己的价值观和抱负去生活，在本质上是限制自由（Sen，2000）。这个缺乏自由是对美国的莫大嘲讽，因为这个国家一直以自由社会著称。

污名、歧视和社会排斥相互关联的特性表明，这些过程反映的既是个人，也是群体的心理。防卫型另类行动，传统意义上是指被压迫的人污名并压迫其他人（Schwalbe et al.，2000）；在我们的理论工作中，我们把它解释为对主导群体也适用的概念——这些群体的成员通过污名和歧视将人保持"在下面，里面，和外面"（Link and Phelan，2001：24）。这个推广了的关于防卫型另类的概念，强调的是服从群体对社会秩序（主要是维系某些人的特权和优越地位）的威胁；在我们的理论工作中，我们认为，即便在社会等级的高端，这个概念也适用——他们也会感觉到有防卫的必要，感到需要用污名、歧视将其他一些人排斥在社会生活之外，只有这样做才能有效保护他们的地位和世界观。所以，一个扩展了的防卫型另类概念，本质上关注的是那些有助于提升不平等和非正义的社会过程。

对关心弱势群体的社会工作者来说，有越来越多令人信服的证据说明了污名、歧视和社会排斥与宜居生活的关系，特别是体质和精神健康、经济福祉等领域的研究。在健康领域，关于污名化影响的研究强烈支持了这样一种观点，污名是导致不健康、人口层面健康不对称的根本原因（Hatzenbuehler，Phelan and Link，2013）。污名与健康最有破坏性的连接是内在化，它是宜居生活的主要威胁，表现为吸毒和自杀（Fabbre and Gaveras，2019）。这些过程通常始于早期的生活经历，但在生命过程的所有阶段都影响到人的福祉。与体质和精神健康领域的研究相仿，经济福祉反映的是防卫型另类在构造生活、影响宜居力方面的力量。在美国，我们的理论认为，那种将贫穷归因于个人和品行失败的文化表述，是防卫型另类强有力和连续不断的一种力量，它支持了把经济不平等和非正义永久化的法律和政策。那些为生存而斗争的低收入美国人，那些缺乏有力社会安全网的帮助以获得安全并付得起房租、有质量的健康照护和营养食品的美国人，对此感觉尤其深刻。

我们对防卫型另类在我们社会的影响所做的理论分析，它所揭示的该概念的广泛性和持久性，显示了批判性反射力的必要性，说明有必要从结构的角度定位社会工作实务，这对社会工作者准备好 21 世纪采取的行动，尤为重要。社会工作者同所有人一样，既是我们社会结构的产品，又是社会结构的制造者；这就要求我们有很高水平的自我觉察和一个既能够炫耀（illuminate）又能够切断（interrupt）的结构视角。进一步说，高水平的自我觉察以及与之相伴的结构视角，使我们有可能把我们的行业从传统的"宏观—微观实务模式"进一步向前推进，并增强我们控制社会力量如污名、歧视和社会排斥的能力。通过参与到严谨的批判性反射力过程，同时在压迫性系统的内部和外部工作，实践激进人文主义，21 世纪的社会工作者才有可能真正提升社会正义，让所有人过上宜居生活。

第 五 章

降低累积性不平等

Mark R. Rank

美国棋类游戏最经典的当属"大富翁（Monopoly）游戏"。这个游戏的目标是获取财富，造房子和旅馆，收取租金，挣钱，最终使其他参加游戏的人出局。这个游戏的规则很简单。通常，每个参加者在开局时获得1500 美元，游戏场要求机会均等，每个游戏人的结果由所掷的骰子、游戏人自己的技术和判断决定。

这个人人机会均等的理念，很大程度上与我们所希望看到的美国经济竞赛类似。每个人的结果由他们自己的技术、努力以及在他们生活道路上是否能抓住机会来决定。我们关于国家层面的机会均等强调的就是这个原则。

现在，让我们设想一个改造版的大富翁游戏。这里，游戏人在游戏开始时就处于不同的优势和劣势地位，就像我们在生活中所见到的那样。游戏人一在游戏开始时就得到了 5000 美元和若干强手财富（如已经造好了几栋房子）；游戏人二在开始时只得到 1500 美元而没有其他财富；最后，游戏人三在开始时只得到 250 美元。

我们的问题是：谁将在这个改造版的大富翁游戏中成为赢家和输家？幸运和技术仍将是两项关键因素，游戏规则依然没变，但因为游戏一开始参加者就占有不同的资源和财富，幸运和技术的重要性已大大降低。当然，仍然有可能游戏人一将 5000 美元全输完，游戏人三通过 250 美元最后赢得胜利，但是这种可能性很小，因为游戏开始时钱的分配不平等。更重要的是，虽然游戏人三在几百次的游戏中可能赢得每次游戏，游戏人一赢的胜算更高，即便游戏人三更幸运并有更高的技巧。

此外，这三人在游戏中的情形会发生很大变化。游戏人一有更高的赢取机会并可以冒更大的风险。如果他/她犯了错，这些错误对结局不会太重要。而游戏人三如果犯一次错的话，这个错可能就是灾难性的。游戏人一更容易买到财富和房子，而游戏人三更多地被排斥在这些机会之外。所以，这个游戏导致的是富者越富穷者越穷。初始财富会给游戏人一带来更多的收入，并最终使游戏人二和游戏人三破产。

结果是，游戏者初始的优势和劣势地位，随着游戏的进展，不断带来新增的优势与劣势。反过来，优势与劣势的区别随着过程的推进而不断加深。

以上这个例子，很好地诠释了一个重要概念：美国人在他们生命开始的时候并不处在同一水平上（见 Rank，1994，2004；Rank，Hirschl and Foster，2014）。它还显示，随着时间变化，累积会产生优势与劣势的"复利型递增"。父母收入和资源上的差异对子女获取有价值的技术和教育产生很大影响。这些人力资本上的差异，反过来又深刻影响到子女在劳动力市场上的竞争，以及未来子女在生命进程中达到的经济成功度。

本章中，我们探讨这个影响宜居生活的主要障碍或决定因素——累积性不平等。我们的理论是，一个人在生命一开始时的状况，决定了人在优势与劣势上的区别。这些初始的优劣状况会进一步深化，形成一种累积；各种不平等随着人们生命的延伸而不断扩大。这个视角已经被用来解释各种不平等，以及这些不平等如何在生命的进程中不断加深。

最早讨论这个题目的是 Robert Merton 关于科学生产率的分析。Merton（1968）认为，一位年轻科学家在事业早期时的认知度、处境和有利地位，通常影响到他以后获得的成几何级数增长的收益和奖赏，这反过来又强化了这位科学家的地位和声誉。有些科学家没有机缘获得这种关键的早期有利条件，尽管他们一样有能力，但一般只能看到自己事业上的停滞或到一定阶段后成就的持平。Merton 把这种累积性有利条件描述为"在训练的能力上具有相对的初始优势，结构性地点，以及占有资源，并最终造成后续优势的不断增长，使拥有和不拥有的差距加深"（1988：606）。Merton 把这个过程称为科学中的"马太效应"。自 Merton 以来，这个概念被用到了很多课题的研究上，包括在学校的差异，工作和事业的机会，以及总体的健康状况（DiPrete and Eirich，2006；Ermisch，Jantti and Smeeding，2012；Katz et al.，2005）。

当然，关于累积不平等更为大家熟知的例子，是 1939 年由 Billie Holiday 和 Arthur Herzog Jr 所作的古典歌曲《上帝保佑这个孩子》。歌中唱道："得到的还会再得到，得不到的还将得不到，圣经说过，但它仍是新闻。"已有很多对累积不平等机制的观察，很多人在长期讨论这个题目。

在这章中，我们将首先勾画累积不平等在生命进程中较为明显的表现。在这些案例中，我们关注两个在美国社会受到尖锐批评并能说明累积优势和劣势的因素：阶级和种族。这两项因素深刻影响人们终身的机会，所以我们检视，它们是如何在人们的生命过程中发生作用的。它们使一些人能够过上宜居生活，但同时又阻碍了其他许多人过上这样的生活。我们还讨论为什么我们要关注这个动态过程。最后，我们关注需要做些什么才能降低不平等。

第一节　累积性不平等的过程及动态

一　劣势条件的地理分布

我们对累积性不平等的考察，首先从儿童成长的居民区类型开始，关注的重点是种族与收入。居民区是一个儿童长大的地方并对这个孩子的未来福祉和生命机会发生重大影响。居民区受到重视，还因为它与儿童的阶级和种族高度相关。在一个高度贫困的街区长大将产生特别的负面影响，而在富裕街区长大通常会给日后的生活带来显著的优越条件（见本书第九章关于居民区效应的讨论）。

过去30年中，研究者关注个人居住的街区所展现的不同经济福利，试图通过这样的研究来描述并理解美国的贫困问题。这样做的原因是，深陷贫困的居民区对所有居住在那儿的居民产生破坏性影响，特别是伤害儿童。例如，Paul Jargowsky提出："为什么我们必须考虑贫困的空间结构？"他的回答是：

> 贫困家庭和儿童在高贫困化的少数族裔聚集区、拉丁裔居民集居区以及贫民窟的聚集将穷人所面临的问题进一步放大。穷人的聚集使得导致贫穷或由贫穷导致的社会疾病进一步深化。在这些居民区生活的孩子不仅在自家找不到生活必需品，而且必须在一个敌对的环境中挣扎，那个环境充满了诱惑但缺乏正面的榜样。同样重要的是，学区或入学分块一般由地理因素决定。所以，穷人居住上的集中通常使学校的教育质量下降。（2003：2）

研究表明，即便控制了个人的收入和种族，在高贫困居民区生活的儿童依然在很多方面呈现福利状况的劣势（Brooks-Gunn，Duncan and Aber，1997；Evans，2004，2006；Leventhal and Brooks-Gunn，2000；Pattillo and Robinson，2016）。例如，Margery Turner与Deborah Kaye发现，与个人特征无关，"居民区贫困率上升使儿童在以下所有问题上的发生概率都随之上升：负面行为、退学、在学校参与负面活动、不参加其他活动、不被带领读书或参加户外活动、生活在家长为非全职工作者的家中、接受一位有严重精神疾病或精神状况不佳的照护者照护等等。"（2006：20）

关于贫困的居民区背景，William Julius Wilson（1987，1996，2009），Douglas Massey（2007，2016；Massey and Denton，1993）与Robert Sampson（Sampson et al.，1997；Sampson and Morenoff，2006）等人做了重要的

开拓性研究。他们的研究表明，在高贫困居民区长大的儿童遭遇许多由地理居住环境带来的劣势条件。此外，由于美国城市长期形成的居住地种族隔离，受到这些负面影响的通常是有色儿童（Charles，2003；Farley，2008；Fischer，2003；Wilson，2016）。

反之亦然，在中产阶级或富裕居民区长大的儿童享有优越条件。在这儿我们通常看到的是有助于个人成长和发展的条件。这些居民区有较好的学校、低犯罪率、许多健身设施、有质量的住房，等等。这些条件为儿童发展他们的潜能奠定了扎实的基础。

此外，研究表明在过去 30 年中以收入为基础的居住隔离也在扩大（Reardon and Bischoff，2011）。Douglas Massey 在他 1995 年担任美国人口学会主席时所做的、经常被引用的就职报告"极端时代：21 世纪集中化的富裕与贫困"（Massey，1996）就讨论了这个现象。Massey 注意到，拥有与不拥有的分裂在扩大并将持续。结果是，在高贫困居民区长大成为一个显著的劣势条件并代表了累积劣势的起始点，就同在富裕居民区长大成为一个显著优势条件一样。

同这些发现一样令人痛心的是居民区贫困上的种族分化，更痛心的则是从这些居民区迁移出去的机会非常有限，特别对少数族裔来说。Lincoln Quillian（2003）揭示，在高贫困普查区（40% 或更高的贫困率）居住的黑人，几乎有 50% 十年之后仍然居住在那里。更令人不安的是，Patrick Sharkey（2008）发现，在美国最贫困的 25% 居民区长大的儿童，有 72% 在成人之后依然住在最贫困的 25% 居民区中。结果，居民区贫困对有色儿童的影响通常被拉长或持续存在。

更值得注意的是，由于黑人房屋拥有者比白人更可能较晚买房子，他们的房屋净资产要远远低于白人。后果是，在 2016 年，白人总净资产中位数为 171000 美元，而黑人仅为 17600 美元（Federal Reserve Bank，2017）。这个财产上的 1 比 10 差距，对儿童的福祉和生命机遇造成的是更为深刻的累积效应。

Raj Chetty 与合作者的工作揭示了，居民区对生命机遇有深远影响

（Chetty and Hendren，2018；Chetty et al.，2017）。Chetty 发现，在什么居民区居住决定了居民向上迁移的机遇差距。在劣势居民区长大的儿童比在经济兴旺的居民区长大的儿童较少有机会向上经济升迁，这一差距即便在控制了个人的社会经济和人口学差异之后依然存在。

此外，在高贫困居民区长大的孩子有更大可能遇到影响健康的环境危险（见本书第十章），它们包括，更可能与各种有毒污染物接触，更高的概率遭遇犯罪和暴力伤害，更高的被逮捕率，更高的使用毒品概率，更高的染上性传播疾病的可能性，以及其他许多（Drake and Rank，2009）。所有这一切都对一个儿童的健康产生破坏性影响，反过来，它们也深刻影响到这个孩子成年以后的健康和经济福利（Case and Paxson，2006）。

同样，如我们在下一节要讨论到的，生活在高贫困居民区的儿童就读的很可能是教育质量低劣的居民区学校。美国对公立学校的财政资助主要由当地缴纳的财富税决定，所以，较穷的学区比起富裕学区在税务来源上低许多。如 Steven Durlauf 所说，"尽管州和联邦的一些项目对不富裕学区有资助，地方公共财政对教育资助的欠缺是学区教育花费不对称的主要原因"（2006：146）。这种影响，使低收入居民区的学校发现"他们的教师通常拿到的是低于正常水平的工资，精神上过度紧张，学校的物理设施严重破损和过时，班级规模超大，以及其他许多恶劣状况"（Rank，2004：207）。这些学校培养的学生在学习成绩上一般较低，或低于这些同类学生在非贫困和有较高教育资源的学校可能获得的成绩（Leventhal and Brooks-Gunn，2000）。研究还进一步发现，同班同学的社会经济地位对一个儿童的教育成就有重要影响，不管这个孩子个人的经济背景如何（Kahlenberg，2002）。

最后，如前所述，许多人类学和实证研究表明，朋友和伙伴受到贫穷的侵袭，对儿童和少年的学习也会产生影响，如滋生各种消极的学习态度和反常行为，包括低学习渴望和成绩，更高的少年期怀孕，更高的可能参与非法活动，等等（Durlauf，2001，2006）。所有这些问题的结果是，这些儿童将把这些严重的劣势影响带到以后的学习和工作中去。

二　学校和教育

到任何美国城市旅行，你可能一遍又一遍地观察到同样的模式。一开始你驾车经过富裕的郊区，在那看到的学校会给你留下深刻印象，你对它们的物理设施、教学质量以及课程的深度赞美不已。然后，你开车来到的是贫穷街区，可能是中心城区，在那儿你看到的是完全相反的景象，衰败的学校，士气低迷的教师，以及破损的街区。最后，当你驶过更远的路来到遥远的农村时，你会看到，那里的学区几乎谈不上拥有什么资源。

出我自家门不远，这一模式也很容易见到。在十分钟车程内，可以见到位于一个富裕学区的一所高质量公立中学，那儿花在每个学生身上的平均费用是 16000 美元。学生在那儿接受的是全美公立学校最好的教育。再往前开几分钟，你会看到一所私立中学，你可能会错把那所中学当作一所大学的校园，那里，花在每个学生身上的平均费用是 30000 美元，供学生挑选的课程及其质量当然是上乘的。最后，往反方向再开 20 分钟，你看到的将是一个几乎倒塌的学校，它花在每个学生身上的平均费用仅为 9000 美元。那个学区已经完全破损，那儿的学生几乎都是贫穷和有色儿童。

从这些不同的学校我们可以看到，美国儿童居住在同一个大都市区，有些享受着一流的教育，有些却无法享受。说这些孩子都经历着教育平等，或人人机会均等，完全是荒唐的。显然，累积不平等存在于美国的教育体系中。人们居住在哪儿、他们的父母存有多少书很大程度上决定着孩子的教育质量。30 年前 Jonathan Kozal 把这个状况称为美国的"野性不平等"。

不幸的是，今天的情形依然如此，如果没有比 25 年前更为恶化。美国教育部的一份报告这样说道，"尽管一些年轻的美国人（主要是白人和富人）接受到世界一流的教育，但那些在高贫困居民区读书的人所接受的是与发展中国家类似的教育"（2013：12）。

造成这种状况的原因之一，是这个国家公立教育的财政拨款方式。美国是少有的几个工业化国家之一，那儿公立学校的主要财政拨款来源于州和地方税收而不是来自联邦政府。特别需要指出的是，一个学区的房地产总价值是该学区拥有资源的关键性决定因素。这样做的结果是，相对于富裕居民区的孩子，低收入居民区的儿童入读的学校资源匮乏、质量低下（Hannum and Xie，2016）。

Jennifer Hochschild 和 Nathan Scovronick 在他们的《美国梦与公立学校》一书中写道：

> 学区边界由居民区界限来确定，这种划分方式有助于提供某种优势条件。学校的财政拨款此时会依据地方财产的价值来确定，由此形成或维持一种对富裕儿童有利、牺牲其他儿童的特权式竞争地位。这种划分学区的方式把最好的老师或最主要的资源不成比例地投放到由富裕学生组成的区域中。（2003：12-13）

研究还表明，自20世纪70年代中期起，学校事实上已经呈现出以种族和收入为基础的隔离。例如，在2002—2003学年，全国73%的黑人学生所读的学校由50%或更多少数族裔组成，38%的黑人学生所读的学校由90%或更多少数族裔组成。类似的关于拉丁族裔学生的百分比是77%和38%（Orfield and Lee，2005）。以少数族裔为主的学校，同时也在贫困和收入指标上呈高度偏态趋势（Orfield and Lee，2005）。与降低这些儿童所面临的差异和劣势条件相反，美国的学校结构进一步提升或恶化了这些差异。如 Hochschild 和 Scovronick 所言：

> 公立学校是实现美国梦的基础，但学校同时还是许多美国人最早失败的地方。在学校失败，几乎可以保证他们以后也失败。从梦的角度说，失败是因为缺乏个人的价值和努力；从现实情况说，在学校的失败也是因为学校在结构上存在种族和阶级的不平等。在实现美国梦最核心的问题上，学校是在强化而不是消除代际两难（intergenerational paradox）。（2003：5）

Hochschild 和 Scovronick 所提到的代际两难是指，"家庭财富的不平等是上学不平等的主要原因，而上学不平等又强化了下一代在家庭财富上的不平等，即所谓代际两难"（2003：23）。确实，研究已经发现家长的教育和财富与他们子女所获得的教育水平高度相关（Ermisch，Jantti and Smeeding，2012；Shapiro，2004）。

从幼儿园到 12 年级形成的累积优势和劣势，又进一步影响到是否能高中毕业、能否进入大学。从富裕家庭长大的孩子通常能够进入名牌私立大学，从中产阶级家庭长大的孩子通常到公立大学读书，而较低阶层家的孩子可能完全读不上大学，或者如果他们能够读大学，读的也是两年制社区大学。如 Daniel McMurrer 和 Isabel Sawhill 所言，"家庭背景决定了谁读上大学、到哪里读大学和读几年。这种影响的重要性日益显著。由于读大学所带来的酬报比以往任何时候都重要，并且家庭背景决定了谁能在这些酬报中获益，美国正处于将在未来几十年变成高度阶级分层国家的危险之中"（1998：69）。

在总结关于教育、居民区、收入的研究时，Greg Duncan 和 Richard Marmame 写道，"由于美国富裕和贫穷家庭的收入在过去三十年分化，这些家庭的孩子在教育成就上的表现也在分化。今天富人和穷人的孩子在考试成绩上的差距比 30 年前要大很多，同样，这些差距也存在于他们的大学入学率和大学毕业率上"（2011：15）。不幸的是，我们对教育问题的讨论还停留在表面，没有触及实质。

三 工作和事业

累积性优势和劣势在正规教育结束后继续发挥作用。获教育的程度和质量，是决定一个人能否找到并保持一份优薪工作和职业的关键；反过来，它们也决定了是否找到一份没有前景且低收入的工作，或完全找不到工作。Arne Kalleberg 写道，"尽管教育程度不能保证找到一份好工作，但较高的教育使找到较好工作变得容易，而缺乏教育则一定是影响职场的主要劣势因素"（2011：80）。

一个简单的方法说明这个现象，是用最新的美国人口普查数据，比较 25 岁以上的人根据教育程度分组的收入中位数。2018 年，低于 9 年教育的人收入中位数为 25318 美元，具有一定高中学历的人为 25280 美元，有高中毕业学历的人为 35016 美元，有一定大学学历的人为 37811 美元，有大学毕业学历的人为 57105 美元，有硕士学位的人为 70241 美元（U. S. Bureau of the Census，2019）。从这些数据可以看到，较高的教育会转换为较高水平的收入。

教育与贫困风险同样有紧密关系。没有完成高中学历的人在 2018 年的总贫困率为 25.9%，完成了高中学历的人为 12.7%，有一定大学学历的人为 8.4%，而大学毕业的人仅为 4.4%（U. S. Bureau of the Census，2019）。结果，影响各层次教育的优势和劣势因素直接关系到人们在主要工作年份所获取的收入。

进一步分析，一个人工作的质量和类型也高度取决于受教育的年份和质量。只有高中毕业学历的人一生主要在一系列没有前景和不稳定的岗位上工作（Smith，2016）。与之对应，有大学或更高学历的人更可能在较好薪酬、有回报、并有多重福利的专业岗位上找到工作。结果是，从童年期和居民区开始的累积优势和劣势，通过少年期和成年早期在教育上的差异得以继续，然后通过职业选择在一个人的主要工作年份中保持下来。

Kalleberg 争辩道，这些教育和技术上的差别在今天的经济中变得更为重要。他写道，

> 教育和技术差别日益将做好工作和坏工作的人区别开来……虽然受过更好教育并有较高技术的人并不意味着他们的雇主提供较高的工作稳定性，但他们更具市场竞争需求的技术提升了他们在劳动力市场上就业的稳定性，所以，他们的技术一般为他们提供了更高的收入，对工作更大的控制力，更高的内在酬报，以及总体上更有质量的工作。（2011：181）

对非洲裔美国人和其他少数族裔来说，就业市场上一系列微妙和非微妙的歧视性行动进一步加剧了累积劣势的效应。已有许多诉讼和研究案例显示了这些歧视性行动（Feagin，2010）。其中最好的一个案例由两位经济学家 Marianne Bertrand 和 Sendhil Mullainathan（2003）的最新研究展示。他们向芝加哥和波士顿不同的工作广告投送了同样的简历。这些简历的一项差别是，一些简历使用了"听上去像白人"的名字，而其他一些使用的是"听上去像黑人"的名字。尽管这些简历实际上都一样，但听上去像白人的简历比听上去像黑人的简历有高 50% 的概率收到雇主的联络。这项研究及其他很多类似研究清楚地表明，职场基于种族的歧视是现实存在的，并对累积性不平等产生影响。

四　健康不对称

由早期过程形成的累积优势和劣势的深化，是教育背景和目前社会经济地位的叠加对总体健康和福祉的影响（见本书第二章）。自英国 20 世纪 60 至 20 世纪 70 年代 Whitehall 项目所做的突破性研究起，流行病学一项最一致的发现是，健康与社会经济地位强烈相关。社会经济地位越低（特别是贫困），随之产生的对健康的有害效应越高（Angel，2016；Leidenfrost，1993；Pappas et al.，1993）。反之，社会经济地位越高，它对健康的正面效应也越高。过去几年的几百项研究都重复证明了这种关系（Wilkinson and Pickett，2009）。此外，种族被发现是诸多因素之外对健康状况产生独立影响的因素。非洲裔美国人、拉丁裔以及土著美国人比白人更可能遇到各种健康问题，这种关系在社会经济地位的影响被控制后依然存在（Wilkinson，2005）。

这个过程发生在早期。研究表明，儿童的体质和精神健康受到社会经济地位的强烈影响。生活在较低社会经济家庭的孩子比那些较高地位的孩子更有可能遭遇一系列与健康有关的问题（Schiller，2008）。这方面最隐蔽的例子，是低收入家庭的孩子更可能接触到铅类有毒物质。

贫困与低收入进一步在成人年龄段造成许多健康风险，从增高了的心脏病发病率到严重的牙科疾病（Rank，2004）。这些问题，造成了更高的死亡率和缩短了的期望寿命（Geronimus et al.，2001）。例如，收入分布最高的前5%美国人可以期望比收入最低的10%的人大约多活9年（Jencks，2002）。进一步说，在许多大都市区，邮政编码居住地的区别，大约产生期望寿命最高可达25年的差异。

五　老年人

生命周期累积不平等的综合结果，使这些差异到退休年龄时进一步放大，使许多群体处于金融拮据、情感凄迷的窘迫境地。以退休时的储蓄为例。一个人退休账户的款项很大程度上由他一生所工作的职业类型决定。在较好薪酬岗位工作并有较丰厚福利待遇的人通常可以获得401（K）退休金账户，其中雇主将支付与自我储蓄匹配的费用。在其他一些案例中（尽管这部分人的钱有明显下降），某些人或许可以得到养老金，他们可以在退休后得到有保障的月收入。

此外，一个人最终由社会保险得到的款项很大程度上取决于他在工作年份所贡献的份额。在高收入岗位工作的人将得到更大份额的降低，以至到退休时可以获得更多的社会保险金。

从另一方面看，那些接受较少教育和拥有较低技术的人在工作年份从事的是低薪酬工作。结果是，他们很可能获得不充分的退休储蓄或养老金，因为他们比那些幸运的高教育高技术的人在社会保险基金上贡献较少。这样，对不少人来说，他们到退休时得到的是非常少的财富和储蓄（Federal Reserve Bank，2018）。从数据上看，2018年大约有21%的退休人口只拥有5000美元退休储蓄（Transamerica Center for Retirement Studies，2018）。

同样地，累积不平等的过程在最后岁月进一步表现出来。累积优势和劣势的历史，决定了人们是否能够安享生命的晚期。对那些必须面对劣势所带来的所有影响的人来说，累积劣势造成了他们生命最后阶段的耻辱。

第二节　为什么重要？

累积不平等问题及应对策略烦扰着几个世纪的哲学家。累积不平等的动态过程，长久以来被认为是生命周期各类不平等的主要原因。旧约全书的"50 年 Jubilee year"概念反映了这一点。《利未记》（圣经《旧约全书》中的一卷）唱到，每 50 年之后，所有财产、土地、财产权都将重新分配，债务也将被赦免。哲学家和神学家自古代以来就关心并争论着公平的问题，以及解决累积不平等的可行策略。

有许多原因可以说明，为什么我们今天必须关注累积不平等。首先，它严重诋毁了社会工作者在他们的研究、实务和政策工作中一直奉行的人人机会均等的理念。如导论一章所言，社会正义通常被解释为这样一种社会，在那儿人们奉行机会均等原则，它的结果是人人有能力充分发挥他们的潜能。

这个原则与美国历史上强调的机会平等息息相关。它的根本思想是，所有人都有某些基本机会，并能让他们在生命的过程中把握机会。这些机会包括有质量的教育，对就业和房屋市场的开放式获取，及其他。要快乐生活，实现所谓"机会的大地"这个美国代名词所隐含的目标，所有这些条件必须满足。

累积劣势的存在显然削弱了这些核心价值。它阻止了个人实现他们潜能的目标，同时削弱了机会公平的信念。这两点，侵蚀了个人和家庭，妨碍他们过上真正的宜居生活。

然而，同样重要的是一个根植于经济学的强有力的观点：让人口中很大一部分人变得没有价值或不对他们投资，整个社会将付出代价。所以，正视并解决这个问题直接关系到我们每个人的利益。对累积不平等代价的广泛知晓，从某种意义上说，也是追求一种扩展了的自我利益。就是说，让大众广泛认识累积不平等所产生的代价，或相应地，认识到降低累积不平等所带来的各种优惠，我们就可能意识到，正视这个问题是保护我们自身利益的关键。

Michael McLaughlin 和 Mark Rank（2018）在他们最近的一项分析中试图测量出这个代价的美元单位价值（参见本书第三章的讨论）。他们试图测量美国儿童贫困的长期经济代价。这些长期代价包括，较差的健康状况，较低的经济生产率，以及由犯罪产生的较高代价。所有这一切都可以通过累积劣势的理论框架得到解释。从贫困中长大的儿童遭遇不同类型的劣势，导致了以后在工作阶段遇到较低的经济生产率，以及更高的犯罪风险。

诚然，累积劣势对个人造成沉重负担，这项研究揭示，它对整个社会同样造成不可承受之重。McLaughlin 和 Rank（2018）估算到，儿童贫困每年的总和代价大约超过一万亿美元。这个代价意味着什么呢？美国 2015 年总联邦预算为 3.7 万亿美元；也就是说，儿童贫困每年的代价占到 2015 年所有预算的 28%。此外，这两位作者还估算到，每一元用于降低儿童贫困的钱，大概可以帮助整个国家节省至少 7 美元用于反贫困的累积成本。

这个研究只是众多分析中的一项。它们都显示，从长期看，从源头上解决问题的政策，比事后不断应付该问题的反弹，有着更高的成本效益。政策研究长期以来都支持这样一种观点，应对贫穷和健康类问题，防患于未然是关键。这对累积不平等问题同样适用。从长期看，从根子上解决累积不平等产生的原因是我们所有人的自我利益之所在。

第三节　应对累积性不平等

那么，我们如何做才能对所有美国人开通机会的大道，从而降低累积性不平等的狡诈影响呢？显然，我们不可能根除所有这些优势和劣势状况。不过，我们可以通过努力，减缓那些最负面的影响，从而铺平通往人人均等的道路。

首先也是最显而易见的解决方案是，我们要保证每个美国儿童都得到他们能够茁壮成长的资源。这要求我们从怀孕期就做起，让母亲得到优良的医务照护和营养。然后，在孩子出生的时候要保证有质量的健康照护，之后还要保证他们在婴儿和学步期所必需的资源。

这儿，研究又一次表明，这类政策从长远看是省钱的。例如，每一美元花在儿童营养项目上的钱，可以节省未来用于健康照护方面的成本约 3 到 4 美元。Gosta Esping-Andersen 在回顾这类研究的文中写道，"这里，我们看到了最新研究的关键发现：对早期儿童的投资影响巨大。在人生最早期的年月发生的事情，特别是上小学之前，深刻影响到孩子以后在学校的成功，这种影响一直持续到他们的成年期"（2007：25）。

其次，一流的教育是关键。它涵盖了幼儿园之前，到小学、初中和高中的所有项目。不实行这项政策是完全错误和短视的。如前所述，教育质量的巨大差异在美国主要来源于学校的财政拨款方式。地方财产税是这类拨款的主要来源，它导致了学区之间在资源和讲课质量上的巨大区别。改革公立学校拨款方式，寻找有创意和创新的理念，是完全必需的（美国教育部 U. S. Department of Education，2013）。

在幼儿园和 12 年级之后，要将读大学、社区大学以及专科学院变得更容易和能够承担，尤其对低收入青年而言。这些措施所提供的技术和训练，是能够在今天变化中的经济所产生的激烈竞争中生存下来的必要条件。政府资助项目如 Pell 援助资金是对劣势青年打开高等教育大门的关键。

可以让低收入儿童日后更容易承担高等教育费用的一项策略，是儿童发展账户（见本书第六章）。这个创意已经受到全世界很多国家的注意，它的指导思想是在儿童出生时就由政府提供一笔初始资金，以便日后用于教育。儿童长大时，这个项目要求家长对账户投钱，而政府同时补入匹配资金。低收入儿童收到的匹配和资助，比中产家庭的儿童更高。当儿童到上大学的年龄时，他们就可以使用这项收入以支持大学教育的费用（Elliot and Sherraden，2013）。

对儿童健康、教育和技术投资是睿智的投资。同时，保证儿童能够公平竞争实现美国梦也是关键。这样做，可以使我们创造一个良性循环，让我们的人口更有创意、持有更优良的技术，反过来，它又为未来创造更多的机会和更有质量的工作。

与此紧密相连的，是要充分认识对受到贫困打击、经济上衰败的街区再投资和再振新的重要性（见本书第九章）。如我们所论述的，儿童感受到的居民区质量深刻影响到他们日后的生命过程。第九章的作者对构建健康、多元和繁荣的社区提出了很多精彩的想法和建议。

降低以致根除成年期种族歧视的现状也是一项重要的政策干预，它对开拓通往机会的多重路径并降低累积劣势，意义非凡。很多研究表明，此类歧视持续存在于劳动力市场和住房市场中。专注并减缓在职业结构和住房市场方面的歧视，举足轻重。警醒地执行公平房屋法律、在工作场所推行反歧视政策，对阻断在这些领域已经存在了几十年的歧视性操作，至关重要（Stainback and Tomaskovic-Devey，2012）。

最后，为低工资岗位工作者提升工资和福利，我们也有很多工作要做。为改善这些人的工作条件，我们至少可以采取三项策略（参见本书第三章）。第一项策略，最低工资必须提高，而且必须根据每年的通货膨胀率予以调整。由于提升最低工资取决于众议院相关法律的通过，通常需要多年才能做到。把最低工资提升到一个宜居水平，然后让它与消费者物价指数挂钩，这种做法，通过一个更为合理的上限将全时工作者的工资保持在一定水平之上。现行的最低工资，无法将一个三口之家从贫困中解脱出来，如果这个家庭只有一位赚工薪的人。这种状况是能够也是必须得到改变的。

第二项策略，是对那些处于收入分配最底层的人，通过税务结构提供工资之外的补助。这方面最主要的项目是"收入所得税抵免"（Earned Income Tax Credit，EITC）。EITC对那些有儿童、但收入低于一定水平的家庭实行退税信用。这个项目对此类家庭提供了重要的收入来源，提升了它们的经济保障。它的理念是既鼓励工作，又为那些低收入工作者提供养家糊口的必需收入。EITC 的问题是，它对没有孩子但有工作的单身几乎不提供帮助。EITC 必须进一步拓展，以同时帮助有子女和无子女的家庭。

帮助低薪阶层的第三项策略，是最近开展的健康照护改革。这个工作是朝正确方向迈进的重要一步，它的目的是让所有工作者都能获得健康照护。这是一个长期存在的问题，但在 2014 年全面施行的"平价医疗法案"中得到了部分解决。这样做，让那些在低薪阶层工作的人，在支付合理的钱后可以获得健康照护保险。

有了这三项策略之后，一个关键问题是：我们怎么来支付它们所需的钱？我们的回答是：是认真讨论如何改革我们现行的税率和预算侧重点的时候了！美国目前是所有经合组织国家中对高收入人群收税最低的国家。此外，美国是世界所有国家在国防和国家安全上花费最高的国家。尽管讨论增加税收在政治上不受欢迎，但却是认真讨论税结构重组、特别是对高收入端提升个人和公司所得税的时候了。至罗纳德·里根 1980 年当选之前，对收入分布的高端人口实施的税率相当高，远高于 80%。没有必要回到那样高的税率去，但是，做必要的提升是完全正当的。

同样，我们必须重新评估我们的预算以及花费的侧重点。对所有我们的未来公民做人力资本投资必须提到一个最优考虑的高度。随着我们加入全球经济并在其中竞争，对我们最有价值的资源——我们的儿童投资，必须提到至关重要的高度。简言之，我们没有这种奢侈来忽略并伤害我们人口中最宝贵的部分。这无疑是同时关系到国家安全和社会正义的重要问题。所以，必须成为我们的重中之重！

第四节　结　语

本章中，我们从一个改造版的大富翁游戏说起，比喻的是累积不平等过程。与所有参加者在游戏开始时拥有同额资源的情形相反，美国人事实上在占有机会和优势条件上存在巨大差距，这些差距又反过来导致了人们在优势和劣势条件上更深的鸿沟。确切地说，阶级和种族是划分美国社会最根本的两条线。它们也是世界上许多其他国家导致社会分裂的分界线。

这一过程始于父母的金融资源以及儿童所居住的居民区。随后，它影响到儿童所获得的上学质量，又影响到他们未来能找到的工作类型和事业。所有这一切，反过来影响到个人的生活质量和健康，影响到他们对退休岁月的准备情况。

我们必须指出，所有这些累积不平等，只是到最近才进一步深化。那三位大富翁游戏人正在一个比我们假设的初始资源更不对称的水平线上开始他们的游戏。收入和财富不平等现在达到的是前所未有的水平。这些不平等的极端例子，是自镀金时代之后才开始的①。百分之一的最富人口目前占有整个国家所有金融财产的46%，而人口末端的60%占有这类财产的不足1%（Wolff，2017）。这些财富上的巨大鸿沟强化了累积不平等过程。

再将一个普通工作者的薪水与S&P500强公司平均首席执行官的工资做一比较。在1980年，平均首席执行官挣的钱大约是普通工作者的48倍。到2017年，这个差距高升到361倍（Executive Paywatch，2018）。进一步看，一个普通工作者今天比40年前或50年前更难得到同样的福利。健康保险、养老金、病假、工作保障性，以及其他许多福利日益变得遥不可及（Hacker，2006）。

这些宏观经济的变化强化了累积不平等对个人生活的影响。在美国，始终存在着机会平等与结果平等的明显差异。这方面，大家能接受的信条是，只要机会平等，结果不平等是可以接受的。但是，我们拒绝认识到的是，恰恰是结果的不平等导致了机会的不平等。这就是我们在本章中讨论的累积不平等过程。儿童在生命开始的时候存在着经济上的巨大差异，导致了他们成长和发展过程中巨大的机遇差异。这些差异，反过来，深深影响到他们未来的生命轨迹。

---

① 镀金时代（Gilded Age）指美国历史上从19世纪70年代到1900年左右这段时间

当我们致力于建设对所有人都适用的宜居生活时，我们必须阻断通往这种扩大了的不平等的路径。社会工作者承担着应对这类不平等的重要使命。通过他们的实务和研究，社会工作者把这项任务视作自己的日常工作。他们必须用他们的临床、组织以及政策方面的经验有效地对这个过程做出干预。在这个国家和世界已经看到的草根努力（grassroots efforts）证明，那样的努力是有用的。仅举一个例子，"为 15 美元而战"已经成功唤起了人们为低收入工作者而斗争的意识，同时使全国不同州和城市的倡导者投入了提升最低工资的斗争。

宜居生活是对个人成长和未来进步的一项真实承诺。它承诺每一个人都有能力发挥他们的所有潜能。由于累积不平等，这个承诺在很多时候对很多人来说是一种幻觉。现在，是排除这些影响百万人过上宜居生活的障碍的时候了！

第 六 章

为低收入家庭开发金融资产

Stephen Roll，Michal Grinstein-Weiss，

Joseph Steensma & Anna Deruyter

在美国，围绕经济公平的问题几乎一直都是公众讨论的源泉。在金融能力和社会福利领域，美国的政策制定者、研究人员、社会工作者以及其他实务工作者一直都对日益加剧的经济不平等感到担忧。自 20 世纪初以来，经济不平等刺激了多项变革和运动的产生，其中包括劳工运动，应对大萧条的新政，20 世纪 60 年代的"大社会计划"，提高最低工资的立法以及最近的占领华尔街运动和民粹主义政治候选人的崛起。尽管每一项政策变革和运动都有诸多诱因，但它们都在某种程度上受到一种情绪的驱使，即经济结构从根本上是不公平的，并且美国并未实现机会均等的承诺。

这些对现代经济的不满情绪已被研究证实。正如本书第五章所讨论的，不平等已退回到大萧条之前的水平，目前有 1% 的美国人持有国家净资产的约三分之一（Piketty，2014）。与此同时，与父母一辈相比，子女在经济上的流动越来越少，有研究表明 1940 年出生的人口中有 90% 比父母挣得更多，而 20 世纪 80 年代出生的人口中只有 50% 比父母收入多（Chetty et al.，2017）。此外，令人担忧的是有高比例的美国人甚至缺乏小额应急储蓄，更不用提他们为那些象征美国梦的传统指标进行储蓄的能

力，例如承担房屋抵押贷款或在没有大额债务负担的情况下接受大学教育。

如果我们希望迈向一个为全民提供建立宜居生活机会的社会，上面提到的这些问题需要得到回应和解决。尽管经济不平等是由复杂的多重因素决定的问题，但本章重点关注资产不平等问题，并涵盖其他许多诱因和影响，提出了为全民建设资产的方法。本章旨在说明：在较贫困的家庭和社区中建立资产有可能显著改善人们的生活。

因此，我们的关注点有三个层次。首先，通过详细介绍资产的各种金融和非金融收益，我们将论证促进低收入家庭资产建设的重要性。接下来，我们将讨论美国家庭之间资产持有中观察到的差异背后的经济、制度和政策因素，并对不同人群之间的差异进行探讨。最后，我们将提供政策和项目层面资产建设工作的概况，并讨论研究和实践如何进一步解决低收入人口资产持有水平低下的问题。

第一节　资产对于建立宜居生活的重要性

在思考资产在促进宜居生活中所发挥的作用时，首先我们需要了解在讨论资产这个概念时它的真正含义。从最基本的层面来说，资产是一个人拥有的具有一定金融价值的任何东西。这包括现金、银行账户里的存款和股票之类的金融资产，但也包括非金融资产，例如房屋净值、汽车的销售价值以及一个人拥有的任何其他财产的价值。更为宽泛的资产定义可以包括个人在发展自身技能上进行的投资（即人力资本）或他们可以用来实现某些目标的关系（即社会资本）。这些更具一般意义上的资产概念对于理解个人和社区的福利至关重要。但是，当我们在本章中讨论资产建设时，我们特指那些直接的有形价值的资产，即一个家庭的应急储蓄，为大学教育留出的资金，以及房屋净值等。我们这一章将会向读者展示，这些资产的所有权对于家庭的福祉具有实质性的影响，美国居民在这些资产的所有权上和资产建设的能力上存在巨大差异。

那么资产与宜居生活之间是什么关系呢？一个人的资产（他的积蓄、房屋和投资）如何使他们可以发挥最大潜能？在思考这一点时，我们从相反的角度来考虑这个问题可能会更简单：资产匮乏会如何阻碍一个人发挥其最大潜能？首先我们可以以一个普通人为例，他跟大多数美国人一样，缺乏足够的资产来轻松应对最轻微的紧急情况（Board of Governors of the Federal Reserve System，2016）。假设他有工作，这个人很可能靠薪水支撑他生活的基本需求，但最终会面临持续的经济和环境风险。紧急的健康突发状况、失业、工作时间意外减少，甚至汽车损坏都可能导致一个人陷入贫困或为了维持生计而承担高额债务。这些金融风险可能伴随而来的是持续的压力，这些压力来自必须平衡紧缩的预算和找到应对意外情况的方法。鉴于众多美国人都面临经济动荡，因而金融问题一直都是美国家庭的最大压力来源；这一点并不令人惊讶，尤其是对于低收入人群来说，他们的总体压力水平远大于高收入家庭（Anderson et al.，2015）。

除了遭受意外的冲击和管理紧缩预算的压力之外，依靠薪水度日来维持最低生活水平显然使人们无法实现需要大量资金的任何目标。抵押贷款的首付要求可能会使他们无力购买房屋；租房的押金要求可能会阻止他们搬到更好的地方；汽车维修费用可能会让他们只从事步行或公共交通能抵达的地点工作；学费的上涨可能会让他们（或他们的子女）无法接受高等教育（除非他们愿意承担巨额债务）。当然，这还不包括那些可以改善人们生活的美好事物，如度假、买新衣服、享受夜生活和节假日购买礼物等。

简而言之，资产为人们的生活提供了稳定，而这种稳定为家庭提供了一个基础，使他们可以更好地实现短期和长期目标。这对一个人生活的各个阶段都有影响。一个家庭的资产可以决定他们所居住的社区、子女就读的学校、借贷进行其他投资的能力、必须承担的上大学的债务以及退休后的舒适程度。直面全民建设资产的挑战可以使我们更进一步，而不仅仅局限于为人们提供能够在当前的经济状况下维持生计的政策和项目解决方案。直面这种挑战不仅使我们能够解决当今美国最显著的差距之一，而且还能使我们帮助贫困家庭建立基础，这种基础包括他们可以开始创业，获得他们理想工作所需的培训，搬迁到更好的社区，或者给子女提供最好的教育。因此，在贫困和经济不安全的家庭中建设资产不仅可以帮助这些家庭摆脱贫困，而且还能帮助他们实现他们的最大潜能。为了说明资产在促进宜居生活中的基本作用，我们需要追溯资产积累的几种主要金融和非金融收益。

第二节　资产积累的金融收益

为低收入人口开发资产可以通过多种方式直接解决贫困问题，这些方式包括为家庭应对紧急状况提供缓冲，提供足够的资金购买那些可以帮助他们摆脱贫困的物品（例如有车可以去更好的工作岗位），建立房屋净值，提供高等教育机会，有舒适的退休生活以及使家庭能够跨代转移财富。

一　防范金融紧急情况并满足基本需求

从最基本的意义上讲，资产可以作为一种允许家庭在意外的金融义务（例如债务）或者冲击时能够满足基本需求的方式。研究表明，金融紧急事件的平均费用为 1500—2000 美元（Collins and Gjertson，2013；Searle and Köppe，2014）。如果发生这种情况，而他们没有足够的储蓄金来承担这一费用，这可能使处于金融边缘的个人陷入贫困（或加剧现有的贫困水平）。所以我们再怎么强调资产对于维持宜居生活的重要性都不为过。在失业、健康危机，甚至汽车意外维修的情况下，拥有足够的应急储蓄可能是避免以下情况发生的决定性因素，这些情况包括：被赶出家门，因交通不便而失去工作，放弃基本医疗保健，逾期支付账单，失去低成本信贷，或者无力负担足够的家庭食物。尽管拥有最低水平的资产非常重要，但低收入的美国家庭依旧难以达到这一最低门槛。2009 年的一项研究表明，只有一半的美国家庭认为，如果有需要的话，他们可以在 30 天之内拿出 2000 美元；而年收入低于 20000 美元的家庭中，只有不到四分之一的人可以拿出这个数额（Collins and Gjertson，2013）。

除了可以为家庭紧急情况提供缓冲之外，哪怕是拥有较小数额的资产也可能在解决贫困和帮助家庭改善生活方面发挥重要作用。举例来说，有足够的积蓄可以用来弥补一些误工时间，这些时间可能会使个人能够面试更好或薪水更高的工作。同样，拥有足够的资金来支付公寓保证金能够帮助个人搬到有更多工作机会的城镇。储蓄还可以用来支付一些通常有利于从事高收入工作的必要购买，包括适合工作面试的衣服或往返于相对较远工作地点的交通工具。因此，即使我们经常将减贫或经济流动视为通过大学、房屋或创业之类的大型投资才能购买到的资产，但资产水平的适度提高也会在很大程度上帮助家庭避免贫困并改善整体前景。

二　房屋所有权

资产、房屋所有权和金融安全之间的关系很复杂。尽管长期以来，人们一直认为房屋所有权是"美国梦"的组成部分，但是 2007 年房地产市场的崩溃凸显了房屋所有权的巨大风险。房地产市场崩溃之后，低收入家庭拥有"溺水屋"（即个人所欠的债务超过房屋价值）的百分比翻了一番（Carter and Gottschalck，2011）。尽管风险依旧存在，但房屋所有权仍是美国积累财富不可或缺的组成部分。房屋净值占美国居民财富的很大一部分，约占美国家庭拥有总财富的一半（Iacoviello，2011）。

当然，房屋所有权和资产建设之间存在直接和互惠的关联。首先，资产建设会逐步促进购房者达到房屋首付要求。尽管首付通常只占房屋价值的 3% 到 20%，但对于许多低收入家庭而言，即使要达到该范围的下限也可能很难。如前所述，低收入家庭为紧急情况存储 2000 美元都十分困难。即使这些家庭符合联邦计划的要求，即只需要为价值 10 万美元的房屋支付 3.5% 的首付，那么他们的房屋首付仍需要 3500 美元（并可能还需支付抵押贷款保险）。对于许多低收入家庭来说，达到此门槛并非易事，即使能够达到也可能会因此耗光他们的应急储蓄。但是，一旦有意购房者达到了这个门槛，房屋本身将成为建设资产的工具，因为按揭付款会直接在其房屋上建立个人的资产，这是租赁房屋所不能实现的。因此，资产促进购房，而购房又促进资产的增长。

一项研究显示，与租房者相比，房屋所有者的短期结果表明，房屋净值的发展似乎总体上对房主有好处。这项研究发现，与租房者相比，低收入房主的资产净值、资产和非住房资产净值均有所增加（Grinstein-Weiss et al.，2013）。这种本身具有价值的资产净值，还可以通过提供信贷渠道来进一步促进整个生命周期中的金融安全。房屋净值信贷额度可以使房主在需要进行必要的购买或弥补意外短缺时以低利率借钱，而反向抵押贷款则允许年长的房主将其房屋净值转换为可以补充其退休收入的支付流。尽管这两种选择都存在风险，但它们确实为低收入房主提供了一套扩展的金融工具，如果使用得当，就可以改善他们的整体福祉。

三　受教育程度

在美国，学区可用的资金与该学区居民的资产持有状况直接相关（通过为学校提供资金的财产税机制），而高等教育成本不断上升，资产和教育之间有着千丝万缕的联系。已有实证研究证实了这种联系，并支持这种普遍观察：父母的财富与子女上大学的可能性相关（Hotz，Rasmussen and Wiemers，2016）。值得一提的是，这一观察对于理解整个人口中建立宜居生活的差距至关重要。上大学不仅仅是增加未来收入可能性的机制，它也是一种追求自身热衷事业、学习新领域和主题，体验不同环境的生活以及建立向上流动的社交网络的方式。对于那些来自贫困家庭的孩子来说，由于他们上大学机会的可能性降低，他们获得这些福利的机会也大大减少了。他们不但终身性平均收入更低，而且他们更少有机会能够探索构建未来生活的各种选择。

虽然增加上大学的可能性本身就是一种优势，但拥有较富裕的父母（或有能力将钱存入大学基金的父母）还有助于避免父母和子女承担助学贷款。对于无法依靠父母资助其教育的个人，他们的选择要么是根本不上大学，要么是承担助学贷款。随着大学对于获得高薪工作变得愈发重要，越来越多的个人选择承担助学贷款来支付上大学的费用。2019 年，全美助学贷款债务总额超过 1.6 万亿美元（Board of Governors of the Federal Reserve System，2019），助学贷款债务的最重负担往往落在收入最低的五分之一人的肩上（Fry，2012）。这可能会使他们在大学毕业后积累财富上处于弱势地位，并可能使他们不太愿意（或没有能力）承担更多债务甚至完成学业，从而直接影响他们的长期收入和财富潜力（Center on Assets, Education, and Inclusion，2016）。此外，与高收入人群相比，低收入人群在获得公平并且负担得起的教育机会上的不均等以及与之相关的结果，进一步加剧了贫困的循环，并最终导致了显著的贫富差距。最近的研究捕捉到了这种关系，研究发现，对于低收入家庭来说，单单承担助学贷款这一点就与拖欠账单、租金和医疗保险以及透支银行账户和无法购买食物的可能性增加有关。即使考虑了让家庭承担助学贷款的刺激因素，这种相关性仍然成立（Despard et al.，2016）。

虽然家庭或个人层面的资产促进了更多人寻求高等教育，但社区层面的资产建设可能会在发展的更早阶段增强教育结果。在子女接受教育的早期，子女上公立学校所在地区的地方税收基础对子女接受教育的质量和经历起重要作用（Poterba，1997）。美国的公立学校大部分由财产税资助。因此，在具有较高财产价值的地区，学校获得的资助要比具有较低财产价值的社区（本书第五章所讨论的）高得多，并可能提供更好的教育结果（毕业率、大学入学率等）。通过这种方式，资产的教育收益与资产推动的房屋所有权水平的提高交织在一起，因为房屋所有权率较高的地区往往具有较高的财产价值（Rohe and Stewart，1996）。

四　退休和代际财富转移

资产建设也是让家庭成员在晚年过上舒适生活的必要组成部分，而且也可能让父辈留下遗产来支持子女。美国社会保障制度的出现及其随后福利的扩大，极大地降低了老年人的贫困率（Engelhardt and Gruber，2004），但人们的退休需求与他们实际的退休储蓄之间仍然有很大的差距。例如，接近退休年龄（55 岁及以上）人口中，有一半以上的美国家庭没有任何退休储蓄，近乎三分之一的家庭既没有退休储蓄也没有退休金，这可能迫使他们只能依靠社会保障所提供的福利（U. S. Government Accoutability Office，2015）。即使是有储蓄的家庭，每月也只有约 310 美元的收入（美国政府问责办公室，U. S. Government Accountability Office，2015），这不太可能为舒适的退休生活提供资金。当我们从国家层面上来考虑退休储蓄匮乏时，人口需求与人口资产之间差距之大令人震惊。据估计，这一差距在 6.8 万亿至 14 万亿美元之间（Rhee，2013）。美国总体人口在退休储蓄上困难重重，而其中低收入家庭的问题尤为显著。例如，2015 年的一项调查发现，年收入低于 4 万美元的家庭中，有超过一半的家庭不具备退休储蓄（美联储理事会 Board of Governors of the Federal Reserve System，2016）；之后的一项调查发现，不到 40% 的美国人觉得自己的退休计划步入正轨。

由于社会保障可以使受益人免受饥饿或极端困苦，因此有必要思考什么才是一种"宜居"的退休生活。宜居的退休生活并不是指一个人的暮年伴随着精打细算的金融管理，简朴的生活方式以及对子女的金融资源和支持的依赖，而应当包括到未涉足之地旅行，利用闲暇时光追求新的或探索现有的爱好，购买给孙子孙女的礼物等。为了能够自由舒适地做这些事情，通常一个人需要的钱比社会保障提供的要多。因此，个体在一生的工作中，用长期储蓄工具建设资产对于个人在退休后维持宜居生活至关重要。

除了退休的考虑，为全民建设资产是改善代际家庭福利的重要组成部分。代际财富转移是财富的延续和增长的重要因素。这些转移可以帮助年轻家庭购买房屋，支付大学学费或为自己的最终退休储蓄。这也表明了促进购房的另一个好处，因为房屋作为一项巨大的资产，可以由父母转移给子女。然而，尽管父母将财富转移给子女会促进经济机会和流动性，但同时也加剧了经济不平等。例如，一项研究表明，在财富最高的 20% 人群中，将近 50% 的父母至少向他们的子女进行了一次与教育相关的转账，以帮助他们完成学业，每个子女收到的转账金额平均约为 2 万美元（Hotz，Rasmussen and Wiemers，2016）。相比之下，在第二富裕的 20% 人口中，这个比例为 33%。在最低的 20% 人口中，该比例仅为 18%。在与房屋所有权有关的财富转移中也观察到了类似的模式。这些代际转移很大程度导致了经济不平等的长期存在，但这些转移的好处也说明了在较为贫困社区建设资产的内在机会。如果成功的话，这些社区的资产建设将持续为受益者的子孙后代带来红利。

第三节　资产的非货币收益

尽管资产建设的金融收益是清晰可见的，并且在许多方面都是直观的，但有一些新的研究正在检验非金融收益。其中包括对认知、决策以及身心健康的好处。这些研究表明了资产是影响人们生活并促进其整体福祉的普遍方式。

一　建立期望和未来方向

持有资产的主要非金融影响之一与人们对未来变化的期待以及个人的"未来方向"相关（Sherraden，1990；Sherraden，1991；Shobe and Page-Adams，2001）。个人的未来方向是指个人在计划和投资未来的程度，而非关注短期或日常琐事。长期的金融安全在许多方面都需要未来方向，因为这需要计划退休生活，规划自己的生活和财务状况以寻求培训、教育和工作机会。然而，对于许多资金短缺的家庭来说，这样的方向可行性较低。如果家庭的支出超过其收入，则有必要将注意力集中在日常事务上，例如寻找工作，寻找削减开支的方法，增加工作时间或寻找短期信贷渠道。对于可能没有那么大的现金短缺但仍然难以储蓄的低收入家庭来说，他们的方向主要着眼于下周或下个月，因为他们需要为必要的开支储蓄（例如为子女准备返校衣服或支付冬季高额的电气账单）。

通过为短期金融问题和紧急情况提供缓冲，并使长期投资更有可能实现，资产在这个层面上会帮助人们实现宜居生活的愿望。例如，许多低收入家庭可能会看到高等教育开销庞大，费用让人难以承受，于是他们的行为会遵从当前的认识。然而，如果这种认识发生变化，并且上大学的可能性对于家庭而言已经成为现实，在这种情况下，为适应这样的新观念，他们的思维方式和未来规划的方向就会发生改变。（Sherraden，1991；Shobe and Page-Adams，2001）。当小孩和他们的家庭很早就认识到上大学的可能性时，由于他们对未来及其可能性的思考已经被框架化，他们会在教育方面做出截然不同的选择。通过给予父母希望，即他们的子女将来可以上大学，他们随后对自身也有了更高的期望（Beverly，Elliott and Sherraden，2013；Huang et al.，2014）。这项研究表明，即使最低程度获得资产也可以促进对未来更为乐观的期望。反过来，这些期望可以转化为改善个人金融前景和长期状况的实际行为。

二 避免稀缺心态

除了促进期望之外，获得资产（或缺乏资产）会影响我们做出决策的方式。在财富和贫困领域的研究已经发现了金融稀缺对决策的影响。行为研究人员认为，在稀缺情况下行动会产生一种"隧道效应"的现象，即个人专注于眼前和紧急的问题，从而难以思考其他非紧急但仍然重要的问题（Mullainathan and Shafir，2013）。我们不难想象低收入个体中的隧道效应。例如，他们可能把所有的精力都花在让孩子吃饱饭和支付电费上，以至于忘记了支付信用卡账单，而逾期支付账单则会导致以后更高昂的借贷费用。又如，他们工作时间被削减所以非常忧虑本月该如何维持生计，以至于他们在没有充分考虑长期成本的情况下就申请发薪日贷款①，这会导致日后更多的问题。在承担债务时，这种稀缺心态尤其值得警惕，因为承担

---

① 发薪日贷款是一种以个人信用做担保的小额短期贷款，它的信用依据是借款人的工作及薪资记录，借款人承诺在下一发薪日偿还贷款并支付一定的利息及费用

债务的好处（即能够快速购买或支付费用）是立竿见影的，而代价却出现在未来并随时间分散。因此，隧道效应会导致人们陷入债务循环，而资产通过赋予人们更大的灵活性来管理支出，可以帮助人们避免产生隧道效应的心态。

此外，当资源稀缺时，人们决定购买一件东西通常意味着放弃另一笔重要的购买。因此，每个重大的财务决策都需要权衡取舍（Shah，Shafir and Mullainathan，2015）。这一事实是把穷人与富人的现实区分开来的关键因素之一。富人可以为自己的汽车加满油，而不必担心透支银行账户，也可以为成长中的孩子买新衣服，而不必考虑未来几周对食物预算的影响。相比之下，贫困家庭必须经常考虑放弃购买或者只购买很少的东西。本书第三章中提到的贫困人口经常面临的"要取暖还是要食物"的困境，就是一个例证。

由于穷人需要不断权衡取舍，已有研究证明生活在贫困中会降低认知能力。在持续的收入困境下生活会导致精神健康资源的使用增加，这会使得可用于其他活动的资源减少（Mani et al.，2013）。但是，这种现象不仅仅是管理压力或认知紧张的问题。时常需要考虑短期需求和权衡取舍的压力必然使人们无法考虑长期目标，例如寻找更好的就业机会，为大学储蓄或实现其他许多财务愿望（Mullainathan and Shafir，2013）。

三　身体与精神健康

我们很难想象没有良好的身心健康的宜居生活（见本书第二章）。资产也对身心健康起着重要作用。有关压力与健康之间关系的研究非常深入（Carr and Umberson，2013），该研究表明压力显著影响身心健康。金融压力也被涵盖在这种关系中，其可能会给一个人带来一生中身心健康方面的挑战。如前所述，如果没有稳定的收入和强大的资产基础来抵御收支的波动，金融压力就会很常见（Anderson et al.，2015）。这是很直观的——金钱是我们最基本的关注之一；由于收入限制或收支的波动而始终无法维持生计，很可能会成为长期剧烈的压力来源。

金融压力并非低收入家庭特有，相对富裕的家庭也可能遭受诸如健康紧急情况之类的巨额支出或不可持续的消费习惯的困扰，使得他们深陷债务危机。然而，低收入家庭所承受的持续金融压力和相对富裕的家庭所承受的压力有所不同，因为富裕的家庭通常可以偿还债务（通过破产）或将其现有资产转化为信贷来源（例如，用房屋净值进行借贷）。相比之下，低收入家庭可能面临更多结构性的限制，即他们的收入根本无法覆盖支出或不足以帮助储蓄，因此他们面临着持续且不可避免的资金短缺。许多穷人也无法用他们不具有所有权的房屋进行借贷或通过宣布破产来摆脱债务所需的费用（Gross，Notowidigdo and Wang，2014）。这些持续的短缺和结构性限制对深陷其中的穷人的精神健康产生真正的影响。一项研究表明，与处于最高财富的 20% 人群相比，处于最低财富的 20% 人群遭受心理困扰的可能性要高出 3 倍（Carter et al.，2009）。

随着时间的推移，慢性压力会导致筋疲力尽并使身体无法有效预防疾病。由此可能导致诸如糖尿病和高血压等后果（Carter et al.，2009）。低收入家庭可能会承受身体和精神紧张的风险，因为他们可能没有医疗保险（这是他们自身的压力来源）来充分解决这些问题；即使他们拥有医疗保险，由于健康问题，他们可能无法承担不去工作的后果。通过为意外情况提供缓冲，并为家庭提供一定的财务喘息空间，资产可以潜在地减轻压力，从而促进积极的健康结果（Roll，Taylor and Grinstein-Weiss，2016）。

第四节　资产问题及其根本原因

在上一节中，我们论证了资产对我们生活的多方面影响，它的影响包含了从我们的日常金融事务到长期生活结果再到决策方式的方方面面。尽管事实上获得基本资产的水平可能对一个人的生活产生重大影响，但人们在获取资产方面仍然存在巨大差异。在现代美国经济中，自 20 世纪 30 年代大萧条爆发以来，财富不平等一直都是最为严重的（Saez and Zucman，

2016)。虽然不平等本身并非完全是坏事（即，如果人口的财富和福祉在总体上得到改善），但这种不平等的增长伴随着美国财富持有率最低的90%人群的储蓄率持续低下。导致这种贫富差距不断扩大以及储蓄率持续偏低的因素非常复杂。这些因素包括：阻碍许多群体（尤其是少数族裔群体）世代独立建立财富的历史原因；导致工资增长水平低下的结构性因素；使富人相对于穷人更容易积累储蓄和获得廉价信贷的制度性因素；以及阻碍低收入家庭储蓄的政策结构。

在历史上，这种巨大的差异在被剥夺权利的群体中特别明显，尤其是少数族裔群体，这一事实为在整个人口中开发资产的经济需求增加了道义成分：如果资产是宜居生活不可或缺的一部分，那么这一巨大差异就意味着我们正在排除总人口中的大多数人，使得他们无法过上宜居生活，而这样做的后果则加剧了历史性的不平等。

本节侧重于理解导致资产建设机会不均的因素。具体来说，我们将探讨经济结构、制度和政策如何阻碍美国低收入家庭积累财富。我们去理解这些因素并克服资产建设的困难并不能立刻缩小观察到的巨大财富差异，但是解决这些问题将有助于确保每个人在资产建设、实现自己的生活目标以及充分实现自我潜能的开发上处于更加平等的地位。

一　资产建设的经济障碍

导致低收入家庭储蓄和财富积累水平低的主要因素之一是现金流有限，这一点并不让人感到意外。虽然将收入转化为资产取决于许多行为和制度因素（例如，储蓄意愿和投资产品的可及性），而现实却是收入低于可持续性最低水平的家庭难以储蓄。尽管低收入和低储蓄水平之间的联系在许多方面都很明显，但过去二十年来，收入增长一直处于停滞让这个问题尤为凸显。考虑到通货膨胀的因素后，美国实际家庭收入中位数自1999年以来变化不大（美国人口普查局，2017）。停滞的收入对美国储蓄水平的影响令人担忧。没有广泛的收入增长，就没有理由指望家庭会在未来比现在更有能力储蓄，而在我们进行消费和储蓄的决策中，并没有出现重大的政策干预或文化转变。

美国许多低收入家庭都依靠薪水生活，经常无力承担基本生活必需品的消费。当一个人的收入完全被房租、购买食物、给汽车加油和为小孩买衣服的需求所消耗时，他就根本没有足够的金融储备来建立（哪怕是少量的）紧急储蓄以缓冲金融冲击。鉴于许多低收入家庭缺乏为诸如收支冲击之类的短期问题而储蓄的能力，他们更不可能为增强他们金融安全的长期投资而储蓄，抑或为改善总体生活质量如上大学或者支付房屋首付而储蓄。例如，以四年制公立大学为例，低收入的第一代大学生在六年时间内获得本科学位的比例仅为 34%，而他们同辈群体的比例为 66%（Engle and Tinto，2008）。此外，这些学生在第一年后失学的可能性是那些中等或高收入且父母上过大学的学生的 4 倍。这种差距也扩大到了房屋所有权。截至 2015 年，收入最低的五分之一家庭的住房拥有率比收入最高的五分之一的家庭低 46 个百分点（Prosperity Now，2017c）。

除了不能够为大学和房屋所有权进行长期投资外，收入严重受限的家庭甚至还在为小额存款焦头烂额。无论是低储蓄还是毫无储蓄都会使家庭面对无法预料的开销时无力应对并从中恢复，这种现象在穷人中普遍存在。2010 年的一项全国代表性调查显示，只有一半美国家庭有足以抵御紧急情况的积蓄，这个额度被定义为一个月收入的 75%。贫困线以下的家庭中，只有不到 40% 达到了这一标准（Key，2014）。让人更为担忧的是，几乎一半的美国家庭无法轻松应对花费仅 400 美元的紧急情况（Board of Governors of the Federal Reserve System，2016）。储蓄有限的问题对家庭福利产生了真切的影响，这个问题与家庭遭受物质困难的脆弱性增加有关，例如缺乏食品、医疗和牙科保健以及水电气等必需品（Babiarz and Robb，2014；Collins and Gjertson，2013；McKernan，Ratcliffe and Vinopal，2009；Sherraden and Sfherraden，2000）。

经济波动对低收入家庭的影响加剧了之前讨论的问题。以 2008 年的经济大衰退为例，我们可以看到金融上最不安全的家庭如何更大程度上遭受经济冲击。尽管大衰退影响了绝大多数美国家庭的财富（2007—2011 年间，超过 50% 的家庭失去了至少四分之一的财富，而四分之一的家庭失去了至少 75% 的财富），但其中受教育程度较低和少数族裔受到的冲击最为严重（Pfeffer，Danziger and Schoeni，2013）。这些结果与之前讨论的有关低收入家庭遭受冲击的脆弱性，充分说明了更为贫困的家庭极易遭受个人紧急情况和更广泛的经济冲击。

二　资产建设的制度障碍

除了现金流有限导致储蓄不足这一根本问题之外，低收入人群还面临着其他重大的金融挑战，这些挑战使得储蓄困难重重。的确，即使低收入家庭设法使财务状况达到可以存储的地步，但它们仍可能遭遇诸多制度障碍，这些障碍会限制它们安全地建设资产的能力，或者会使它们承担高风险的借贷。这些制度因素包括无法获得负担得起的主流银行服务；需要依赖替代性金融服务，例如高成本的发薪日贷款或产权贷款；使用其他高利贷，例如私人学生贷款，高成本信用卡和掠夺性抵押贷款①；以及缺乏能够使他们的钱增值的安全投资的选项，例如由雇主赞助的 401（K）退休账户。此外，由于美国税收制度的许多方面只侧重于激励富裕家庭的储蓄，这使得在低收入人群中建设资产变得更加困难。此外，美国的社会服务体系充分抑制了低收入家庭的储蓄。以下，我们将分别探讨每一个制度障碍。

（一）获得负担得起的主流银行服务

与普通家庭相比，许多低收入家庭要么"没有银行账户"，这意味着他们在金融机构中没有活期存款账户或储蓄账户；要么是"银行账户不足"，这意味着他们可能拥有活期存款账户或储蓄账户，但仍依赖于主流银行系统之外的金融服务，例如发薪日贷方（Federal Deposit Insurance Corporation，2018）。银行账户所有权在许多方面是建设资产的关键组成部分，

---

①　掠夺性贷款是指以不了解信贷市场且信用记录较低的购房者或借款者为目标的贷款，是一种有误导性或欺诈性的贷款行为，通常利率极高

因为它为家庭提供了许多金融资源和机会，例如拥有安全的付款方式，直接将薪水存入银行账户，积累储蓄，以合适的利率获得和建立信用，并赚取资产利息（Birkenmaier and Fu，2015；Federal Deposit Insurance Corporation，2018；Hogarth，Anguelov and Lee，2005；Robbins，2013）。已有相关研究把银行账户所有权与整体金融福祉联系在一起。没有银行账户会带来更大的物质困难，其中包括缺少基本的商品和服务，例如食物、住房、衣物、医疗保健、金融安全性较低（包括收入波动和无力承担意外开销）以及对财务状况感到焦虑（Beverly，2001；Collins and Gjertson，2013；Lee and Kim，2016）。这些经历会影响家庭在一生中积累财富的能力（Barr，2010）。尽管拥有银行账户有诸多益处，但仍有 7% 的美国家庭没有银行账户，而有 20% 的家庭银行账户不足，这使他们不得不依赖高利贷提供者（在下文中会进行探讨）来满足当前的金融需求，但这并不利于长期的金融健康（Federal Deposit Insurance Corporation，2018）。

（二）缺乏主流信贷渠道和使用替代性金融服务

如果没有足够的资产水平来维持日常支出和应对收支冲击，家庭可能会寻求短期高利贷来满足金融需求。当低收入家庭无法获得如信用卡在内的低成本信贷渠道时，就会转而选择高利贷（Barr，2004；Despard et al.，2015）。信用卡在内的主流信贷渠道，通过允许家庭按照预设的信贷限额借款并分期偿还债务，提供了一种管理费用和缓冲危机的方式。尽管信用卡并不是毫无风险的金融管理工具，但它还是提供了一种可靠而有效的手段来理顺家庭的财务状况，即使信用记录有限或较差的家庭可能需要为信用卡支付高利率。

虽然资金短缺的家庭有可能因为使用信用卡而陷入债务纠纷，但依靠主流信贷来管理财务的风险要比依靠许多替代性金融服务的风险小得多。替代性金融服务的常见类型包括发薪日贷款（实质上是借款人收到下一次薪水时要偿还的预支现金）和汽车产权贷款（以产权人的车辆所有权作为抵押的贷款）。这些贷款在计入与使用相关的所有成本和费用后，其利率可以达到三位数（Consumer Financial Protection Bureau，2013），这有可能会使家庭陷入债务循环，并进一步增加经济不安全家庭的压力（Birken-maier and Tyuse，2005）。

尽管这些贷款成本高昂且具有风险，但它们在低收入家庭的金融状况中发挥了必要的作用。最近针对发薪日贷款使用情况的研究发现，绝大多数低收入家庭都使用发薪日贷款来支付诸如房租或食物等基本支出，或处理一些意外紧急情况（Davison et al.，2017）。此外，与没有使用发薪日贷款的低收入家庭相比，依赖于发薪日贷款的低收入家庭还报告它们贷款利率更高，被主流信贷拒之门外，这说明，这些家庭转向高利贷是因为他们别无选择。

发薪日贷款和其他替代性金融服务已发展成为美国的主要产业。据估计，当前这些服务每年处理超过 3000 亿美元的交易，并且有超过五分之一的美国家庭在过去一年使用了这一服务（Bradley et al.，2009；Federal Deposit Insurance Corporation，2018）。一项针对低收入家庭的研究发现，有 39% 的受访者在过去 12 个月中使用了替代性金融服务（Despard et al.，2015）。从某种意义上说，这个行业的增长可以看作是美国资产问题的起因和结果。在没有紧急储蓄和无法获得主流信贷的情况下，许多家庭别无选择，只能依靠发薪日贷款一类的服务来维持生计，但这种容易获得的短期高利贷也会使家庭负担高昂的费用和利息，从而进一步限制了他们储蓄的能力。

但是，即使低收入家庭有资格获取信用卡、住房贷款或助学贷款等主流信贷来源，但它们最终仍可能比高收入家庭支付更高的债务利率。尽管收入并不是决定个人信用评分的因素（消费者评分会基本衡量他们拖欠贷款的风险并部分决定他们需要支付的贷款利息），但是在收入和信用评分之间仍然存在很强的相关性。例如，生活在低收入社区的人约有 60% 的人信用不良或一般，而总人口中只有约 40% 如此。换句话说，在低收入社区中，只有不到一半的人拥有"良好"的信用评分，因此大部分人有可能为各色各样的贷款支付更高的利息，从而进一步限制了他们的收入以及他们为金融目标留出资金的可能性。

（三） 无法平等获取长期投资选项

虽然低收入家庭相对缺乏获得金融产品的渠道，这些产品可以为它们提供安全的方式来建立短期储蓄或负担得起的短期债务方式，但它们无法平等地获取长期投资产品（如退休金账户）。美国人经常通过雇主提供的计划为退休储蓄。从历史上看，许多雇主都会提供退休金计划，他们每月向退休员工支付特定金额。但是，这些年来，退休金的使用率一直在下降（Wiatrowski，2012），美国的退休储蓄已经转向另一种计划，在该计划中，员工会为自己的退休金出资，例如 401 （K） 计划。大多数美国人可以获取由雇主提供的退休计划，即使事实上他们可能没有参加。但还有许多人仍为不提供退休计划的雇主工作。2017 年，美国 35% 的员工未被提供任何退休计划，而对于兼职员工这一数字则更高（约 60%）（Pew Charitable Trusts，2017）。缺乏雇主资助的退休账户解释了低收入家庭与其他人口之间退休金储蓄的差异（Board of Governors of the Federal Reserve System，2016）。

（四） 种族财富差距

如果不去研究美国种族间的财富差距，那么我们对资产差异的制度性因素的理解便只能是管中窥豹。像本节已经讨论过的，许多制度性安排都有可能阻碍低收入家庭的一般性资产建设，但是美国少数族裔的独特历史导致按种族划分的资产持有出现严重差异。不同种族的财富积累差异令人咋舌。使用收入动态追踪调查数据的研究发现，黑人家庭的财富中位数约为 18100 美元，拉丁裔家庭为 33600 美元，非拉丁裔白人家庭为 122900 美元（McKernan et al.，2014）。Melvin Oliver 和 Thomas Shapiro 的研究发现，在不同职业地位水平下，黑人和白人的净资产存在明显差异，而这一巨大差距无法被工作成就充分解释。将职业地位划分为五类（上白领、下白领、上蓝领、下蓝领和个体经营）后，结果显示只有上白领黑人具有净资产金额（Oliver and Shapiro，1997）。这种差距，部分是因为历史因素和制度安排限制了黑人家庭在过去的财富积累。Hamilton 和 Darity （2010） 回顾了许多相关的抑制因素，其中包括政府和白人社区对黑人的系统性虐待和财产破坏，拒绝给黑人发放住房抵押贷款和其他方面的住房歧视，以及即使考虑到收入，黑人申请人的贷款批准率也远远低于白人。这种历史性和制度上的歧视集中表现为少数族裔家庭几代人之间的财富转移率较低；过去更少的财富积累导致现在更少的财富转移。有研究帮助量化了种族贫富差距的代际组成部分，发现黑人家庭在平均两年时间内获得的大笔赠礼或遗产要比其他族裔少大约 5000 美元（McKernan et al.，2013）。

　　尽管种族之间的总体财富差距十分显著，但或许更迫切的问题，是在解决短期紧急情况所需的最低资金来源上存在种族差异。举例来说，全国性的家庭经济与决策调查询问了受访者是否可以在一个月内用现金或信用卡一次性支付 400 美元的紧急费用。在低收入受访者中，只有 20% 的非拉丁裔黑人家庭可以负担这笔费用，而 40% 的非拉丁裔白人家庭可以负担（联邦储备委员会 Board of Governors of the Federal Reserve System，2016）。换句话说，低收入白人家庭能够处理紧急事件的可能性是低收入黑人家庭的 2 倍。在其他收入水平上，这种差异持续存在（尽管不那么明显）。如前所述，这种短期储蓄缺口和长期资产积累缺口很可能会交织在一起。资产与社会政策研究所的计算表明，随着时间的推移，白人家庭收入每增加 1 美元，财富就会增加 5.19 美元，而黑人家庭收入每增加 1 美元，财富只增加 0.69 美元（Shapiro，Meschede and Osoro，2013）。研究人员将其归因于黑人家庭需要用所有收入来维系日常开支并为紧急情况储蓄（而非用于投资），以及长期在就业市场上遭遇的歧视和福利准入上的歧视。

　　（五）阻碍低收入人群财富建设的政策

　　尽管有许多社会政策以食物、住房、医疗保健和财政支持的形式向低收入家庭提供了重要的援助，但这些政策几乎完全集中在提供额外收入、减少基本开支或维持适当的家庭消费水平上。可能除了收入所得税抵免（EITC）以外，针对低收入家庭的福利政策大多数都不以促进储蓄为导向，在某些情况下甚至抑制了储蓄。这是政府向穷人提供援助与向相对富有的人提供政府援助在目标上的最大区别之一。通过抵押贷款利息减免和某些退休储蓄账户的税收优惠等政策，可以积极促进资产建设，但中等收入和高收入家庭在使用这些政策上占主导地位，而低收入家庭则处于落后地位。例如，由于许多家庭的主要退休储蓄形式是基于雇主的退休储蓄账户，这通常使低收入家庭得不到政府的退休储蓄福利，因为如前所述，富裕家庭有退休储蓄账户的比例远高于低收入家庭。

相比之下，诸如营养补充援助计划（SNAP 或 "食品券"）和有需要家庭的临时援助（TANF，或通常被认为是 "福利"）之类的计划在历史上限制了潜在受益人有资格参加该计划所能拥有的资产数量。尽管许多州已经取消了资产限制，并且联邦政府已经极大消除了医疗补助计划的资产限额，但仍有 16 个州对参与 SNAP 计划有资产限额，且 42 个州（和华盛顿特区）仍然对 TANF 计划有资产限额（Prosperity Now，2017b）。这样的资产限制极大地抑制了低收入家庭的储蓄，他们甚至可能由于担心财务状况受到监控并危及福利获取，而抑制了开设银行账户的念头（Neuberger，Greenstein and Orszag，2006；O'Brien，2008）。

第五节　推进资产建设解决方案的必要条件

在讨论了持有资产的好处以及导致低收入家庭资产积累水平较低的因素之后，我们现在转向对潜在解决方案的探讨。充分解决美国的贫富悬殊问题，以促进全民的宜居生活，这是一项十分艰巨的任务。委婉地说，这是一个非常有争议的话题。财富本身对公众来说一直具有道德内涵，因为财富通常与所谓 "有道德的行为" 相关联（例如节俭、牺牲、商业敏锐和辛勤工作）。贫富悬殊的问题也卷入了美国其他两极分化的问题，包括种族公平和跨社会经济阶层的机会均等。为说明挑战的严峻性，我们需要指出，上一次贫富差距增长的重大逆转以一次全球性经济大萧条和世界大战为代价（Piketty，2014；Saez and Zucman，2016）。正因为挑战是复杂和多方面的，我们必须利用好资源来应对挑战。有效地促进包容性资产建设需要在研究、实践和政策上进行创新。

一 首要的工作：重新建构对不平等的理解

大多数政策制定者和实务工作者倾向于将收入作为了解贫困和不平等现象的主要指标。因此，解决经济不平等问题的工作常常集中在提供收入支持或维持最低消费水平的政策上。这些努力当然很重要，他们有可能极大影响美国的贫困水平和总体经济困难程度。例如，将最低工资从目前的每小时 7.25 美元的水平提高是解决收入低端人群收入停滞的常见提议。即使目前只有 2.7% 的小时工按确切的最低工资领取工资，但随着公司开始努力使自己的工资具有更高的工资竞争力，联邦政府强制性提高最低工资标准可能会使美国家庭的基础工资增长更为广泛。较高的工资可以转化为减少了的平均财务约束，进而可以提高储蓄能力；证据还表明，更高的最低工资标准对雇用行为有最低程度的影响力（Card and Krueger，2015）。

解决贫困和不平等问题的其他常见提议跟福利计划相关，如 TANF（为有子女的低收入家庭提供限时现金支持）、SNAP 和社会保险（Social Security），它们是美国社会安全网的重要组成部分。然而，尽管这些政策对于支持贫困家庭或经济脆弱家庭必不可少，但它们最终仅仅是经济上的一种权宜之计，即旨在减轻贫困的负担而又不消除其根源（详见本书第三章和第五章关于贫困根源的讨论）。

虽然收入和财富的概念是相关的，而且我们对收入和工资的讨论对于理解与经济脆弱性和不平等有关的问题至关重要，但本章所采用的基于资产的视角提供了一种独特的方法来描述与贫困相关的社会问题。这种视角提出了一系列独特的工具，可用于增加个人和社区的向上社会流动性。因此，我们需要将重点转移到用于问题评估和解决方案开发的资产积累措施上，这对于全方位制定政策和计划以解决金融问题至关重要，而不仅仅是解决与收入和消费直接相关的问题子集（Sherraden，1991）。

与关注收入相比，我们支持资产视角的主要论据之一是，资产可能会影响家庭的长期视角和思维，而收入则更具有交易性、即时性和短期性。通过重新概念化问题以强调资产，政策可以开始帮助低收入家庭建立和发展一种关键的金融安全，它不仅可以通过缓冲家庭受紧急情况的影响并促进投资来提供直接的金融稳定，而且还可以重塑它们的整体视角并对个人及其社区产生长远和持久的福利。随着政策和计划开始考虑到低收入家庭的资产需求，我们可能会看到家庭更加持久地找到摆脱贫困并投资自身的方法，而非仅仅依靠薪水度日和总因财务紧急情况而破产（Shapiro，2001；Sherraden，1991）。

简而言之，虽然收入视角至关重要，但它最终只涉及经济不平等这一基本问题的一部分。政策制定者历来所喜爱的收入和消费工具，可以帮助解决家庭的温饱问题，但是它们在使家庭摆脱贫困方面效果有限。促进收入和消费并不会帮助建立人力资本，不会随着时间而增长，也不会帮助建立社区资本，更不会帮助个人朝着自己的金融目标发展。而资产可以实现这些目标，资产的重要性必须在联邦层面和州政府的立法者到社区中的社会工作者的社会和政治体系的各个层面得到认可。

二 理解财富建设政策和计划的前景

一旦人们对经济不平等的认识扩大到对收入和资产的覆盖，研究人员、政策制定者和实务工作者可以倡导的政策范围也将扩大。为了理解围绕资产建设的政策如何演变，本节将概述近年来在国家、州和地方政策议程中出现的一些主要资产建设政策。

（一）儿童发展账户

儿童发展账户（CDA）是在低收入人群中建设财富的最具有前景的方法之一。CDA 计划已在美国的大多数州和其他若干国家/地区采用。尽管这些计划的范围和结构因州和国家而异，但 CDA 背后的基本思想都是为儿童（通常在出生时）提供一个储蓄账户，并以初始存款作为"种子"。例如，哈罗德·阿方德大学挑战（Harold Alfond College Challenge）（缅因州的一项 CDA 计划）为缅因州出生的每个婴儿提供 500 美元（Harold Alfond College Challenge，2017）。这些计划通常具有旨在促进资产建设或金融安全的其他功能，其中包括金融教育组成部分，相匹配的储蓄激励，或通过限制资金使用来促进这些资金用于高等教育或房屋首付等投资。

　　CDA 计划的增长令人欢欣鼓舞，同时针对 CDA 计划的影响力研究发现了向家庭提供 CDA 的积极效果（例如 Clancy et al., 2006；Employment and Social Development Canada，2015；Zager et al.，2010）。美国的 CDA 计划仍然受到这一系列计划拼凑性质的阻碍①。在撰写本文时，美国仍有 19 个州不提供 CDA（Ain and Newville，2017），而那些提供 CDA 的州提供相对最低程度的财政支持。美国政策制定者提出了一项普惠性 CDA 型账户的政策建议"ASPIRE 法案"，该法案旨在为每个在美国出生的儿童提供一个价值 500 美元的账户，并为收入低于全国中位数的家庭提供额外的资金（King，2010）。普惠性 CDA 是加强 CDA 政策的重要的第一步，但即使是最低程度的贡献额仍然限制了 CDA 解决本章之前概述的极端财富不平等这一类问题的能力。但是，全球范围内实施的 CDA 计划提供了其在解决经济不平等问题上的范例。例如，最近在以色列推出的 CDA 计划，该计划每月为每个以色列儿童提供 50 谢克尔（约合 14 美元）的存款，可以将其存入一系列投资账户中，并为以色列家庭提供了额外储蓄机会（Grinstein-Weiss et al.，2019）。因此，在这个 CDA 计划中，即使是最保守的方案，它也有可能向即将年满 18 岁的儿童提供超过 3000 美元的补助；如果父母选择投资有更高利率的账户并存钱直到子女年满 21 岁，这笔钱可以是原来的 5 倍。

　　（二）个人发展账户

　　个人发展账户（IDA）与 CDA 相似，但总体上侧重于低收入家庭，而非专门针对儿童。IDA 的部分目标是要解决美国资产建设政策中的一个核心差异，即美国大多数资产建设政策面向的是能够负担抵押贷款或退休账户供款的高收入家庭（Sherraden，1991）。84% 的联邦资产建设预算让年收入超过 8 万美元的家庭受益，而资产建设支出的 0.04% 用于年收入不超过 19000 美元的家庭（Woo，Rademachaer and Meier，2010）。IDA 试图通

---

　　①　这里是指目前这些计划属于比较小的单个项目，没有形成一个总体的全国性统一政策。

过向低收入家庭提供储蓄激励来纠正这种不平衡。

IDA 有几个核心组成部分。参与者的收入较低；参与者储蓄的额度部分或全部被匹配；存款会限制在只能用于如教育、住房或开办小企业等目的；并且参与者必须按时完成金融教育课程。与 CDA 不同，IDA 通常不会像在州或城市层面上那样大规模地实施，而是通常由非营利性社会服务机构等组织赞助。IDA 计划中提供的账户存放在传统的金融机构中，例如银行或信用合作社，因此可以为低收入人群提供更多的金融服务。

研究表明，获得 IDA 可以给家庭带来诸多益处，其中包括提高房屋拥有率和教育程度（Leckie，Dowie and Gyorfi-Dyke，2008；Mills et al.，2008）。最近一项由联邦支持的独立 IDA 计划的随机对照试验发现了许多积极结果：IDA 计划参与者所持有的流动资产中位数增加，并且在水电气费、住房或健康相关的困难指数下降（Mills et al.，2016）。这些家庭也更少使用某些替代性金融服务，并报告说他们应对正常开支的信心增强。更令人鼓舞的是，IDA 已在社区层面上被广泛采用。事实上，这些年来，全美已有超过一千个 IDA 计划，其中包含了成千上万的 IDA 参与者（Prosperity Now，2017a）。其中许多计划均由公共支出支持，主要是由之前提到的美国卫生与公共服务部管理的"独立资产"计划支持并开展。尽管 IDA 计划数量众多且持续受到欢迎，但扩大 IDA 计划的覆盖范围和支持仍应是解决美国财富不平等问题的重点。

（三）促进资产建设的税收政策

尽管 CDA 和 IDA 的计划令人鼓舞，但它们目前的范围仍然有限。如前所述，税收政策通过为主要有利于富裕家庭的资产建设政策提供资助，在许多方面加剧了美国的财富不平等。但是，税收政策也可以用来促进低收入人群的资产建设。税收政策的变革会影响到众多美国人口，所以它是进行资产建设改革的令人鼓舞的方法。为支持低收入储蓄而设计的两项提议分别是"金融安全信用"（Financial Security Credit）和"雨天"（Rainy Day）EITC。

金融安全信用是对税法的一项变革提议，它旨在用奖励来刺激低收入家庭使用的储蓄类型。该信用额度为家庭提供了多达 500 美元的额外资金，这些家庭可以使用不同类别的储蓄工具把该资金存储下来，账户选择可以从退休账户到基本储蓄账户（H. R. 4236，2015）。从这个层面上可以将"金融安全信用"与其他税收政策 [如"储蓄者信用"（Saver's Credit）] 区别开来，后者只会刺激退休储蓄。通过将这种信用与税收申报相关联（并提供在报税时直接为其开设储蓄账户的功能，这是当前的美国法规不允许的功能），这种信用可以激励储蓄，因为低收入家庭通常会从退税中获得大额金融收益，这些收益更有可能帮助它们进行储蓄。

雨天 EITC 提案的依据是：EITC 是美国最重要的扶贫政策，它通过对工薪低收入家庭进行报税时提供一次性的现金支付，使得约 650 万人（和 330 万儿童）摆脱了贫困（Center on Budget and Policy Priorities，2016）。EITC 在为低收入家庭提供金融安全方面发挥着重要作用，但是该政策的一次性支付结构可能会导致贫困家庭难以储蓄，年初收到大笔付款可能会让这些资金短时间内耗尽，从而无法在年末时应对任何紧急情况。雨天 EITC 提案通过允许家庭将部分 EITC 款项（20%）推迟六个月发放，并为此获得 50% 的匹配金额来解决这个问题（Levin，2015）。例如，获得 2500 美元 EITC 的家庭将在退税时获得 2000 美元，六个月后 750 美元，共计 2750 美元。该提议让家庭有能力更好地分配其全年的税收抵免，并以直接的方式激励储蓄。

（四）普惠型退休账户

之前描述的计划和政策旨在帮助人们建立资产从而在短期内保护家庭免受紧急情况的影响，并在成年早期或中年期增加获得诸如高等教育或房屋所有权等投资机会。但是，这些计划和政策没有直接解决为退休提供充足资产的问题。如前所述，美国人通常没有足够的资产来维持自己的退休生活，这个问题对于低收入家庭尤其严重。虽然高收入的美国人一般来说可以通过雇主获得税收优惠的退休储蓄工具，例如 401（K），但这些退休计划并不适用于众多低收入家庭。

MyRA 计划是一项联邦计划，它于 2016 年开始实施，但此后不久就终止了。这个项目旨在通过对美国家庭（这些家庭成员的雇主未能资助其退休账户）提供免费退休账户来修正这种差异。MyRA 具有许多能够让低收入家庭受益的元素。例如，它不要求退出计划时缴纳提款罚款，因此它允许将资金用于处理任何紧急情况。它的结构非常简单（只有一个投资选择），对于可能从未管理过退休账户的家庭来说，这个过程非常容易操作，而且它对开设或维持账户的最低金额没有要求（U. S. Department of the Treasury，2017）。尽管 myRA 是解决低收入家庭缺乏退休储蓄的一种潜在手段，但该计划的采用率很低。在第一年末，只有约 20000 人注册了 my-RA（Lobosco，2016）。如此低的使用率加上 myRA 提供的相对较低的回报（myRA 投资的利率大大低于其他投资基金通常提供的利率），这意味着 myRA 只能部分解决低收入人群中缺乏退休储蓄的问题。

尽管 myRA 在 2017 年被联邦政府终止，但建立普惠型退休储蓄账户的方法仍然有可能帮助总体人口建立长期储蓄。布鲁金斯学会提出的另一个选项是将退休储蓄账户与个人而非与雇主挂钩（Friedman，2015）。这种方法将确保所有家庭（不仅是从事某些工作的家庭）都能享受退休账户的好处，并为政府提供一种直接激励雇主通过税收抵免而提供退休计划的途径。像这样的政策将有可能产生数百亿美元的额外储蓄，与现有制度相比，低收入家庭在这个提议上受益更丰。

三　利用研究来增强计划和政策的影响

自 20 世纪 90 年代初，美国精诚开展低收入家庭资产建设工作以来，关于资产在低收入家庭生活中所起作用的研究稳步增长。尽管这种研究兴趣的增长是受欢迎的，但在理解如何有效设计政策和计划以帮助在低收入家庭中积累资产方面，仍有许多工作亟待完成。

资产建设干预措施的分散性和多样性的本质，使得理解这些项目的有效性既是挑战也是机遇。许多资产建设项目由非营利性社会服务机构或信用合作社之类的单一组织运行，因此，这些项目的范围和可扩大性有限。此外，实施这些计划的组织性质使得开展严谨的影响力评估成为一个挑战，因为社会服务机构可能会由于限制提供资产建设计划的人数，而很难创建一个随机试验的对照组。但是，资产建设项目的实施情况较为分散，这也意味着在设计和评估这些项目时有足够的灵活性和创造力，并且需要进行持续的试点评估来测量资产建设干预的有效性。

　　举例来说，思考一下美国的 CDA 计划，在美国几十个州有提供 CDA，并且这些计划在资金来源、管理、参与要求、支付方式和补充计划提供方面具有不同的结构。一般来说，证据表明 CDA 可以有效改善储蓄行为并促进高等教育等长期投资。但是，我们不知道的是应该如何让这些计划实现最优化。关于 CDA 仍有许多悬而未决的问题。金融教育是鼓励人们参与 CDA 或参与 CDA 资金使用方式的有效方法吗？CDA 中初始种子存款的不同水平与结果之间有什么关系？促使父母将更多存款存入账户的最佳匹配储蓄率是多少？匹配的储蓄和彩票在推动储蓄行为方面哪一种更有效？在 CDA 中让父母和孩子参与的理想场所是什么（例如医院、学校、银行等）？针对父母的金融能力计划能否提高为儿童提供的 CDA 项目的有效性？

　　这其中的每一个问题都可以通过实验性研究得到一定程度的回答，而 CDA 计划本身也在努力解决这些问题，这意味着 CDA 的研究可以在许多不同的领域中对优化项目起到重要作用。这并非 CDA 所独有。紧急储蓄计划通常由非营利组织或信用合作社实施，以解决其人口中缺乏流动资产的问题，而在志愿所得税援助（Volunteer Income Tax Assistance）站点实施的节税时间储蓄计划在项目结构和服务人群这两者上往往差异很大。同样，有关如何优化 CDA 的许多问题也可以应用于 IDA 的优化。从某种意义上说，这是低收入资产建设政策缺乏联邦支持的隐性福利。随着各州、城市和组织的介入来填补这种差距，它们实施了种类繁多的项目，这为那些对改善资产建设干预感兴趣的研究人员提供了理想之所。

　　尽管有前景的资产建设干预研究机会很多，但我们应该认识到研究的类型非常重要。如果这项工作的最终目标旨在解决财富不平等问题，研究类型的重要性就更为凸显。支持面向穷人的大型资产建设计划的倡导者可能会面临对这些计划的制订和实施的强烈反对，因此对这些政策的争论需要用实地进行的随机对照试验作为有力证据。许多金融能力的干预极易受到自我选择偏差的影响（Meier and Sprenger，2013）。例如，一项针对金融教育项目的非实验性评估（即，缺少没有接受金融教育的对照组的评估）可能会表明参与者在项目实施后储蓄行为得到了改善，但这种改善可能仅仅是因为以下原因产生的：选择加入该项目的人具有提高自己储蓄的动机；无论他们是否参与金融教育项目，他们在储蓄上的改善都将发生。随机对照试验使我们能够评估项目的真实效果，并有把握地得出资产建设项目中哪些部分有效哪些部分无效的结论。

除了进行实验性评估外，理解资产建设干预在时间上的变化也很重要。尽管某些资产建设项目（例如专注于建立紧急储蓄的项目）可能适合在较短的时间范围内进行评估，但 CDA 和 IDA 等许多项目都关注一个人终身的长期资产积累。因此，资产建设领域急需更多工作来评估这些项目在较长时间内的影响。目前，只有很少的关于资产建设项目的实验性分析，包括美国梦示范（American Dream Demonstration）（Grinstein-Weiss et al.，2012），SEED OK（Huang et al.，2014）以及"退款储蓄计划（Refund to Savings Initiative）"（Roll et al.，2019）。资产建设研究还应该探索获取不同类型资产如何随着时间而相互影响。例如，目前我们对于建立紧急储蓄的干预措施（例如"退款储蓄计划"）如何增强长期资产的发展了解非常有限。短期内给低收入家庭提供缓冲让其免受冲击是有可能的，这使得低收入家庭有空间来为住房装修、房屋首付或接受更多教育而储蓄。

四 改革政策并倡导计划来重新分配财富

本章概述了现有的一些公共政策在诸多方面无法促进低收入人群的储蓄，反而促进了富裕家庭的储蓄，并提出了解决这一问题的若干具体政策，包括金融安全信用和雨天 EITC 提案。尽管最近已纠正了低收入家庭储蓄的最大显性障碍之一（即对医疗补助领取者的资产限制），但为了给低收入家庭创造更多机会，我们在政策改革方面仍有许多工作要做。

　　不论采用何种具体的财富建设政策，在政策层面促进低收入储蓄的根本挑战都来源于对低收入家庭以及政府在支持资产增长中的作用的误解。它们将 TANF 现金转移支付和 SNAP 支持视为"福利"，而对抵押贷款利息减免和 401（k）享受税收优惠的政策以及对资本增值征收的低税率等政策却没有类似的认知。尽管已有众多与之相反的证据，但这种将穷人视为无法或不愿意储蓄的观点仍旧存在（Schreiner and Sherraden，2007）。

　　这个问题无法通过新政策或现有计划额外的公共资金轻松解决。这需要对穷人的金融生活有新的理解，这种理解需要切除根深蒂固的美国观点，即认为穷人只能通过辛勤工作和牺牲才能克服困难，以及穷人太穷或太冲动而无法储蓄。但是，即使我们努力重新审视围绕穷人经济生活的根深蒂固的有害观点，我们也可以采取许多中间步骤，使政策可以更加有利于低收入人群的资产建设。第一步应该是放宽或取消 TANF 或 SNAP 项目的资产条件限制。尽管以限制资产来符合社会福利项目的要求有一定的逻辑（向富裕家庭提供食品券不符合公共利益），但这种资产限制的结构造成的弊远大于利。例如，美国一半以上的州将 TANF 资产的限额限制在 1000 美元至 2500 美元之间，绝大多数州将参与的资产限制在资产少于 9000 美元（Pew Charitable Trusts，2016）。这些限制使我们的政策结构和美国社会价值观处于相互矛盾的目标上。一方面，我们的政治言论倾向于认为社会福利项目应该是暂时的，人们应该通过辛勤工作和负责任的资金管理使自己摆脱贫困，而另一方面，我们强迫人们减少（或从不建设）他们的资产和投资，这些资产本可以保护他们免受金融紧急情况的影响，而这些投资使他们能够储蓄以使他们摆脱贫困。从本质上讲，我们的社会福利项目可以在短期内减轻贫困的影响，但却增加了长期的持续贫困的可能性。

　　除了简单地放宽对获得上述福利项目的资产限制之外，美国还应该将其重点从满足高收入家庭的财富建设政策上转移出来，并制定新的联邦和州层面的资产建设政策专门为低收入家庭建设资产。要为美国全体人民建设资产，就必须有渐进性和普惠性的方案，这些方案必须从生命早期开始并提供一条线的服务（Beverly et al.，2008）。CDA 是最明显适合此法案的项目类型。一些州已向该州内出生的每个儿童提供一定额度的 CDA，但这些项目提供的收益可能还太小，不足以解决美国不断扩大的巨大贫富鸿沟。相比之下，以色列最近实施的 CDA，由联邦政府支持并向出生的每个儿童提供 CDA，使项目有足够的潜力来解决贫富悬殊的问题。如果给实施的项目一个渐进性的结构，就有机会充分发挥项目的潜力，有助于纠正阻碍美国许多社区财富积累的历史根源。

五　新兴的解决方案

强有力的普惠型渐进财富建设政策也许是解决贫富悬殊的理想方法，但此类政策和计划往往需要很长时间才能出现其政治时刻。与其等待下一个关键的政治时刻才进行广泛的系统变革，不如通过许多令人鼓舞的方案来解决从公共部门和私营部门出现的低收入家庭的资产建设问题。其中有许多解决方案相当新颖，并代表了未来研究和项目发展的关键渠道。

（一）扩大基于雇主的金融福祉项目

近年来，这些项目成倍增加，其中涉及雇主为雇员提供一定程度的金融服务。这些项目千差万别。它们的范围可以从提供金融教育的一次性研讨会到深入的金融管理工具，再到提供金融督导，还可以提供由雇主资助的小额美元贷款项目，这些项目可以在有金融需要时由雇主向雇员提供短期贷款。这种贷款能够比其他短期信贷来源（如发薪日贷款）提供更好的条件。

（二）在现有的支付流中建立储蓄

银行、非营利组织、城市和私人组织已经尝试了各种方法，以帮助人们在履行现有还款义务时积累储蓄。这些项目的基本思想是，人们必须支付各种各样的必要还款，作为其持续性金融义务的一部分，并且通过将这些付款的一部分转换为储蓄，可以帮助个人提高其资产水平。这类项目有几个示例。信用建立者贷款（Credit builder loans）是为帮助借款人同时建立其信用记录和储蓄水平而提供的小额贷款。借款人的每月付款用于偿还贷款额度，并自动转入储蓄账户，供借款人在偿还贷款后使用。其他的选项包括将紧急储蓄水平的发展与还款义务相关联，这些义务包括子女抚养费（U. S. Department of Health and Human Services，2016），信用咨询机构运营的债务管理计划（Heisler and Lutter，2015）或租金支付（Emple，2013）等。

（三）行为经济学干预

行为经济学方法寻求对个体决策中的偏见如何导致次优决策的理解，然后制定干预措施以解决这些偏见。他们在许多方面彻底改变了我们设计金融能力项目的方法。由于篇幅有限，我们在这里无法讨论众多的行为干预措施，但是有一些值得关注的例子包括"为明天储蓄更多"（Save More Tomorrow）计划，该计划使员工能够承诺将其未来收入增长的一部分存入退休账户（Thaler and Benartzi，2004），还有之前提到的退款储蓄计划改变了退税分配选择的结构方式，以促进退税的储蓄（Grinstein-Weiss et al.，2015），以及退休储蓄供款从选择加入退出的结构变化（Madrian and Shea，2001）。通过对决策方式进行相对适度的改变，上面提到的每一个计划都促使了金融行为发生惊人的变化。

（四）金融能力应用程序

随着智能手机在各个收入阶层家庭中的普及，一个完整的以帮助智能手机用户实现其金融目标的应用软件产业已经形成。在本章中我们无法对这些应用程序的优缺点进行深入的探索，但是其中许多应用程序都展示出它们在功能上实现自动储蓄行为并使用行为技术或算法来帮助家庭建立短期和长期储蓄的希望，这使得储蓄过程变得相对简单。例如，当家庭将钱花在享乐上于心有愧时，Qapital 应用程序通过让其储蓄一定数额来"惩罚"家庭。通过将这种行为与朝着定制金融目标的进展直接关联，它激励了节俭的消费行为。Digit 应用程序会跟踪一个人的消费习惯，如果该应用程序确定用户有能力便会将用户的钱存入储蓄账户。Acorns 应用程序会将每笔购买金额四舍五入到最接近的美元，并将多余的金额存入投资账户。例如，购买 3.25 美元的咖啡将转化为投资 0.75 美元。

这些应用程序的不断开发令人振奋鼓舞，但它们不太可能完全满足低收入家庭的储蓄需求。对于收入几乎全部用于基本开支的家庭来说，他们难以承担平均每笔购买多花0.50美元以投入投资账户，又或者，当他们"挥霍"购买特殊商品时，他们的账户中并没有多余的钱可以用于投资。但还有一些其他的应用程序确实有潜力提高低收入家庭的金融能力，而不会对其金融状况施加其他限制。例如，Mint应用程序包含一系列功能，这些功能使财务管理更轻松更自动化。它会根据过去的支出行为自动创建高度详细的预算，在用户接近或超过其预算限制时发出警报，提供付款提醒，链接各种账户（例如银行账户、信用卡、退休账户等），并且在一个屏幕上汇总。对于在稀缺条件下坚持生活并面临和稀缺相关的行为和认知风险的家庭来说（Mullainathan and Shafir，2013），自动执行预算并提供指导行为的工具可能会帮助家庭获得更好的金融结果，同时节约他们的机会成本。

第六节　结语

人们想要过上宜居生活，单单依靠金钱是不够的。本章很大程度上从金融角度审视了促进宜居生活的议题，但仅靠井井有条的资产负债表不足以使个人过上充实的生活。为此，个人需要获得良好的医疗保健，自身和下一代拥有好的教育选择，在满足自己需求的社区中生活的能力，理性了解自己的生活不会因突发事件而打乱等。然而，尽管宜居生活的许多组成部分所涉及的范围远远超过金融方面的考虑，但金融在许多方面决定了我们与这些组成部分之间的关系。如果一个人的储蓄充足到他可以放弃一天的工作，那么他们更有可能去看医生从而获得基本护理。如果一个家庭每个月能够留出一些资金用于大学基金，那么他们的子女可能更愿意追求高等教育。如果一个家庭可以为全年的房租存储足够的钱，那么他们就可负担在更安全社区和更好学区居住的公寓保证金。

金融与生活结果之间的关系在许多方面都是直观的。不直观的一面是如何解决在美国观察到的巨大且日益扩大的财富差距问题，以及普遍缺乏紧急储蓄来预防紧急情况发生的问题。这些问题是复杂的，虽然可以想象出一些解决问题的简单方法（提高最低工资，免除高等教育学费或普惠型儿童发展账户），但这些解决方案可能会面临严峻的政治阻碍，并且只能解决部分资产问题。

由于问题很复杂，解决方案同样如此，因此我们必须让非营利组织和社会福利机构的一线工作者更深入地了解增加低收入人群进行储蓄的需求，以及这样做可用的政策和项目选择。这些需要涉及项目的持续创新，以便在雇主层面或通过开发应用程序或其他技术，使储蓄变得更容易和更自动化。这还需要进行政策的变革。城市、州和联邦政府应继续采用、支持和扩大包括 IDA 和 CDA 在内的行之有效的储蓄计划，联邦政策制定者还应考虑实施积极的财富政策（如"雨天 EITC"政策），并进一步削减附加于此类福利计划的资产限制。

研究人员也必须继续就如何促进低收入社区的资产建设提出新的想法，并进一步建立评估资产建设计划及其长期影响的随机对照试验。我们还需要做出更大的努力来建立强有力的资产建设计划的经济案例。尽管许多以行为经济学为导向的干预措施价格便宜且提供低接触服务①，但这些干预通常涉及对决策环境的简单改变（例如，将决策从"选择加入"结构转换为"选择退出"结构），IDA、CDA、EITC 计划的扩大或普惠型储蓄账户计划需要花钱来实施、管理和维持。研究人员必须有充分的理由证明这些计划的经济利益。例如，CDA 可以通过提高大学入学率来增加税收基础，从而推动更高的就业和工资水平。IDA 可以通过促进为房屋或小型企业的首付款进行储蓄来促进房地产增值。EITC 的扩大可能会帮助家庭更好地度过金融紧急情况，并帮助它们避免因无法修车或治疗疾病而承担高额

---

① 低接触服务是指销售服务的人员在向顾客提供服务时保持较少的面对面接触的一种服务模式。它通常需要自动服务机器完成，如自动售货机等

债务或失去工作。此外，所有这些计划都有潜力帮助家庭摆脱贫困，这是 SNAP 和 TANF 等基于收入和消费为基础的政策所无法实现的。这样的观点是有据可循的，但我们必须拿出有说服力且最好的证据。

这些计划和其他类似计划并不是解决所有社会和经济弊端的灵丹妙药。有很多谚语都在告诉人们金钱无法购买所有东西，例如爱情、幸福或友谊。此外，许多资产建设政策和计划的主要局限在于它们无法帮助极端贫困者。大多数资产建设计划都需要受益者给予一定程度的供款，而我们社会中最贫困的成员几乎不可能承受将有限的收入用于短期或长期储蓄的目的。但是，资产建设计划可以做到的是能够在非常需要它的众多美国人口中提高稳定性和灵活性。通过将建立财富的政策和计划的重点从富裕家庭转向到低收入家庭，这些努力旨在为低收入家庭提供与中高收入家庭长期持有的相同的经济基础。当然，我们在确保穷人与富人有同样的生活机会上还有很长的路要走，但是鉴于美国资产问题的严重性，即使是朝着正确方向迈出的一小步，也可能会帮助很多人过上与自己的目标和潜力更为匹配的生活。

第 七 章

预防儿童虐待

Melissajonson-Reid，Brett Drake，

Patricia L. Kohl，& Wendy F. Auslander

儿童虐待（maltreatment）包括针对儿童的虐待（abuse）和忽视①。儿童虐待的普遍存在及其有害影响是社会工作专业面临的至关重要的问题。尽管关于儿童虐待的数据和研究更多集中在西方工业化国家，但由于它让个人以及社会在短期和长期都会付出巨大的代价，因此仍被认为是一个全球性问题（Fang et al.，2012，2015；Gilbert et al.，2009；World Health Organization，2016）。由于虐待对行为、认知、健康和个人发展的破坏性影响，预防儿童虐待构成了宜居生活的基础。

第一节　儿童虐待的界定

对于如何界定"虐待"，在研究和政策分析领域有着多样化的理解，

---

① 在儿童保护领域，常常将 child maltreatment 和 child abuse 均翻译为"儿童虐待"。在英文语境下，maltreatment 指针对儿童的不当行为，是包括 child abuse 在内的一系列侵害儿童权利的行为。本章遵循习惯，将 child maltreatment 和 child abuse 均翻译为"儿童虐待"，但为了使读者能够更清晰地了解作者原意，当原文为 child abuse 时，会特别在文中标出

这说明了对于"虐待"的最佳界定方式存在着相当大的争议。例如，世界卫生组织对虐待的定义如下：

> 儿童虐待是指对 18 岁以下儿童的虐待（abuse）和忽视行为。它包括各种类型的身体和（或）情感虐待、性虐待、忽视、疏忽、以儿童牟利或其他剥削。这对处于责任、信任和权力关系中的儿童的健康、生存、发展或尊严造成了实际的或潜在的伤害。让儿童暴露于亲密伴侣间的暴力有时也被视为儿童虐待的一种形式。（2016）

相比之下，美国联邦法律采用了更加狭义的界定，它包括"父母或看护人最近的任何行为或不作为，导致儿童严重的身体或情感伤害、性虐待或剥削……或出现了严重伤害的紧迫风险"（Child Abuse Prevention and Treatment Act，2010）。州政府往往有更大的决定权去界定什么样的行为或不作为属于儿童虐待，从而指导儿童保护的干预工作。例如，乔治亚州并不要求报告情感虐待，但密苏里州则有这样的规定。而在俄勒冈州，让小孩目睹家庭暴力可能会被视为虐待，但在密苏里州则没有这种规定（Child Welfare Information Gateway，n. d.）。在美国，儿童虐待仅限于父母或其他看护人（如亲生父母、继父母、养父母、其他亲属监护人或诸如儿童看护工作者等替代看护人）的行为或不作为。相比之下，国际社会通常会扩大"谁实施虐待"的范围，将陌生人实施的暴力也包括在内（World Health Organization，2016）。

研究人员的定义当然不局限于政策规定的定义。疾病控制和预防中心（CDC）在对虐待的定义中包含了"伤害、潜在伤害、伤害的威胁"等词语。CDC 的指导方针鼓励研究人员将身体虐待、性虐待、精神虐待和特定形式的忽视考虑进去。忽视可能包括身体忽视、情感忽视、医疗和牙科忽视、教育忽视、监管不力以及使儿童暴露在暴力环境中（Leeb et al.，2008）。

现有多种标准和方法用于发现虐待的情况，其中包括通过儿童和父母的追溯回忆以及预警报告①。虐待风险通常由父母报告或者通过行政数据和案卷审查进行识别（Drake and Jonson-Reid，2018a）。当然，在公众中关于如何界定虐待依旧存在重大争议，例如，体罚何时应被视为身体虐待（Ateah and Durrant，2005；Frechette，Zoratti and Romano，2015）。育儿方式的文化差异也可能影响公众对虐待或忽视的理解（Calheiros et al.，2016；Klevens et al.，2019；Nadan，Spilsbury and Korbin，2015）。

一 儿童虐待流行率

鉴于界定的多样性，人们对总体虐待流行率②的理解存在巨大差异也就不足为奇了。美国官方报告的儿童虐待流行率为 3.2%，这一估计的根据是，从（接受儿童福利系统）调查与评估的儿童中甄别出的虐待案例。另一种是通过估算，认为到 17 岁时有三分之一的人有过儿童虐待经历（Kim et al.，2016；DHHS，2019）。自我报告的 18 岁之前受虐待率在38% 到 41% 之间，这个区间差异来源于虐待形式的区别（Finkelhor et al.，2015；Hussey，Chang and Kotch，2006）。

尽管虐待被认为是一个国际性的问题，但各国数据的可用性和数据收集方法的严谨性都存在很大差别。最近英国的一项关于虐待的研究估计，24.5% 的儿童在 18 岁之前经历过某种形式的虐待（Radford et al.，2013）。德国最近一项关于虐待的研究报告了 31% 的虐待流行率，两者非常相似。还有三项对多个国家虐待流行率进行的元分析发现，身体虐待（physical a-buse，)③ 的综合平均流行率约为 22.6%（Stoltenborgh et al.，2013），性虐待为 12.7%（Stoltenborgh et al.，2011），忽视则为 18.4%（Stoltenborgh et al.，2013）。然而，这些元分析并没有提供一个整体性的对儿童虐待的综

---

① 美国儿童保护法规定所有在一线的实务工作者，如教师、医生尤其是急诊室医生，在与儿童接触过程中，一旦发现儿童被虐待，它们具有报告的法律责任，这一类报告我们称为预警报告，英文原文为 sentinel reports

② prevalence rate 翻译为流行率，是与 incidence rate 发生率做区分，该术语源于流行病学领域，是两个不同的概念

③ 这个身体虐待，在很多时候是指"体罚"或类似的虐待

合估计，作者们同时发现只有 16 项研究包含了对儿童忽视问题的关注。

最近一些国际研究注重于对儿童的身体虐待。一项针对中国身体虐待的综合分析发现，身体虐待在一生当中的流行率为 36.6%（Ji and Finkelhor，2015）。更近的一项韩国调查报告称，身体和心理虐待的综合流行率为 25.3%（Ahn et al.，2017）。过去一个月内，非洲和转型国家的中度身体虐待流行率超过 40%（Akmatov，2010）。

目前已有的研究对印第安土著居民、移民、性少数派青年、残疾儿童和其他文化亚群体的虐待率知之甚少（Detlaff，Earner and Phillips，2009；Euser et al.，2010；Fox，2003；Friedman et al.，2011；Hibbard et al.，2007；Jones et al.，2012；MacLaurin et al.，2008；O'Donnell et al.，2010；Zhai and Gao，2009）。虽然一些证据表明残疾儿童遭受虐待的风险更高，但关于残疾类型与风险程度之间的证据却相互矛盾（Hibbard et al.，2007；Maclean et al.，2017；McDonnell et al.，2018）。美国官方数据反映了某些种族或者民族群体在虐待统计中的差异，但一旦考虑到贫困，这种差异往往会消失（Putnam Hornstein et al.，2013）。在其他情况下，差异似乎是基于出生地（nativity）而非贫困（Detlaff et al.，2009）。我们经常因为案例太少而无法提供可靠的估计，例如，对许多亚洲人口、美国印第安儿童、残疾儿童和性少数派青年的数据，我们知之甚少（Fox，2003；Friedman et al.，2011；Hibbard et al.，2007；Zhai and Gao，2009）。

尽管我们对虐待流行率的理解因人口和国家而异，但儿童虐待在世界范围内相对普遍，儿童时期遭受虐待和忽视对其整个生命周期的福祉构成了严重威胁，这个问题的严重性是显而易见的。

二　儿童虐待如何影响实现宜居生活的能力？

正如本书所讨论的，有许多障碍和挑战阻碍着个人和家庭享有宜居生活，儿童虐待的影响尤其厉害。童年不仅应该是一个充满快乐的时期，也是成长和变化的关键时期。这是一个建立信任并为一生中的稳固关系奠定基础的时期。这也是建立认知、自控和道德基础的时期，这些人格特征为过渡到多姿多彩的成人生活所必需的角色和责任提供了支持。也许有些个体在经过了童年的虐待（abuse）和忽视后，仍然可以恢复，或建立起自己的抗逆力，但对另一些人来讲，儿童时期遭受的虐待给他们实现宜居生活的能力带来了难以弥补的损害。

大量的研究表明，如果缺乏有效的干预，虐待给个人和社会带来的代价是巨大的。根据官方报告的儿童虐待（abuse）和忽视的情况，美国社会为受虐儿童终身支出总数的最低限为 2720 亿美元。但由于这个数字来源于仅仅一年的研究，这意味着这个数字低估了这方面的开支（Fang et al.，2012）。儿童虐待的负面结果造成的经济代价包括生产力损失（Currie and Widom，2010；Zielinski，2009）、直接身体伤害和死亡（Gibbs et al.，2013；Spivey et al.，2009；Jonson-Reid，Chance and Drake，2007；Jonson-Reid，Drake and Kohl，2009、2017）、认知发展和教育缺陷（Jonson-Reid et al.，2004；Mersky and Topitzes，2010；Ryan et al.，2018；Scarborough and McCrae，2010；Stone，2007）、负面的健康结果（Duncan et al.，2015；Hussey，Chang and Kotch，2006；Felicti et al.，1998；Lanier et al.，2009；Widom et al.，2012）、精神健康障碍、高风险行为、犯罪行为以及再次被侵害和攻击行为等风险的增加，等等（Auslander et al.，2002；Auslander et al.，2016；Ben David et al.，2015；Gerassi，Jonson-Reid and Drake，2016；Hussey et al.，2006；Jonson-Reid，Kohl and Drake，2012；Kaplow and Widom，2007；Mersky and Topitzes，2010；Renner and Slack，2006；Turner，Finkelhor and Ormrod，2006）。尽管以上大多数研究都是在美国进行的，但其他国家的数据也表明，虐待对个人和社会造成的损失在任何国家都是巨大的（Cromback and Bambonve，2015；Fang et al.，2015；Gilbert et al.，2009；Kessler et al.，2010；McCarthy et al.，2016；Mbagava，Oburu and Bakermans Kranenburg，2013；Pieterse，2015）。

儿童虐待（abuse）和忽视的多重决定因素的本质及其造成的影响使得儿童虐待成为一个复杂且根深蒂固的问题（Devaney and Spratt，2009）。例如，有很多研究已经证明了贫困与儿童虐待之间的关系（Drake and Jonson-

Reid，2014；Fowler et al.，2013；Pelton，2015）。但是我们需要清楚地认识到：很多低收入家庭并不会虐待他们的孩子（Jonson-Reid and Drake，2018）。研究表明，存在虐待风险的家庭，面对着各种健康功能方面的障碍，如家庭与社区的贫困、父母的精神健康问题、物质滥用或其他因素（Holosko et al.，2015；Jonson-Reid and Drake，2018；Wald，2014）。此外，很多儿童经历了长期虐待或者其他形式的暴力，可能会加剧负面影响，这种影响比单一的遭受虐待或忽视更严重，它会阻碍儿童成功过渡到健康的、满意的和高效的成年生活（Finkelhor et al.，2011；Jonson-Reid，Kohl and Drake，2012）。有大量文献表明，在美国乃至国际上，在童年时期有多重不良经历，如儿童虐待、忽视和家庭暴力，它们将会导致精神与身体疾病（Afifi et al.，2016；Cecil et al.，2017；Duncan et al.，2015；Felitti et al.，1998；Kessler et al.，2010）。

为什么虐待会对儿童的生活机会产生如此重大而广泛的影响？虐待或忽视行为，可能会通过多种路径给儿童发展过程带来伤害，从而使儿童无法成长为一个健康、高效（productive）的成年人。鉴于虐待是由多种因素决定的，这一领域的研究往往以生态框架为基础，这一框架承认来自个体、家庭、社区乃至更广泛的社会政策对于风险因素或者保护因素的影响（Institute of Medicine and National Research Council，2014）。在该框架下，人们对虐待的各种结果提出了多种路径假定。例如，对于儿童虐待和负面健康结果之间的关系，有一种解释是：与受虐经历相关的压力造成了持续的神经生物学变化，从而导致精神健康问题、行为问题，以及其他健康问题（例如，Heim et al.，2010；Teicher，Anderson and Polcari，2012）。虐待和其他并发风险也会显著影响儿童的认知发展和教育进步（例如，Leiter，2007；Ryan et al.，2018；Stone，2007），从而对儿童未来的社会经济地位和劳动生产能力产生持久影响。早期的养育关系为依恋的建立提供了基础，有些受虐儿童可能会在这方面有所缺失（De Wolff and Ijzendoorn，1997），进而会对他们之后建立健康的关系带来长期的影响，并且增加成年后风险行为的可能性（Constantino et al.，2006；Kim and Cicchetti，

2004；Lo，Chan and Ip，2017；Oshri et al.，2015）。儿童也需要监督和保护，让他们免受环境中的威胁。这些威胁可能导致身体的伤害，或使他们暴露在家庭之外的受虐危险中（例如，社区暴力、性侵犯）。这一切都可能导致儿童发展的重大变化（Jonson-Reid and Drake，2018；Tillyer，2015）。

在最低限度上，宜居生活要求儿童能够拥有达到积极发展里程碑的机会。这样的机会，可以使儿童拥有满意、健康且富有成效的生活。疾病预防控制中心（CDC）对此的表述为：所有儿童都需要有"安全、有保障和良好的养育关系和环境"（2014：7）。这与马斯洛在1943年提出的需求层次理论并不矛盾。后者认为安全、基本需要的满足和养育（爱）是圆满生活的基础。遭受虐待会威胁到部分甚至所有的基础性元素，因此早期预防和有效干预至关重要。

毋庸置疑，儿童虐待是一个巨大的障碍，它阻碍了人们体验高效且满意的成年生活。它会对人们的终身福祉带来深远的影响。它会损害人们的发展，损害人们在整个生命过程中建立稳定和健康关系的能力，而这些正是迈向宜居生活的基石。

三 这对社会工作意味着什么？

承认儿童虐待是对个体享有宜居生活的主要威胁，这意味着要推进这一领域的监管，并发展预防和干预的策略。事实上这两个问题显然是交织在一起的。了解虐待的流行率、风险和结果是干预项目设计的关键，也是测量政策和实践在问题改善方面取得进展的关键。2006年世卫组织的报告重申了这一点，该报告强调了跨国收集基础人口数据的必要性，而这一点也被"国际预防儿童虐待和忽视协会"（International Society for Prevention of Child Abuse and Neglect）所强调。

社会工作长期致力于通过预防和干预的方式，来解决儿童虐待问题以及相应的威胁儿童和家庭福祉的问题（Jonson-Reid and Drake，2018）。然而，这些努力一直局限在特定的专业领域，如儿童福利或者精神健康领域。这可能会使继续提升预防和干预有效性的工作变得困难，毕竟儿童虐待是一个如此复杂的问题。在社会工作者身上常常有不同角色之间的冲突：一种角色是作为社会工作者要促进家庭和社区的能力发展；另一种角色是作为儿童福利体系内的社会工作者在虐待发生后要进行介入。尽管大多数研究者认为，对虐待问题的处理无论采用何种方法都必然涉及多个学科（Klika，Lee and Lee，2018），但预防虐待越来越多地被看作公共卫生领域内的事情（Prinz，2016），而儿童福利或处理儿童虐待和忽视则被视为社会工作专业的一部分（Holosko and Faith，2015）。

当然，预防儿童虐待可以有多种理解。首先，"谁"和"何时"并不清楚。我们是干预每一个人，干预一组高风险的人，还是只干预那些有虐待经历的人？我们的目标是降低虐待风险本身，还是希望在其他支持性领域（例如家庭功能、父母或儿童福祉）取得进展？我们的目标是个人行为、结构性风险（如物质需求）、营造社区、还是以上所述及的全部？对这些问题的回答可以引导一个特定的社会工作者是作为学校、社区发展组织的一部分，还是作为政策倡导者去开展工作。同样重要的是，我们可能会问："是谁在做预防工作？"预防的方法的确存在，但是正如接下来我们会讨论到的，这种研究仍然很少，而且项目很难被复制。

虽然一级预防显然更可取，但数据表明，在预防长期虐待方面有效的干预措施可以显著降低虐待带来的长期结果风险（English et al.，2005；Jaffee and Maikovish Fong，2011；Jonson-Reid et al.，2012；Thompson，English and White，2016）。这意味着当我们在建立、测试预防方法的同时，应当对那些已经涉及虐待行为的家庭给予同样的帮助，防止虐待与忽视的再次发生，以及努力去帮助减少伤害。这里要重申的是：虽然存在一些方法，但是许多方法的跨文化适用性还需要被严格评估。虽然一些国家有优秀的项目，这些项目对家庭提供终生的支持（Pösö，Skivenes and Hestbæk，2014），但很少有人尝试在不同的文化和地区复制它们（例如，Chaffin et al.，2012；Howe et al.，2017；Silvosky et al.，2011）。即使一个干预项目有证据支持其有效性，我们也常常缺乏扩大项目规模所需的知识和（或）

资源（例如，Fowler et al., 2017；Mikton et al., 2013）。

由于描述国际上各种不同的支持系统和政策会有一定困难，本章主要借鉴以美国为中心的研究和实践。我们也希望今后国际上对这一现象的研究、政策和实务方面的努力会有所增加。

第二节　导致虐待的根本原因是什么？

寻求解决虐待问题方法的重要步骤是：我们需要将儿童置于虐待（abuse）或忽视风险中的可以改变的因素。然而，尽管几十年来人们做了很多研究，但要从相关性讨论转向因果性讨论，我们的能力仍然是有限的（Institute of Medicine and National Research Council, 2014）。在这一章节中我们不可能回顾每一个与儿童虐待有关的风险和保护因素。因此，我们将聚焦一些最重要的因素，包括贫困（宏观和家庭层面）、照护者精神健康方面的缺陷、物质滥用、亲密伴侣间的暴力以及儿童因年龄和残疾而处于弱势的处境。之所以选择这些因素，部分是因为它们与虐待有着确定的相关性或共生性，同时它们也是当前的干预实践所注重的。

一　贫困

无论是在社区还是家庭层面，贫困都是导致儿童虐待的一个因素。然而首先我们必须强调的是，大多数低收入家庭并不会虐待它们的孩子。研究发现，贫困造成的压力会削弱父母照顾孩子的能力。同时，也有一部分贫困家庭的社会经济状况和不良养育方式与其他潜在因素有关（例如精神健康问题或物质滥用）（Jonson-Reid and Drake, 2018）。本书在这里讨论第一种情况，虽然许多方法和潜在的未来方向可能对两种情况都适用。

从地理上的社区（Coulton et al., 2007）和家庭层面上来看，贫困是虐待的一个风险因素。这一点就阐明了更广泛的社区发展的重要性（Lothridge et al., 2012）。虽然社区可能影响到虐待的观点并不新鲜（例如，

Drakeand Pandey，1996），但发生这种情况的具体机制并没有得到很好的阐明（Coulton et al.，2007）。我们看到的一些证据表明，在减少家庭贫困方面有较小但积极的变化（Fontenot，Semega and Kollar，2018）。然而，目前尚不清楚这种变化在什么程度上足以呈现出总体在虐待方面的变化，这可能部分取决于影响父母行为的最关键的机制。

一些人认为，与客观的资源水平相比，社区的心理维度（即集体效能）对父母教养方式的影响至少相等或更大（Emery，Trung and Wu，2015；Jaffee et al.，2007）。有凝聚力和有效的社区可以对儿童照护进行更多非正式的监督和监测，尤其在性虐待预防领域（Leclerc，Chiu and Cale，2016）。另一方面，其他研究表明，社区凝聚力在预防儿童忽视方面有作用，但对于虐待行为却没有类似的影响（Maguire Jack and Showalter，2016）。一些人认为，这表明需要采取干预措施，建立一种广泛支持家庭的"社区意识"（Melton，2014），而不是使用更加结构化的经济发展去减少贫困本身。基于社区来预防儿童虐待的工作主要集中在各种方法的整合上，这些方法包括提高社会支持、社区效能和（或）建立基于社区的服务纽带。然而迄今为止，对这些方法进行的严格测试还很少（Molner，Beatriz and Beardslee，2016）。

其他一些研究者认为，居住在极端贫困的社区所带来的风险很大程度上是结构性的。弱势社区往往缺乏足够的服务、健康的食品和交通工具，而且社区里往往会有太多令人不快的酒类专卖店、废弃的房屋、破碎的窗户和大片的空地（Coulton et al.，2007；Freistrhler，Byrnes and Gruenewald，2009）。这种物理上的混乱，往往与亲密伴侣之间的暴力、较低的健康水平以及报告虐待行为的低意愿有关（Cohen et al.，2003；Gracia and Herrero，2007；Kirst et al.，2015）。一项在社区层面使用预测风险模型的研究发现，虽然社区贫困对已证实的虐待①影响最大，但家庭暴力、严重袭击、畏罪潜逃、谋杀和毒品犯罪的聚集也对儿童虐待具有很高的预测性（Daley

---

① 已证实的虐待（substantiated maltreatment）是指已经报告到儿童福利系统并且经过调查确认的儿童虐待案例

et al.，2016）。虽然社区混乱可能会增加儿童的外部风险（即安全和犯罪），但称职的养育被认为是对贫困风险强有力的缓冲（Raver and Leadbeater，1999）。但一些研究表明，母亲对社区混乱的感知越高，她对虐待的敏感度或反映就越低（Lin and Reich，2016）。社区资源的结构性缺陷不仅使父母处境更为艰难，而且一旦发生虐待，这也会使他们寻求和接受帮助变得更加困难（Lothridge，McCroskey and Pecora，2012）。

官方数据表明在某些种族中虐待比例过高，在对这种现象的讨论中，人们发现贫困是一个关键因素（Jonson-Reid and Drake，2018；Kim and Drake，2017；Pelton，2015）。无论是在家庭还是社区层面，种族与贫穷之间的重叠根植于一些结构性的和历史性的非正义（O'Connor，2001）。非洲裔美国儿童不仅更可能生活在低收入家庭中，而且比白人儿童更可能生活在极端贫困的社区中（Drake and Rank，2009）。贫困不仅给父母带来了更大的压力，而且某些群体更可能面临家庭和社区层面的贫困，所以某些少数族裔儿童在儿童虐待报告中所占比例偏高就不难理解了（Pelton，2015）。虽然有人认为贫困和（或）种族偏见导致了更多的监测，而不是实际的风险增加。但实证数据并没有支持这种观点（Drake et al.，2011；Jonson-Reid et al.，2009；Drake and Jonson-Reid，2017）。还有一些人指出，尽管贫困的程度很高，贫困似乎对拉丁裔或美国印第安儿童没有同样的影响。研究发现，对于拉丁裔儿童，这种表面上的"悖论"并非适用于所有地区，似乎因出生地而异：在美国出生的儿童比例常常过高（Detlaff and Johnson，2011）。对于美国印第安儿童来说，这一悖论可能反映了国家数据的问题，数据缺少部落儿童福利和州层面儿童福利机构之间的交叉报告（Kim et al.，2017）。

还有一些研究者关注家庭而非社区层面的贫困。在这一层面上，压力往往来源于无法满足基本需求、必须从事多份低工资且福利微薄的工作等问题，从而导致较差的养育状况（Drake and Jonson-Reid，2014；Slack et al.，2004；Warren and Font，2015）。一项对家庭贫困和虐待在时间上的关联性研究所做的元分析发现，累积的物质困难、收入减少和住房困难是儿童虐待的稳定预测因素（Conrad Heibner and Byram，2018）。贫困还可能加剧其他因素，如早育或抑郁，这些因素反过来又增加了虐待的风险（Jonson-Reid andDrake，2018）。虽然在解决物质需求来预防虐待方面所做的工作相对较少，但一些研究表明，增加就业（Conrad Heibner and Byram，2018；Slack et al.，2003）、额外的儿童抚养收入（Cancian et al.，2013）以及更慷慨的收入所得税抵免（Berger et al.，2017），与官方报告的虐待尤其是忽视的减少相关。

二　照护者能力受损

疾病预防控制中心（DCD，2014）推动了一项运动，该运动旨在促进家庭为儿童提供安全、稳定和良好的养育关系和环境，以防止儿童虐待。它要求照护者有能力为儿童提供必要的照顾、关爱和监督。不幸的是，现实并非总是如此。很多因素会影响一个人为人父母的能力，比如精神健康问题、物质滥用、认知迟缓、亲密伴侣间的暴力和社会隔离。

文献显示母亲的精神健康和物质滥用状况与虐待行为高度相关，因为这两者通常会影响成年人的养育能力（Dubowitz et al.，2011；Walsh，MacMillan and Jamieson，2003；Young，Boles and Otero，2007）。然而，照护能力受损并非总能达到导致对儿童虐待或忽视的程度。虽然大多数有物质滥用或精神健康问题的父母的养育质量都会下降，但并非所有存在这种问题的父母都会虐待或忽视他们的孩子（例如，Neger and Prinz，2015；Reupert and Mayberry，2007）。与我们对精神健康和物质滥用这两类问题共生性的了解相比，我们对这两类问题如何导致虐待行为的情况知之甚少。只有一项研究试图确定在有物质滥用障碍的妇女中虐待行为的流行率，但结果仅限于个人忽视行为的自我报告（Cash and Wilke，2003）。一些研究注意到了接受精神健康服务的历史与后来被报告的虐待或反复虐待行为之间的关系（Drake，Jonson-Reid and Sapokaite，2006；O'Donnell et al.，2015）。

精神健康或物质滥用障碍可能通过多种路径增加虐待的风险。母亲的精神健康状况可能会阻碍在幼儿期形成健康的依恋关系以及养育行为（Durater et al.，2015；Muzik and Borovska，2010），并继续影响父母为孩子提供一个安全的永久居所的能力（Ben David et al.，2015；Kohl，Jonson-Reid and Drake，2011）。最近的一项研究发现，小时候有受虐史的母亲更容易患上产妇抑郁症，反过来更有可能对自己的孩子实施虐待（Choi et al.，2018）。同样，物质滥用（通常与其他精神健康问题并存）会显著影响照护者对其子女需求做出回应的能力（Seay and Kohl，2015）。如果针对精神健康或物质滥用障碍的支持性服务不到位，这种情况对养育子女的负面影响可能更大（Neger and Prinz，2015；Ruepert and Mayberry，2007）。研究也发现，当母亲的精神健康问题与贫困交织在一起时，对儿童的发展可能产生额外影响（Bouvette Turcot et al.，2017；Luby，2015）。

另一个可能在母亲精神健康和养育子女的关系中起复杂作用的是亲密伴侣间的暴力（McFarlane et al.，2014；Kohl et al.，2005）。亲密伴侣暴力通常与儿童虐待同时发生（Kelleher et al.，2006），这使得人们将家庭暴力视为社会工作的重大挑战（Barth and Jonson-Reid，2017；Barth and Macy，2018）。然而，我们并不清楚这些问题相互影响的方式。一些人认为亲密伴侣暴力的压力可能会导致母亲的精神健康问题，从而增加虐待行为的风险。另一方面，Ernest Jouriles 及其同事（2008）在对共生研究的回顾中发现，有证据表明一些施暴的伴侣会同时虐待儿童和母亲。还有其他一些重要的风险因素的流行率通常也很高（如贫困、物质滥用）等（Jones，Gross and Becker，2002；Lee，Kotch and Cox，2004；Millett，Seay and Kohl，2015），这使得我们对两者之间的关系在理解上产生误区。

抚养孩子是一项复杂的任务，在整个人生过程中需要多种正式和非正式的资源。因此，社会隔离、压力和缺乏育儿技能都与虐待风险相关也就不足为奇了（Berlin，Appleyard and Carmody，2014；MacMillan et al.，2009；Rodriguez and Tucker，2015；Stith et al.，2009）。需要再次强调的是，我们对风险增加机制的理解受到很多因素的阻碍。该领域的一些研究着眼于虐待"风险"之间的关系，而不是实际虐待或忽视行为（例如，

Rodriguez and Tucker，2015）。此外，在儿童虐待工作方面没有看到家访的强有力影响（家访被看作是社会支持和育儿技能提升的重要来源），这使人们怀疑这些在社会隔离方面的因素是否就是儿童虐待的主要风险机制（Jonson-Reid et al.，2018）。例如，一项关于代际虐待的研究发现，一旦研究人员控制了亲密伴侣间暴力和社区风险，社会支持就不是一个重要的保护因素（Jaffee et al.，2007）。另一项最新研究发现，能够获取社会服务会调节社会支持与儿童忽视行为之间的相关性：社区内社会服务可获得性越高，社会支持与儿童忽视行为之间的相关性越低（Negash and Maguire-Jack，2016）。换言之，获取社会服务可能会弥补非正式社会支持的不足。

三 儿童年龄与脆弱性

鉴于年幼的儿童更容易受到身体和发育方面的伤害，以及他们受到虐待和忽视的比率明显较高（Devoght et al.，2011；DHHS，2019），人们对年幼儿童（5 岁以下）的虐待有着高度的关注。照顾年幼的孩子可能尤其充满压力。例如，为了阻止婴儿哭泣，父母往往会"摇晃婴儿"，这种行为可能导致严重的脑损伤或死亡（如，Barr et al.，2009）。当母亲在做家长方面准备不足时，这种情况会加剧。一项研究发现，意外怀孕是最早可识别的虐待风险因素之一（Guterman 2015）。Jessica Bartlett（2014）报告说，以下因素与年轻母亲对婴儿的忽视风险相关：中等收入、婴儿出生体重低、母亲吸烟、母亲遭受过童年忽视或母亲童年得到了积极的照护、人际关系暴力和母亲使用过精神健康服务。类似的是，出生证明数据中具有七个以上风险因素（即，母亲吸烟、缺乏产前护理、出生异常、母亲教育、产妇生产时年龄偏小、多子女、贫困和缺少父亲）的儿童在 5 岁之前遭受虐待的可能性高达 0.89（Putnam Hornstein and Needell，2011）。如果高质量的儿童照护能够起到缓解和降低压力的作用，那么它将产生预防性的效果（Ha，Collins and Martino，2015）。然而贫困本身可能是获取此类资源的一个很大的障碍（Klein，2011）。

抚养有特殊需要的孩子也可能增加父母的压力，并且经常被认为是虐待的高风险因素（Svensson，Erickson and Janson，2013）。这方面，我们目前的理解只处在对相关性而非因果性的认识上（例如，Jonson-Reid et al.，2004；Sullivan and Knutson，2000），这一点与我们在亲密伴侣间暴力和虐待关系问题上的状况类似。例如，出生时体重过低或有其他异常状况的儿童，寻求儿童保护服务的风险相对较高（Putnam Hornstein and Needell，2011），但我们并不清楚虐待是由儿童的特殊需要而导致还是跟其他父母特征有关（Bugental and Happaney 2004；Strathern et al.，2001；Windham，Rosenberg and Fuddy，2004）。还有一点我们尚不清楚：所有形式的特殊需求都具有遭受虐待或忽视的同等风险。一项研究发现，年幼儿童的行为或精神健康障碍与遭受虐待相关，但跟发育迟缓没有关联（Jaudesa and Mackey Bilaver，2008）。其他研究部分支持了这种关联，但也发现某些类型的发育迟缓具有更高的风险（Maclean et al.，2017；McDonnell et al.，2018）。最后一个困惑还是关于服务的使用。虽然儿童残疾和儿童虐待之间的联系是众所周知的，但研究表明至少在向儿童福利机构报告的家庭中使用儿童早期干预项目的很少（Jonson-Reid et al.，2004；Silver et al.，2006）。有研究表明，此类服务有助于对已经遭受虐待的儿童在认知迟缓上的问题做补救（Merritt and Klein，2015）。

在许多有关儿童虐待的文献中，我们很难回避积累性风险或多重风险这一反复出现的主题。虽然有大量文献记录了生态框架下不同层次的虐待风险因素都存在关联，但因果关系往往不够清晰，或者很难把它们与并发风险区分开来。此外，虐待文献中存在的许多风险因素也是遭受其他形式暴力的风险因素（Wilkins et al.，2014）。另一方面，我们也许可以期待解决一种形式的暴力产生的溢出效应有助于预防其他形式的暴力，但这也会使我们感到困惑：对政策、项目或临床干预措施的优化，是否应当以虐待本身为直接目标？正如我们后文在讨论可能的解决办法时将提到的：我们急需增加对虐待干预措施的了解，而这些措施是与虐待的风险因素和保护因素相关的。最后，研究也表明，美国家庭缺乏支持系统是造成对儿童虐待做有效预防的风险性因素。

美国有许多杰出的项目，每个项目都有特定的服务人群，且每个项目都需要列出参与项目可能的风险状况或已经存在的问题（其中一个有争议的例外是公立学校系统，它虽十分普遍，但没有明确的家庭支持功能）。有一些计划在经济上支持贫困家庭（例如，收入所得税抵免［Earned Income Tax Credit］、对困难家庭的临时援助［Temporary Assistance for Needy Families］）或从教育方面给予支持（启蒙计划［Head Start］）。有些法律结构是为了帮助特定的儿童群体，例如残疾儿童［残疾人教育法案（Individuals with Disabilities Education Act)］。还有其他一些州的组织为有特殊问题的儿童提供服务（少年司法系统）。最后，我们有各种通常是误导性的以这项工作命名的机构负责处理儿童虐待和忽视的事务（如"儿童和家庭服务部"）。儿童保护和其他家庭项目很像，在家庭还没有处于危险之中或发生问题之前，这些机构是不允许提供服务的。类似儿童保护服务这样的项目，是在事后做出回应所以他们没有实际的或一级的预防作用。这样的儿童保护作用在许多发达国家都是相似的（Drake and Jonson-Reid，2015）。因此，我们面临着一个难题：如果没有人在儿童虐待事件发生之前就做工作以避免它们的发生，如果没有人在家庭陷入困境之前就帮助他们，那么，我们怎么可以指望情况会有所改变呢？

第三节　我们如何处理和潜在地解决儿童虐待的问题？

一个具有多重决定因素的问题需要多层面的解决办法。在系统层面，我们必须找到需要额外支持的家庭，以防止虐待或忽视行为的发生，或者一旦问题发生，避免其持续出现。这个系统还应当是一种对预防效果做长期评估的资源。此外，我们需要在儿童层面采取干预措施，从而在一级预防措施出现遗漏的情况下，避免儿童出现意外的发展后果。为了实现这些服务，我们需要建立一个（或多个）平台来提供所需的资源和服务，这些资源和服务可供民众使用和接受。这个平台所提供的项目或干预措施应该是有效的，而这需要持续的研究以及训练有素的工作队伍。接下来我们将探讨儿童保护领域目前的一些方法以及相关的证据。

一 对预防的监测

我们需要一个实时的、与一线报告系统相联系的实用"智能"数据监测系统，以便在家庭的情况达到危机的程度和儿童受到伤害之前识别出那些需要帮助的家庭。在社会工作巨大挑战报告（Social Work Grand Challenges）中，讨论了一个小规模使用这种系统的例子——出生匹配计划（Birth Match Program）。这项计划正在四个州内实施，它将儿童福利和与出生数据相关的犯罪记录联系起来，以识别有严重虐待行为史的母亲。这就使我们可以积极主动提供家访，尝试给予父母必要而充分的支持以帮助他们照顾新生儿。其目标是预防严重的儿童伤害和因虐待而造成的死亡（Barth et al.，2016；Commission to Eliminate Child Abuse and Neglect Fatalities，2016）。除此之外，在健康照护领域，人们对预测分析模型的兴趣和应用逐渐增加（Raghupathi and Raghupathi，2014），当涉及早期干预和预防虐待的服务时，人们也越来越多地考虑到预测分析模型（Amrit et al.，2017；Daley et al.，2016；Drake and Jonson-Reid，2018b；Vaithianathan et al.，2013）。链接的实时数据还可以更有效地指导个案管理和转介流程，同时捕获结果信息并把它反馈给一线领域，从而促进服务的优化（Ramsey et al.，2015）。

然而，真正去应用这样一个系统，去预防性使用跨部门数据或预测风险模型进行虐待预防在很大程度上是一种假设，因为这伴随而来的是预防方面的伦理要求，并还需具备提供资源的能力（Drake and Jonson-Reid，2017；Keddell，2014）。某些系统可用于识别高危人群或区域，以更高效地、有目的地分配预防资源（Daley et al.，2016；Heimpel，2016；Putnam Hornstein et al.，2013）。社会工作者必须参与数据系统的开发过程，以确保系统中包含了可以用于锁定目标人群和服务的适当的可修改要素（即，识别适当的可以改变的变量，用以追踪、建立和增强服务以满足需求）以及对所提供服务的评估（Hebert et al.，2014；Jonson-Reid and Chiang，2019；Russell，2015）。儿童福利系统已经在利用绩效数据（performance data）在总体水平上对实践提供反馈（Lery et al.，2015）。社会工作研究人员也在创建用于精确定位需求的数据系统（Drake and Jonson-Reid，2017；Putnam-Hornstein et al.，2013；Putnam-Hornstein，Needell and Rhodes，2013；Shaw et al.，2013）。除了对服务提供的潜在好处之外，这种建立在持续关联数据基础上的监测系统，还将大大提高向地方、州以及国家政策提供信息的速度。

一个真正的"智能系统"必须具有适应性，并且设计成用户友好型，这将需要计算机科学家、研究团体和实践团体之间的密切合作。整合数据还可以提供一种同时加强研究者、政策制定者、机构利益相关者和社区伙伴关系的方法（如，Atherton et al.，2015；Chang et al.，2007）。这个系统也应该包含对现有各种项目的全面回顾以及被证明最有效的是哪些项目。这一过程可用于发展渐进型计划，它们可以由政策制定者和管理者实施，然后由研究团体进行评估。这又是技术在模拟、建模和监控过程中的作用。最后，我们需要使用不同方法整合成本—效益分析［比如斯堪的纳维亚模型（Scandinavian model）］或者将自愿求助项目纳入规划过程中。

二 消除贫困

关于贫困和虐待的研究侧重于家庭层面的社会经济劣势（Berger，2004；Berger，2015）和物质需求（Fowler et al.，2013）。这些研究有助于我们找到相关但不完全相同的预防途径。前者可能更直接的与增加收入或避免收入损失相关（Conrad Hiebner and Byram，2018），而后者可能更侧重于减轻获得住房或食品等基本需求的负担（例如，Fowler et al.，2013）。关于提供支持性收入这种方法，表明它们可以降低虐待风险的证据目前极其有限，但具有研究前景（Berger et al.，2017；Cancian，Yang and Slack，2013；Pelton，2015）。我们对于提供物质需求这种方法的效果仍不太清楚，但有一些研究表明，解决住房等问题可能无法预防虐待本身，但可能会防止更严重的虐待和寄养的需求（Fowler and Chavira，2014）。物质资源也可以通过提高稳定性和减少居无定所带来的压力，弥补虐待的一些负面影响。最近一项元分析的结果表明，物质需求的影响可能与需求的数量有关，而不是集中于特定类型的需求。这表明可能需要关注一系列问题以减少虐待（Conrad Hiebner and Byram，2018）。至少有一项针对差异回应系统的随机对照试验（与传统的针对虐待家庭的调查方法相比，这是一种新型评估方法）发现了一些预防效果，但这其中很大程度上归因于提供物质服务（食物和衣物援助、汽车修理、租金、水电气费和其他直接金融需求），但这并非儿童福利干预的典型部分（Loman and Siegel，2015；Pecora et al.，2014）。

还有其他一些针对家庭或照护者的贫困干预措施也可能与预防虐待有关，但尚未进行直接的效果测试。这些大规模的举措包括个人发展账户的方法（Schreiner and Sherraden，2007）以及对两代人开展教育的方法，这些方法在提供儿童照护和儿童教育的同时，也寻求对父母教育水平和就业的改善（Chase Lansdale and Brooks Gunn，2014；LaForett and Mendez，2010）。最后，在美国和国际上有一些地区正在采取社区发展的策略，以解决低收入社区的资源差距问题，从而预防虐待的出现。对这些方法的评估虽刚刚出现，但已展露出发展前景（Butterfield et al.，2017；McCroskey et al.，2010）。

至关重要的是，社会工作研究不仅以生态模型为指导，而且还要整合对跨系统问题的测量，比如对贫困在个人和社区层面的测量。它还应该对干预措施在个人和家庭层面、社区层面或两个层面对父母行为的影响程度进行评估。对物质需求提供和收入增加方法效果的实验研究显示了它们对某些人群的潜在作用，但迄今为止的研究无法为具体的方法提供指导。像对两代人开展教育一类的其他项目可能在预防虐待方面产生溢出效应，因为它们影响到贫困及其相关的条件。然而，到目前为止还没有看到相关的已经发表的研究成果。最后，社区发展方法可能有助于弥补资源获取方面的差距，这种差距可能使家庭面临更多风险。我们仍有许多工作亟待完成。由于社会工作的"宜居生活运动"（Center for Social Development，2014）提出了各种收入和贫困倡议，这可能为在测量虐待减少方面进行更大的合作提供了机会，因为虐待的减少可能是这些减贫方法带来的"意外的或溢出的"效果。

三 改善精神健康和物质滥用的服务

要识别以父母精神健康和（或）以物质滥用为主要预防虐待手段的研究可能很困难，因为大部分文献都在这两个主题上重叠。至少有一项研究表明，对上一代人采取促进抗逆力和解决创伤的有效干预措施可能会弥补这些问题对下一代养育的影响（Sexton et al.，2015）。其他研究表明，旨在解决情绪调节和消极情感问题的精神健康治疗可能会降低有创伤史的女性虐待儿童的风险（Smith et al.，2014）。目前尚不清楚的地方在于干预方法应当如何根据不同的情况而变化，比如特定的精神健康障碍、症状的严重程度或物质滥用中药物依赖的种类，等等。

可以说，养育能力受损的程度及其对儿童的风险可能会因使用的药物、孩子的年龄以及是否有另一个未受损的成人照护者而有所不同。例如，父母使用甲基苯丙胺的儿童可能会因为药物产生的毒素而受到直接的伤害（Lineberry and Bostwick，2006）。与酗酒的父母一起生活的孩子受到的影响和以上这种情况并不相同。

我们对有滥用药物问题的女性进行早期干预的情况知之甚少。迄今为止，与物质滥用和育儿有关的大多数研究工作都集中在已经进入儿童福利系统（例如家庭毒品法庭）的母亲身上（Marsh，Smith and Bruni，2011）。在这方面几乎没有什么工作可供借鉴，这再次凸显了多重风险并存的问题。参与物质滥用治疗并且接受过儿童福利系统服务的母亲，她们更年轻、孩子更多、更有可能有过受虐史，而且面临更大的经济问题（Grella，Hser and Huang，2006）。

在提供育儿帮助的同时，为成人精神健康提供高质量的证据为本的照护，已被视为母婴健康领域的全球"重大挑战"（Rahman et al.，2013）。

在回顾关于物质滥用和虐待的研究时，Neger 和 Prinz（2015）指出，虽然成瘾的某些方面（即沉迷于获取药物）可能会直接增加虐待的风险，但与物质滥用和虐待相关的其他风险因素也需要同时接受治疗。虽然这一需求并非社会工作领域提出，但在解决这一需求时提到的要素包括了社会工作非常熟悉的问题（例如，关注污名、筛查、有效转介、对服务的获取、文化胜任力、证据为本的照护和留在服务体系内）。通常，成人精神健康或物质滥用干预、子女养育和儿童虐待预防在很大程度上是孤立的（Marsh、Smith and Bruni，2011）。一项研究调查了对有物质依赖的育儿女性进行密集的个案管理的可能影响，该研究发现密集的个案管理增加了治疗参与度，但对儿童福利的参与没有影响（Dauber et al.，2012）。在最近的一项关于物质滥用和育儿的整合研究中，六个包含对照组的项目显示出它们对物质滥用和育儿的积极影响，但育儿方面通常是根据育儿技能或压力的自我报告来测量的，这使得我们对虐待行为的影响认识不明确（Neger and Prinz，2015）。我们需要更多的研究去评估此类项目，即评估精神健康和物质滥用的治疗与育儿干预相结合或者分隔开来对减少儿童虐待和忽视的影响。我们对以高质量服务在虐待行为之前解决这些问题的有效性的理解还不够充分。这不仅仅会影响到研究，而且对为成人提供这些服务的资助政策也有影响。例如，如果高质量的成人精神健康干预对虐待行为有重大影响，那么我们就应该呼吁增加成人精神健康服务的机会和资源。

四 解决亲密伴侣暴力

鉴于亲密伴侣暴力和儿童虐待的相关性，解决家庭暴力被列为社会工作重大挑战的一部分（American Academy of Social Work and Social Welfare，2017；Barth and Jonson-Reid，2017）。旨在将亲密伴侣暴力纳入儿童保护领域的政策创新受到了褒贬不一的评论，因为这些方法主要侧重于加强监督，而不是仔细考虑服务协调以应对这些风险（Herrenkohl et al.，2015；Jonson-Reid and Drake，2018）。大多数模型反映了两种系统之间的某种更密切的协作（如，Bragg，2003；Cross et al.，2012），或者是开发一种新的系统来解决这两种问题（如，Humphreys and Absler，2011）。这些工作更多的是预防反复虐待，而不是可以作为一级预防。对此类干预措施的实证测试仍处于初级阶段，但有几个培训项目在帮助专业人士方面展露了希望（Turner et al.，2015）。在解决亲密伴侣暴力问题以防止虐待方面，建议包括在一级照护和幼儿家庭访问中进行积极的筛查。然而，关于这些方法有效性的研究尚未出现（Jonson-Reid et al.，2016）。而且这些预防方法仅仅聚焦于亲密伴侣间的暴力问题，而不是在养育子女或儿童虐待方面产生可能的积极影响。

五　提供育儿支持

另一个备受关注的领域是早期儿童干预。从家庭探访到优质儿童照护中心或学前教育项目，都属于这一领域。"母婴和早期儿童家庭访问计划"是根据 2010 年的"病人保护法案"与"平价医疗法案"建立的。这一计划加强了对家庭访问这一方法的支持，特别是对那些有实验研究支持的家庭访问方法。美国 50 个州都存在某种形式的家庭访问，不过各州采取的项目模式千差万别。

研究发现从不确定如何处理特定情况到身体虐待行为，家长在养育子女中所遭遇的困难是相当普遍的（Prinz，2016）。我们假定家访的一些要素，如提供育儿信息和技能，或通过转介与其他服务建立联系可以降低虐待风险（Jonson-Reid et al.，2018）。虽然各种研究表明家访对儿童行为、儿童发展和伤害都有积极作用，但对预防虐待和儿童忽视方面的效果是复杂的（Chen and Chan，2016；Howard and Brooks Gunn，2009）。在大多数情况下，家访项目的影响或者不存在或者很小或者仅限于特定领域（如忽视行为或风险因素的降低）而不是虐待本身（Chen and Chan，2016；Duggan et al.，2004；Peacock et al.，2013）。此外，对虐待的测量方式也有很多样，包括使用量表来发现未来行为的风险，了解父母严厉教养情况以及分析虐待的文本记录。护士家庭合作模式（Nurse Family Partnership model）是家访项目的一个例子。这种服务对初为人母并参加早期产前护理的女性开放。尽管该项目在儿童行为相关方面的长期效益很强，但在减少早期儿童虐待方面并没有取得成功（Olds，Eckenrode and Kitzman，2005；Zielinski，2009）。虽然所有家访项目都会传授育儿信息和技能，但这些项目可能缺乏诸如情绪调节技能等能够帮助减少虐待的内容（Neger and Prinz，2015）。目前我们还不清楚最具虐待风险的家庭参与这些项目的情况。因此，需要有更多的研究去关注家庭访问在预防虐待中的作用以及哪种模式或方法对哪种人群最有效。

　　同样尚不清晰的是，如果社会更广泛地提供积极育儿有关的信息和支持，虐待可以减少到什么程度。即使在一个实力雄厚的家庭里养育子女也不是一件容易的事。许多以证据为本的育儿项目（不是前面讨论的家访模式）虽然在理论上可以预防虐待，但其干预目标主要是帮助父母处理孩子的行为问题而不是预防虐待或忽视（Barlow，2015）。虽然已经有一些预防虐待项目的探索（Prinz，2016），但这些项目主要在已经参与儿童保护的家庭中实施，目标是防止虐待再次发生（Chaffin et al.，2011；Webster Stratton，2014）。对后者的对照试验数量相当少。与越来越多的证据为本的育儿项目相关的另一个挑战是监管和定位服务群体的问题。由于这些项目往往耗资庞大，因此很难想象它们能够成为全民普惠型的项目。另一方面，一些具有前景但没有被充分研究且成本较低的方法正受到越来越多的关注（如，Howe et al.，2017）。

　　还有一种可能的方法，就是通过大规模的预防教育减低虐待的流行率（Morrill et al.，2015；Prinz，2016）。与饮食健康知识的多途径传播不同，目前还没有类似的大规模的针对父母的预防教育行动。在全球范围内，有一些国家通力合作来禁止体罚，从而对公共行为习惯有所改变（Durrant，1999）。还有一些规模相对较小的研究关注让医疗工作者参与积极育儿方式的传播（Hornor，2015）。Triple P 是一项多维度育儿干预项目（Sanders，Markie Dadds and Turner，2003），该项目是在大众层面采取预防措施。但此类方法需要更多的研究去评估其有效性、针对不同群体的可接受性以及大规模实施的可行性和可持续性。运用科技来传播育儿信息提供了另一种振奋人心的可能性，且需要进一步研究（Breitenstein，Gross and Christo-phersen，2014）。

尽管儿童照护项目并不都提供育儿培训，但如果优质儿童照护能够提供缓解功能并减少父母工作相关的压力，那么它就可以起到预防作用（Ha，Collins and Martino，2015）。然而与预防虐待本身相比，许多高质量的儿童照护研究都集中在对受虐待儿童发展的有益效果方面（Moore，Armsden and Gogerty，1998；Howes et al.，1998；Merritt and Klein，2015）。人们对早期儿童照护和儿童福利的协调给予了一定关注，希望促进已经接触到儿童保护的家庭参与到高质量的儿童照护中来（Meloy，Lip-scomb and Baron，2015）。然而我们对这些努力的结果还不清楚。虽然社会工作在提供儿童照护的服务方面并不承担主要角色，但它对有特殊需要的儿童进行支持性干预以及倡导家庭支持方面发挥着积极作用。

最后，从家访到儿童照护，再到证据为本的育儿小组，已经有多种早期育儿干预方法。但是迄今为止几乎没有证据表明仅凭这些方法中的任何一种就足以显著地影响虐待率。然而，这并不意味着这些努力不重要。换言之，我们可以认为，我们所做的工作非常必要但还不充分。这会将我们的重点从寻找灵丹妙药转向：（1）比较不同人群实施各种方法的相对效益和可行性；（2）更好地了解需要什么样的附加服务或资源来增加和维持效果的大小。

六　解决儿童创伤问题

虽然一级预防总是有利的，但在我们的预防工作得到改善之前解决受虐待儿童的需求问题，既是帮助他们实现宜居生活的一个重要方面，从伦理上讲也是最为紧迫的。前面提到的一些育儿项目最初是为了解决儿童行为问题以及促进其健康发展而设计的。如果这些方法可以在有虐待史的家庭，或者对此类行为风险极高的家庭中实施，即使这些措施对虐待本身的影响不强，也有可能促进积极的发展成果（如，Eckenrode et al.，2001；Reynolds，Mathieson and Topitzes，2009；Petra and Kohl，2010）。此外，在改善虐待和忽视的负面影响方面，已经有越来越多以证据为本的有发展前景的儿童干预方法出现（Bartlett et al.，2018；Hamilton Giachritsis，2016）。

有一些以证据为本的干预针对经历过创伤的儿童，其中包含了认知行为疗法（见加州证据为本信息中心，https：//www.cebc4cw.org/）。越来越多的人认识到，儿童福利体系中需要对儿童进行"创伤知情干预"以及"创伤中心干预"（如，Bartlett et al.，2016）。然而，证明此类干预措施在该人群中有效的证据仍然有限（Bartlett et al.，2016；Goldman et al.，2013；Kessler，Gira and Poertner，2005；Maher et al.，2009）。最近的研究指出了几项针对儿童福利体系内青少年的干预方法有发展的前景（Auslander et al.，2017；Bartlett et al.，2018；儿童福利信息门户，2015），同时也证明了"创伤知情干预"系统对儿童福祉的积极影响（Murphy et al.，2017）。社会工作以其综合性和跨学科的方式开展训练和研究，在减少这类人群的伤害和预防未来风险方面具有独特的地位。

七 建立完整的儿童保护/家庭支持系统

在有关预防虐待的众多问题中，有一个必须解决的问题就是，谁来提供服务？目前，美国（以及许多其他国家）的儿童保护系统主要是提供初步的应急响应，该系统在事态严重到需要进行密集干预或寄养照顾之前，只提供很少的服务（Drake and Jonson-Reid，2015；Jonson-Reid and Drake，2018）。这种状况并不是设计出来的，而是在没有资金来源或计划的情况下为了解决儿童当务之急的安全问题而产生的。这带来的是人们呼吁废除现有设置并将资金转移到其他地方（如，Melton，2005），同时呼吁进行改革以增加服务和配套照护的供给（Jonson-Reid and Drake，2018）。前者是有问题的，因为它实际上是将大量的资金重新定位，投入到另一个缺乏证据支持的系统中，后者需要更多的资金和政治意愿来投资。最近颁布的"家庭优先预防服务法"（Family First Prevention Services Act）（2018）似乎是朝着这个方向迈出的一步，尽管它更侧重于让儿童避免进入寄养家庭，而不是防止最初的儿童虐待。

鉴于有虐待风险的家庭的需求、目前的资助以及不同部门服务定位的复杂性，一个完整的系统必然是一个相互配合的服务网络。在这一领域开展工作的范例和机会正在增加。自从通过"平价医疗法案"增加家庭访问资金以来，儿童保护机构、家庭支持和家庭访问之间的合作大幅增长（Schmitt et al.，2015）。"家庭优先法案"（Family First Act）（2018）在创伤知情组织结构下包含了精神健康、物质滥用和家庭育儿技能的提供［稳固家庭和社区联盟（Alliance for Strong Families and Communities，2018）］。还有一种方法具有良好发展前景：通过与社区利益相关者合作建立系统，以确保安全和持久的目标与家庭需求之间相一致，这种方法推动了儿童福利系统朝着预防性的方向发展（Lorthridge et al.，2012）。所有这些方法的发展都非常依赖于跨机构、社区和学科的协作，以及政策、管理和实践层面之间的协作。政策创新正在各个系统中进行，以减少儿童照护和医疗服务等资源的使用障碍，这可能会提高家庭抗逆力（Klevens et al.，2015）。然而在这些方法的实施和评估方面，仍有许多工作要做。

虽然智能监测是以定位服务群体和虐待流行率为依据，但与此相关的数据系统有助于了解社会工作干预部门的服务和风险因素是如何影响到结果的，因而值得推广（如，Jonson-Reid et al.，2009；Meloy，Lipscomb and Baron，2015）。这样的系统还可以帮助社会工作者在较少时间内满足行政报告的需求（Jonson-Reid and Drake，2016），并改善跨系统服务的协调和评估（Hebert et al.，2014；Jonson-Reid and Chiang，2019）。通过这样一个系统来追踪一个既定地区的虐待报告率，可能是评估大规模基于社区预防干预的效果的最可行方法之一（Lothridge et al.，2012；Prinz，2016）。

八　专业性

专业性以及与更广泛的社会工作实践伦理的联系对于该领域的实务工作者至关重要。与儿童福利有接触的父母提到需要重视工作人员所具备的能力、敏感性和知识储备这些特征（Dawson and Berry，2002；Jonson-Reid and Drake，2018）。然而，美国许多州的预防项目（如家庭访问项目）和儿童福利系统所依赖的工作人员，是来自各种领域（不限于社会工作）的辅助专业人员或拥有学士学位者。与涉及儿童保护的家庭合作充满了困难、需要做出有压力的决定，这些决定往往是在艰难的情况下做出的。儿童领域的工作人员流动率很高，因而需要更多的培训、更高的薪酬，以及增加同事间的支持来促进更长时间留任的意愿（DePanfilis and Zlotnik，2008）。许多人认为，儿童福利工作者非常需要专业性，尤其是对社会工作专业知识的需求（Barth，Lee，Horodowicz，2017；Scannapeco，Hegar and Connell Carrick，2012）。Holosko 和 Faith（2015）强调了社会工作的学士学位和硕士学位如何与各种儿童保护岗位相结合，包括筛查、提供服务和家庭领域。我们认为，理想情况下这种专业教育强调了对儿童保护工作的充分全面准备，包括为所有人的社会公平正义做倡导（D'Andrade et al.，2017；McLaughlin，Gray and Wilson，2015；Lothridge et al.，2012），为预防和早期干预提供充足资金，这与造成家庭虐待风险的各种因素有关（Fong，2017；McLaughlin and Jonson-Reid，2017；Mersky，Topitzes and Blair，2017），并且为规定的角色做好准备，包括在现有组织内使用数据（Holosko and Faith，2015；Naccarato，2010）。

九 研究的基础设施准备

通过我们对保护因素和可能的解决方案的讨论，研究上的重大差距是显而易见的。在医学研究所和全国研究委员会的报告中，这个问题得到了国家层面的认可。报告指出：

> 多产和高质量的科学研究需要一个复杂的基础设施。关于儿童虐待和忽视的研究尤其复杂，涉及多种独立的服务系统、多种职业、特别复杂的伦理问题，以及从儿童个体到国家统计数据的结果分析水平。此外，要建立一个旨在充分解决儿童虐待和忽视问题的国家研究基础设施，还需要一支训练有素的研究人员队伍，他们的专长涵盖与

这一研究领域有关的许多方向，并需要为维持高质量、方法严谨的研究提供必要的支持。（2013：9）

研究型大学中的社会工作学院具有明显的领导作用。乔治·沃伦·布朗社会工作学院（George Warren Brown School of Social Work）的教师们多年来一直积极参与研究的基础设施建设。例如，一个为期五年的培训机构最近完成了第二年的工作，其目的是"培养一批新的技术娴熟的调查人员，专门从事儿童虐待和忽视研究"（Jonson-Reid and Widom，2016）。其他学校使用整合性的方式，硕博贯通培养儿童社会工作人才，如亨特学院（Hunter College）西尔伯曼社会工作学院（Silberman School of Social Work）的儿童福利卓越中心（Center for Child Welfare Excellence）。其他一些社会工作学院有专门的儿童福利研究方面的中心提供培训机会，比如威斯康星大学（University of Wisconsin）的儿童福利政策和实践中心（Center on Child welfare Policy and Practice），伊利诺伊大学（University of Illinois）的儿童和家庭研究中心（Children and Family Research Center），圣路易斯华盛顿大学（Washington University）的儿童虐待政策、研究和培训创新中心（Center for Innovation in Child Maltreatment Policy，Research and Training）。还有一些学校与半独立的研究机构有合作关系，如查宾霍尔中心和芝加哥大学（Chapin Hall and the University of Chicago），包括与国家儿童福利组织合作的专门研究项目，如加州大学伯克利分校的社会福利学院（the University of California，Berkeley School of Social Welfare）以及与机构合作的加州儿童福利指标项目。

博士生还必须接受培训，以便系统地评估与现有文献相关的实证干预方法，并能够开展干预研究（Auslander et al.，2012）。从方法上讲，关于充分利用如何通过集中分析一个问题（如贫困）来交叉影响预防工作，这对于社会工作的研究来说是一个机会。这项工作有助于我们了解重要社会问题之间的溢出效应，从而对预防工作的结果做出更积极的评估。此外，学生们必须充分利用更多的机会获取并深入分析大数据或综合数据系统，为预防儿童虐待和儿童福利干预提供信息（Jonson-Reid and Drake，2016；Naccarato，2010；Putnam et al.，2013）。这些方法还包括接触数据科学和编程，以及挖掘此类数据的先进方法，如机器学习方法（Schwartz et al.，2017）。关于大数据的进一步讨论，读者可以参考本书第十四章。

学生们还应该接触到最新的分析方法，这些方法可以解决虐待研究中固有的复杂性，尤其是考虑到这种建模技术的使用情况已经成倍增加（如，Freisthler et al.，2005；Hovmand，Jonson-Reid and Drake，2007；Guo and Frazer，2014；Hu and Puddy，2010 年；Lawrence，Rosanbalm and Dodge，2011；Luke，2005；Ratner，2012）。例如，华盛顿大学的社会系统动力实验室（Social System Design Lab at Washington University）已经参与了许多项目，并将尖端的系统动力学方法应用于家庭暴力。这些项目经常聘用博士生，他们在与这项技术的接触中受益匪浅（Hovmand，2013）。

第四节　结语

许多年前，Abraham Maslow 提出了一个人类共有的需求层次理论，这是解决与宜居生活相关的高阶行为所必需的。其中包括建立积极的关系、教育和工作成就以及其他成年人的能力（Maslow，1943）。按照这个模型，满足基本需求、安全和养育是积极发展的基础，也是遭受虐待和忽视的儿童经常缺乏的东西。经历过虐待或忽视的儿童可以说是处于马斯洛需求层次的底层，他们对安全、食物、衣服、住房和养育子女的基本需求经常得不到满足。目前，我们在虐待的负面行为、健康和经济后果上花费了数十亿美元，这足以证实虐待对实现宜居生活的负面影响（Fang et al.，2012）。

尽管显然需要一系列有效的干预措施来提高受虐待儿童的抗逆力和恢复能力（例如，Auslander et al.，2017；Leenarts et al.，2013），但为了创造一个人人都能享受宜居生活的世界，我们必须进一步通力合作以防止虐待的出现。正如我们所看到的，尽管经过了几十年的研究，我们的知识仍然存在很大的空缺，这阻碍了我们制定有效的解决方案。再加上解决相关政策和资金问题的政治意愿的缺乏，将这些因素综合起来，我们认为：尽管虐待被视为一个重大问题，但报告虐待案例的流行率多年来没有改变（DHHS，2019）。大幅减少虐待将仍需要一个真正的多学科和生态系统方法，将监督、服务提供、干预和涉及儿童虐待和忽视的多个问题的政策结合起来。长期以来，社会工作一直致力于与儿童虐待和忽视有关的研究和实践。因此，社会工作完全可以发挥领导作用，将这项工作推向更高的水平。解决虐待问题，应当是促进社会正义和保障所有儿童体验宜居生活权利的所有努力的核心。

第 八 章

培养整个人生中的公民参与

Vetta L. Sanders Thompson &

Gena Gunn Mcclenden

　　尽管人们普遍认为公民参与对于建设一个有活力且公平的社会很重要，但有多项指标表明公民的参与度正在下降。这种下降尤其令人不安，因为社会中经济上被剥夺最多的群体也是参与公民事务最少的群体。公民参与度的下降不仅应该受到社会的关注，也应是社会的责任。改变现状需要一个框架来理解公民参与下降的影响因素，还需要可以提高公民参与的政策证据。本章将会探讨公民参与作为实现宜居生活组成部分的重要性。我们提供了一个理解公民参与的框架，随后回顾了当前有关公民参与（civic engagement）和公共参与（public participation）在社会决策、经济繁荣、社区凝聚力和问题解决等方面重要性的研究。我们讨论了投票行为，公民参与的个人和结构性障碍，以及克服这些障碍的策略。本章还强调了社会工作在公民参与中过去和未来的作用。

第一节　参与的范围及其重要性

　　公民参与和公共参与都是较为宽泛的概念，要讨论它们的地位和重要性就需要对其概念进行界定。公民参与已经在许多方面被概念化了：它包括影响、改变或提高社区生活质量的政治和非政治过程（Adler and Goggin，2016）以及公共问题的解决（Corporation for National and Community Service，2017）。这些活动可以是正式的也可以是非正式的，包括通过加入团体和协会、在理事会和委员会任职、为慈善机构筹款、登记选民、从事竞选工作（地方、州和国家）以及提供政治竞选捐款等志愿服务。此外，参加政府会议、联系公共官员、媒体或社区其他相关成员也在公共参与的范围内（Battistoni，2017）。传统上，我们认为公民参与涉及了社区层面的对话以获得对不同观点的见解，然后基于这些观点发展出达成共识的方法。通过建立联盟和达成共识、对外伸展并接触选民和社区、沟通草根组织以及发展组织等相关努力来对已经发现的问题进行倡导（Adler and Goggin，2016；Zakus and Lysack，1998）。理想情况下，活动、议题、决策和行动都应有数据和信息的支持，这些数据和信息能够充分涵盖和传达相关历史和经验。

公民参与的框架假定，受政策和实践影响的个人有权介入到决策的过程中去（Zakus and Lysack，1998）。公民参与通常被分为三个基本策略：第一种是个人公民参与，即个人通过个人责任和行动（例如投票、捐赠和志愿服务）来实现他们的参与；第二种形式是参与性的，包含了对各级社区事务的关注和参与，例如在理事会或委员会任职，在政治竞选阵营和咨询委员会工作；第三种形式是社会正义和倡导导向的参与，即通过集体行动促进社区的变革和改善（Battistoni，2017）。社会正义和倡导导向的参与包括影响法律和政策的组织工作，居民区组织①，美化环境理事会②以及有组织的抗议。这种参与形式说明了社区参与如何与政治和行动相联系（Fung，2006）。

为了充分理解社区参与，这个框架考察了支持公民参与的过程和条

---

① 原文是 Block Units，block 是从 census block 来的，在美国人口普查中，census block 人口普查区是指最小的普查单位，小于 census tract 人口普查片区这个概念

② 原文是 Beautification Boards，是指为了保护和美化当地环境而建立的社区组织

件，以及观察到的参与程度（Hung，Sirakaya Turk and Ingram，2011）。有一些社会、经济和政治问题可能会影响参与，尤其是权力的不平衡。此外，社区的独特特征（如，长寿、历史感、对当地认同和归属感、资源）以及个人特征（如时间、知识、兴趣、意识、自信和教育）也是考虑的重要因素。这些过程和条件会对参与者带来影响（Fung，2006）。这里需要指出的是社区参与是一个连续体。Sherry Arnstein（1969）将该连续体分为八个等级，从不参与开始，延伸到公民能够在决策中发声的参与方式。这些参与的程度描述了社区各阶层如何沟通和共同参与决策（Fung，2006）。

公民参与之所以重要，是因为它能够加强社区联系和增加公民对政府的信任。Robert Putnam（1995）指出，公民参与为那些不愿意沟通交流的人提供了机会，让他们的想法被关注和采纳，更重要的是，它为人们学习民主相关的重要技能提供了机会，例如举行会议和公开演讲。那些能够实现共同的目标或解决共同关注问题的公民，通过提高自我和集体效能、接触扩大的社会网络和增加对影响社会的结构性问题的认识和理解，在这个过程中实现了增能（Putnam，1995）。他们因此可以成为更有力的变革推动者（Jones and Wells，2007；Zakus and Lysack，1998）。数据表明从治理的角度来看，公民参与度高的地区社会资本会增加，政策更加有效并更具创新性（Putnam，1995）。

除了建立和维持对社会机构的信任之外，公民参与允许社会成员参与并投入到对我们所关注世界的决策中去（Putnam，1995）。如果公民参与能够增强社会资本，那么我们可以推测，在处理那些全球普遍存在的不同群体之间的紧张关系时，可以将公民参与定位为通过合作而非竞争的接触，解决和减少群体之间冲突的一个过程。

尽管公民参与对民主社会至关重要，但许多美国人减少了对公共和社会事务的参与度。社会学家认为这会削弱公共联系以及对社会机构的信任（Checkoway，2001a；Quan Haase et al.，2002）。社会工作及其追求的宜居生活的目标与上述问题息息相关。公民参与使得社区中的所有声音都能被听到。通过这种方式，影响个人和社区福祉的决策更有可能反映广大民众的利益。公民参与也能促进社会更高层次的信任，从而有助于促进有目的、有意义的生活。作为这种信任的反映是：在公民参与程度高的国家犯罪水平较低，并且逃税和其他不良行为都会减少。

第二节　公民参与的机制和障碍

为了有效解决公民参与和公共参与活动减少的问题，我们必须审视每个参与领域内的活动，并试图了解阻碍和促进参与的因素。在整个生命历程中，公民参与的机会有不同的层次，也有不同的策略来对参与的可能性产生积极的影响。本部分将简要讨论不同年龄、种族和社会经济地位的人在公民参与方面的差异。简言之，数据显示较年轻、社会经济地位较低的非白人群体参与公民活动的可能性最小。

一　公民参与的模式

研究人员分析了美国公民参与的情况，发现公民对投票、参加社区会议、在公共场所集会、参与志愿组织和对公共事务的关注都在下降，而且对社区生活的积极态度、为社区的健康和福祉做出贡献的责任感也在下降（Quan Haase et al.，2002）。这种下降自 20 世纪 60 年代以来一直在持续（Putnam，2000）。

Robert Putnam（2000）指出，在 25 年的时间里，参加公共集会的人数下降了 35%，参加俱乐部和公民组织的人数减少了大约 50%。最近的调查数据表明这些下降趋势可能不那么明显了。2013 年劳工统计局的一份报告显示，自 2002 年开始收集数据以来，志愿服务在该年处于最低水平（25.4%）（O'Neil，2014）。该报告显示，在研究纳入的 20 项指标中有 16 项指标下降，其中包括个人参与志愿活动到加入社区组织的比例，以及对公共机构的信任程度（O'Neil，2014）。然而，一项皮尤调查（Pew survey）显示，公民参与要比他们的基准调查有所增加。研究者将 2016 年皮尤调查的数据与 2013 年当前人口调查的公民参与补充数据（CPS Civic Engagement Supplement）进行了比较。结果表明以下方面的公民参与提升了：更多人通过组织进行志愿服务（59%：25%），在过去一年与邻居一起解决问题（46%：8%），在过去的一年中参加了学校社团或社区组织（36%：13%），在过去的一年参与了一个服务或公民组织（15%：6%）。当然，尽管数据表明公民参与有所增加，但总体参与率仍然很低（Pew Research Center，2017）。

调查显示，最常见的公民参与形式是志愿服务和投票（Corporation for National and Community Service，2010）。住在城市中的公民参与程度低于住在郊区或农村社区的人，退伍军人比非退伍军人更积极，具有较强社会关系的个体社会参与的程度也更高（Corporation for National and Community Service，2010）。

志愿服务率也因年龄、性别、受教育程度和社会阶层而存在差异。调查数据显示，女性志愿者的比例为 28.4%，高于男性的 22.2%。2013 年，大约三分之一的 35 岁至 44 岁的美国人参加了正式的志愿者活动，这是所有年龄组中比例最高的（O'Neil，2014）。然而，65 岁至 74 岁的老年人志愿服务的时间最多。在北美，40%—50% 的老年人参加各种健康和公共服务的正式志愿服务（Gottlieb and Gillespie，2008）。即使是有小孩的成年人（虽然他们承担着额外的责任），其志愿服务的比例也比年轻人高。然而，年龄与教育的相互作用影响了青年人报告的公民参与情况。年龄在 18 岁至 24 岁之间且已进入大学的年轻人参与志愿服务的比例为 26.7%，几乎是未进入大学的年轻人比例的 2 倍（O'Neil，2014）。这种影响似乎在大学之后持续存在，因为拥有大学学位和受过高等教育的人比没有大学学位的人更有可能参与公民活动。在美国所有种族群体中，非洲裔美国人的投票率最高。投票是中年到老年人中最常见的社区参与形式，但除 45 岁至 49 岁的成年人外，所有成年人在 2009 年至 2012 年期间的投票率都有所下降（AARP，2012）。

一项皮尤调查考虑了互联网的使用后也证实了上述的众多发现，并注意到了影响公民参与类型的其他特征（Smith et al.，2009）。在皮尤研究中心的调查中，30 岁以下的人和拉丁裔更有可能在 12 个月内参加过有组织的抗议活动，而住在郊区的人更有可能参加过关于地方、城镇或学校事务的政治会议。50—60 岁的人更有可能接触过政府官员。最后，皮尤调查发现性别、年龄、种族和民族在社会参与方面的影响相较于收入或教育程度来说没有那么显著（Smith et al.，2009）。

2012 年的一项关于公民参与的皮尤调查也得出了类似的结论，并指出基于网络的在线参与（例如，签署请愿书、政治捐款、发短信或给政府官员发电子邮件，利用网络给杂志或报纸的编辑写信）在收入较高、受教育程度较高的个人中非常突出。然而，积极参与社交网络降低了公民参与率中的收入和年龄差距。老年人和年轻人一样热衷于社交媒体平台（如 Facebook 和 Twitter），收入较低的人也是如此（Smith，2013）。

理解社区参与的框架试图考虑影响参与者加入的机制（Fung，2006）。对 65 岁以下成年人来说，收入和受教育程度在预测公民参与程度方面的作用可能与两个因素有关。首先，公民参与和公共参与需要时间来保证，这是一个理论上影响谁能参与的因素。受过良好教育的个人更有可能从事那些能够为慈善捐款提供更多时间安排、空闲时间以及可支配收入的职业。其次，教育可能使成年人（包括大学里的年轻人）具有组织召开会议、给政府官员和媒体写信等活动所需的技能。老年人花在全职工作上的时间更少，因此可能提供更多的志愿工作时间。最后，会说英语的人和白人都享有教育和收入优势，这可能会影响公民参与率和减少语言方面的障碍。

Watts 和 Flanagan（2007）指出，如果以投票、阅读报纸和关注政治趋势作为衡量标准，青年人的政治参与率有所下降。Kahne 和 Middaugh（2008）指出，父母辈公民参与率的差异会影响青少年公民参与的水平。家庭模式和基于学校的机会也可能导致了青年期和成年期公民参与在种族上的差异。高收入家庭更有可能参与政治活动、参与非正式社区工作、联系选举官员、参加抗议或担任理事会成员（Kahne and Middaugh，2008）。

此外，高收入家庭更可能生活在学校资源丰富的社区，而资金充足的学校有更多让学生在校园接受公民学习和服务机会，从而促进投票和其他形式的公民参与（Kahne and Middaugh，2008）。我们毫不意外地看到，与低收入学生和少数族裔学生相比，白人学生以及在社会经济地位较高的高中就读的学生能获得更多的学校公民教育机会，而这种教育能够推动投票和更多其他形式的公民参与（Kahne and Middaugh，2008）。

美国公民参与度的下降和持续的低水平表明了各种各样的问题。那些影响着谁参与、如何参与以及为什么参与的因素发生了变化吗？是什么激发了公民参与治理和社区生活的愿望？在公民角色、行动和活动、民众呼声与政府控制和政策制定之间的适当平衡是什么？公民应该参与政府活动的所有方面和最终决定，还是只参与其中的一部分？

二　参与的障碍：结构性因素

影响公民参与的因素很多，在我们试图理解美国公民参与度下降的过程中，有几个因素是很重要的。鉴于在民主国家中投票的重要性和投票参与率的下降，我们认为，必须充分认识穷人、少数族裔、残疾人和其他边缘人群所遇到的一些结构性障碍。

许多人认为，要求投票人携带有照片的身份证明，这样的法律会歧视少数族裔和低收入选民，因为获得某些州所要求的身份证明文件需要时间和成本。对带有照片身份证明持有率的调查估算不尽相同，但 2012 年的项目投票调查显示，13% 的黑人、10% 的拉丁裔以及仅有的 5% 的白人没有照片身份证（Perez，2015）。收入也是一个影响因素。年收入低于 2.5万美元的成年人中有 12% 的人没有带照片的身份证，而年收入超过 15 万美元的家庭中只有 2% 的人没有带照片的身份证。年轻人很可能会受到照片身份证要求的影响，17—20 岁的年轻人中有 15% 没有带照片的身份证，21—24 岁的年轻人这个比例为 11%（Perez，2015）。美国政府问责办公室（2014）的一项研究表明，严格执行照片身份法会使投票率下降 2% 至3%。投票时间也可能有利于那些在工作安排上有更多自主权和灵活性的人，他们大多是中高收入的工作者。虽然科罗拉多州、俄勒冈州和华盛顿州已经引入了邮寄投票，但大多数州的投票点在早上 6 点或 7 点开放，下午 6 点到 8 点之间结束，各县之间的投票甚至有更多的变化。虽然这看似是一个让选民进行投票的合理时间，但它没有考虑到儿童照护责任、通勤距离，以及低收入选民所面临的有限交通方式（ Encyclopedia of American Politics，2017）。

此外，由于投票时间段内的睡眠需求和家庭义务的矛盾，投票和志愿服务时间对于上晚班和轮班的工作者来说可能更加困难。考虑到大约 2400 万工作者从事于这类工作，以上问题必须引起关注，因为人们注意到这些人的公民参与程度低于最佳水平（Saenz，2008）。穷人比普通人更有可能轮班工作，而且在下午 3 点到 7 点之间开始工作的可能性是普通人的 2 倍。与那些夜以继日工作的员工相比，工作时间更传统的员工受教育程度更高、职业更具声望，收入也更高（Saenz，2008）。

而且，投票地点、交通和旅行的需求等问题可能会对一些人造成影响，这些人没有汽车或没有足够可支配收入用以支付额外公共交通费用。这些问题也更可能影响到穷人和少数族裔。非裔美国人（National Equity Atlas，2015） 和低收入家庭拥有汽车的可能性较小（Berube et al.，2006）。这些家庭缺乏资源支付购车首付，而由于信用记录和可能存在的歧视性待遇等问题，他们争取贷款的成本也更高（Berube et al.，2006）。

关于选民参与，星期二投票的传统成了一个障碍，因为工作和学校的时间安排，有孩子的上班族父母必须协调时间。虽然缺席投票机制（absentee voting） 和延长投票时间解决了周二投票引发的一些问题，但它们并不能解决所有问题，除非可以在周末或假期投票。让选民参与变得更加麻烦的是，有一些州不允许选民当天登记并投票，还减少了投票时间和投票地点。自 2010 年以来，20 个州对投票实施了新的限制，目前有 32 个州对投票有一定的身份证件要求（Brennan Center for Justice，2019）。有 10 个州制定了限制性的选民身份证法律，其中 6 个州要求有严格的照片身份证，有 7 个州的法律规定使得公民登记变得更为困难，有 6 个州减少了提前投票日和投票时间，3 个州对有刑事定罪的人恢复投票权增加了限制（Brennan Center for Justice，2019）。人们经常讨论的是越来越多的州需要州签发的身份证才能投票。Cobb 等人（2010）调查了一次选举，他们预计选民身份证法不太可能导致种族差异。他们的数据显示，拉丁裔选民和黑人选民比白人选民被要求检查身份证明的概率更大，其中拉丁裔与白人的差异更为明显（Cobb et al.，2010）。这些差异虽然并不能证实选民受到压制，但在考虑限制公民参与的负面因素时，它们仍然释放了危险信号。

投票并不是公民参与的唯一形式，值得我们思考的是可能影响其他类型公民参与的更多障碍。这些有时被遗忘的障碍与我们社会的包容水平息息相关。例如，不能为有健康问题或残疾的个人提供住宿，会让他们觉得不舒服，激发对社会的不信任感从而脱离社区生活。相关问题包括无法提供无障碍设施的住房，无法提供语言帮助的翻译人员、翻译的资料以及帮助交流的感官辅助工具。移民身份和主要语言这两个因素，通过获取有关支持和服务社区的机构和组织的信息来影响公民参与，这对支持公民参与的信任至关重要（Seif，2009）。语言不仅妨碍获取信息，还可能影响移民（或其母语不是当地主要语言的个人）自由充分地参加社区和组织的会议，并与政府官员分享自己的观点。语言也会影响对正在考虑的问题的理解、投票积极性和投票行为，从而抑制参与。

非常重要是，必须有组织地为公民参与提供机会。国家慈善统计中心（National Center for Charitable Statistics）指出，全美大约有 150 万个 501（c）（3）组织，包括在联邦政府注册的公共慈善机构、私人基金会和其他非营利组织（Grant Space，2019）。这些组织有可能吸引大量服务对象和社区成员参与公共政策和社会决策。然而，非营利组织受到联邦政府的管制以及非营利组织政治活动受到限制，可能会阻碍为服务对象和社区成员提供参与公共政策和决策过程的机会。Jeffrey Berry（2005）讨论了监管标准如何扭曲公众参与，他指出了对中高收入的人群来说，有许多组织会动员他们参与。然而，非营利组织、教会和基金会是最有可能为穷人、移民、残疾人、少数族裔和其他边缘化群体的利益进行倡导的组织。不幸的是，与这些组织有关的联邦法规压制了社会中最弱势群体的公民参与。

老年人在公民参与方面也存在障碍，这些障碍一般与其他群体面临的障碍相同，但程度往往超过其他群体（McBride，2006）。一些老年人缺乏财务资源，这让他们无法放弃工作，因此他们从事志愿活动的时间更少（McBride，2006）。老年人还面临交通方面的障碍，这也影响他们参与志愿服务、投票和其他公民参与活动。这种情况的发生有多种原因，包括身体限制和健康问题，这些问题往往会影响驾驶能力和乘坐公共交通。还有经济方面的因素会影响拥有汽车的情况（McBride，2006）。健康和身体问题的比率在老年人中更高，他们对老年人公民参与方面的影响更加显著。此外，还在工作的老年人将面临与年轻人同样的轮班和上下班时间带来的限制。

知识长期以来被认为是社会和公民参与的一个重要变量。Thomas Jefferson 指出："尽管（人们）可能会默认，但他们无法同意他们不理解的东西。"因此，教育、读写能力、利用信息的能力以及主要语言等问题都会影响公民的参与。Irwin Rosenstock 指出，"一个人对各种行动方案的可用性和有效性的信念（而不是关于行动有效性的客观事实），决定了他/她将采取何种行动"（2005：7）。这些信念受个人的社会、参照群体的描述性和强制性规范（感知到的赞同或不赞同）的影响，如家庭、朋友和媒体诸多来源（Rosenstock，2005）。因此，个人在决定投票、志愿服务、捐款或写信给政府和其他官员时，会考虑各种不同质量的信息来源。考虑到人们工作、家庭、休闲义务和时间承诺之间的冲突，信息和对信息的理解可能会影响对公民活动的重视程度。

知识和教育也可能影响公民参与，因为公民的技能、需求、偏好和期望以及可用于决策指导的信息之间存在不匹配性（Hung et al.，2011）。对读写能力的研究表明，美国有 14% 的人不会阅读，21% 的美国成年人的阅读能力在五年级以下（U. S. Department of Education，National Center for Education Statistics，2006）。读写水平可能会影响到那些觉得自己有能力在社区会议上发言、写信给社区和政府的领导人，或是在社区中做志愿者的人。公民信息的可获得性与公民所需信息之间的不匹配，是低收入群体、受教育程度较低的群体、老年人以及少数族裔经常会遇到的问题。鉴于世界上有 7.81 亿人不会阅读（D'Almeida，2015），读写能力对公民参与的影响不仅仅是美国的问题，更是一个全球性的问题。

知晓程度是另一个被认为可能会影响到谁会参与以及如何参与公民活动的个人特征。新闻媒体和娱乐活动似乎对政治参与和公民参与产生了积极影响。然而，那些参与了促进公民参与的人应该认识到媒体来源可能是另一个不匹配的领域。根据问题、宣传关注点和社区需求，媒体的获取方式存在差异（Chang et al.，2004）。来自不同种族群体的个人获取与其生活相关的新闻和信息的方式各不相同，使得这一问题更加突出（American Press Institute，2014）。例如，服务不足的社区成员可能在种族问题方面信任和重视那些侧重报道种族问题的媒体，但他们在有关投票、本地事务或贸易的信息方面会更多选择当地主流媒体，在有关工作和就业政策的信息方面则更加倾向于选择专业媒体。

对这些问题的关注可能有助于解决那些已登记但不经常投票的选民面临的问题。许多间断投票的选民报告说，他们对关注议题或者要投的候选人知之甚少（Pew Research Center，2006）。因此，了解媒体来源，掌握获得可信、准确和可用信息的方法变得非常重要。间断投票的选民更年轻，结婚比例更低（Pew Research Center，2006），这使得他们较少受到定期投票的家庭成员的影响，较少受到公民参与社会规范的积极影响。此外，这些选民对其他人的信任度较低，这进一步限制了他们获取可能会鼓励他们投票的信息（Pew Research Center，2006）。鉴于这些特点，我们有哪些社会活动、组织和媒体场所可以被优化用于促进政治参与呢？

第三节　建立在已有知识上的解决方案

在最后的这个部分中，我们讨论社会工作在促进公民参与方面的历史和未来的角色。社会工作早已在公民参与方面处于重要地位，而且能继续在促进公民参与上扮演极其重要的角色。社会工作的主要贡献源于其在非营利领域的发展和能力建设中长期存在的角色（McBride，2008）。社会工作专业在加强和传播关于公民参与的研究证据中扮演重要角色。此外，社会工作的实践导向有助于人们在不同社区积极实施创新性的、以证据为本的项目。如前所述，收入、教育、种族和民族、语言、年龄、身体限制和健康等都是阻碍公民参与的因素，而社会工作在多元化社区中的广泛经验对于排除这些公民参与的障碍至关重要。最后，社会工作者作为专业人员可能会被要求更直接地在倡导和政治参与中发挥作用（Rome and Hoechstetter，2010）。社会工作专业在促进社会公正、平等和自决方面历史悠久，包括影响政策议程、参与竞选阵营或在选举办公室任职，甚至领导选举办公室（Lane and Pritzker，2018）。社会工作者参与了政治活动，如 1854 年在纽约立法机关的演讲和 1913 年在华盛顿举行的妇女平权游行（Browne Marshall，2016）。社会工作者还领导了种族平等投票运动，推动了 20 世纪 60 年代的"投票权法"和"民权法案"的诞生（Sherraden et al.，2015）。

在这样的背景下，我们可以为建设下一代选民保护者而努力①。一个例子是重新参与政治社会工作。研究者 Lane 和 Humphreys 将政治社会工作定义为：

> 实践专业化……这包括社会工作者参与竞选或担任公职……为当

---

① 这里，作者是指培养为选民服务的社会工作者

选官员工作的社会工作者需由当选官员任命或确认，同时还必须得到那些自愿或有偿为当选官员进行游说的社会工作者的确认（2011：225－226）。

如今，社会服务组织雇用社会工作专业人员来建立选民登记活动，制定选民投票策略，并为服务对象举办公民参与活动（Lane and Humphreys，2011）。其他参与活动包括提高公众对新选举法的认识，制定研究议程去收集选民参与政策制定活动及相关障碍的数据，并让公众了解这些数据。另一个例子是把政治社会工作作为社会工作教育项目的一个细化方向。政治社会工作课程将使社会工作专业人士在支持人们福祉的积极努力中处于独特地位，从而有助于个人和社区朝着增能的积极政治体系发展（Ostrander et al.，2017）。

目前已知有超过 400 名的社会工作者在各地方、州或联邦竞选中担任政治职务（Lane and Humphreys，2011）。在这些社会工作者中，最著名的也许是来自马里兰州的前美国参议员 Barbara Mikulski。正如 Mikulski 所说，具有社会工作世界观的选举官员提供了与传统候选人不同的视角，传统候选人的专业背景更倾向于关注法律、商业、公共政策或高等教育（Lane and Humphreys，2011；Lawless and Fox，2005）。美国社工协会（1999）伦理守则规定，社会工作者应通过社会和政治行动促进所有人的机会平等。重要的是，社会工作者在看待社会问题时，提供了一种与传统立法者不同的视角。

社会工作者也可以通过制定消除障碍的政策提高美国选民参与度。例如，瑞典、德国和智利等国的公民一到法定年龄就会自动进行投票登记（De Silver，2018）。这就消除了与身份识别、登记地点以及交通相关的阻碍。在澳大利亚，投票是法律强制要求的，因此其投票参与率接近95%。

美国已经提出了一系列的改革方案，包括提供人们投票地点的灵活性、把选举日定在节假日、设计投票亭和投票地，以满足老年选民和身体有缺陷的选民的需求。这些变化也解决了交通和家庭责任造成的结构性障碍。此外，有人甚至建议为投票提供财政奖励。当然，考虑到目前对更具限制性的投票法的政治气候和争论，目前的问题是我们应该如何将政治意愿召集起来（Brennan Center for Justice，2017）？

我们还可以利用那些旨在推动社区参与的研究发现来改善公众对社区和政治生活的参与。例如，与不提供服务或服务本身完全脱离社区的需求相比，如果学生能够提供解决社会问题的服务，他们更有可能表达参与未来服务和公民活动的意愿（Metz et al.，2003）。研究结果表明，除了确保所有青年都充分获得公民参与的机会（Kahne and Middaugh，2008），还必须让学生接受高质量的政府和公民教育。提供机会帮助学生建立诸如举办会议、发展协作和联盟以及和他人交流立场并提出建议的能力也同样重要（Metz et al.，2003）。未来的研究可能会进一步检验，对青少年服务机会的提升是否会带来更多的投票登记。

青年公民参与的努力可以采取多种形式，包括青年开办的项目、青年与成人的伙伴关系以及基于学校的公民项目和计划。还有以社区为基础的成人参与性研究项目，可用于支持青年参与和参与所需的技能发展。社区研究人员培训计划是一项基于社区的参与性研究计划，旨在增加公民参与的机会和可能性（D'Agostino et al.，2015）。该计划通过对社区成员进行为期15周的研究方法、证据为本的健康倡导和政策方面的教学培训，提高他们参与健康倡导、研究和干预的能力。迄今为止的研究结果表明，培训提高了人们对健康不对称的认识，增加了研究知识，项目成员也参与了社区健康项目和研究活动（D'Agostino et al.，2015；Coats et al.，2015；Komaie et al.，2017）。这一模式已被重新调整并用于青少年群体（Goodman et al.，2018），它为增加公民参与所需的技能提供了一个范例。

第四节 结语

通往强大民主的道路永远不会到达终点。前路漫漫且艰辛，胜利的曙光依旧遥远。迄今为止，在通往宜居生活的路上，社区仍然面对一些重要的议题，并与之抗争：包括最低生活工资和补偿、获得安全和负担得起的住房、健康食品和医疗保健、获得洁净水和空气以及长期维持地球健康（进一步讨论见第十章）。对国家和国际政策与行动的态度和意见，以及对政府在日常工作中的作用的认识，往往深受个人在社会等级制度和环境中的地位的影响。为了弥合在政治和社会支持方面的差距，以解决当今问题，我们需要的是社会资本、对社会和政府机构的信任以及解决冲突的方法。公民参与为支持宜居生活的政策提供了空间。公民参与可以为那些被剥夺了社会权利的人增强人际交往的途径。其结果可能会给公民和治理人员带来新的机会，以实现共同商定的目标，解决共同认定的问题（Putnam，1995）。此外，公民参与能够建立对政府和社会机构的信任。这种信任反过来又会带来更健康更公正的生活环境。

当我们试图应用社会和行为科学的知识时，Barry Checkoway（2001b）指出，很少有研究者认识到公民参与和社会决策在生活和社会重要领域中的作用和联系。这种认识的缺乏导致我们错失了提高社区能力和公民参与的机会。尽管对这一研究领域缺乏关注，但参与性行动研究和基于社区的参与性研究已成为传统研究的替代，并已成为鼓励加强公民参与的必要工具（Checkoway，2001a）。

学界和实务工作者未能充分参与到这一领域的探索中，这也许能解释一系列本章中未能讨论的问题。虽然我们有客观的方法来检查选民投票率，但由于无记名投票为公民提供的保护，我们不能完全理解政治价值观在投票动机中发挥的作用（Gerber et al.，2012）。例如，在地方、州和全国的选举投票的人是相同的一群人吗？是否有部分人更可能根据选举级别、候选人或议题进行投票？投票是否因年龄、性别、收入或教育程度而异？如果存在这样的差异，公民参与度是在下降吗？激励特定人群投票动机的候选人和议题减少了吗？影响公民参与的结构能否改变？最后，投票的公众中哪些人相信且信任无记名投票，无记名投票的承诺究竟如何影响选民投票率（Gerber et al.，2012）？

然而，如果我们用选民投票率来衡量政治参与，我们就很难确切地说明不同人群的参与情况。在社会参与方面，以什么样的标准衡量社会活动和社会互动的数量和平衡，才算是充分获得社会资本和社会参与？我们是否将互联网上的请愿活动等同于选民登记活动？我们如何衡量与参与教会活动、工会或专业会员有关的活动？虽然公众参与在社会、政治和经济问题方面非常重要（International Association for Public Participation，2006），但我们是否有正确的概念框架来理解这些现象？什么是正确的测量和研究方案可用来评估我们目前的处境？没有这些，我们是否有足够的证据来理解和阐明前进的道路？

所有这些问题引发了人们的极大关注。社会工作有着促进社会变革和社会正义的传统，这意味着社会工作者在促进公民参与方面可以发挥积极作用，特别是对于那些被剥夺权利和被排除在主流社会和政治权力"走廊"之外的群体。他们代表了在各种公共政策辩论和立法中常常听不到但又不可或缺的声音。

正如本书中所讨论的，宜居生活的概念包含了众多使个人能够过上充实生活的不同要素和维度，其中一个要素就是公民参与。它让个人在社区生活中体验了一定程度的代理权，并且在社区事务中表达自己的意见。此外，影响数百万人生活的政策和项目是由不同选区的利益决定的。在一个民主社会中，必须允许和鼓励社会的所有成员自由参与民主的运作。正是通过这种参与，民主才能活跃起来，社会的成员才能够充分参与这一进程。当然，这是宜居生活的一个重要维度，也是社会工作专业在未来几十年中必须努力实现的一个方面。

第 九 章

建设健康、多元和繁荣的社区

Carolyn Lesorogol，Ana A. Baumann，Amy Eyler，
Molly W. Metzger，Rodrigo S. Reis，& Rachel G. Tabak

　　社会工作的首要目标是支持和帮助建立每个人都有机会成功的社区。当我们讨论"宜居生活"这个概念时，它的核心要素包括能够满足一个人的基本需求，如食物、衣物、住所和健康。这些需求是社区整体健康的基础，也是社区成员有能力体验宜居生活的基础。一个繁荣的社区是指能够让生活在其中的人充分满足这些基本需求，享有成长和成功的机会。Amartya Sen（1999）提出了一个观点：人们有能力过上有意义、有目的的生活是繁荣社区的核心。虽然提到"能力"人们通常想到的是个人层面的才能和潜力，但个人的成功也需要生活在健康的社区中。相应地，繁荣社区也需要社区层面的集体行动。社区成员共同行动提供许多宜居生活所需的资源和公共物品，包括公路、铁路和港口、公共教育、社会保护、公共空间、法律制度以及公共安全。个人的机会依赖于个人主动性以及公共和集体行动，繁荣社区则两者兼有：在这样的社区中，所有人都通过他们能得到的资源而实现自身潜力。

　　在世界各国，长期存在的贫困和不平等问题阻碍了社区繁荣和宜居生活的实现（关于贫困的详细讨论见本书第三章）。当大部分人生活在贫困

中时，他们往往被排除在获得发展自身能力的机会之外或处于不利地位。在这种情况下，提供公共产品的集体行动也很薄弱，这进一步限制了人们获取所需的资源。尽管在过去几十年中实现了经济增长、工业化发展、技术进步、教育普及以及获得健康和社会服务的机会增多，但是世界各地的贫困和不平等现象依然存在（也有人认为前面这些"进步"是贫困与不平等的原因）（Escobar，2015；Dabla Norris et al.，2015）。

在美国，2017 年贫困率为 12.3%，这个比率在过去 50 年中变化很小（U. S. Census Bureau，2018）。贫困线设定为"最低食物篮子"开支的 3 倍（1964 年制定，根据通货膨胀每年更新）。2017 年，四口之家的贫困线为年收入 25094 美元（U. S. Census Bureau，2018）。许多人批评这一贫困线远远低于美国的实际生活成本（Greenberg，2009）。美国的贫困率在城市中心区和许多农村地区更高，在内环郊区也在不断上升中。此外，在非裔美国人、拉丁裔和印第安人等少数族裔人口以及受教育程度较低的人群中，贫困率更高。（U. S. Census Bureau，2018）

在全球范围内，贫困通常被定义为每人每天的生活低于 2 美元。据世界银行估算，2015 年有 7 亿人生活在这一极端贫困线以下，贫困率最高的地区集中在撒哈拉以南非洲和南亚地区。与美国类似，少数族裔、农村或城市贫民窟中的贫困率通常最高（World Bank，2015；Imai and Maleb，2015）。

与贫困一样，不平等的测量方法也有很多种。最常见的衡量指标是基尼指数，它估算了一个国家整体收入分配中的不平等程度。基尼指数的范围从 0（绝对平等）到 100（绝对不平等）。目前各国的估计值相差甚远，从最低芬兰的 21.5 到最高莱索托的 63（U. S. Central Intelligence Agency，2014），美国的基尼指数为 45，在参与排名的 150 个国家中排在第 40 位。

联合国调整后的人类发展不平等指数（HDI）（The United Nations' In-equality Adjusted Human Development Index）是评估不平等对于人类积极发展所涉及重要因素的另一种估算方法，这些因素包括预期寿命、预期受教育年限、平均受教育年限和人均国民收入。调整后的不平等指数考虑了这些因素在一国人口中的分布情况，并显示了人类发展指数的差异。例如，美国 2015 年的人类发展指数为 0.92（世界排名第 10）。然而，一旦用不平等的情况进行了调整，指数便下降到 0.79（世界排名第 20）。当用不平等这个因素进行调整时，大多数国家的人类发展指数（HDI）都有所下降，这表明了不平等对整体福祉的负面影响（United Nations Development Programme［UNDP］，2016b）。

多维贫困指数（Multidimensional Poverty Index）是衡量国家不平等的另一个方法，该方法用十个指标测量多维度贫困人口的占比（United Nations Development Programme，2016a）。因此，这一指数比基尼指数或人类发展指数（HDI）包含了更多的贫困组成成分，例如家庭营养、儿童死亡率、燃料来源、饮用水供应和资产等（United Nations Development Programme，2016a）。

贫困和不平等为不健康社区的生成创造了条件，因为个人和家庭缺乏满足教育和健康这些基本需要的资源和机会。没有这些基本条件，个人、家庭和整个社区都失去了充分发挥其潜力、过上有意义有目的生活的机会（在本书的第三章和第五章中有进一步的讨论）。此外，成功对于他们来说更是难上加难。持续的贫困和不平等与许多社会问题有关，从饥饿、营养不良、疾病和过早死亡等基本问题到社会边缘化、精神健康问题、丧失权力和失去希望等复杂问题，都与持续的贫困和不平等密切相关，而这些问题反过来又会导致犯罪和社会功能失调等更多的问题。社会工作专业面临的一个主要挑战是寻找合适的方法与个人、社区和政策领导人合作来解决贫困和不平等问题，促使社区的繁荣发展。

第一节 问题的根源

贫困（通过收入、资产/财富或机会衡量）源于复杂的历史背景，与贫困有关的历史往往存在结构性的不平等，而这种不平等是由社会和政治系统产生的。因此，一些社区（或社区内的个人和团体）缺少能够支持他

们追求宜居生活的设施和机会（Kabeer 2000，2016）。Amartya Sen
（1999）认为一个社会的成功发展需要个人拥有实质性的自由和能力，使
他们能够有效地参与社会、政治和经济活动。社会所有部门都在确保经
济、政治、社会、安全和透明度方面发挥了作用，Sen 认为这是人类繁荣
所必需的五大自由。例如，通过高质量的教育和卫生设施让公民能够获得
知识和技能、有效地参与经济活动、做出明智的政治选择。这些设施包括
学校和住房等基础设施，以及公路、铁路、公园和公共场所等更广泛的建
筑环境。Sen 强调了新闻自由对促进政府透明度的价值，认为这可以促进
有效的社会保护政策。例如，饥荒问题在新闻自由的社会里出现的可能性
要小得多，因为在这样的社会中，饥饿问题一旦暴露就意味着人们会采取
公共行动（Sen，1981）。一项在乌干达的研究表明，与公布学校资金分配
情况的新闻机构距离更近的学校获得这类资金的概率更高（Reinikka and
Svensson，2011）。通过媒体、社交媒体和选举等多种渠道大力传播公民的
声音可以提高透明度和安全性。因此，这五种自由在促进个人能力和有效
集体行动，从而实现公共利益方面是有协同作用的。

歧视、殖民、社会排斥、边缘化和不平等投资的历史阻碍了这些自由
和能力的发展。在美国的城市社区中可以发现这些阻碍的证据，那里的少
数族裔忍受着明显的种族主义政策，这些政策限制了他们受教育、就业、
获得住房、医疗保健和很多其他方面的机会（Rothstein，2017）。美国的
结构性经济变化，特别是从重工业向信息和服务业的转变，迫使那些未能
获得高质量教育的弱势群体不得不为在这些领域就业而重新准备。此外，
当失业和贫困成为常态时，社区的社会关系和凝聚力会受到负面影响
（Kim et al.，2018；Wilson，1996）。

在世界范围内，贫穷和不平等是由政策造成的，这些政策包括久远的
殖民主义遗留和国家之间持续的后殖民关系。许多低收入和中等收入国家
的经济是由殖民政权的偏好决定的，例如使该国依赖少量的经济作物或矿
物，经济状况容易受到市场波动的影响，依赖援助和进口货物。此外，殖
民政治和社会制度造成了高度不平等的社会关系和机会系统（Mamdani，

1996）。这些遗留问题至今依然存在，并且对建立一个所有成员都能获得Sen 所强调的自由的更具包容性的社会提出了挑战。世界各地的多维不平等为实现全民福祉和建立宜居生活能力带来了重大挑战（Kabeer，2016）。

除了这些历史上的结构性因素，贫困社区经常受到自然（如干旱、洪水、地震）和人为（如饥荒、流行病）的冲击，这些冲击增加了社区的脆弱性，限制了社区建立维持自身生存所需资产的能力。例如，在低收入国家，农村农业系统非常容易受到气候相关的冲击和影响（见本书第十章）。农民必须消耗稀缺资源以降低生产力低下的风险（Binswanger-Mkhize，2012）。大多数低收入国家缺乏强有力的社会安全网来为农民面临的气候风险提供缓冲，这给农村家庭和社区带来了巨大负担。

与建筑环境相关的政策和实践也会影响社区的健康和福祉。越来越多的证据表明，社区设计和建筑环境与有害的健康后果有关，像糖尿病、心脏病、癌症这样的非传染性疾病和慢性呼吸系统疾病都会受到居住环境的影响（见本书第二章和第十章）。宏观层面的建筑环境是指城市设计和规划，微观层面则是指住房方面的设计。不良的城市设计和规划，往往与糟糕的住房设计相关联，这就增加了生活在其中的人在不健康饮食、久坐行为和缺乏运动方面的可能性，这会进一步增加健康状况恶化的风险。尽管这些不良的健康后果可以通过体育活动或健康饮食得到缓解，但社区的建筑环境在促进或抑制这种健康行为的方式上也存在很大差异。

例如，在美国，农村居民和城市或郊区居民在慢性病方面存在差异。1999 年至 2014 年期间，农村地区心脏病、癌症、意外伤害、慢性下呼吸道疾病和中风的死亡率都高于城市地区（Garcia，2017）。同样，2013 年一项关于婴儿出生与死亡率的队列研究表明，即使在控制了产妇的社会人口学特征、健康和产科因素后，农村地区的高贫困依旧与婴儿死亡率相关（Mahomaoud et al.，2019）。这可能是由于健康行为的差异，农村地区的居民更可能有较差的健康行为（例如在吸烟、饮食和锻炼、饮酒和吸毒、性行为方面存在问题）。然而，这些行为可能部分反映了农村的建筑环境，如缺乏超市、交通、就业和其他基本设施（Lutfiyya et al.，2012；Martin et al.，2005；Ward et al.，2015）。除了健康行为的差距，在农村社区人们不进行体育活动的比率也很高（Parks et al.，2003；Wilcox et al.，2000；Eberhardt and Pamuk，2004；Martin et al.，2005）。在全国各地，大约有50%的美国成年人能做到所建议的每周 150 分钟的体育活动（Centers for Disease Control，2018），但这个比率在农村地区极低，其中人口不足一万的小型农村社区的比例最低（Parks et al.，2003；Fan et al.，2014）。

城市社区由于失业和许多中产阶级家庭的退出而变得经济萧条。这些社区基础设施损坏，住房不安全和不健康，缺乏重要的产品和服务，比如健康食品、安全的户外活动设施以及金融和健康服务。所有这些因素都会损害城市中心居民过上健康生活的能力（Pinard et al.，2016；Richardson et al.，2017；Nau et al.，2015）。

在全球范围内，最重要的健康问题（比如慢性疾病、交通伤害、传染病）与快速城市化和老龄化进程密切相关（Beaglehole et al.，2012；Thurlow et al.，2019）。到 2050 年，世界人口将达到 100 亿，其中有 75% 的人将生活在城市地区（United Nations Population Fund，2011），城市规划和设计已经成为世界各地的优先事项。然而，尽管高收入国家在 20 世纪上半叶已经经历了快速的城市化，但低收入和中等收入国家目前也在经历同样的过程（UNFPA，2011，2012）。低收入和中等收入国家可以借鉴快速城市化的早期经验，并有望避免与之相关的一些最严重的问题，如非正规住宅区和贫民窟的增长、所需基础设施和服务的缺乏以及城市人口与就业之间的不匹配。除了快速的城市化之外，社区由于人口流动而变得更加多元，这带来了更多的挑战和潜在机会。

高收入、中等收入和低收入国家的建筑环境虽然有相似的地方但也有很大差异。例如，最近对五大洲 10 个中等收入和高收入国家的 14 个城市进行的一项研究发现，居住密度、交叉路口密度、公共交通站点数量和步行距离内的公园数量与体育活动呈现出显著的、正向的、独立的、线性的相关关系（Sallis et al.，2016）。这些研究结果表明，无论经济发展水平如何，全球各地的城市都可以从改善公共交通和公共开放空间以及更大范围的连接中受益。然而，低收入和中等收入国家之间和内部也同样存在显著差异。例如，大多数中等收入国家的密度（如住宅、街道、人口）通常高于高收入国家（United Nations Department of Economic and Social Affairs, 2012），城市往往更加紧凑和偏向于单中心（monocentric），也就是说工作、文化机会和活动主要位于城市中心。此外，在低收入和中等收入国家，城市社区更多地依赖于非正式的交通服务（Gomez et al., 2015），这使他们面临更大的空气污染和交通事故风险（Gomez et al., 2015）。低收入国家的个人通常生活在城市化程度较低的地区，这些地区的就业和服务缺乏、卫生设施和住房不足。因此，低收入和中等收入国家之间及内部的环境差异给这些国家和社区带来了更大的社会不平等。

从这些例子可以清楚地看出，政府（过去和现在）在创造和潜在地解决贫困和不平等问题方面已经并将继续发挥重要作用。政府有责任提供基本公共产品，如教育、医疗保健、安全和基础建设，这些是能力实现的基础。政府政策可以促进所有社会群体的平等权利和机会，或者反过来，歧视特定的群体会损害他们的能力发展。当然，这些问题的根本原因并不仅仅与政府有关，私营部门、非营利组织和民间社会组织和社区在内的所有社会部门都必须参与扭转问题向消极方向发展的趋势，面向未来建设宜居生活。此外，国际社会有责任关注对当前局势造成重大影响的历史性不公正现象。像可持续发展目标①这样的努力反映了这样一种观点：各个国家必须采取集体行动来解决全球性问题。

上述分析说明，建设宜居生活需要解决几个相关的因素。让结构、政策和过程更具包容性以提供个人发展能力所需的自由和机会。在获得自由和足够能力的情况下，个人和社区能够参与生产性活动，这些活动是维持生计的基础，能够使人们摆脱贫困和远离不平等。有效的基础设施和服务为强大的生计提供了实现社区繁荣和宜居生活的基础。

---

① 这里是指联合国发布的全球可持续发展目标

第二节　解决问题：实现社区繁荣

通过制定政策、项目和方法来解决社区贫困和不平等的根源，并建立在社区的固有优势和抗逆力的基础上，这是将不健康社区转变为人们能够成功和宜居生活场所的途径。从我们之前对贫困和不平等的根本原因的讨论来看，这显然是一个多层次和多维度的挑战。在讨论潜在解决方案时，社会生态方法是有帮助的，因为它描述了个人特征、社会环境、社区和政策环境之间不同层次的影响和复杂的交互作用（Bronfenbrenner，1979）。为了有效地影响行为，这个方法的一个关键原则是干预措施应处理各个层面内部的变化以及各个层面之间的多层次互动。例如，在促进健康的体育活动方面，个人将散步作为休闲体育活动的自我动机可能会因为他人的社会支持而增强，但如果他所在的社区没有安全且维护良好的人行道，这种方法就不可行（Baker et al.，2011；Ding et al.，2012）。同样，儿童的学业也会因为他们的父母有富余的时间专注教育并支持他们，以及有机会进入有充足和公平的教育资金政策保证的高质量学校而更有可能获得成功（Muller，1993）。我们在下面的讨论中将会介绍一些有前景的策略和计划的范例，以此来说明在努力实现人人共享繁荣社区的期望时，社会工作领域可能考虑的方法类型。

当前在消除贫困和减少社会差距方面，最重要的全球性框架是可持续发展目标。可持续发展目标由联合国在 2016 年采用的 17 个目标组成框架，这些目标包括"消除贫困"、"消除饥饿"、"良好健康和福祉"和"优质教育"，所有这些目标都与基本需求或 Sen 提出的能力建设方法相一致。此外，还包括"减少不平等"、"可持续的城市和社区"、"和平、正义和强大的机构"等目标，以及实现所有目标所必需的终极目标——"为实现目标而形成合作伙伴关系"。每个目标都附有若干指标，但具体的战略、政策和计划由成员国在利益相关方、民众和权益相关者的广泛参与下制定。这种方法认识到：对于复杂的问题，并不存在一刀切的解决方法，在设计方案和政策时，必须考虑到当地的情况和多层次的干预，就像社会生态框架提到的那样。虽然可持续发展目标通常只针对低收入和中等收入国家，但我们认为这些目标适用于希望实现社区繁荣的世界各地，因此，我们提供了美国和其他国家的例子来说明这一点。

一　减轻贫困和能力发展

在过去的几十年里，许多有希望减少贫困的方法都得到了规模化的尝试。这些方法广泛适用于强调风险、权利和需求的社会保护框架（这种强调的程度根据具体情况和政策选择有所不同）（Barrient and Hulme, 2008）。这些策略跨越了社会生态框架的各个层面，通常侧重于通过政策来实现个人行为的改变，鼓励个人行为朝着被认为有利于人力资本和其他能力建设的方向发展。

例如，从风险角度看待社会保护可以认识到风险对人们战胜贫困能力的危害。风险管理和缓解方法重点关注在市场失灵时遭受的福利损失。然而，他们还关注"道德风险"问题，即提供过多的援助或社会保护可能会降低人们的自助动机并造成福利依赖。因此，他们把设计政策和方案的重点放在一定条件下提供高针对性的援助上。例如，有条件现金转移支付，即在家庭让孩子上学或带他们去做健康检查这类具体行动的条件下提供现金；新形式的小额保险和指数保险也属于这一类干预措施。这些政策和计划借鉴行为经济学有关激励影响人们选择的思想，强调了受益人在做出适当选择时的作用。

有条件现金转移支付背后的理论是投资人力资本的发展（即通过教育和健康），从而培养下一代人的能力，这将打破贫困的循环。在一些国家，随着服务需求的增加，提供充足和高质量的服务变得更加重要（Rawlingsand Rubio, 2005），因此这些计划还支持健康和教育服务的提供。包括随机对照试验在内的诸多严谨的研究发现，有相当多的证据表明有条件现金转移支付在促进家庭消费、提高受教育程度和改善儿童健康状况方面是成功的（Rawlingsand Rubio，2005）。然而，这些项目对减少代际贫困的影响仍然不确定，需要更多长期的后续研究来确定影响的显著性（Molina-Millan et al.，2016）。此外，这些项目中是否需要附加条件也受到了质疑，越来越多的证据表明无条件的现金转移支付在家庭层面同样可以有效促进消费、增加家庭储蓄和投资，并且不像有条件现金转移支付那样具有规定性和自上而下的要求（Hanlon et al.，2010；https：//www. hsnp. or. ke/index. php/our-work/measurement-evaluationn. d. ）。

用直接的现金转移支付来刺激消费在美国有着悠久的历史，从抚养未成年儿童家庭援助（Aid to Families with Dependent Children，AFDC）计划①到自 1996 年福利改革以来的贫困家庭临时救助（Temporary Assistance for Needy Families，TANF）计划②都属于此种方式。在过去，这些都是福利项目，如果一个人符合收入和其他资格标准就可以获得现金转移。而现在享有这种福利是短期的（即在大多数州一个人一生中只有五年使用这项福利的期限），并以接收者积极从事就业或就业相关活动（如工作培训）为条件。与有条件现金转移支付不同的是，当代的福利计划不解决具体的儿童健康和教育，因此似乎缺少代际人力资本发展目标的指引，而这一目标往往是有条件现金转移支付项目通常具备的（Vartanian and McNamara，2004）。

基于指数的农业保险（index-based agricultural insurance）是另一种降低风险的方法，这些系统将保险的支付与区域指数（如植被绿度或降雨量）挂钩，而不是与单个农场的绩效相关联。有了准确的指数，这些保险比传统的农作物保险更加简单和便宜，并且避免了受保人过度承担风险（Chantarat et al.，2013）。肯尼亚北部半干旱地区的基于市场保险的试点项目相对来说是成功的，尽管政府由于贫困家庭购买保险的能力有

---

① 20 世纪 60 年代初产生的 AFDC 计划强调维持家庭单元，以家庭为单位进行援助，如今已经扩大到对需要抚养子女的贫困家庭和失业者家庭。

② 1996 年福利改革后，TANF 取代未成年孩子家庭援助计划，是美国社会救助体系的核心与基础，旨在通过提高受助人的工作愿望和增加他们的个人责任减低他们对福利救济的依赖。

限决定补贴保险费以帮助更多的家庭。在 2016—2017 年该地区遭受干旱期间，保险计划为了保护牧民免受干旱造成的严重影响支付了大量款项（ILRI，2017）。这种通过社会保护降低风险的方法，目的就是使贫困家庭能够更好地保护和建立他们的收入和资产，它反过来又使这些家庭逐步摆脱贫困。

直接向贫困家庭提供生产性资产是另一种直接面对风险的脆弱性来支持家庭的方法。在中低收入国家的农村贫困家庭中，牲畜是一种重要的资产类别，它们以多种方式为家庭福祉做出贡献，特别是通过提供食品和经济利益。牛奶、肉和鱼这样的动物源性食物为幼儿发育提供了特别有益的关键微量营养元素（Iannotti and Lesorogol，2014）。山羊、绵羊、鸡和猪这样的小型牲畜是一种重要的价值储存方式，可以相对容易地转换成现金以满足教育或健康开销等紧急需求。此外，在很多社会里，小型牲畜由妇女照料，改善她们获得这些牲畜的机会可能会对她们在家庭中的相对地位产生积极影响。来自世界各地的一些项目都尝试了向家庭提供小型牲畜，迄今为止关于这些干预措施有效性的最严谨的证据来自一项六个国家的随机对照试验，该试验为我们提供了一系列干预措施，包括提供生产性资产（通常是牲畜）、培训、消费支持、家访辅导和鼓励储蓄。这项干预措施结束一年后，通过与对照组相比，我们发现干预措施对干预组的家庭消费、资产、收入、身心健康、政治参与、女性赋权都呈现积极影响（Banerjee et al.，2015）。更重要的是，该干预措施根据六个国家的具体情况进行了调整和适应，并且在早期结果表明干预措施具备扩大规模可能的情况下，致力于评估该方法的可扩大性和成本效益（Banerjee et al.，2015）。

在美国和其他一些国家，帮助家庭通过储蓄建立资产的计划（特别是低收入家庭）显示出它们在增加教育、住房所有权和商业储蓄方面的巨大潜力（见本书第六章）。此外，研究表明儿童储蓄账户对母亲的精神健康和儿童的社会情感发展都有积极影响（Beverly et al.，2016）。在一些低收入国家，类似的促进儿童储蓄账户方法的试验显示出年轻人为未来储蓄以及更广泛地与金融机构合作的潜力（YouthSave Initiative，2015）。所有这些促进储蓄和金融包容性的努力旨在通过建立金融资本来发展人的能力，这些资本可以进一步用于教育或商业发展等生产性用途。

最后，权利为本的视角将贫困视为对基本人权的侵犯。社会保护需要将权利扩大到所有人，除政治权利和公民权利外，还包括经济权利和社会权利（Barrientos and Hulme，2008）。权利也和关于需求、公共事业的概念有关——人们的权利通常与基本需求相联系，例如食物、医疗保健、住房和安全。。这个视角不太关心具体项目的设计和运作，而是致力于帮助人们认识到所有公民都应该得到公平对待，并有机会获得必要的资源。这一领域的项目以社会公正和平等为导向，它对不利于反贫困和社会保护计划的结构性条件和方式进行批判。它强调权利意味着减少贫困的努力应该更具包容性、自下而上、参与性，并为社区对结构性劣势和不平等进行挑战，并向国家或其他民间社会行动者呼吁他们的权利（Chambers，2017，Vermuelen，2005；Gaventa，2011）。近期一些相关的例子包括在社区学习法律权利以及如何维护权利的法律教育营（Upadhyay，2005），利用互动广播剧鼓励社区参与制订生物多样性行动计划（Apte，2005），或者通过让当地社区居民参与分析现行法律的实际执行情况参与到改进措施的制定中去，以改善伐木法规的执行情况（Kazoora et al.，2005）。在这些案例中，社区参与都是确定要解决的问题和做出决定的关键。促进组织建设可以助力于提供信息和参与方法，促使社区能够找到有可能提高他们生活条件的办法。

二　宜居城市设计：住房和建筑环境

旨在让城市能够实现社区繁荣的干预措施需要全面和多部门的方法。尽管低收入和中等收入国家面临着重大挑战，但仍有一些方案和政策在建筑环境和社会环境方面产生了积极的影响，包括体育活动水平（Sallis et al.，2016；Heath et al.，2012）、获取健康服务（Gomez et al.，2015；Diaz Del Castillo et al.，2011）和社会不平等（Reise et al.，2016；Lemoine et al.，

2016；Torres et al.，2013）等方面。这些干预措施涉及多个部门（例如城市规划、交通、教育、文化、休闲、环境可持续性、健康）并显示出可以扩大规模的潜力（Reise et al.，2016；Lemoine et al.，2016；Torres et al.，2013）。在过去 20 年中，在低收入和中等收入国家实施的多部门项目和政策的一些例子显示出在健康和社会方面取得的积极成果。例如，拉丁美洲几个城市实施的大范围快速交通系统减少了交通不公平现象，增加了公共服务（即医疗保健）和就业机会，并提高了体育活动水平（Gomez et al.，2015；Lemoine et al.，2016）。此外，基于社区的体育活动项目，如免费体育活动课程、重新设计和美化公共空间（如小公园和广场）以及体育活动设备的获取，这些都与体育活动水平的提高有关（Reise et al.，2010、2014；Simoes et al.，2017），这些措施通过动员有较高不运动风险的人群参与运动而减少了健康的不平等状况（Siqueira Reis et al.，2013）。此外，共享自行车（Becerra et al.，2013）和自行车推广计划（Sarmiento et al.，2010）在中低收入国家被广泛实施，尽管通常都实施于社会经济处于优势的地区（Sarmiento et al.，2016；Becerra et al.，2013；Sarmiento et al.，2010）。

城市基础设施的改善有可能提高城市居民的健康和福利，然而其中的一个关键问题是中产阶层化①。随着城市变得更加宜居和吸引人，它们吸引了像年轻人、积极进取的专业人士这样的新人口。促进健康的设计，如步行和交通导向的发展，已被确认为住房成本增加的关键预测因素，而住房成本的增加又可能取代原本可以从这些可持续投资中受益最大的低收入人群（Anguelovski，2015；Chapple，2009；Krause 和 Bitter，2012）。

为了实现发展的同时不需要做出重新安置，美国的几种策略已被证明是有效的。这些策略包括但不限于社区土地信托和包容性区划法规（Lu-

---

① Gentrification 中产阶层化是指一个旧区从原本聚集低收入人士，到重建后地价及租金上升，引来较高收入人士迁入，并取代原有低收入者的过程

bell，2016）。与前面提到的一些权利为本的方法类似，社区土地信托模式的假设是社区改善最有可能让那些在社区中拥有住房所有权的社区居民受益（Democracy Collaborative，n. d. ）。在社区土地信托中，一个非营利性社区组织保留土地所有权，但以较低的价格将建在该土地上的房屋出售给低收入或中等收入的人。如果房主决定出售房屋，则必须在社区组织确定的水平上保持可承受的价格。这一模式已经被有效地运用于：（1）帮助个人住房拥有者建立公平；（2）在一个原本可能已经中产阶层化的地区中维持长期的经济适用房存量。

还有一个有前景的无可替代的发展模式是包容性区划，它将重点放在租房者而不是购房者上（Jacobus，2015）。包容性区划法规要求房屋开发商为中低收入家庭预留一定比例的住房单元。不同城市的包容性区划法规的结构不同，它们可能是强制性的（要求所有住房开发商遵守），也可能是自愿的（与选择加入开发商的特殊激励措施相联系）。包容性区划法规已被证明是融合种族和阶级以稳定社区的积极预测指标（Kontakosta，2014）。

三 体育锻炼与健康饮食

在美国，社区设计和建筑环境的几个关键组成部分影响着日常饮食和健康饮食。饮食选择受到食品零售环境以及居民可获得的新鲜、健康、可负担食物的数量的影响（Al Hasan and Eberth，2016；Thompson et al.，2019）。此外，快餐店和便利店的普及会鼓励不健康饮食从而导致慢性病风险增加（Mezuket et al.，2016）。在全球范围内，农贸市场和社区花园等社区特色是食品环境的重要因素，具有促进健康饮食和福祉的潜力（Bowenet et al.，2015；Egli et al.，2016；Berezowitz et al.，2015；Vibert，2016）。改善营养行为的策略可以从环境和政策入手（Frieden et al.，2010；Glickman et al.，2012；McGuire，2012），而相关证据基础主要来源于郊区和城市环境的研究（Calancieet al.，2015）。有前景的方法包括让健康的食品更容易被获取以及价格更加实惠，减少公共场所不健康食品和饮料的供应（如学校、课外活动场所、儿童照护中心、社区娱乐设施），并且限制不健康食品和饮料的广告宣传。例如，学校可以通过实施政策来提高学校膳食的营养质量，并通过限制访问自动售货机来控制加糖饮料的销售（Khanet et al.，2009）。一项鉴定农村社区健康饮食干预措施的文献回顾发现，这些措施的主要目标是增加获得营养食品的机会和减少获得不健康食品选择的机会。然而，这可能需要针对农村地区特有问题进行调整，比如食物供应系统的长途运输，结合本地饮食文化量身打造食物供应，以及与当地社区合作（Calanci et al.，2015）。

在世界上许多地方，社区设计和建筑环境也与体育活动和久坐行为有关。社区的步行条件一直与体育活动水平密切相关（Bauman et al.，2012；Sallis et al.，2016）。社区内的交通选择也可以促进体育活动。目的地（如购物、工作、教育、娱乐）之间的相互联系与可用的交通方式相关联。如果可以选择，人们更倾向于使用非机动交通方式（Sallis et al.，2012）。如果有可用并在附近的娱乐设施，成人、青少年和儿童可能会更多地参与体育活动。越来越多的证据证明建筑环境（例如混合使用开发、公园的存在）在支持体育活动中的重要性（Frost et al.，2010；Bancroft et al.，2015；Smith et al.，2017），但类似的农村研究很少（Barnidge et al.，2013）。由于文化、人口密度、自然环境和其他环境因素的差异，我们目前尚不清楚针对城市地区的研究结果是否可以推广到农村社区（Barnidge et al.，2013；Cleland et al.，2015）。针对农村地区建筑环境影响的少量研究表明，安全性、美观性以及公园、步行道和娱乐中心的存在与农村居民的体育活动呈正相关关系（Frost et al.，2010）。增加体育活动最常用的策略是包括改善能够支持步行的基础设施、增加业余体育活动的机会、增加体育课以外的活动机会（Umstattd et al.，2016）。然而，研究表明在农村和城市环境中旨在通过改变环境来改善营养和体育活动的干预措施，如果不能嵌套在解决健康饮食和活动的多层次干预中，可能并不足以改变行为（Glickman et al.，2012）。

第三节　结语

促进社区的繁荣发展是实现全民宜居生活的关键，社会工作在其中发挥着至关重要的作用。要实现这些目标就必须采取多层次和多维度的方法，认识到贫困、不平等和结构性劣势等问题的复杂性。社会生态学方法有助于思考个人行为如何受到家庭、社区、地区、国家和国际背景的影响，仅仅考虑针对个人的干预措施而不考虑这些更广泛的层面是不够的。最近许多关于健康饮食、建筑环境和减少贫困的方法都意识到了这些联系并且努力设计了能够在多个层面发挥作用的政策和计划。但是，知识领域中仍然存在巨大鸿沟，我们需要进一步研究和测试有前景的政策和干预措施。有诸多创新性的方法已经被开发和利用，这些方法将贫困社区的成员包含在发展的行动中，但是还需要通过更多的努力来确保这些参与性方法的传播和质量。公平和社会正义的价值观是社会工作和实现宜居生活目标的基础，并且是本章讨论的许多策略的基础。在此基础上，社会工作者非常适合与世界各地的人进行合作，共同建立健康的且多样化的社区，在这样的社区当中，每个人都能获得成功。

我们对有前景的方法和计划的回顾强调了社区在实现宜居生活中的关键作用。社区作为思想、资源和社会支持的来源，对于改善各类个体发展所需的机会、行为和能力至关重要。对于处于结构性劣势的人来说，社区层面上采取积极主动的方法尤为重要，因为这是政策转化为项目从而创造机会的地方。善意的政策与其转化为有效可行的项目之间往往存在差距。此外，实施社会项目的组织可以从社区层面获得关于其干预措施的有效性及其更广泛影响的反馈。因此，社区形成了一个将个人和发展他们能力的机会联系在一起的关键节点，各种组织可以在这里发现弱势人群的需求并提供服务。

社会工作历来注重在社区层面开展工作，这一点通过人们认识到个人的生活会随着社区条件的改善而提高得到证实。也就是说，当人们生活在提倡健康生活方式、多元化和机会丰富的地方时，他们更有可能做出能够提升生活机会的选择。许多社会工作者作为社区组织者，经营非营利性的社会服务机构或从事权利为本的工作。在低收入和中等收入国家，社会工作专业与社区发展工作的关系比在个人层面干预更为密切（这在高收入国家已司空见惯）。认识到社区在通过提高能力和在可持续发展目标框架内实现宜居生活方面的重要作用，社会工作者能够提供创造性的解决方案，在设计、实施和评估政策和项目的过程中考虑当地环境、历史因素和社会生态框架多个层次，为所有人提供创造繁荣社区和宜居城市的机会。社会工作者也有助于分享经验和创新实践以及全球经验。社会工作教育有责任让学生掌握跨地区、国家、经济水平和文化差异的相关技能、知识和经验。在与社区合作时采用全球视角和社会工作工具，社会工作者可以在加速实现全民宜居生活的进程中发挥重要作用。

第 十 章

实现环境正义

Lisa Reyes Mason

埃伦住在蒙哥马利村，这个村庄是田纳西州诺克斯维尔的一个公共住房社区（文中的姓名均为化名）。在当地，蒙哥马利村因其高贫困率和高犯罪率而远近闻名。租户协会每月举行一次会议，但其成员很少。当地的"男孩女孩俱乐部"为年轻人提供活动，但出席人数是不确定的，家长参与度较低。当埃伦和我谈论在这里的生活质量时，她还描述了附近的企业：

> 这里的垃圾场把我恶心死了……他们烧东西什么的……有时候这里真的很糟糕，快把我闷死了。我有时候根本不能出门，在屋里我也能闻到那股味儿。

安吉拉来自碧瑶市，碧瑶市是菲律宾北部一个拥有 35 万人口的城市。当地公用事业公司的水每周三天通过管道输送到她家里，每天大约可以用 4 个小时。和担任家庭"用水管理者"的许多其他妇女一样，安吉拉担心自己是否有足够的水来满足家人做饭、饮水、洗澡和打扫卫生的需要，她总是想着如何储存和节约水。她说："我们节约用水……因为如果不这样做，第二天该怎么办呢？……因为如果（水）是星期一晚上来，那么星期二就没有水了。"有些家庭有足够的钱购买额外的水储备，而许多在非正规经济部门工作并依赖微薄预算生活的人并没有这样的能力。

空气污染和水资源不安全只是环境风险的两个例子，它们对某些群体的影响比其他群体更大。这些问题以及环境、社会和不平等之间的许多其他问题都是环境非正义的例子，如果我们要确保所有人都能过上宜居生活，就必须解决这些问题。

本章概述了环境正义的起源和发展以及它如何与社会工作产生共鸣。空气污染、水资源安全以及气候变化都是环境正义的例子。最后，本部分将回顾致力于实现环境正义的社会工作议程，该议程倡议通过进行有意义的研究、培训社会工作者和影响政策变化来推动环境正义。

第一节　环境正义的起源与发展

1982 年，北卡罗来纳州的沃伦县爆发了抗议活动。美国环境保护局批准了当地一个新的容纳有毒废品垃圾场的许可证，然而由于沃伦县的居民主要是非裔美国人，因此抗议居民谴责这一决定是具有歧视性的。抗议活动中数百名抗议者被捕。最终，垃圾场工作继续进行，但环境正义这一新术语随着沃伦县这一类行动主义的出现而开始形成（Agyeman et al.，2016；McGurty，1997）。

一　早期努力

在沃伦县抗议活动之前的二十几年里，美国公众对环境的关注度一直在增加（McGurty，1997）。20 世纪 60 年代，Rachel Carson 的《寂静的春天》（Silient Spring）一书出版、洛杉矶频繁的烟雾警报以及克利夫兰等城市的水污染都为"清洁空气法案"、"清洁水法案"和"国家环境保护法"等重大环境立法的出台奠定了基础。然而，这些努力在很大程度上忽视了环境危害对少数族裔的不平等和不均衡的影响，随着沃伦县的抗议活动爆发，环境种族主义引起了全国的关注（McGurty，1997）。

1983 年美国总审计署的一项研究发现，美国南部非裔美国人居多的社区中危险废品处理场的比例过高。1987 年，基督教联合教会种族公正委员会的一项具有开创意义的研究得出了类似的结论（Agyeman et al.，2016）。作为此类环境种族主义的解决方案，Robert Bullard 将环境正义描述为对这一原则的追求："所有人和社区都有平等的权利受到环境和公共卫生法律法规的保护。"（Mohai，Pellow and Roberts，2009：407）环境正义在初期重点关注污染的不均等分布和影响，在之后的十年里，环境正义已经逐渐发展成了一种草根运动和学术研究的一个领域（Mohai，Pellow and Roberts，2009）。

二　概念扩展

环境正义运动的早期重点是种族和污染，特别是危险废品，它在接下来的三十年中扩大到一系列主题和人群。这在一定程度上是由于"环境"概念的扩大，"环境"不仅指自然环境，还包括我们的生活、工作和娱乐的场所，这个扩展后的概念与社会工作"环境中的个人"的整体视角产生了共鸣。这种演变也源于其他许多国家对环境正义全球化的努力，包括解决砍伐森林、自然资源开采、能源生产和原住民权利等问题（Agyemanet et al.，2016；Schlosberg and Collins，2014）。

如今，环境正义既广泛存在于该术语所涉及的各种问题中，也深植于追求环境正义的各种情境中。根据美国环境保护局的定义，这一概念既包括受到公正平等的保护从而远离危害，也包含参与环境决策。

环境正义是无论种族、肤色、国家或收入情形如何，所有人在环境法律、法规和政策的制定、实施和执行方面都能被公平地对待，并且能够有意义地参与其中。当每个人都能享有以下两项权利时，这些目标就会实现：

· 免于遭受有害环境和健康危害

· 在追求生活、学习和工作的健康环境中，平等地享有参与决策过程

的权利。(U. S. Enviromental Protection Agency，2019)

　　Pawl Hawken（2007）在其著作《看不见的力量》（Blessed Unrest）中描述了为解决环境与社会正义之间的关系而进行的全球性努力。尽管不可能将环境正义运动定义为有一个领导人，一种意识形态或结构的单一"运动"，但这项运动解决了无数的环境危害和风险，这些危害和风险威胁着世界各地社区居民的福祉和基本人权。在对致力于解决这些问题的组织（通常规模较小和基于社区）的数量进行粗略估算后，Hawken 发现有超过100 万人关注"生态可持续性和社会正义"的问题。我们面临的问题多种多样，其中有尼日利亚土著群体面临着由于生产石油和天然气造成的尼日尔河三角洲污染，还有洪都拉斯人抗议在有争议的土地上开发豪华度假村，以及意大利"慢食运动（slow food）"的产生被认为是向规模农业综合企业和环境恶化提出了挑战。

　　随着这些努力在全球范围内的扩大，除了种族以外，对性别、年龄和收入等不同类型的社会不平等的重视也随之增加。例如，玻利维亚市区的一项研究发现 19% 的妇女因缺水而失去收入，而男子的这一比例为 2%（Wutich，2009）；加纳农村的另一项研究发现干旱时期妇女的工作量增加了 33%，而男子的工作量减少了 50%（Arkuand and Arku，2010）；儿童和老年人都会经历环境风险对身体健康造成的负面影响，因为儿童的免疫和生理系统尚在发育中，而老年人则更容易患慢性病或感染疾病（Anderson，Thundiyil and Stolbach，2012）。在 1995 年伊利诺伊州芝加哥市的热浪中，许多觉得外出避暑不安全的低收入老年人反而在独居的公寓里死去（Klineberg，2002）。如最后一个例子所示，交叉性不平等也成为理解环境非正义的关键。

第二节　与社会工作的共鸣

　　在社会工作领域，环境正义问题已经出现了几十年，并伴随产生了环境社会工作、绿色社会工作和生态社会工作等多种名称。自 20 世纪 70 年代以来，这一领域的"社会工作先驱"呼吁社会工作专业参与环境问题，应对环境危机，并扩展"环境中的个人"这一专业的标志性视角，将自然环境纳入这个视角内并将其作为我们了解人们生活的重要背景（Coatesand Gray，2012）。

在全球范围内，社会工作专业都以正式声明和专业政策作为回应。在美国，社会工作教育委员会（CSWE）将环境正义纳入其本科和硕士教育的核心能力体系，并提出以下定义：

> 当所有人都平等地享受高水平的环境保护，没有任何群体或社区被排除在环境政策决策过程之外并且不受环境危害不均衡的影响时，环境正义才能真正实现。环境正义主张所有物种的生态统一性和相互依赖性，维护文化和生物多样性以及免受环境危害的权利。这包括负责任地利用土地、水、空气和食物等生态资源（2015：20）。

英国和澳大利亚扩大了他们的伦理准则以解决自然环境问题。国际社会工作者联合会（International Federation of Social Workers）就环境、全球化和土著居民的权利关系发表了声明（Mason et al.，2017）。在美国，"对不断变化的环境建立社会回应"是美国社会工作和社会福利学会（American Academy of Social Work and Social Welfare）提出的十二项挑战之一。

从根本上讲，我们社会工作专业帮助人们解决社会问题、获得资源和机会，并且让人们过上健康和富有成效的生活。为了过上能够充分发挥其能力和潜力的宜居生活，人们必须有机会获得健康和支持性的环境——例如家庭、学校、工作和社区。随着社会工作参与环境正义的呼声越来越高，我们对"环境"的专业理解也包括建筑环境和自然环境。在公共住房领域的社会工作者在日常工作中目睹了铅暴露和室内空气污染如何影响儿童早期发育。在社区办公室，社会工作者看到了酷热或严寒的恶劣天气对人们支付账单能力的影响，因为人们为了能够健康安全地待在家里不得支付不断上涨的电气费用。

环境问题给人们带来了多方面和交叉性后果的社会问题。身心健康、社会支持、金融安全以及获得食物、水和清洁空气的基本途径都受到环境问题的影响，因此，当问题的存在是不公正的时候，社会工作必须关注那些遭受更多不公平或不平等伤害的群体并做出回应。作为一个致力于增进福祉和提高生活质量，重点关注弱势或处于边缘化群体的专业，我们有义务解决环境非正义问题，从而实现我们社会公正和全民宜居生活的远大愿景。

第三节　理解环境非正义

在本节中，我们将介绍三个有关环境非正义的例子——室外空气污染、家庭用水不安全和气候变化。我们会讨论每一个问题的范围和影响，以及这些问题产生的根本原因。在这些例子中，社会脆弱性和结构性不平等贯穿始终。正如 Jesse Ribot 曾写到的，"脆弱性并非凭空产生"（2010：47）。换句话说，尽管环境危害或风险有时被认为是"自然的"并"可能发生在任何地方"，但谁最容易以及为什么受到这种危害的往往可以追溯到社会、经济和政治不平等这类本质问题上。

一　室外空气污染

（一）范围和影响

世界卫生组织（WHO）将空气污染称为"健康的最大环境风险"（2016：11）。全球范围内，尤其是室外（周围环境）空气污染每年造成大约 300 万至 500 万人死亡。在美国，依据《国家环境空气质量标准》监测到的六种主要污染物是一氧化碳、铅、氧化氮、臭氧、二氧化硫和颗粒物（如 PM2.5 和 PM10）。暴露在这些污染物中与较高的呼吸系统癌症、心血管疾病、哮喘和出生体重过低相关（Anderson，Thundiyil and Stolbach，

2012；Enders et al.，2019）。儿童、老年人和本身有健康问题的人更容易受到室外空气污染的影响（Anderson，Thundiyil and Stolbach，2012）。在可以获得空气质量数据和警报的地方，这些群体经常收到在空气质量差的日子限制到户外活动的警告。

城市化、工业化和人口增长是美国和全球室外空气污染的主要原因，工业进程和车辆排放是污染物的两个主要来源（Kumar et al.，2015）。虽然非洲、亚洲和中东的中低收入国家的室外空气污染往往比其他国家更严重（世界卫生组织，2016），但迄今为止，有很多研究表明，人们在美国等高收入国家里面也发现了暴露于室外空气污染的社会经济差异。

事实上，许多美国的研究发现，少数族裔和经济地位较低的人往往更容易接触颗粒物和其他室外空气污染物。2019 年一项比较空气污染的产生以及遭受污染方面种族差异的研究（Tessum et al.，2019）发现，美国非拉丁裔白人承受的空气污染比他们实际产生（通过消费商品和服务）的空气污染少 17%，而美国黑人遭受的空气污染比他们产生的多 56%。另一项 2019 年的研究（Enders et al.，2019）关注生命早期空气污染对在足月出生（至少怀孕 37 周）的婴儿体重过低的影响，研究发现母亲是黑人或父亲未受过高等教育的婴儿是高风险群体。

（二）根本原因

室外空气污染没有边界，在一个区域内产生的污染物可能会扩散到另一个区域。但是在污染产生的地方和直接暴露可能性较大的地方观察到的差异导致环境正义的相关文献提出了"先有人还是先有污染"的问题。正如 Paul Mohai 和 Robin Saha 总结了这场争论——工业空气污染的根本原因是"不对称选址"还是"选址后的人口变化"（2015：2）？虽然对空气污染的动态研究很少能有效地回答这一问题，但根据当地环境和历史情况的不同，两种观点都有各自的证据。无论是哪种情况，巨大的结构性力量和不平等都在发挥作用。为了确保人人享有安全的空气质量，我们必须向这种结构性的不平等提出挑战。

在不对称选址方面，污染企业的选址是基于经济因素（例如，低收入社区中较低的房租和劳动力成本)、社会政治因素(例如,工业界认为低收入和少数族裔群体的人政治联系较低,因此阻力最小)以及种族因素(例如,公开或无意的种族主义,无意的种族主义往往来源于更广泛的种族主义政策背景例如"红线政策")使得少数族裔住房所有者集中在房地产价值较低的地区(Mohaaiand Sana,2015)。①

在选址后的人口变化方面,在特定区域设立污染企业的决定会导致一些群体迁出该区域,从而导致低收入群体或少数族裔集中"留守"(Mohaia and Sana,2015)。从经济上来看,富裕家庭可以很容易地迁移到更健康的社区。在社会政治上,随着富裕家庭的迁离,那些在政治上已经处于边缘地位的不富裕家庭会经历一个既无法实现变革也无法阻止情况进一步恶化的"恶性循环"。就种族歧视而言,即使是黑人或拉丁裔来自当地富裕家庭,具有历史性影响的"红线政策"和目前住房市场上的歧视也可能会阻碍他们重新安置的能力。

在对田纳西州诺克斯维尔的研究中,我们发现一个混合收入社区的居民对附近一家长期存在并产生污染的工厂表示担忧(Mason,Ellis and Hathaway,2017)。然而,与此同时,我们必须认识到社会和经济动态加剧了这一问题;近年来,社区中涌入大量拉丁移民,他们在政治上可能无力倡导变革。此外,附近的工厂也被乐观地视为社区的投资者,它们雇用当地居民,为当地小学的孩子提供背包和节日礼物。一位居民的评论反映了这种紧张情绪:

> 我绝对不是反对工业,但我们确实发现……空气中每隔一段时间

---

① 罗斯福新政时期,联邦政府成立了一家"房主贷款公司",为城市居民提供房屋的抵押贷款。该公司推出了"红线政策"[redlining]。该政策是一套分级系统,把城市的社区分成四类,并在地图上通过不同的颜色来标注,然后根据分类不同采取不同的房贷政策,类型越差房贷利率越高,甚至不发放房贷。标上红线的区域超过三分之二的社区主要由少数族裔构成,这些居民很难或者需要极高成本才能获得贷款。这就导致了本就处于贫困中的少数族裔更难获得房产,因而这是一项很明显的种族歧视政策,但直到1968年4月10日美国总统约翰逊才签署了"公平住房法","红线政策"才被废除,但红线政策造成的种族隔离的影响存在至今。

会有一些异味，因为这样，偶尔也会有人担心空气中的铅含量。但这是有监控的，并且他们从来没有超过危险水平，他们只是升到足够高以引起警戒的水平。所以，的确，这是不好的一面。但同时，我在社区里绝对不是反工业的。

要充分了解这种在社区中的室外空气污染，对原因和环境非正义的分析必须高度本地化、情境化，并包含多重多样化甚至相互冲突的经验和观点（如，Driver et al.，2019）。

二　家庭用水不安全

（一）范围和影响

水是生存的基础，也被公认为是一项人权。我们需要干净、负担得起的和可靠的水资源以满足我们饮用、准备食物和个人卫生的最基本需要来保持良好的健康状态。如今，约有 20 亿人生活在水资源紧张的国家，约占世界人口 30% 的人无法获得安全的饮用水（联合国教科文组织 UNESCO，2019）。季节性缺水也是一个令人日益担忧的问题，预计到 2050 年，每年将至少有 13 亿人面临这一问题（McDonald et al.，2011）。

同时，在一些全球或国家报告中，我们看到了在确保水资源作为一项基本权利方面取得的进展（UNICEF and WHO，2012）。例如，在 2010 年，扩大用水改善的途径（例如，通过管道向家庭输送水、公共水龙头、受保护的水井、受保护的泉水或雨水）的千年发展目标提前实现。但这样的全球或国家报告往往忽略或低估了实际生活中水资源不安全的情况（Bradley and Bartram，2013）。尽管改善的水源的确可以给家庭提供安全的水，但这些水仍然可能存在分配不均、供应不规律、不干净或获取成本高的问题。正如 Wendy Jepson 和他的同事在一篇文献综述中所讨论的，如果我们要更好地理解和解决家庭层面的实际用水不安全问题，我们就必须使用一个更全面的有关水资源安全的概念，并对该概念进行操作化。在这个概念中，水资源安全必须从多个层面来定义，即"有能力获得能够促进福祉和健康生活的负担得起的、充足的、可靠的和安全的饮用水并从中受益"（Jepson et al.，2017：3）。

家庭或社区层面的研究，可以更近距离地关注水资源安全。尤其是那些关注公平、差异或正义的研究，已经发现了一些最容易受到水资源不安全危害或影响的群体。例如，在许多中低收入国家，水资源收集责任以及水资源优先使用权的规范往往存在着不利于女性的性别差异。因此，与男性相比，女性要承受更多的水资源不安全造成的负担或影响（UNESCO，2019）。

在低收入国家中的许多城市和城郊地区，水资源安全与收入密切相关。在家中可以使用自来水的富裕家庭通常比没有自来水的低收入家庭支付的水费要低得多，低收入家庭往往从售货亭、送货卡车或私人市场，以及其他水贩处购买干净的水。在马拉维首都利隆圭进行的一项研究（Adams，2018）显示，非正规城市居住区或"贫民窟"居民支付的每单位水费用是城市高收入居民的 2 倍。在对菲律宾碧瑶市社区的研究（Mason，2014）中，17% 的家庭将 10% 以上的月收入花在购买水资源上，这远远高于联合国提出的一项建议，即考虑到可负担的程度，家庭收入用于支付水费的比例不应超过 3%。

多维度的家庭用水不安全也是高收入国家或发达国家的一个问题。密歇根州弗林特市的水危机及其对儿童铅暴露和健康的影响表明，在美国获得安全用水的机会极其不公平。弗林特作为一个具有高贫困率和大量非裔美国居民的城市，将城市的水源从休伦湖调到弗林特河会迅速导致糟糕的后果。正如 Amy Krings 和她的合著者提到的，"居民们很快就注意到他们水龙头里流出了变色和恶臭的液体，皮疹、脱发和呼吸系统疾病的报告很快就接踵而至，然后儿童的血铅水平飙升"（2018：2）。尽管居民们多次抱怨，该市还是花了 18 个月才将水源调回休伦湖，但尽管如此，许多居民仍然被腐蚀的管道困扰，并且持续担忧铅暴露对他们的孩子和自身造成的健康影响。

（二）根本原因

人口增长、城市化和消费模式导致全球用水持续增加。自 1980 年以来，全球用水需求每年增长约 1%（UNESCO，2019）。与此同时，气候变化造成世界许多地区供水减少或不规律供水，正如我们在下一节将要论述的，气候变化本身就是一个充满环境正义的问题。

虽然在大多数美国家庭中，获得充足且负担得起的水资源十分简单，只需要打开家里的水龙头。但在世界上许多其他国家，由于与治理和资源不平等相关的根本原因，这种用水方式是不存在的、不规律的或者无法负担的（Bradley and Bartram，2013；Mason，2015）。随着许多城市的快速发展，农村人口为了获得工作不断迁移到城市中，政府历来将投资于水资源基础设施建设视为一种解决办法，然而这种投资和由政府或准政府机构提供的供水服务往往（至少在初始阶段）忽视收入最低的人群，因此也就忽视了政治方面权力最小的人群（Bradley and Bartram，2013）。

此外，对基础设施建设进行投资的缺乏，和家庭获得资源机会的不平等结合起来，使问题变得更加复杂。这些资源原本可以帮助人们通过其他方式获得安全的水资源，例如在当前许多国家普遍存在的私人水资源市场。将资产或资本框架应用于家庭用水安全可以揭示出社会、金融和物质资源的严重不平等如何加剧了一些家庭的用水不安全。例如，在 Baguio city（Mason，2014）的研究发现，一个家庭以 50 加仑的桶或大容量水箱的形式储存水是用水安全的一个重要预测因素。对于较富裕的家庭来说，购买此类储水工具相对容易，但对于那些低收入家庭，购买这样的工具可能需要几个月甚至一年的专门储蓄，而他们本来就不太可能有钱去储蓄。

与此同时，美国水资源不平等的根本原因也与投资不足或不公平的做法有关，这些方式使特定群体边缘化（Jepson and Vandewalle，2016）。例如，Appalachia 农村地区仍然缺乏关键的水资源基础设施，一部分原因是现存治理方式选择不投资于建设困难和偏远地区供水管道这种昂贵的办法，另一部分原因是长期的深度贫困，一些家庭无法在自己的家中安装现代管道（Arcipowski et al.，2017）。在一些农村或其他边缘化社区，违反安全饮用水法规的情况时有发生，但几乎没有强制执行的法规来保护所有人。受影响的群体包括农村居民、美洲印第安人群体以及美国和墨西哥边境线上的社区居民（Jepson and Vandewalle，2016）。在密歇根州弗林特市，有证据表明在居民与科学家、医学专家和媒体建立广泛的合作关系之前，当地政府在很大程度上忽视了居民对水质的关切。这件事情被广泛视为另一个因经济和种族歧视而被政治边缘化的例子，因为受影响居民主要是低收入群体或者非裔美国人（Krings，Kornberg and Lane，2018）。

三 气候变化

（一）范围和影响

气候变化常常被描述为我们这个时代最为紧迫的环境和公共健康威胁，而且有可能威胁人类生存。19 世纪以来，全球平均表面温度上升了大约 0.85℃（Intergovernmental Panel on Climate Change，2014b）。如果不在减缓气候变化方面采取重大全球行动（即减少温室气体排放），预计最快到 2030 年最晚到 2050 年，这一增幅将至少达到 1.5℃（Intergovernmental Panel on Climate Change，2018）。为防止超过这一临界值，全球温室气体到 2030 年的排放量需要比 2010 年降低 45%，到 2050 年的排放量需要比 2010 年降低 100%（Intergovernmental Panel on Climate Change，2018）。

气候变化对环境的影响包括海平面上升、洪水、干旱、陆地覆盖面变化、物种迁移和极端天气，这些影响在世界各地都有很大的差异（Intergovernmental Panel on Climate Change，2014a）。在撒哈拉以南的非洲地区，气温预计将比世界其他地区增长得更快；在亚洲的许多地区，随着季风季节加剧，极端降雨天气可能会增加；澳大利亚已经经历了前所未有的干旱和缺水；在北美和欧洲，影响数百万人的极端温度和沿海洪灾令人担忧；在许多中美洲和南美洲国家，旱季降水量极少而雨季降水量巨大成为问题。更严重的是，包括以上案例在内的气候变化对环境的影响，与许多相关的环境正义问题交织在一起，会扩大后者的消极影响。这种联系涉及很多方面，包括室外空气污染、家庭用水不安全、食物生产和安全、公共或部落土地流失、维持生计等。

气候变化对人类的负面影响已经在世界各地的社区中逐渐展现，并且这种影响通常是不公平的，社会中最脆弱或被边缘化的群体往往受到的影响最大或没有能力"重新振作"和恢复（Mason and Rigg，2019）。例如，在美国路易斯安那州的沿海地区，侯马部落联合会的成员（United Houma tribal members）正面临着因为气候变化导致海平面上升而失去祖辈生活的土地而被迫迁移的困境（Billiot and Parfait，2019）；在菲律宾，自然灾害多发地区的飓风频率和强度已经在不断增加，2013 年的台风"海燕"造成 6000 人死亡，数百万本已陷入贫穷的菲律宾人失去了家园、基本用水以及卫生设施或生计；在喀麦隆沿海地区，男女在就业、收入和获得信贷方面的差异使女性户主家庭无法在恶劣的天气中保护自己的家庭（Molua，2009）；在牙买加，农村用水安全同时受到气候变化和政府政策的威胁，政府政策往往优先考虑旅游经济行业的用水需求（Hayward and Joseph，2018）；在巴巴多斯，一种被认为是随着海水温度升高而不断增加的海藻类入侵物种破坏了许多人赖以生存的本地渔业（Hayward and Joseph，2018）。

气候变化对人类的影响涉及身体健康、精神健康、金融安全和社会联系之间的相互交叉。我们使用混合方法的研究（Mason，Ellis and Hathaway，2017；Mason et al.，2018）证明了这一点。我们研究了田纳西州诺克斯维尔的人们在极端天气中的经历，这里的极端天气是指夏季酷热和冬季严寒，两者都将随着气候变化而增加。一位在混合收入社区的居民描述了她的邻居中有多少人在为支付电气费账单而挣扎，尽管他们需要或想要使用空调或暖气，但有时甚至不得不放弃使用：

> 有几个人……在这个社区里，因为他们日子很困难，所以他们给自己限定（使用能源）数量。因为……他们的收入是固定的……而且很多人都属于"我已经受够了我无法获得帮助的日子，我的需求远远得不到满足"。

她还特别关注她所在社区的老年人，他们可能会因为难以支付水电费而危及健康。与此同时，其他居民还描述了冬季极端情况下的社会隔离会如何影响他们的精神健康，比如说不得不待在家里的抑郁情绪。事实上，我们在对诺克斯维尔低收入和中等收入家庭的调查中发现至少三分之二的参与者报告说极端天气对他们的身体健康造成了某种影响，超过一半的人报告了精神健康方面的影响，超过三分之二的人报告了金融方面的影响。

（二）根本原因

气候变化是由人类活动引起的，即释放到大气中的温室气体对我们的地球产生了"地毯式"的影响。在全球范围内，在对气候变化影响最大的国家（高收入国家为主）、受影响最大的以及最没有能力迅速恢复或者根本无法恢复的国家（低收入和中收入国家）之间存在着巨大的不公平现象（Mason and Rigg，2019）。通过《联合国气候变化框架公约》等国际努力，全球都在积极讨论试图解决问题的办法，如果不采取补救措施，这种差距将会通过让排放更多温室气体的国家资助排放量低的国家的努力来弥补（Intergovernmental Panel on Climate Change，2014b）。

与此同时，在国家、地区和社区内，在已经受到和即将受到气候变化影响的人群之间存在着巨大的不平等。"脆弱性"概念经常被用来分析这些不平等，这一概念通常包括以下三项内容（Adger，2006；Gallopin，2006）：

1. 暴露度：系统直接接触危害的程度和持续时间，
2. 敏感性：接触危害后，系统的变化程度，以及
3. 适应能力：系统吸收变化或从变化中恢复的能力。

对于每一个部分，我们都可以考虑结构体系是如何造成潜在的不平等。尽管暴露于某些危险（如地震，与气候变化无关）可能是无法选择的，但在其他情况下，更多的暴露是由遗留下来的种族或经济歧视造成的。例如，美国东南部的非裔美国人社区往往在内战后沦为沼泽地，因此至今仍然比其他社区受到更大的洪水影响（例如，Morse，2008）。敏感性通常用于理解某些

群体比其他群体受到更大程度的影响，可能是生物方面的原因（例如儿童或老年人固有的疾病易感性）或文化方面的原因（例如可能不利于女性的性别角色和责任）。与此同时，适应能力通常可以从资产或资本框架中理解。如前所述，适应能力象征着在一个系统或社会中能够更多或更快地获得从气候变化对人类的影响中恢复过来所需的资源。这样的例子很多，尤其对于那些有特权的人，他们收入较高、能够获得信贷，拥有更多的社会和政治资本，从而能够倡导对他们的社区或家庭进行投资。

随着人们意识到气候变化是一个环境正义问题，越来越多人将其称为"气候正义"（例如，Schlosberg and Collins，2014），但是我们必须明白气候变化本身并不是造成不平等的根本原因。相反，它可以并且应该被视为潜在的具有破坏性的威胁加速器，因为它加剧了社会中根深蒂固的不平等现象。一位气候变化社会工作学者 Margaret Alston 写道：

> 那些最脆弱并且因此受影响最大的人往往生活在贫困和不稳定的生活条件之中，他们的生计选择有限、存在食品和水安全问题、服务和支持不足以及政治权力水平低下。暗示气候变化导致这些问题可能是政治上的权宜之计，但实际上这种观点上是不正确的。气候变化给全世界弱势群体增加了一个重大的、有时是难以承受的额外负担。（2015：356）

第四节　社会工作议程

作为社会工作者，一旦我们呼吁人们关注一个极不公平的问题并试图理解它时，我们也必须努力尝试去解决它。就我们的专业而言，实现环境正义的三个途径分别是：开展有意义的研究、培训社会工作者和影响政策的变革。

一　开展有意义的研究

作为一个以证据为本的专业，实证研究是成功干预的基础。一项范围综述研究（Mason et al.，2017）和一项科学计量分析（Krings et al.，2018）都发现有关社会与环境关系问题的专业研究正在增加，尽管未必会超过其他关键领域的社会工作研究，但是将环境问题作为社会问题的研究一直在增长，并且引发了人们对社会经济差异的关注。与此同时，这些研究：（1）很少注重对目前观察到的差异的深层原因进行深入分析；（2）主要在美国、加拿大或部分亚洲国家开展；（3）目前对实务有指导意义的实证研究较少。值得关注的例外是社会工作对自然灾害的回应及灾后恢复的研究。范围综述研究（Mason et al.，2017）建议丰富新研究的地点和时间（不仅仅是事后或灾后研究，也不仅仅是跨部门研究），而是了解根本原因，使用更严格的研究方法，提出问题和设计研究，以便为证据为本的干预提供依据。

为了在这一领域进行能够应用并影响环境正义的有意义的研究，开展社区参与和本土化的研究是关键，这也是社会工作研究优于很多其他学科研究的一种方式。正如先前提到的室外空气污染、家庭用水不安全和气候变化的例子所示，环境正义问题深深扎根于更广泛的结构性力量和当地的社会、经济、政治和环境条件中。问题发生的背景对于理解环境正义问题并进而解决该问题至关重要。在过去几年里，美国环境保护局和国立卫生研究院都投资了社区为本的参与研究项目（CBPR），或者其他形式的大学—社区合作，以解决环境卫生和环境正义问题。社会工作研究应当关注这些资助机制，开展动态的和与社区合作的研究以了解和解决当地的环境正义问题，然后更广泛地传播研究的发现（不仅仅通过学术渠道），以便将地方研究成果转化到更广泛的公共和政策领域中去。

有关环境正义的社会工作研究的另一个方向是致力于与其他学科协作的跨学科研究。在这些问题上可合作的学科种类繁多，包括工程学、气候学、地理学、公共卫生、护理学、心理学、哲学、营养学、农业学等。此外，社会工作的团队建设、合作、系统思考和冲突解决等技能，以及我们所持有的重视社会公正、人的尊严和价值以及人际关系的职业价值观都是跨学科团队成功的关键。由于社会工作学术研究在这些学科中仍然鲜为人知，跨学科科学也提供了进一步提升专业水平的机会。

这类研究的例子会是什么样的？Felicia Mitchell 与美国印第安部落成员合作，通过 CBPR 方法了解水资源不安全和社区储水生活。正如她在谈到该工作的实际意义时所说："该研究的发现……支持部落开展合法和政治性的活动来解决其社区的用水问题。"（2018：286）在田纳西州诺克斯维尔，我们由社会工作、工程学和气候学合作进行的调查（Mason et al.，2018）有意关注低收入和中等收入居民，该调查结果被城市可持续发展部门官员应用于最新的减灾计划。在有关食物安全的工作中，Michelle Kaiser 及其同事（2016）建立了成功的跨学科团队，并发展了常年的社区伙伴合作关系来进行食物地图绘制、促进和学习城市社区园艺，她还将自己的研究与学生服务学习的机会联系起来。

二 培训社会工作者

环境正义作为社会工作实践中一个相对较新的领域，有必要培训当前和未来的社会工作者学会如何从微观、中观和宏观层次理解和解决这类问题。为了培训未来的社会工作者，美国的 CSWE（2015）将环境正义纳入其核心能力的举动是值得关注的。由于许多社会工作项目都致力于解决这些能力，CSWE 的环境正义委员会一直在整理教学资源并举办研讨会，努力将这些主题融入社会工作课程中。此外，社会工作学者撰写了他们用来教授环境正义的模块或案例研究，例如在"社会工作实践的当代辩论"课程中探讨气候变化，或在应对创伤、悲伤和丧失的单元中考虑土著群体在环境非正义方面的经验（Boddy，Macfarlane and Greenslade，2018）。

未来社会工作者通过课程和实习来实际解决环境问题的需求也在上升。华盛顿大学的"可持续性交换"（Sustainability Exchange）和"跨学科环境法律诊所"（Interdisciplinary Environmental Law Clinic）为这一需求的提供了课程例子：这两个课程都将不同的学生团队聚集在一起去解决现实世界的环境问题，如全市温室气体清单、可持续交通分析和区域环境健康问题。对于环境正义感兴趣的社会工作专业学生来说，潜在的实习地点包括市或县可持续发展办公室、关注低收入居民能源效率的非营利组织、城市园艺集体组织和清洁水或其他环境支持组织。另一个例子是一些社会工作项目已经在部门或学校范围内采取行动以应对社区中的环境不公平和自然灾害，例如飓风后的恢复。

为了培训当前的社会工作者，我们需要继续努力提高人们对自然环境和建筑环境的认识，使之成为我们"环境中的个人"基本原则的一部分，继续进行实地实务教育以解决个人和家庭、团体和社区或更大规模组织的环境非正义问题。对现有实务工作者的研究调查了他们的环境意识以及在实践中对环境问题的整合。2013 年对美国社工协会（NASW）成员的调查（Shaw，2013）发现，超过三分之二的人没有接受过环境内容方面的社会工作培训，而90%的受访者认为应该提供这方面的培训。在进行案主评估时，13%的受访者表示他们评估了污染，22%的受访者表示他们评估了清洁水，相比之下，医疗保健（82%）、家庭暴力（78%）和药物滥用（58%）的评估率要高得多，社会工作者将食品沙漠（食品匮乏）、不安全的娱乐场所、极端天气和自然灾害以及空气污染视为案主"最重要的环境危害"，但也同意他们自身在社会工作项目中没有得到足够的培训来解决这些问题。

为了接触到当前的社会工作者，社会工作协会分会（如美国国家社会工作协会及其州和市分会）可以提供持续的网络教育研讨会或线下培训，将环境正义领域的社会工作学者和该领域的实务工作者聚集在一起。认证课程（如侧重于政治倡导、创伤知情护理或老年人等特殊人群护理的课程）可以包括环境正义和实践的模块。倾向于关注先进的临床实践或领导能力的社会工作专业博士学位也要继续发展并且能够明确地为高级实务工作者提供环境正义培训。

三　影响政策变革

由于环境非正义的根本原因是结构性不平等和历史性的或当前的歧视

性政策，如果不在地方、州和国家各级进行重大的政策改革，实现环境正义将是遥不可及的。社会工作正在重燃对宏观社会工作实践的兴趣和承诺，其中包括对政策倡导的明确关注。随着人们感觉到的新闻爆料随时可能会引发另一场环境危机，社会工作是时候追求环境正义政策的变革了。

那么我们需要具体做出哪些政策变化呢？由于环境正义的范围很广，而且属于环境正义大伞下的主题也很多，因此这个清单很长。此外，如前所述，无论是进行收集政策信息、制定政策语言或者组织实务工作者的调查研究，还是进行公共宣传工作，都必须考虑到背景因素。就本章所述的三个例子（室外空气污染、家庭用水不安全和气候变化），表 10.1 提供了不同规模的政策样本，这些例子并不是为了全面概括相关政策，而是旨在说明社会工作在这些领域推行政策行动和变革的一些潜力。

表 10.1　　　　　　　　　　　　需要寻求的政策变革

环境正义问题	政策变革样本
室外空气污染	·制定对公共交通和步行社区进行公平投资的地方发展政策，以减少当地汽车污染 ·制定解决医疗保健不公平问题的州层面政策，如美国《平价医疗法案》相关的医疗补助扩展计划，以满足弱势群体对呼吸道医疗保健的需求 ·国家制定室外空气污染标准（针对没有制定的国家）
家庭用水不安全	·制定让家庭能够负担和平等使用自来水的地方公共事业政策 ·制定违反清洁水政策的州层面执行办法 ·国家制定清洁水政策（针对没有制定的国家）
气候变化	·制定本土适应和抗逆力规划的相关政策，该过程需要听取边缘化人群的意见并让他们参与进来 ·制定州层面政策来阻止公共事业公司在危及生命的极端天气条件下因为经济原因而切断服务 ·制定投资清洁可再生能源、能源效率以及减少能源消耗的国家政策

要想成为有效的政策倡导者，社会工作必须战略性地考虑伙伴关系，例如美国社工协会（NASW）及其分会，全国社会工作和政策研究所（the Congressional Research Institute for Social Work and Policy），以及推动有色人

种环境和气候正义倡议全国协会（National Association for the Advancement of Colored People's Environmental and Climate Justice Initiative）。此外，在追求环境正义的同时，社会工作也应该预防和阻止对我们合作的社区造成意外和有害的后果，比如造成中产阶层化的社区绿化（Wolch，Byrne and Newell，2014）。

第五节　结语

回到蒙哥马利村，我和查尔斯在男孩和女孩俱乐部附近的人行道上聊天。我们抬头看着我们的研究小组安装在电线杆上的天气监测器，这个监测器通过跟踪当地温度来研究像蒙哥马利村这样的社区是否经历了城市热岛效应。当我们第一次安装监测器时，一些居民问它是不是一个摄像头，他们开玩笑说如果它能帮助打击附近的毒品和犯罪，这可能是一件"好事"。但与查尔斯谈论蒙哥马利村的生活，特别是像夏季炎热、空气污染和绿色空间这类环境问题的时候，他表达了对我们研究的另一种看法，"这让我激动不已……因为甚至有些不在这附近的人来询问这件事……这是我第一次看到这样的情况……当你和别人说话的时候，不是所有这类谈话都是犯罪和毒品之类的话题"。

为了确保查尔斯和全球数以百万计的人过上宜居生活，社会工作必须紧迫地追求和实现环境正义。我们必须和人们一起学习环境非正义如何以及为什么会影响到人们的生活，并利用这些知识来制定解决根本性不平等的办法。我们必须培训当前的和未来的社会工作者，从而将更大范畴的环境视为人们生活结构的重要组成部分，然后考虑如何在这一宏大背景下进行有效干预。最后，我们必须实现保护人类和地球的重大政策变革。通过这些努力，我们才能开始为后代提供一个安全和健康的家园，这也是实现宜居生活的基石。

第 十 一 章

促进老年人参与

Sojung Park & Nancy Morrow-Howell

　　老年人的生产性参与是应对全球人口老龄化需求的一种新兴解决方案。这种参与包括工作年限增加、公民参与以及志愿工作等一系列活动（Morrow-Howell，Gonzales，Matz-Costa and Greenfield，2015）。生产性老龄化①的前提是：通过让老年人扮演有意义的角色，整个社会能够从这些有价值的活动中受益，同时老年人自身也可以受益，因为他们从中建立了更高水平的幸福感（例如，增加了金融、身体、精神以及认知健康）。生产性参与通过金融、健康和社会途径从真正意义上促进了老年人的宜居生活。研究发现生产性参与带来了积极的社会效应，其中包括减少了老年人对公共和私人收入支持系统的依赖，提高了代际间的互惠以及增加了经验丰富的劳动力供应（Morrow-Howell and Greenfield，2016）。对于个人和社区而言，老年人作为工作者、志愿者和照护者的积极参与被视为健康生产性参与的良性循环。

　　尽管如此，对老年人的歧视态度，过时的社会结构以及不充分的项目

---

① productive aging 目前在学界有积极老龄化、老有所为和生产性老龄化几种翻译，本部分选取生产性老龄化是考虑到它更能体现这个概念包含的具体内容，即从事具有生产性的一系列活动

和政策落后于人口变化也是事实。这些问题限制了老年人继续积极参与生产性工作的潜力。通常基于年龄隔离的社会条件导致许多60或65岁以上的老人被排除在外。此外，处于最为不利的经济社会地位上的老年人最容易遭到排斥。的确，在生命历程中的累积性弱势地位这个概念突显了这样一个事实，即成年后生活处于困境的人们在进入老年生活时各方面也处于弱势地位，他们在寻求增加工作年限，参与社区的公民生活或为有需要的家庭成员提供重要帮助时，尤其处于弱势地位（有关积累性弱势地位的详细讨论，请参见本书第五章）。

关注老年人生产性参与的动机是确保人们的能力不会受到社会条件的影响而缩减，这种社会条件是和"人们更加长寿"这一现实脱节的。对目的、意义和互惠的渴望是普遍的，并且贯穿于人们的生命历程。然而，我们的社会并没有使得每个人都能以持续有意义的方式参与其中（Krause，2003；Carstensen，1992）。由于社区、组织和政策环境与个人的身体、认知和精神健康能力之间缺乏匹配，老年人有可能无法充分发挥生产性作用。此外，迄今为止，在健康和社会经济地位方面通常处于最不利地位的老年人口中，有很大一部分老年人在很大程度上被排斥在确保生产性参与的工作之外。

另外低收入和受教育程度较低的老年人获得医疗保健、交通和住房选择的机会有限，这是生产性参与的大环境。这些问题增加了老年人社会隔离的风险，反过来又可能导致老年人缺乏有意义感的社会参与以及丧失目标感和幸福感（Morrow-Howell and Gehlert，2012；Taylor，Wang and Morrow-Howell，2018）。这类老年人常常因没有为社会做贡献而不被看好，但由于缺乏人在环境中的适应性，他们的贡献机会有限。

本章讨论的研究和实践的最终目标是：通过确保所有老年人都有机会参与到他们所期望的某种程度的工作中去，促进宜居生活的实现。正如本章开篇所述，这种参与对于宜居生活这个概念至关重要。关于老龄化的观点通常认为，如果环境特征能够用补偿其局限性或资源不足的方式来支持老年人，即使是对于资源和能力有限的老年人，也可以帮助他们以最佳状态进入老年生活。为了增加弱势老年人的生产性参与，社会工作专业应通过实践和应用研究来识别人与环境的需求和资源水平。该领域本身可以通过政策创新和其他方法来提高个人的能力。它可以有意地将个人与有利于生产参与的组织环境相匹配。通过在弱势老年人的需求和环境资源之间找到最佳的契合点，弱势老人的生产性参与将得到最大限度的提高，反过来将造福整个社会。

在本章中，我们将重点放在这些问题上，并利用人在环境中的适应框架来理解老年人被排斥在生产性角色之外以及缺乏最佳结果的根本原因和潜在方法（更多关于社会排斥的讨论，请参见本书第四章）。从人在环境中的适应视角来看，个人需求和资源的独特结合和环境特征一起决定了个人的适应能力（Lewin，1936；Lawton and Nahemow，1973）。个人的属性（即健康需求、心理资源、社会支持）与他们不断变化的对环境的需求以及与资源的"契合"对取得积极的结果至关重要（Lawton and Nahemow，1973）。个人与他或她所处环境之间的良好契合能带来更大的福祉（Thomése and Groenou，2006）。在这种观点的指导下，我们回顾了一系列个人特征，例如健康状况不佳、低收入和受教育程度较低所带来的脆弱性，这些脆弱性是如何阻碍老年人以最佳状态从事生产性活动（特指工作、志愿服务和照顾活动）。环境特征包括组织、社区和政策因素，这些因素促进并增加了弱势老年人生产性老年化的可行机会。

促进老年人生产性参与的问题已成为我们迫在眉睫的挑战。2015 年至 2050 年全球老年人口比例从 12% 增至 22%，老年人口比例几乎翻了一番，而弱势老年人口的数量继续增加（Administration on Aging，2018）。在许多经济高度发达的国家，例如日本、意大利、德国和法国，情况尤其严峻，届时 65 岁以上的人口比例将接近 40%。在美国，目前 65 岁以上的人口占总人口的 15%；到 2040 年，这一比例将上升到 22% 以上。此外，增长最快的是 85 岁及以上年龄段的人口，并且非裔美国人、拉丁裔、印第安人/阿拉斯加原住民和亚洲老年人的数量比非拉丁裔白人增长得更快（Administration on Aging，2018）。这些人口现状重申了在社会工作中关注老年生活的重要性，从而确保实现宜居生活。

最后我们应该注意的是，在研究文献中对老年期的开始时间并没有统一的定义。通常在美国背景下，我们使用 65 岁以及以上这个年龄段来定义老年人口。但是在对劳动力的研究中，通常将 50 岁以上的人口视为老年劳动者。在本章中，我们将使用几种不同的老年人定义。

第一节　老年人参与不足的原因

老年人被排除在工作和志愿服务的生产性角色之外，并且他们缺乏在照护角色上的指导，这些问题是由多种因素造成的，其中包括对老年人的歧视态度、过时的社会结构以及与"不够充分的项目和政策，这些项目和政策跟新的人口统计事实不相匹配。"。我们关注老年人参与生产性角色的当前状态，并讨论导致老年人在工作、志愿服务和照护活动中参与不足的原因。

一　工作

预期寿命的延长带来了这样一个现实，即老年人通常在传统的 65 岁退休年龄后可以继续生活 20 年。而离开工作较长时间会导致收入不足，以及有意义的参与和社会联系的来源减少。作为回应，平均退休年龄随着时间增加，并且 60 岁以上的劳动力所占比例也在增加（Berkman，Boersch - Supan and Avendano，2015）。老年人的工作年限增加和（或）返回工作岗位的人数更多。工作与改善经济状况、降低死亡率、改善精神健康和认知功能有关（Rohwedder and Willis，2010；Schmitz，2011）。但工作的性质、工作场所的属性以及退休决策所涉及的选择水平都会影响这些结果（Calvo，Haverstick and Sass，2009；Carolan，Gonzales，Lee and Harootyan，2018）。

对老年人来说，继续从事工作的挑战也来自个人层面的因素，例如健康状况下降和技能过时。低收入老年人和（或）其他弱势老年人群体的问题通常是就业机会受到多种因素的限制，这些限制包括较低的教育水平、较少的技能、缺乏工作网络以及负面的刻板印象（Taylor and Geldhauser，2007）。工作场所里的障碍如某些工作对体力的要求，不合适的工作空间和年龄歧视被认为减少了工作的可能性（Carolan et al.，2018）。社区贫困的不利影响也与健康和福祉方面的系统性不对称有关。在贫困地区，与工作相关的环境资源（如稳定的住房和公共交通）较少，而由于居民的教育、工作经历有限，社交网络往往更薄弱（请参阅本书第九章）。尽管人们对更长的工作年限的愿望很普遍，但由于成本、获取机会和年龄歧视，弱势老年人不太可能接受工作培训和劳动力发展机会。

二　志愿服务

2015 年，年龄在 65 岁以上的老年人中有 24% 参与了有组织的志愿者活动，这表明年青一代的志愿服务参与度有所下降。老年人在参与率上存在种族差异，白人参加志愿服务的比例要高于非裔、拉丁裔和亚裔老年人（Bureau of Labr Statistics，2016）。大量研究表明，受过更高教育和拥有更高收入、更好的健康状况、社会融合和宗教参与程度的老年人更容易参加志愿服务（Morrow-Howell and Greenfield，2016），而资源贫乏的个体则不太可能参与正式组织的志愿服务（Martinez et al.，2011；Sundeen，Raskoff and Garcia，2007；Warburton，Paynter and Petriwskyj，2007；Burr，Mutchler and Caro，2007）。被排除在志愿者角色之外的老年人被剥夺了获得与志愿服务相关的众多好处和机会，包括死亡率降低、幸福感提高、生活满意度提高以及生理依赖性降低（Piliavin and Siegl，2015；Guiney and Machado，2017）。

老年人志愿服务率较低的一种解释是：他们与促进参与的工作和教育机构是脱节的。早年在就业和教育方面被边缘化的老年人也不太可能建立起能够在晚年继续参与志愿服务的模式（Morrow-Howell and Greenfield，2016）。这一现实凸显了社会组织在使个人参与志愿工作中的重要作用。

关于向外拓展、培训、费用报销和持续支持的制度安排对于确保资源贫乏老年人的参与至关重要（Tang，Choi and Morrow-Howell，2010）。组织对志愿服务的支持，例如提供津贴以及对他们参与服务表示认可，对少数族裔的老年人来说显得更为重要（McBride et al.，2011）。无法积极参与且无法为社区和社会做贡献的弱势老年人很可能会遭受更大的社会排斥。

三　照护

家庭照护人为需要帮助的残疾人和老年人提供大部分护理。鉴于人口结构的变化，越来越多的人需要照护，而能够提供家庭照护的家庭成员却减少了（Pavalko and Wolfe，2015）。大约60%的照护人员是女性；一半照护人的年龄在50岁以上，其中20%的年龄在65岁以上。拉丁裔、非裔和亚裔照护者的数量要多于白人照护者。与非照护人或较年轻的照护人相比，老年照护人的金融稳定性较差且健康状况较差。大约60%的家庭照护人自身有一份带薪工作，其中有一半是全职工作，（AARP National Alliance for Caregiving and AARP，2015）。

非正式无偿照护的需求不断增加，以及女性更多地进入劳动力市场（Boushey，2011；Ness，2011），使中老年妇女面临工作和家庭责任之间的平衡。女性更有可能减少工作时间或离开正式工作（Dentinger and Clarkberg，2002；Pavalko and Artis，1997），而不稳定的就业或提前退休可能会使她们在老年生活中面临更大的贫困风险（Colombo et al.，2011；Nepal et al.，2011；Schneider et al.，2013）。职业女性、受教育程度较低的工作者和第一代移民照护人更有可能报告照护工作导致负面的就业结果，例如收入减少、失业或离职（Lahaie，Earle and Heymann，2012）。比起男性，女性从事低薪工作的比例更高，而这些低薪工作几乎不能提供任何福利和工作场所保护（Hegewisch et al.，2010）。技能和地位较低的女性在寻找可以协调健康和照护需求的灵活工作时遇到了最大的困难（Austen and Ong，2013）。

有大量研究记录了照护对金融、健康和情感福祉的负面影响（Hooyman，Kawamoto and Kyak，2017）。此外也有研究表明工作与照护任务之间的不平衡导致照护工作的心理负担很高（Freedman，Cornman and Carr，2014；MetLife Mature Market Institute，2011）。由于人口老龄化，老年人参与照护的角色变得越来越重要，但照护人往往面临负面的结果。因此，我们的挑战在于如何通过组织和政策举措来优化照护者的参与。

总之，有很多原因导致老年人不能以最佳状态担任工作者、志愿者或照护者。个人层面的障碍，包括低收入和受教育程度较低，会影响参与的可能性。环境因素在决定参与的程度方面也起着重要作用。受年龄限制的机会、过时的组织安排、项目的匮乏以及政策不足等都阻碍了生产性参与。在本章的剩余部分中，我们将重点放在环境支持上，讨论在以下两个方面进行改进以优化弱势老年人的生产性参与：（1）组织和政策层面，（2）邻里和社区层面。

第二节　组织和政策层面的解决方案

一　促进就业

在美国和全球经济的许多商业领域，社会企业正在蓬勃发展。社会企业被定义为通过基于市场的战略来推进社会使命的组织或企业，包括通过直接交换产品、服务或特权而获得收入（Community Wealth Ventures，Social Enterprise Alliance，and Center for the Advancement of Social Entrepreneurship，2010）。社会企业的使命是促进社会变革，关爱服务水平低下和处于弱势地位的人群，并以改善人们的生活质量和建设社区能力的形式回报社会利益（Morrow-Howell and Mui，2014）。成功的社会企业可以为弱势群体（例如残疾人，前罪犯和低收入女性）创造金融和社会心理福祉，也可以在社区中产生重大的社会变革（Austin，Stevenson and Wei-Skillern，2006；Morrow-Howell and Mui，2014）。在美国，自 1970 年以来，社会企业的数量一直在稳步增长，其中最迅速的增长发生在 20 世纪 90 年代和 21 世纪

00 年代初期。

　　值得注意的是，社会企业并非一定为弱势老年人服务。但是，社区服务组织中社会企业的增加表明有就业障碍的各种老年人群（例如，有残疾或物质滥用问题，无家可归者等）很容易被包括在内作为潜在工作者。在美国以外，欧洲出现了社会企业为弱势老年工作者服务的范例。例如，欧洲联盟中的几个国家（苏格兰、瑞典、芬兰和北爱尔兰）启动了"老年人为老年人"（O4O）项目，以增强弱势老年人及其社区的能力并为他们带来福利。在这个项目中，建立了社会企业来给有需要的老年人提供服务。该项目特别关注农村地区的老年人，由于成本高昂以及招募和保留员工的困难，农村社区通常在提供服务上面临挑战（Northern Periphery Programme，2013）。这些项目的研究结果表明，大多数新晋老年员工有身体或情绪健康问题，或长期失业，或无家可归。虽然特定的商业模型根据现有社区资源的不同有很大的差异，但关键的成功因素已被发现。其中包括在组织结构（例如规划、管理、共享的工作量）、领导力以及政治和金融支持等基础上采取具有商业思维的方式。与之对照，在美国没有针对弱势老年人的大型社会企业。但是，在发展和扩大可持续的社会企业中，它们强调了公共和私人伙伴关系以及地方、州和联邦政府的政治承诺的重要性（Social Enterprise Alliance，2011）

　　在美国，唯一的针对弱势老年人的联邦工作计划是老年人社区服务就业计划（SCSEP），来自《老年人口法案》的第五项（Title V of the Older American's Act）。通过该计划，向 55 岁及以上失业且家庭收入低于联邦贫困线 125% 的个人提供社区服务的兼职就业机会。该计划的重点是面向少数种族群体、英语水平有限的人、60 岁以上的老年人和（或）经济需求最大的人。基于社区的机构（例如地方政府或非营利组织）充当与工作相关的培训场所，例如工作搜索帮助，计算机技能和就业咨询以及支持性服务（例如交通援助）。参与者在各种基于社区的非营利组织和政府机构中工作，例如可以担任护士的助手、图书管理员、日托工作者和老师的助手。一个典型的参与者是一位 60 岁左右的非白人妇女，她的教育水平相对较低，并且居住在农村地区。大约 20% 的参与者有身体上的残疾，而

13% 的人是退伍军人或退伍军人的配偶（National Council on Aging，2017）。周期性的评估发现参与者和机构对这个项目都非常满意（Charter Oak Group，2003，2007）。参与者为其所在机构和社区增加了价值近 900 万美元的工作，该项目的投资回报率为 89%（Independent Sector，n. d）。SCSEP 除了给低收入老年人带来经济和社会福利外，还有一个重要的影响是他们在解决种族不对称方面发挥潜在作用。在 55 岁及以上的人口中，黑人和拉丁裔人的失业率高于非拉丁裔白人，其中最大的差距是在 55—64 岁的拉丁裔男子与同年龄的非拉丁裔白人之间（Johnson and Mommaerts，2010）。在 2006 年至 2007 年间，SCSEP 的参与者中几乎有一半是低收入的少数族裔人群。尽管该计划的参与者是一个种族多样化的群体，但参加该计划的黑人、印第安人和太平洋岛民所占的比例高于这些人群在美国人口中的比例。另一方面，亚裔和拉丁裔在该计划中的注册率不足（Washko et al.，2011）。

有关 SCSEP 计划的研究发现了在注册和就业结果上存在种族不对称，这为增加联邦投资的目标领域提供了重要信息。在政治格局不断变化且无法确定现有项目的资金时，确定政策的目标群体尤为重要。在撰写本章时，SCSEP 预计将从 2018 的财政年度的联邦预算中被删除。该计划的未来令人关切，因为对于数百万的低收入老年人而言，工作不是一个选择，而是宜居生活的必要前提。

二　促进志愿服务

从人在环境中的视角来看，当项目在个人能力和社区中的可用资源之间提供了很好的匹配时，弱势的低收入老年人就能够积极参与志愿服务。例如，经验队伍计划（Experience Corps Program）在很大程度上依靠社区基础设施（即学校）来招募和留住老年志愿者。该计划于 1996 年在美国五个城市作为试点项目首次启动，作为一项社区志愿者计划，旨在促进老年人的健康。该计划每月提供 200 美元，以帮助那些依赖微薄收入的老年人支付公交车费和其他参加志愿服务所需的花费。志愿者每周在公立小学担任导师，为幼儿园至三年级学生志愿服务 15 小时。该计划后来扩展到 23 个城市。该计划可能是研究最为深入的志愿者计划（Carr，Fried and Rowe，2015）。研究发现，高强度的志愿服务活动与系统培训和津贴相结合，成功地招募和留住了各种不同的老年人群体。此外，它还产生了强大的社会效益，包括更高水平的社会融合和改善的身心健康（Hong et al.，2008；Carr et al.，2015）。

研究结果表明，促进志愿者积极参与的关键因素取决于在个人的技能和经验与社区资源之间找到合适的契合点。为了增加弱势老年志愿者的机会和参与，我们可以更有针对性地将个人与有利于志愿服务的组织环境相匹配。例如，低收入社区中的志愿服务场所和老年公寓组织可以有意识地将社区居民和老年公寓居民的能力与所需任务相匹配，以提高生产性参与并增强目标感。它们还可以提供或安排各种基于社区的社会和健康服务，以满足居民不断变化的需求，从而扩大志愿者的参与度。这些住房环境通过利用交通服务和各种培训机会，为老年人提供了合适的社区志愿服务机会。通过街道和人行道的设计可以为老年人进入志愿服务场所提供便利，这些设计能够促进行动不便、具有听力、视力和认知障碍的老年人使用。具体包括提供例如平坦畅通的人行道，听觉和视觉人行横道信号以及清晰的路标等元素。

对老年公寓环境的有限研究表明，与传统住房中的老年人相比，生活在老年公寓中的低收入老年人在健康和福祉方面可能会获得更好的结果，而且他们更有可能参加志愿活动（Park，Kim and Han，2018；Park et al.，2017；Park，Kim and Cho，2017）。在长期护理设施中，出于患者安全的考虑，高度集中和控制性的管理是常态，因此可以制定鼓励居民从事志愿服务的组织方案。有限的研究表明，接受长期护理的居民参与志愿服务后的自主权和福祉得到了提高，例如，这些志愿服务包括指导以英语为第二语言的学生（Yuen-Tsang and Wang，2008）或为当地的临终关怀患者制作插花和卡片（Cipriani et al.，2010）。

联邦政府支持一些志愿者计划。其中有两个针对低收入老年人的知名计划：养祖父母计划（Foster Grandparent Program）和老板同伴计划（Senior Companion Program）。它们始于 20 世纪 60 年代中期和 70 年代初，自 1993 年以来由国家和社区服务公司（CNCS，2017）管理，该联邦机构通过服务和志愿服务来改善老年人的生活，加强社区和促进公民参与。这些计划的目标人群是 55 岁及以上并且收入在贫困线以下 200% 的老年人。在"养祖父母计划"中，志愿者为有特殊需要的儿童和青年提供辅导，每周在学校、医院、毒品治疗中心、教改所和儿童中心服务 15 至 40 小时（CNCS，2017）。在"老年同伴计划"中，志愿者通常帮助弱势老年人和其他成年人独立生活，通常是在案主自己的家中。老年同伴每周工作 15 到 40 个小时，为体弱、无家可归和独居的人们提供身体和情感上的帮助。2017 年，全美共有 182 个老年同伴项目。老年同伴中的大多数是女性（83%）；约 40% 的志愿者来自少数族裔（Wacker and Roberto，2018）。在这两项计划中，志愿者每小时可获得 2.65 美元的津贴，其他福利包括每月培训、交通费用报销和工作餐。

尽管这些计划已有悠久的历史，但他们在满足社区服务需求和使老年志愿者受益方面的有效性的信息非常有限。Tan 和同事（2016）通过比较参与者的国家数据与全国代表性的健康与退休研究（Health and Retirement Study）中的老年人样本来研究这些计划。他们发现，这两个计划吸引了不同种族的老年志愿者：养祖父母计划（FGP）和老年同伴计划的参与者分别有 42% 和 38% 的非裔美国人（非拉丁裔），而相对应地，健康与退休研究（在其他计划中）的非洲裔志愿者比例为 26%，非志愿者的比例则为 22%。这两项计划还能让行动不便的人参与进来，这表明这些计划可以为身体残疾的低收入志愿者提供便利（Tan et al.，2016）。老年少数族裔参与的重要性逐渐凸显，CNCS 承诺提供 265 万美元，为联邦政府认可的印第安人部落和部落组织提供资助以满足美国原住民社区的需求（Wacker and Roberto，2018）。

LGBT 老年人是包容性政策中促进生产性参与的重要子类别。众多的 LGBT 老龄化组织很大程度上是由 LGBT 老年人所建立。认识到维持和加强这种参与的价值，一些 LGBT 团体启动了正式鼓励老年人参与公民活动的项目。一些非 LGBT 组织也做出了有针对性的努力，促使 LGBT 老年人作为志愿者参与那些不局限于 LGBT 社区的项目。例如位于加利福尼亚州圣莱安德罗的东湾薰衣草老年领导力学院（Leadership Academy of Lavender Seniors of the East Bay in San Leandro），该学院每年提供一整天的培训，内容涉及老年人如何参与地方政府咨询委员会。现有的国家计划需要接触并涵盖 LGBT 老年人，这些老年人可能会感到自身不受欢迎（Movement Advancement Project and Services and Advocacy for Gay，Lesbian，Bisexual and Transgender Elders，2010）。为了充分发挥 LGBT 老年人的全部潜能，这类项目必须向他们提供文化上适宜的欢迎，他们的经验、智慧和技能不仅使 LGBT 社区受益，而且使整个社区受益（Grant，2010）。

三　支持照护者

对于那些已经缺乏金融资源并且无法获得福利支持的人来说，将照护和工作结合起来尤其困难（Sarasa，2008；Saraceno，2010）。现有的有关照护和工作的证据集中在工作场所灵活性和重要性上，这种灵活性是指能够包容员工的照护职责（Berecki et al.，2007；Carney，2009；Larsen，2010）。然而，女性在低薪工作中所占比例过大，这些工作几乎没有提供任何福利和工作场所保护（Hegewisch et al.，2010），而技能与地位较低的女性在不灵活的工作安排中面临最大的困难，这表明带薪病假和休假对提高就业保留率有重要作用（Austen and Ong，2013）。

美国是唯一不具有国家法律为家庭照护人员提供带薪病假的先进工业化国家。《家庭和病假法案》（Family and Medical Leave Act，FMLA）确保工作者休家庭假和病假时的工作保护和健康福利。尽管工作保护是该政策的基本特征，但它仅涵盖部分雇员及其配偶、父母和有严重健康状况的孩子。仅有 59% 的工作者得到了保障，在符合条件的人中，不请假的最常见原因是无法放弃工资（Klerman，Daley and Pozniak，2012）。大多数家庭照护者是职业女性，以及受教育程度较低的女性（Estes and Williams，

2013）。因此，他们获得病假和支持性资源的可能性较小，尤其是因为低薪雇员更有可能为 FMLA 未覆盖的雇主工作。在请假期间，许多人将面临经济负担、收入减少以及负面的就业后果。

带薪家庭假（PFL）计划已在三个州（加利福尼亚州、新泽西州和罗得岛州）全面实施。在这些州，家庭照护者每年最多可以休六周带薪假。2004 年，加利福尼亚是第一个实施该计划的州。该计划根据个人每周工资的一定百分比提供最多六周的补偿，上限为每周 987 美元。与 FMLA 不同，几乎所有私营部门的员工都有资格参与，工资替代率为 55%，其最高限额基于该州的周平均工资。2009 年，新泽西州实施了类似的带薪休假计划。华盛顿州在 2012 年还通过了一项相对有限的带薪休假计划。目前，州和联邦层面都在不断努力制定类似的法律（Baum and Ruhm，2016）。

目前几乎没有直接的经验证据揭示中年妇女照护者的带薪休假计划对就业结果的影响。但是，对带薪病假或其他员工福利的研究提供了有关诸如加州带薪家庭假等计划的潜在好处。一项针对照顾生病或残疾家庭成员的妇女的研究发现，带薪病假或带薪休假的获取与保持就业的可能性存在显著的正相关（Pavalko and Henderson，2006）。Rossin-Slater、Ruhm 和 Waldfogel（2013）使用 1999 年至 2010 年的当前人口调查数据，研究了加利福尼亚州获得 PFL 对分娩后女性就业结果的影响。他们发现，有了 PFL，有婴儿的女性更有可能使用产假。一项类似的研究（Baum and Ruhm，2016）也发现了加州带薪家庭假给中期就业带来了积极影响。在该计划下，女性分娩后继续工作一年的可能性增加了 18%，并且工作时间更长，工资更高。尽管有证据表明这对带孩子的女性就业结果产生了积极影响，但这一发现并不一定能推广到有照护压力的老年家庭照护者。

鉴于获得"家庭病假法案"（Family Medical Leave Act）和"加州带薪家庭假"（California Paid Family Leave）的社会经济差异，对于低收入家庭照护者来说，研究 PFL 的潜在好处非常重要。Rossin-Slater 等（2013）发现，在那些处于更弱势地位的母亲中，带薪休假的使用大幅度增加，这表明该计划对弱势工作者产生了影响。同样，Hill（2013）发现，带薪病假对没有带薪休假工作者的工作稳定性的积极影响最大。迄今为止，我们关于 PFL 对社会经济地位较低的家庭照护者的就业结果的影响知之甚少。举一个罕见的例子，Kang 等人（2018）使用当前人口调查（Current Population Survey）的多年（2000 年至 2014 年）数据研究了加利福尼亚州的 PFL 计划对老年女性照护者就业的影响。研究结果表明，即使没有工作保护功能，PFL 仍可以通过允许家庭照护者从总体上积累人力资本来提高就业稳定性。重要的是，这项研究并未发现加利福尼亚的 PFL 对于教育程度较低的人和穷人来说有任何积极作用。

第三节　邻里与社区层面的解决方案

在许多国家，近期的社会政策重点是开发满足老年人需求的老年友好环境，因为人们认识到适应性强，回应及时的环境可以帮助老年人积极参与社区活动并获得健康和福祉（Buffel，Phillipson and Scharf，2012）。一个老年友好环境通常是指老年人在其中受到重视、能够被包容和支持的社区（Alley et al.，2007）。从人在环境中的适应视角来看，老年友好环境是指在资源与老年人的需求之间具有良好契合的社区（Menec et al.，2011；Keating，Eales and Phillips，2013）。作为一个多维度概念，老年友好环境包括支持日常活动的物质和社会基础设施，它涵盖交通、当地设施、安全无障碍的住房、邻里和社区、获得社会支持以及参与有意义的活动的机会（Plouffe and Kalache，2011；Scharlach and Lehning，2013）。在过去的十年中，许多政府和国际组织在美国和世界各地发起了针对老年友好社区建设的倡议。

最著名的倡议是世界卫生组织（WHO，2007，2010）提出的老年友好城市和社区。该倡议的目标是八个宜居空间：室外空间和建筑、交通、住房、社会参与、尊重和社会包容、公民参与和就业、交流和信息，以及社区和健康服务。在美国有 40 多个城镇和县加入了老年友好网络

（AARP，2015）。俄勒冈州的波特兰市于 2010 年成为美国第一个被世卫组织全球老年友好城市网络项目接受的城市。老年友好波特兰倡议由波特兰州立大学老龄化研究所协调。波特兰倡议的独特之处在于，它使用了一种城市—大学—社区模型，该模型利用了研究所与地方社区和政府机构之间的现有关系，根据 WHO 倡议清单在十个领域中制定和更新了倡议（Neal，De La Torre and Carder，2014）。老年友好波特兰正致力于改善老年人和残疾人的城市公共交通系统，重点是在夜间和周末增加服务并改善安全措施（Scharlach and Lehning，2016）。

另一个著名的例子是非营利性质的费城老龄化公司（Philadelphia Corporation for Aging）于 2009 年启动的"老年友好费城"倡议。在美国环境保护署（EPA）的"老龄化倡议"的基础上，"老年友好费城"集中在四个领域：社会资本，灵活便利的住房，流动性和饮食健康（Clark and Glicksman，2012）。费城老年友好倡议的例子包括政府与非政府组织之间的多部门合作，以修改该城市的分区代码从而涵盖无障碍的居住单元（Clark and Glicksman，2012）。

在这些计划和倡议中，它们的共同点是侧重老年人的参与，给他们增能和培养他们改善邻里和社区的能力（Lui et al.，2009）。尽管老年友好环境的政策日益受到关注，但仍存在一些担忧。从人在环境中适应的视角来看，对所有人的社会参与和包容性的强调（这是各种计划/倡议的共同目标）必须成为重点。

首先，我们缺乏对老年弱势群体的关注。尽管对老年友好的环境特征总体上可以使老年人受益，但仍有部分老年群体处于危险之中，因为他们缺乏利用这些倡议的必要资源（Scharlach，2012）。优老计划（AdvantAge）特别关注发展老年友好社区的经济差异（Scharlach and Lehning，2016）。该计划由纽约市访问护士服务的家庭护理政策和研究中心发起，在老年友好社区的四个关键领域制定了 33 项指标：（1）解决老年人的基本需求；（2）促进和保护老年人的身心健康；（3）促进老年人的自主性；（4）鼓励公民和社会参与（Hanson and Emlet，2006）。对该计划的全国性调查结果显示，被称为

"脆弱人群"的弱势组（生活在联邦贫困线200%以下的人群）更有可能是非裔美国人或拉丁裔，并且极有可能遭受社会排斥（Feldman, Sussman and Zigler, 2004）。调查结果强调，为了满足弱势老年人的需求，在制定和实施干预过程中必须对这类人做出明确的干预努力。

其次，我们对农村地区的关注很少（Menec et al., 2014）。这并不奇怪，因为对老年友好环境的最初动力来自老年人口快速增长的一种伴随现象，城市化往往带来衰败，以及众所周知的趋势，即不管功能和健康状况如何下降，人们都愿意留在熟悉的房屋中。问题在于，社会经济不景气的农村社区（在那里多数居民为低收入老年人）在发展和实施可持续的年龄友好社区方面能力有限。此外，众所周知的城市友好社区的组成部分不一定适用于农村地区（Golant, 2014）。在许多发达国家，农村地区人口的老龄化速度更快。加拿大的老年友好项目提供了一个很好的开端。利用与世界卫生组织"老年友好倡议"相同的方法和清单，加拿大十个农村地区的研究人员发现，在那里具体的老年友好做法有所不同。例如，自然环境问题包括及时除雪，有关社区事件和活动的主要交流方式是"八卦坊"（gossip mill），这可能反映了农村地区较为封闭和狭窄的自然和社会环境（Keating et al., 2013）。

值得注意的是，尽管这是世卫组织倡议的八个领域之一，但在现有规划中并未考虑到与老年人相关的就业环境。为了确保发展和促进就业机会，我们应该集中精力确定老年人中的哪些人有可能被排斥在外。例如，美国退休人员协会（AARP）的"老年友好社区调查"的结果表明，佐治亚州的亚特兰大市缺乏相关的政策支持，缺乏划拨给就业机会的特定资金（Binette, Harrison and Thorpe, 2016）。另一方面，华盛顿特区制定了增加就业的战略性目标，该目标可以通过建立一个机构间的工作小组来实现年龄友好社区的发展，该小组旨在加强协调并增强50岁以上居民的就业服务意识，包括分阶段退休（Government of the District of Columbia, Office of the Deputy Mayor for Health & Human Services, 2018）。

在美国，老年友好社区的发展并不是联邦或州政府老龄化政策的官方组成部分，因此其发展的资金有限（老龄化资助人机构 Grantmakers in Aging，2014）。相比之下，加拿大见证了老年友好社区的发展，老年友好社区已得到联邦和地方的支持，并为其实施提供了资金和支持。在八个省中有 316 个老年友好社区参与了该计划（Plouffe and Kalache，2011）。我们认为，由于美国资金有限且对资源的需求竞争激烈，因此优先考虑发展老年友好社区至关重要。

第四节　总结和未来方向

生产性参与的视角侧重于使老年人以最佳状态参与有益于个人、家庭、社区和社会的政策和计划。与成功老龄化（successful aging）视角相反，生产性老龄化将重点更多的置于个人的健康行为上。在本章中，我们将重点放在最大限度的让个体老年人与他们作为工作者、志愿者和照护者所处的环境相契合。确实，我们提出的计划和政策比起个人行为更容易更改，并且这些宏观变化具有更广泛的影响。此外，我们关注弱势老年人（他们在经济和社会上处于弱势地位），他们一生可能被边缘化，或是面临被排斥或缺乏生产性参与支持的风险。

我们回顾了弱势老年人的参与现状，并强调了参与工作、志愿服务和照护的障碍。我们还描述了支持生产性参与的组织和政策措施。这些回顾的结论是：面对重大的人口变化时，作为一个社会，我们没有做出积极的强有力的回应。特别令人沮丧的是，当前的联邦政府正在削弱诸如老年社区服务就业（Senior Community Service Employment）和老年志愿服务（Senior Corps）之类的计划，这些计划促进低收入老年人参与工作和担任志愿者。在州和地方组织之间，用于支持家庭照护工作的开展并不平衡。在缺乏激励机制和对组织有益的有力证据的情况下，雇主组织在调整政策以吸引和留住老年员工方面进展缓慢。总而言之，确保所有老年人都有机会积极参与仍然是个紧迫的问题，而资源和能力有限的老年人仍然面临更高的排斥风险。无法让老年人以最佳状态从事生产性参与减少了个人、家庭和社区宜居生活的可能性。

正如我们在本章中一直强调的那样，对老年生活的生产性参与的期望可能会导致低收入和受教育程度较低的老年人受到贬低，他们被剥夺了获得平等机会或获得必要支持的机会。如果确保包容性的努力不够大，少数族裔和低收入老年人将继续被边缘化。由于需要参与照护工作，照护者很容易遭受负面的金融、健康和精神健康后果。我们必须支持照护活动，因为它是至关重要的生产性活动，同时也不应该惩罚照护者。无法双向支持工作和照护之间的过渡，削弱了我们的家庭照顾彼此的能力。

即使我们建议通过提高个人能力与环境特征之间的契合度来最大限度地提高老年人的生产性参与，但仍有一些总体问题需要引起重视。年龄歧视和年龄偏见削弱了老年人的充分参与，并阻碍了我们对老年人口能力和潜力的准确认识。在贬低老年人个体与排斥他们参与重要的社区活动之间存在一个恶性循环。排斥会加深长期存在的负面和刻板印象，不仅会导致进一步的对老年人的隔离，还会对老年人和整个社会造成更大的伤害（Levy，2009）。在工作场所、大学以及社区组织中包容和支持老年人的良性循环可能会产生对老龄化更积极的看法（Morrow-Howell et al.，2017）。要开始应对年龄偏见的挑战，我们必须从人生历程视角来理解并进行干预，从而优化老年时期的生产性参与。随着幼儿和成年人在整个生命历程中的年龄增长，他们需要开发以后参与所需的资源（例如教育、生活技能、健康的身体）。在生命的各个阶段都需要采取干预措施，以防止弱势因素的累积，这些弱势因素可能要到退休年龄才充分体现出来（见本书第五章）。

在支持计划和政策的制定以优化生产性参与方面，知识建设仍然很重要。在工作方面，我们需要更多有关招募和留住老年人的组织成本和收益的证据，以便雇主更有动力改变工作场所。我们需要进一步了解哪种类型的工作和工作安排可以为那些需要和希望留在劳动力市场的人提供更长的工作年限。从生命历程的角度来看，我们需要测试制度性干预以增加退休储蓄。

关于志愿服务，有关谁参与志愿服务以及为什么做志愿者的信息很多，但是我们不知道如何激励并改变组织机构以便老年人能够最大限度地参与。全国各地都有成功的示范计划（例如在当地小学服务的老年人享有财产税减免），但证据为本的项目的广泛实施仍然受到限制。

此外，在全国性的服务计划中，我们还需要更多有关对老年人态度的知识。传统上，这些计划以青年为重点。扩大年龄多样性似乎受到组织和潜在参与者的年龄歧视观念的限制。尽管有很多针对个人照护人员的有效护理支持计划的知识，但有关政策干预或潜在政策措施效果的知识仍然有限。终生教育和培训以保证老年时期的生产性参与的必要性显而易见，但用于指导教育机构创新的知识仍处于发展早期。

对于年龄歧视这一根深蒂固的问题，采取生命历程的方法进行教育和培训，可能会从根本上开始改变其赖以存在的社会和文化结构。同时，为了实现在整个社会经济范围内为老年人创造更宜居生活的最终目标，重要的是找到个人脆弱性与环境资源之间的最佳契合。这需要在组织、社区和政策层面上将个人与资源进行匹配。同样重要的是，社会工作专业可以确定人在环境中的需求和资源水平，以提高弱势老年人的生产性参与。

正如在导论章节和整本书中所讨论的那样，当人们可以在自己的生命历程中蓬勃发展，在生活中发挥自己的作用并发挥其全部潜能时，那么宜居生活将得以实现。在人类发展的近百年历史中，人均寿命的显著提高为进一步的繁荣和贡献创造了巨大的潜力。然而，随着老年人口数量和能力的增加，组织和政策支持并没有及时增加以最大限度地发挥这种人口潜力。实际上，在面对年龄歧视、过时的期望以及过时的政策和计划时，与更长寿命相关的人力和社会资本收益被抛弃了。生产性参与视角的承诺是：随着我们增加人在环境中的适应度并消除参与障碍，我们能够为老年人增能使他们扮演生产性角色，从而让他们过得有意义并为社会带来好处。无论是通过志愿服务，增加工作年限还是为家人和朋友提供照护，我们都必须充分使用老年人的能力和经验来确保他们、他们的家人和社区过上宜居生活。

第 十 二 章

产生有效需求和社会服务的使用

Melissa Jonson-Reid，Matthew W. Kreuter，Edward F.
Lawlor，David A. Patterson Silver Wolf，&
Vetta L. Sanders Thompson

尽管我们对如何更好地为弱势人群提供项目和服务有了更多的了解，但最为显著的经济、健康和社会问题仍然存在。早期思想认为需求可以预测服务（服务很少会被提供给那些没有需求的人），但这种需求产生服务的想法后来被证明是错误的（Jonson-Reid，2011；McGorry，Bates and Birchwood，2013；Walters et al.，2016）。即使服务能够被大众获取，但服务的保留、质量和孤立的性质仍然是进行有效变革的障碍。尽管社会工作在解决服务获取，减少污名和提高文化接受度方面取得了重要进展，但这些努力仍主要集中在单类问题或特定人群上（Stiffman，Pescosolido and Cabassa，2004；Tovar，Patterson Silver Wolf and Stevenson，2015）。此外，改善服务的获取和接受度并不能保证合适服务的可用性和充分的质量。

健康、精神健康、安全、教育和/或职业准备以及物质需求会影响个人和家庭的日常功能。当这些需求得不到满足时，实现宜居生活的能力就会受到严重损害。本书的各个章节都说明了众多严峻的问题阻碍了人们实现宜居生活的愿望，而这些问题迟迟未能得到解决。社会工作的实践就是要确保有效和全面的服务满足人类的需求。对于那些处于最弱势和最不利地位的人来说尤其如此。在本章中，我们将探讨需求与服务之间的鸿沟，以及如何以最佳方式跨越鸿沟。

第一节　服务与需求之间的脱节

儿童和青少年的社会服务（例如，儿童福利、教育和青少年司法）可以作为拼凑性质的服务如何阻碍服务获取和限制预防性影响的一个主要例证。仅在 K-12① 公立教育系统里面才提供普惠性服务，这种服务旨在培养具有良好教育和生产性的公民（Jonson-Reid，2015）。但是在此系统中，服务通常是被动的和脱节的。例如，只有在证明自身的问题到达一定程度后，学生才能获得特殊教育计划（该计划旨在帮助陷入认知、情感或严重健康状况的学生）。最近的研究表明，在服务系统内，对存在类似的社会经济、行为和学业问题的少数族裔关注不够。这是由于存在污名化、缺乏医疗保健以及其他能够对学生的残疾状况做出诊断并向父母告知有服务机会等原因。此外，这些学生就读于水平较差学校的可能性较高，而这些学校为了避免提供服务开销更不可能主动识别学生的残疾身份（Morgan et al.，2015）。但是，获取服务的障碍无法解决干预的质量问题。即使某个人经过确认，的确具有特定形式的残疾，尤其是情绪障碍，但是这个人还是几乎无法获取任何服务（Jonson-Reid，2011；Lee and Jonson-Reid，2009）。可能会令人惊讶的是，由于情绪障碍而被视为有资格接受特殊教育的年轻人，在成年后会出现高比例的负面行为和经济后果（例如失业或犯罪行为）（Wagner and Newman，2012）。

服务和需求之间脱节的另一个例子是关于青少年身份和对违法犯罪的回应。青少年法院的发展始自 20 世纪初期，它从一种惩罚性的成人模式

---

① 指幼儿园至 12 年级

转变为一种更具保护性和康复性的模式（Trattner，1984）。这种转变预示着我们需要大量的早期干预服务方法。尽管有一些针对初犯或罪行较轻人员的有前景的项目（例如 Bouffard，Cooper and Bergseth，2016；Ryon，Early and Kosloski，2017）以及一些综合服务的地区性示例，例如伊利诺伊州的"重新部署计划（Redeployment Program）"（State of Illinois Department of Human Services，2014），但此类干预措施并非常态。Peter Greenwood（2008）发现，只有5%的青少年有资格参加预防犯罪计划，这很大程度上是因为这些计划的实施不够广泛。在涉及高风险青少年司法案件中，能够接受以证据为本治疗的青少年比例也较低（Henggeler and Schoenwald，2011）。类似地，虽然在转介到适当的精神健康服务时，有希望减少初犯者的再犯机会，但有效筛查和转介服务离普遍可用还有很远的距离（Spinney et al.，2016；Zeola，Guina and Nahhas，2017）。在大多数司法管辖区，青少年法庭的资源严重不足，且仅在青少年的行为变得严重到需要加强监督的情况下才提供服务。由于监督范围有限，要了解问题的真实范围变得很复杂。国家有关少年犯的统计数据仅限于缓刑、拘留或其他家外安置的案例（Puzzanchera，Adams and Sickmund，2010）。研究表明接受法庭联络预防服务的青少年的长期结果较差，这也是意料之中的（如 Bright，Kohl and Jonson-Reid，2014）。一项元分析得出的结论是：不采取任何措施可能比做正式处理（对较轻犯罪情节的人而言）更好一些，但两者都比将罪犯从正式裁决中转移出去且仍然向其提供服务时要差（Petrosino，Turpin-Petrosino and Guckenburg，2013）。

当我们谈论到大多数接受过教育和青少年司法服务的儿童的时候，读者可能会很快责怪这是父母的过错，怪他们未能坚持要求服务。然而，服务信息可能很难获得，这是因为资源有限的机构不愿意花钱给服务做推广（Lipsky，2010）。已有相当多的研究表明，即使已经建立了系统联系，父母在寻找服务系统时仍然遇到困难（如 Burke，2013；Cusworth et al.，2015；Khanlou et al.，2015；Morgan et al.，2015）。例如，尽管家长对于服务的倡导可以说是确保残疾儿童在教育系统中得到最佳照顾的关键部分，但研究表明，理解家长手册所需的阅读技能通常超过许多父母的现有水平（Fitzgerald and Watkins，2006）。

处理过程或系统结果也并非总与案主的健康或福祉相关（Bradley and Taylor，2013；Lipsky，2010）。部分原因可能是因为给定的结果通常只能通过多个跨系统的服务来实现（Jonson-Reid et al.，2017；Bradley and Taylor，2013）。自 20 世纪 80 年代中期以来，永久性和安全性结果在儿童福利中已基本存在，但政策演变要求关注健康和福祉结果已有近 20 年的时间（Jonson-Reid and Drake，2016）。当然，如何实现这样的结果我们尚不清晰，而且将结果与实现健康和福祉的各种合作努力联系起来的研究为数不多。尽管 2008 年制定了一项政策，要求在健康与儿童福利之间进行协调，但我们对应对该政策的成功实施模型知之甚少（Jaudes et al.，2012；Jee et al.，2010）。

在为成年人设置的社会服务部门中，系统观念、个人需求和实际服务之间也存在类似的脱节。与医疗保健相比，美国在社会服务方面的投入相对较低，而且医疗与服务之间也存在脱节（Bradley and Taylor，2013）。例如，未经治疗的物质滥用疾病在美国仍然是一个主要的健康问题（Bouchery et al.，2011；国家毒品情报中心，2011）。每年数以万计的美国人死于这种疾病，而每年造成的经济损失超过两千亿美元（Harris，Edlund and Larson，2005）。此外，在少数族裔人群中，精神健康和物质滥用障碍患者未能得到所需服务的比例始终较高（Wells et al.，2001；Walker et al.，2015）。对于这些人而言，结构性障碍（例如，缺乏足够的医疗保险）仍然很严重（Wen，Drs and Cummings，2015）。虽然"平价医疗法案"在弥补这种医疗保险获取障碍方面有可观的前景，但并非所有州都实施了低收入人口所需的医疗补助扩展计划（Medicaid expansion）（Missouri Medicaid，2016；Patterson Silver Wolf，2015）。

许多有医疗保健或精神健康服务需求的人也有极大的社交和物质需求（Bradley and Taylor，2013）。根据"平价医疗法案"的结果，社会服务和医疗的融合得到了极大的关注，特别是住房服务、交通运输、行为健康和物质滥用治疗。新的支付方式、激励措施和惩罚措施促使许多医疗保健与供应商合作，或是开发各自的新型服务方法。例如，针对再入院率高的医院所做的经济处罚鼓励了病例管理、交通运输和其他医院外社区服务的发展。许多州已经在其医疗补助计划中尝试了服务整合的模式，通常是在为受益人开发医疗院（Medical Homes）的背景下，医疗院试图将初级保健和社区诊所与社会服务做协调。对此类模式的结果研究仍在进行中，但研究表明有发展前景（Berkowitz et al.，2017；Garg et al.，2015；Gottlieb et al.，2016；Gottlieb，Wind and Adler，2017）。一项将物质需求筛查纳入妇幼社区卫生诊所的随机对照研究发现，进行正式筛查时，转诊率显著提高，母亲接触转介资源的比率也更高（Garg et al.，2015）。另一项随机对照研究发现，将筛查与满足家庭社会需求的资源相结合时，由父母报告的儿童整体健康结果也具有类似的正面效应（Gottlieb et al.，2016）。其他研究集中在给具有复杂医疗和社会服务需求的患者制定个案管理计划；研究发现了住院人数减少的证据，并且在某些情况下改善了健康行为和护理质量（Berkowitz et al.，2017；Hong，Siegel，and Ferris，2014）。

但是，减少结构性障碍并不能保证服务的充足提供。许多有行为健康或物质滥用障碍的成年人缺乏足够的护理（Wen et al.，2015）。美国一线物质滥用障碍治疗师的服务主要是基于直觉，而不是基于确切的数据或科学证据（Patterson Silver Wolf et al.，2014）。的确，在与物质滥用治疗相关的多年研究经验中，本章的一位作者观察到，人们普遍存在着一个观念，即受过良好教育和训练有素的治疗师可以充分满足患者的需求，但是没有任何绩效测量可以支持这个观念（Patterson Silver Wolf，私下交流，2017.12.15）。在公共和私人系统中，要确保成年人接受证据为本的精神健康治疗也面临着类似的挑战（Keller et al.，2014）。

最需要服务却又无法获得服务的人群往往是少数族裔和穷人，这一事实与社会工作"增强人类福祉并帮助满足所有人的基本需求，特别关注弱势群体、被压迫者和贫困人口的需求和增能"的使命形成鲜明对照（National Association of Social Workers，2008）。社会工作长期以来支持采用生态方法，这种方法承认需求、风险以及服务和政策的保护因素之间的复杂相互作用。危机导向和服务的孤立性质常常阻碍社会工作实现增强人类福祉的使命。

要解决服务需求和获取有效服务之间的差距，我们需要了解哪些因素阻碍了人们获取以证据为本的高质量的服务。这最终需要在许多方面采取行动。在政策层面，必须提供充足和持续的资源来帮助被服务群体接受最佳服务。如目前通行的做法所示，许多服务嵌套在单独的政策和组织结构中，当存在多种需求时，对服务的整合和协调就变成了优先事项。在项目层面，即使采用证据为本的方法，也必须提供服务对象所真正需要并在文化上调适的服务。在个人层面，人们需要了解所存在的资源以及如何获取它们。为支持人们过上宜居生活，服务应该发展以满足新的或不断变化的需求。所有这一切，都是社会工作研究和实践的重要任务。

第二节　服务提供和获取的障碍

在政策层面，持续使用"系统"一词可以使那些制定法规和管理资金的人相信存在一种解决需求问题的有效方法。每当系统水平的结果很差时，他们总是呼吁进行系统改革，而忽略了他们是否曾经建造过完美的系统以应对需要解决的问题（Jonson-Reid and Drake，2018；Jonson-Reid，2015）。系统被定义为"有规律地相互作用或相互依存的一组项目所形成的整合体"（Merriam Webster，2017）。很少有人会认为存在一种统一的方法来提供所需的健康和社会服务。

大多数负责为健康、精神健康和经济需求提供服务的组织通常只能提供非常有限的服务，这些服务在各个地区和人口特征（如社会经济地位）上是不均衡的。例如，一项关于患有精神疾病的青年人的全国性研究报告显示，只有略多于三分之一的人接受过服务，而黑人和拉丁裔青年接受服务的比率要低得多（Merikangas et al.，2011）。通常，我们所说的"系统"更像是为应对最严重和短期问题而设计的危机处理方案（例如，所谓的儿童福利系统；Jonson-Reid and Drake，2018）。从一场危机到另一场危机的个体无法有效地发挥他们在家庭、工作或社区中的作用，从而也无法充分发挥他们的潜能。正如 Bradley 和 Taylor（2013）在讨论关于美国健康结果不佳所提到的那样，一项服务的成功不一定能够独立于不同护理部门所提供的另一项服务。一些研究表明，即使在专门服务于给定需求的系统内，服务提供商在告诉案主所存在的服务项目上也存在很大差异（Khanlou et al.，2015；Stahlschmidt et al.，2018）。要解决诸如儿童虐待、改善医疗保健结果、物质滥用或贫穷等复杂问题，就需要从狭义的诊断科目和部门资金支持的线性模型转变为整合不同学科的专家意见后所形成的项目规划和政策倡议（Bradley and Taylor，2013；Head and Alfird，2015；Rigotti and Wallace，2015；Dowding et al.，2015）。

这样的改革需要透明度和数据支持，而不仅仅是计算有多少人遇到了特定问题，还需要针对他们所涉及的各个部门（例如，教育、医疗、社会服务）采取应对措施。通常情况下，几乎不可能知道哪些人真正在系统中接收了服务，以及这些服务所确切包含的内容。这是基于最新的"失败"建立的一种被动的政策方法，而不是能够找出差距并整合与各种行为、健康和经济问题相关的、有关复杂需求的已知信息。缺乏以数据为基础的知识，使得我们倡导有效的、必要的和可持续资源的过程变得复杂。

一 筹资与激励

造成这种危机驱动、被动并分散的系统的根本原因是缺乏针对社会服务使用连贯稳定的筹资方法。大多数服务组织的资金来源是公共部门的赠款和合同，私人慈善事业以及少量的付费服务。一些服务例如低收入社区的青年发展项目，没有专用的资金来源，导致提供者被迫将来自"联合之路（United Way）①"或其他慈善渠道的资金、个人捐赠以及临时赠款和合同拼凑在一起。这些筹资来源很少可以用于覆盖间接开支、日常运营或机构的基础设施建设。此外，无休止地追求赠款和合同会消耗员工大量的时间和精力，并且会经常导致机构放弃自身使命以保持大门敞开（即与同行组织争夺有限的资源，这可能不利于整合）。

此外，近年来项目服务资金的主要来源渠道一直在减少，这导致了机构关闭、机构合并或裁员。在全国范围内，联合之路的筹资有所减少，这导致其减少了对会员机构日常运营的支持。捐赠者建议基金（donor-advised funds）的迅速增加可能会减慢慈善资源的分配，并且几乎可以肯定的是，某些项目会比其他项目受益更多。许多州的预算问题和财政危机已经导致对服务的支持急剧减少，在某些情况下会导致支付的长时间延迟，甚至无法给已经提供的服务进行报销。例如，伊利诺伊州连续两年无法通过预算，其结果是无法向机构支付各种各样的社会服务费用，从而导致机构蒙受巨大的财务损失，他们不得不减少服务并裁员。路德教会社会服务（Lutheran Social Services）作为该州第二大社会服务提供者证明了这些影响。它被迫削减其 30 个项目的服务，从老年服务到酒精和毒品成瘾治疗，并裁员了 750 多名员工，占其员工总数的 43%（Kapos，2016）。

这种系统性资金挑战的更广含义是服务组织对基础设施的投资不足，包括技术、员工技能和绩效的提高以及物质设施。这个问题被描述为"非营利饥饿周期"，它阻碍了组织解决现代需求的能力，这些现代需求包括实施证据为本的服务、管理数据、恰当地使用技术、评估服务（请参见以下讨论），以及创新和实施组织变革（Coggins and Howard，2009；Lecy and Sterling，2014）。缺乏资金使社会服务组织未能升级信息技术和管理系统，而缺乏对员工技能的投资则阻碍组织的成长和变革。尤其是整个社会服务部门缺乏统一的现代技术系统是一个严重的局限性，它通常阻碍了服务和

① 联合之路 United Way 是美国最大的民间公益机。它于 1887 年成立于美国丹佛市，总部位于美国华盛顿特区，在全球 40 个国家和地区拥有近 1800 个网络会员机构，与半数以上的美国 500 强企业有长年合作关系，年筹资额达 50 亿美元

服务提供者之间进行有意义的整合。

二　污名，关联和获取

尽管我们认识到了社会工作的重大进步，但仍然有很多努力因问题地区和人口而显得孤立无援。当前的紧迫任务是识别进行跨服务部门工作所需的共同要素。清晰的流程对于确定何时需要调整以及如何针对特定人群进行调整是必不可少的（Jones and Wells，2007；Tovar et al.，2015）。服务获取的问题应从机构转移到环境，例如社会工作与城市规划进行整合，以减少公共交通不佳等障碍。

为了充分理解系统障碍，应对挑战所需要的变革和所需的资源，我们需要通过伙伴关系、合作和联盟来实现社区参与（International Association for Public Participation，n. d.）。呼吁社区参与和基于社区的参与式研究代表了为减少污名化而进行的工作，也就是要减少对接受服务的污名化。所有公众参与和社区参与战略的核心是认可受社会问题影响最大的人群的发言权，他们有资格在如何满足需求上发声（Zakus and Lysack，1998）。

在回顾现有项目时，可能会发现社会服务会在社区中遭人反对，因为这些服务无法解决知识方面的差距或语言和素养方面的问题，也无法解决价值观、文化信仰或由忽略结构性、情感和心理障碍而产生的项目实施中发生的冲突。Castro、Barrera 和 Martinez 提出，当初始干预措施（项目）中的要素对项目活动产生抵制，或这些要素与文化态度和信仰相抵触时，文化适应的目标应该是"开发与文化调适的样本预防项目"（2004：43）。然而，要想有效发挥作用，我们必须了解何时以及如何调整服务和服务提供系统（Chaffin et al.，2012；Jones and Wells，2007）。

三　有效需求

获取服务还可能受到需求的影响，尽管我们对这是否取决于特定的服务需求尚不清楚。"有效需求"这一术语在国际工作中使用较为频繁（Ensor and Cooper，2004；Srihari et al.，2014），它指的是预期的服务接受者正在要求或寻求的服务。根据定义，有效需求要求接受者了解服务及其目的。当服务被迫应对紧急危机时，例如需要为胳膊受伤的病人提供医疗服务时，我们几乎没有机会可以讨论更广泛的预防性保健服务。尽管这对于干预来说可能很好，并且可以满足危机需求，但对于预防或早期干预方法而言可能不是最佳的。例如，人们越来越关注问题发生后的临床护理，这里人们就没有机会可以从一开始就解决这些问题产生的社会性决定因素（Bayerand Galea，2015）。如果不能确保公众了解实现人口健康所需的结构变革，那么这一问题就可能无解。

尽管存在合作模式和改善证据为本护理的模式，但这些努力往往没有与社区参与和教育相结合。这导致人们对可能存在的支持缺乏了解，而这些支持可以系统性地帮助解决使个人、家庭和社区处于弱势地位的根本问题。由于缺乏对公众进行有关可能提供的服务范围做宣传和教育，这就错失了解决与寻求医疗服务或参与系统相关的污名化问题的机会（Devaney and Spratt，2009；Wen，Druss and Cummings，2015）。此外，缺乏对有需求人群期望的理解，使案主无法参与到提倡系统改革和响应能力的活动中（Keller et al.，2014；Lipsky，2010）。正如 Michael Lipsky（2010）所指出的那样，有时由于缺乏足够的资源来满足已在接受服务的人群的需求，我们会提高对这些服务需求的关注，从而限制了有关服务信息的传播。

第三节　我们如何着手并有可能解决问题？

多部门问题（例如我们在本章中所回顾的）需要多方面的解决方案。这种方法包括政策和机构层面的创新和行动。它还需要整合新资源，例如先进的技术，来帮助改善有关服务信息的覆盖范围。这些改进的基础应该是社会工作对社会服务部门以及这些部门所遇到的问题拥有所有权。如本章开头所述，这显然是社会工作使命的核心。最近一篇有关领导力的文章认为：

　　服务组织、支付和金融以及服务的信息和责任制正在发生重大变化。随着社会工作作为一种职业在社会服务环境中运作，回应这些趋势就变得很重要，这就需要制定我们的教育内容，阐明证据为本的研究议程和战略规划（Lein et al.，2017：68）。

　　所有权并不意味着社会工作应独自解决复杂的需求，正如先前所述的对合作的需求需要避免的那样。然而，所有权的缺乏阻碍了社会工作专业发展，这已经超出了 Harry Specht 和 Mark Courtney（1995）的批判，他们担心社会工作只会成为另一种形式的心理治疗。相反，所有权表明了与服务和系统有关的职业自豪感和认同感，这些服务和系统构成了社会工作的大部分工作环境。这种职业自豪感被认为是让我们的工作者能够长期工作并避免职业倦怠的关键（Butler and Constantine，2005；Nilsson et al.，2005）。甚至在 Abraham Flexner（2001）对社会工作领域的早期批评也表明，具有专业精神是成为专业人士所需要的最重要特征。社会工作者必须直面阻碍成功和社会非公正结果的复杂性，从而实现从个人到宏观的政策变革。

　　这里，问题的关键是研究、教育和倡导，以改善组织和社会服务部门的筹资。这方面需要我们社会工作毕业生具有新一代的领导才能。它还需要组织和财务资源使用新技术，实施证据为本的实务以及在使用大数据和其他现代管理与评估工具方面做出创新（请参阅本书第十四章）。它要求有能力理解社会服务领域以外的政策制定者和服务提供者，并承诺与伙伴机构进行合作。

一　改善技术使用

　　先进的技术为外展服务（outreach）、为指导实践和政策决策提供数据访问以及增加使用系统科学工具创造了新的潜力。使用此类工具可能有助于增进我们对未来路径的理解。

（一）治疗计划与评估

当治疗师不断收集重要患者的大量健康数据并将其输入电子健康记录系统（例如，生理—社会心理评估、治疗计划、个人/小组以及其他正在进行的数据）时，诸如绩效仪表板（performance dashboard）之类的技术可以将关键的临床表现和患者健康指标以赏心悦目和易于消化的形式反馈给治疗师和患者，这将有助于他们进行实时调整和决策（Pauwels et al.，2009）。Ruben Amarasingham 及其同事（2009）认为，在基于医院的护理中，较高的信息自动化水平（通过临床信息技术工具如医师评分来衡量）与较低的死亡率、较低的并发症率和较低的总成本相关。信息自动化水平每提高 10 个百分点，住院死亡人数就减少 15%（563 亿美元），并发症风险降低 16%（601 亿美元）。结果是节省了 1164 亿美元（Amarasingham et al.，2009）。

临床实践应以实证主义为基础，对案主的需求做出回应，并以结果为中心（Rosen，2003）。临床服务提供者和组织通常代表着第一接触点，并将与患者保持持续的互动。任何使用现有最佳信息提供最优护理的失败，事实上是由在这些系统中工作的组织和专业治疗师造成的。将技术与临床护理进行更好的整合，为实时测量服务的影响力提供了机会。

例如，为物质滥用障碍提供社会服务的行业，下一步的计划是开发一种功能齐全且符合 HIPAA 的绩效仪表板［1996 年健康保险携带和责任法案（Health Insurance Portability and Accountability Act of 1996）］。该仪表板可从电子健康记录系统中提取关键表现指标。在情境化技术适应过程指导下，绩效仪表板工具将被整合到已建立的物质滥用障碍治疗监测系统中（Ramsey et al.，2015）。当信息被录入到电子健康记录系统时，治疗师将能查看到患者的最新数据，从而使他们能够在常规护理时间表中追踪患者实现治疗计划目标的进度，并在整个过程中查看自己的绩效数据（例如，患者的人口指标、保留下来的患者人数、完成时间）。类似的方法还可以广泛用于精神健康护理的临床服务。

同样，在儿童福利和教育中，数据越来越多地用于近乎实时的绩效评估和识别风险家庭，以便更好地针对需要的人群进行预防服务（Florida Department of Education n. d. ；Lery，Putnam-Hornstein，Wiegmann and King，2015）。全国社会工作关于家庭暴力的重大挑战特别介绍了一个名为"出生匹配（Birth Match）"的项目作为例子，解释了如何使用数据查找有新生儿的家庭，以及这些家庭是否发生过儿童虐待行为。然后，该项目通过志愿服务提供家访以减少婴儿的风险并对家庭提供支持服务（Kulkarni，Barth and Messing，2016）。数据系统经过适当的调整并得到信息共享协议的支持，能够使多个服务于同一案主的组织实时看到彼此的工作，从而更好地协调以便帮助案主实现服务所要达到的目标。

（二）评估和服务提供

电话和计算机技术正在被用来促进服务获取以及向潜在的服务消费者提供信息。为退伍军人实施的远程医疗计划提供了额外的病例管理和护理协调，从而减少了住院时间，获得了参与者的好评（Darkins et al.，2008；Luxton et al.，2011）。随着应用程序可以用于症状评估、提供教育并帮助查找资源，智能手机作为增强临床精神健康实务工具的用途正在日益增长（Krishna，Boren and Balas，2009）。医疗保健中其他对信息技术的应用（包括预防教育）也正在开发和测试中（Purnell et al.，2014）。基于电话的参与协议也对父母参与儿童精神健康服务进行了测试（McKay and Bannon，2004）。为满足特殊人群的需要（如有特殊儿童照护需要的父母），已经开发了互联网支持小组（Baum，2004）。研究还发现一些基于计算机的精神健康治疗在解决社会性焦虑等问题上非常有效（Amir et al.，2009），并因其解决服务获取和效率问题的能力而广受好评（Griffiths and Christenson，2006）。

（三）政策制定与项目规划

最后，我们需要在项目规划和政策制定中更有效地利用技术。我们可以利用大数据来解决各种问题，包括从监测需求的流行率到跨部门系统参与，再到为改善干预结果奠定基础的监测（Coulton et al.，2015）。在本书第十四章中，我们将更详细地讨论这个主题，但在这里，我们主要在服务系统的背景下来讨论这个问题。

如前所述，我们通常需要来自多个部门的服务和信息来指导社会工作者和医疗服务提供者所服务人群的需求（Bradley and Taylor，2013；Jonson-Reid et al.，2017）。在其他国家和地区，使用此类链接数据为消费者和政策提供信息的方法更为先进（Lyons et al.，2009；Sadana and Harper，2011；Thygesen et al.，2011）。的确，英国已通过使用关联数据来了解所在地区的状况，从而朝着为公众增能的方向迈进（Shadbolt et al.，2012）。华盛顿大学（Washington University）的教授采用了一种类似的方法，即"为了所有人"（For the Sake of All）项目，以提供数据的方式为社区增能并改善圣路易斯地区的健康不对称现状（Purnell et al.，2018）。这有可能会鼓励有效需求（前面已经讨论过）以及 Bovaird（2007）描述的公共服务的合作运行（co-production of public services）。在美国，使用大数据为政策和计划提供信息的吸引力越来越大。越来越多的研究人员正在使用链接数据，并且朝着利用这些数据更好地为社会公益服务的方向努力，为美国更好地使用链接数据提供了希望〔例如，芝加哥大学社会数据科学（Data Science for Social Good，University of Chicago）；美国洛杉矶儿童数据网络（Los Angeles Children's Data Network）〕。另一方面，一些研究表明，像集体影响（Collective Impact）这样的链接方法并不一定产生大数据的良好协作（Fink，2018）。换句话说，收集更多的数据只是一种手段，当它有效且协同地被应用时它们才能增加影响。

然而，除了需要链接数据外，还需要应用能够解决复杂系统相互作用的非线性方法（Bradley and Taylor，2013；Jonson-Reid et al.，2018；Vaithianathan et al.，2013）。在健康和社会科学中出现了各种各样的系统科学和机器学习的方法。举例来说，在诸如儿童保护等社会服务部门中越来越多地讨论使用预测风险模型（它长期被用于医疗保健），以更好地用于针对预防的服务（Vaithiainathan et al.，2013）。另一个例子是使用微观模拟对政策转变的可能性影响建立模型。微观模拟方法有时被称为系统科学模型一系列模型中的一个部分，广泛用于模拟政策和系统变革对人员、组织和人口的影响。微观模拟模型使用大量的"微观"单位（通常是从真实样本或行政数据中抽取的个人或家庭）来定量地衡量社会政策或项目变革的影响（Levy，2014）。

在过去，微观模拟模型需要大型微处理器，特别是如果模型用到大量人口，需要多次迭代来估算或建立复杂的动态模型时，尤其如此。随着计算能力的飞速发展，现在大多数个人计算机都可以轻松地处理微观模拟模型。阻碍这种方法广泛使用的一个早期障碍是它需要建模者具有计算机技术专长。在过去，模型是使用陈旧的计算机语言（例如 FORTRAN，CO-BOL）构建的，但是目前情形已经大大改观，建模中可以使用各种软件包，包括通常用于社会工作研究中的 SAS 或 SPSS 软件包（Goldhaber-Fiebert et al.，2012）。微观模拟方法不仅可以用于为政策提供信息（这种方法的典型使用），而且对于那些寻求为进入到儿童保护系统中的儿童提供新型实践方法的研究人员也大有用途（Aarons et al.，2012）。

另一种系统科学方法是使用小组建模，该模型允许小组成员尝试解决给定的问题，并随时间达成共识（Hovmand et al.，2012；Hovmand，2014；Munar et al.，2015）。该方法使用可视化正规因果图和结构化方法指导的计算机模型（Black and Anderson，2012；Hovmand，2014），为设计有效的跨学科合作、寻找干预措施或策略展开的学习合作提供了强大的工具。

最后，诸如网络分析之类的技术可以帮助人们理解复杂的相互关系（Luke et al.，2013）以及提供旨在支持项目和政策的协作网络（Harris et al.，2017）。个人的关联数据可以帮助我们通过系统来了解服务使用者的流动，而在社交网络层面进行的分析可以帮助我们了解服务提供者、研究人员和政策网络之间的合作。

二 将政策与绩效挂钩

系统应该以完整的逻辑模型进行开发，并在人口、需求、服务和结果之间建立清晰的联系。这些模型应跨部门连接。这样的模型可以支持灵活性，可以根据需要在社会服务提供者之间重新定向资源，并合并（或协调）服务以减少低效。这样的框架还通过清楚地说明所需结果与可用服务之间的差距来支持倡导。

（一）金融创新与系统改革

由于医疗保健中的支付系统正在迅速向负责任的医疗保健组织形式发展，因此出现了强有力的激励措施，在医疗保健提供中强调了社会服务提供者。最近的文献表明，通过整合医疗和社会服务的这些努力，改善了健康状况并节省了成本（Hong et al.，2014；Taylor et al.，2016）。虽然联邦行政管理和政策领导层的变革给这种医疗与服务整合运动带来了一些不确定性，但很明显的是，服务与医疗的整合，特别是行为健康和药物滥用治疗方面的整合，将为社会工作和社会服务组织提供重要机遇。

对于有筹资问题的服务寻找替代筹资模式，备受当前研究、基金会和政府的关注。社会企业被一些组织视为摆脱财务困境的一种途径。在全球范围内，已经提出了各种形式的"为绩效支付"或"为成功支付"，并且已经实施了许多项目，尽管结果数据目前很少（Iovan，Lantz and Shapiro，2018）。从许多方面来看，这些成功的新举措都是对基于绩效的社会服务承包的延伸，这些承包项目有悠久的传统。这些新兴模式中最引人注目的是社会影响债券，它将私人投资与可衡量的服务成果目标联系在一起，如果能够实现，则可以为投资者提供金融回报。最早的社会影响债券在美国试图减少纽约市里克斯岛的少年犯再次犯罪。该项目吸引了彭博慈善基金会和高盛的投资资金，但由于未达到预防累犯的目标，该项目未能偿还投资者的款项（Cohen and Zelnick，2015）。尽管有早期的失败经验，但联邦政府、州政府和许多基金会仍在开发有关儿童福利、公共卫生、无家可归者、早期儿童教育和许多其他应用的"社会影响债券"项目。最近的研究表明，这种方法的可行性很可能取决于专家是否有能力确定结果的适当成本基础，支付是基于预期的短期还是长期结果，以及是否有处理这些计划的行政责任组织的广泛参与（Temple and Reynolds，2015）。要成功使用这种方法来支持社会工作的项目和政策，还必须依赖证据为本的方法，以及

由这些方法所证明的足以吸引投资者的效益规模（Bafford，2014）。使用
这种方法改善社会问题的经验证据仍然不够明确（Fraser et al.，2018）。

另一种合作筹资方法涉及"集体影响（collective impact）"运动。这种
解决社会问题的方法鼓励围绕一个已达成共识的问题开展跨部门合作，并
特别关注协调工作和结果评估（Wolff，2016）。这方面包括统一的基金会
领导方法。但是，专家警告说，资助者不得推动工作，而是应该支持影响
变革所需的合作的发展，这通常需要数年时间（Easterbrook，2013）。其他
对该方法的批评者指出，此法缺乏社区参与的深度，也缺乏解决实现更多
基层社区组织工作中所要达到的目标所需的结构和政策变革的意愿
（Christens and Inzeo，2015）。目前我们尚不清楚这种减少的社区参与趋势
是否会影响对该方法的长期财政支持。

尽管这些新的筹资安排有许多议程，但从根本上讲，它们是在改变对
服务的激励机制，鼓励新形式的合作和服务提供以及增强项目和财务责任
制。现在来谈这些新的筹资和组织模式是否会真正将大量新的金融资本用
于服务，从而产生服务提供方面的创新或打破组织之间的孤立局面还为时
尚早（Gustafsson-Wright，Gardiner and Putcha，2015）。

（二）研究与项目规划

有必要找出既定政策与它所提供的服务以及期望达到的结果之间的理
想关系或令人信服的关系。例如，服务系统可能在既定政策如何影响服务
提供上秉持一种错误观念。在国家报告和某些州政策中，证实（substantia-
tion）作为儿童虐待的指标，表明是否真实发生过虐待以及是否应将儿童
标记为"受害者"。[①] 这样的指标可以推动将实务与儿童和家庭所需要的服
务关联起来。Drake 和 Jonson-Reid（2000）指出，在个案处理中，使用证
实的儿童虐待与提供儿童虐待或忽视服务的需求之间存在脱节。在随后的
儿童保护工作中，还存在使用证实的资料与儿童结果之间的另一种脱节

---

① 在美国以及很多西方国家，有举报儿童虐待的热线电话。这些举报，有时可能因为各种
原因而属于"谎报"或"诬报"。举报只有经社会工作者进一步调查和查证后，才形成"证实"
的虐待。在此作者特别指出，这种证实非常重要。

（Drake et al.，2003；Hussey et al.，2005；Kohl，Jonson-Reid and Drake，2009）。有证据表明，证实不能充分连接服务需求和虐待结果。换句话说，儿童可能遭受过虐待，但没有得到证实。不幸的是，"证实"一词在政策上仍然与"受害者"混为一谈。当联邦政府报告有关儿童虐待报告的各州摘要数据时，仅提供有关"受害者"的详细信息（即已证实的案例）（U. S. Department of Health and Human Services，2019）。这使得官方数据中的儿童虐待率比实际流行率要低很多。反过来，这个较低的数字通常会指导其他政策相关研究的开支，例如最近疾病控制中心（CDC）发起的预估虐待成本的研究（Fang et al.，2012）。最经常提到的 1240 亿美元成本实际上仅仅是对已证实儿童虐待案例所花费的成本。

正如 Michael Lipsky（2010）指出的那样，重要的是不仅要了解既定政策或流程的预期含义，而且还要了解实际应用。如上面的例子所示，不了解这一点可能会导致有关系统功能或案例分类的错误决策。另一个例子是基于对入学率的不准确分析而实行的针对特殊教育中少数族裔儿童人数过多所做的改革（Morgan et al.，2015）。避免过多少数族裔儿童使用特殊教育的这个奖励措施有一个意外后果，那就是特殊教育代表性不足以及该项目对少数族裔服务不足。

系统改革与系统创建或完成是有显著区别的。但是，如果不仔细研究政策的内容及其执行方式，这两个目标都无法有效实现（Jonson-Reid，2011；Jonson-Reid et al.，2017；Lipsky，2010）。在我们对所服务人群的人口特征和所提供的服务和结果的理解上，通常存在很大的差距。例如，尽管 30 多年前制定了"印第安人儿童福利法（Indian Child Welfare Act）"（Fletcher，Singel and Fort，2009），但我们对于如何对这类儿童提供服务知之甚少。此外，部落儿童福利数据通常不报告给州层面儿童福利机构（Fox，2003）。这导致了尽管有充分的证据表明土著儿童中遭受创伤的比例很高（Bubar，2010；Dorgan et al.，2014；Ehlers et al.，2013；U. S. Census Bureau，2011），但美国印第安人/阿拉斯加土著儿童的虐待报告率低于黑人、白人或拉丁裔群体（Kim et al.，2017）。不清楚要服务的人群特征以及所提供的服务，可能会导致资金分配不匹配以及与文化有关的干预方面的问题。整合数据（或大数据）是本书第十四章的主题，该主题会更好地帮助我们开展与政策相关的研究，并可以帮助将服务定位到最需要服务的人群（Comer et al.，2011；Jonson-Reid and Drake，2008；Putnam-Hornstein，Needell and Rhodes，2013）。

Michael Lipsky（2010）指出，由于资源限制、培训或两者兼而有之，我们有必要了解可能会改变既定政策实际执行情况的提供者和组织环境。对医疗保健系统成本的担忧可能会导致无法承受的病例数量和减少了的患者治疗时间。另一方面，对服务的需求和对报复的恐惧（如果这些需求得不到满足的话）可能会导致医疗干预的处方过多（Bradley and Taylor，2013）。在公共社会服务中，通常在政策要求和实践环境之间存在相互竞争的需求。例如，在儿童福利方面，经常要求工作人员在资源不足和时间有限的情况下做出困难的决定（Jonson-Reid and Drake，2018）。

社会工作长期以来采用生态或人在环境中的模式，但是服务接受者的特征和需求，可用的服务以及服务提供的环境之间存在复杂的相互影响，要求专业人员不仅要考虑嵌套影响，还要考虑两者之间的复杂而动态的相互作用。当目标实现或未实现时，社会工作者必须通过多重的竞争性解释来思考这些结果，从而最好地确定变革的杠杆点。

（三）新的综合实务模式

在医疗保健方面，医疗保险和医疗补助服务中心（Centers for Medicare and Medicaid Services）（2017）资助了大量创新示范项目，旨在开发和测试服务和医疗保健整合的新模式。这些模型利用现有的社区服务来解决健康问题的社会性决定因素，并为有关联的社会和健康需求（例如行为健康和长期护理）提供支持。例如，明尼苏达州制订了"健康问责社区（Accountable Communities for Health）"计划，该计划将医疗保健与行为健康服务、公共卫生、长期照护、社会服务以及其他形式的保健相结合。在运营上，该模型包括社区护理团队，这些团队将医疗服务提供者（例如，医师团体、医院）与行为健康、公共卫生、社会服务以及基于社区的经济发展组织结合起来。

合作规划和服务整合可能是一项复杂的任务。除了在规划和评估中开发逻辑模型的传统方法（Julian，1997；Monette et al.，2013），还有一些创新的方法可以利用，即通过技术来弥合政策与实践之间的鸿沟。如前所述，技术的进步是我们能够用数据来指导从政策层面到个体案主评估以及结果层面的实务。更好地挖掘和利用医疗服务部门之间有关联的现有数据，通过了解个人或家庭如何和是否使用医疗服务机构和组织提供的服务，这为解决服务不对称问题和改善结果提供了机会（Hall et al.，2012；Krahnet et al.，2010）。前面提到的方法（例如网络分析）也可以成为了解组织之间合作过程的有力工具（Luke and Harris，2007）。例如，该过程可以帮助识别需要加强伙伴之间合作的领域（Harris et al.，2017）。随着社会和医疗服务数据的自动化程度越来越高，创建用于模拟（以及评估）实践的复杂计算模型可以让不同的护理模型来解决过去的棘手问题。

三　建立有效需求

跨越不同需求领域获取服务可以与需求本身联系在一起做研究。换句话说，除了社会或医疗服务提供者和组织的倡导外，有人认为需求也应来自消费者。这与一种观点类似，即一旦个人意识到某种产品（例如一种新的麦片）的价值，他们会要求本地商店运送该产品。虽然在对既定高质量干预的需求方面通常会想到这一点，但它也已被更广泛地应用于支持和特定危机无关的功能领域的服务需求。例如，这种方法已在很多国家被用来影响避孕措施的可及性及推广（Belaid et al.，2016）。尽管社会服务提供者能够并且应该主动识别和解决案主所面临的挑战，但这些挑战超出了服务的需求本身（Thompson，Kreuter and Boyum，2015），而恰恰在这方面，我们需要进行更广泛的公共教育。

与特定主题相比，营销和推广满足多种需求的服务使其适合公共教育活动并不是一件容易的事情。但是还有其他方法，例如社区资源博览会在2016 年儿童预防管理局（Children's Bureau of Prevention Resource Guide）的资源指南中推荐的一种预防虐待儿童的策略或基于社区中心的各种信息传播策略（Children's Bureau，2016；Broeckling et al.，2015）。对此类方法实际结果的研究仍然有限，而信息工作通常被归类为更宏大计划工作的一个方面（Beals-Erickson and Roberts，2016；Worthy and Beaulieu，2016）。从理论上说，这些努力提供了一种为参与者准备现在或将来在本地论坛中可能需要的服务和资源菜单的方法。我们还不知道这种方法本身如何会改变寻求帮助的行为。最近，至少有一个社区尝试了提供菜单驱动的资源信息指南电子版（Fleefler et al.，2016）。尽管在国际健康文献和至少一项美国预防性精神卫生干预研究中有使用某种形式的公共教育方法，但与社会服务机会相关的研究还是相对较少（Boyum et al.，2016）。

我们还有提高社区意识的其他途径。社区参与的策略，也称为以社区为本的参与性或社区行动研究，促进了有关教育的策略制定和评估，以增强社区成员对关键领域所存在的有关服务的知识。这些努力以及社区对此的回应可能会提供信息和知识，这些信息和知识与旨在提高对社会服务资源及其使用的认识相关。根据儿童预防资源指南局的原则，"消除癌症差异计划"的研究人员实施了一项社区培训计划，该计划提高了社区研究素养、信心以及与实务工作者和学术研究人员平等参与的意愿。社区研究人员培训计划（D'Agostino McGowan et al.，2015）对社区成员进行了培训，这些参与者现在积极参与各种活动，包括伙伴关系参与、研究项目协调、研究回顾、社区干预和咨询委员会服务（Thompson et al.，2015）。其他方法还包括使用社区教育者，他们是经过培训的非专业人士，可以提供有关护理需求和护理可用性相关的信息（Srihari et al.，2014）。上述类型的工作可能有助于增加对现有服务和额外服务的需求，这些服务是通过参与策略进行开发的。

当边缘化和弱势群体成员的自决权得到承认时（结合重要的利益相关者，包括社区组织，社会服务机构，政治领导人和社区倡导者的意见），我们就有机会建立一致的目标（International Association for Public Participation，n. d.；Zakus and Lysack，1998）。在合作解决问题的氛围中，更有可能做出资源承诺以及制定在多个层面上运作的策略和干预措施（Castro，Barrera and Martinez，2004）。最近，这一想法已从仅仅是利益相关者的投入扩展到将社区视为服务的共同生产者（Bovaird，2007）。在某些方面，这类似于草根社区组织原则的目标和运行（Christens and Inzeo，2015），但适用于服务的开发和提供。公众参与和社区参与变成了改革政策、项目和实践的催化剂。

社会工作的重点是案主的自决权和对社会正义的倡导，它的理想状态是通过服务的发展和监管促进社区参与。另一方面，系统还存在无力应对信息增加的限制，因为系统本身在回应上有局限（Lipsky，2010；Morgan et al.，2015）。社会工作者必须有意愿跨层次、跨专业工作，以满足需求所需的系统层面的资源，使得利益相关者的参与能够得到充分实现并带来有影响力的变革。

四　调整干预以提高接受度并减少污名

尽管普遍认为应使用最优质的以证据为本的干预，但对既定人群而言，不被接受的或在文化上敏感的干预措施可能会严重阻碍人们的参与。Castro、Barrera 和 Steiker（2010）确定了可以用于决策指导并在文化适应上以证据为本的干预步骤。首先，必须证明完成文化适应所需的时间和努力。这方面的证据基于先前尝试过的让低收入、贫困或其他边缘化人群参与的失败经验、项目失败或由独特的文化产生的风险因素或症状。一旦证明了文化适应的合理性，就可以选择以证据为本的干预，并且可以在项目内容和服务提供中进行文化适应。Manuel Barrera 及其同事（2013）报告了文化适应的五个阶段，这些阶段代表了对早期建议的完善：信息收集，初步设计，初步测试，完善，以及对糖尿病干预的最终实验。他们的回顾表明，在适应中包含文化因素的干预比对照组或常规护理更有效。然而，我们还缺乏证据，表明这种类型的所有或大多数干预都采用了这类推荐策略（Thompson Sanders et al.，2015）。

文化适应框架有两种形式（Thompson Sanders et al.，2015）。第一种

是在内容类别之内做修改（Kreuter et al.，2003；Resnicow et al.，1999；Sosa，Biedeger-Friedman and Yin，2013）。第二种涉及在初始阶段就制定社区干预方法。在第一种形式中，最突出的是 Resnicow 等人（1999）对"深层结构（deep structure）"的引用，这种深层结构可以识别、强化并建立在群体的文化价值观、信仰和行为之上，它们为干预的重要组成部分提供了背景和意义。

细化以上由 Resnicow 等人所讨论的要素使这方面的努力转向第二种形式。Matthew Kreuter 及其同事（2003）专注于使用特定群体的数据（例如，推荐说明、叙述、故事和统计数据）来提高对问题的认识、感知的脆弱性以及成员参与的策略，其中包括雇用本地居民，在社区内部培训准专业人士，以及广泛的社区参与（Aguilar-Gaxiola et al.，2002）。通过注重文化调适性的干预设计，这些项目有关社区观念的内在知识在社区层面得以提高，从而增强了接受度和关联性（Aguilar-Gaxiola et al.，2002；Satterfield et al.，2014；Sosa et al.，2013）。

必须指出，尽管有关适应和污名的许多文献可能都集中在种族文化上，但是在种族之外为一般弱势群体服务时，我们也必须注意类似问题。例如，适应和污名的文献中提到了某些相同要素，它们也是帮助弱势人群的一般方法，例如，参与文献涉及的使用儿童福利服务的父母、LGBT 青少年、艾滋病毒预防群体、农村人口、军人家庭（Boyce et al.，2018；Cigrang et al.，2016；Kemp et al.，2009；Vance，2017）。适应的观点是基于既定环境来减少污名并增强对服务的获取和参与，这与社会工作对生态模型的历史性依赖相一致（Ungar，2002）。

五 建设研究的基础性设施

解决服务获取和参与的复杂问题要求我们做好持续的研究。Rowena Fong（2012）提出，社会工作教育特别是在博士阶段，需要做出改变，需要将社会工作从纯粹的专业实践转变为一种科学。要通过研究解决系统障碍，需要对所服务的复杂人群有了解，需要社区参与研究的运用，以及有效利用先进技术。分析模型必须考虑各种因素的复杂性，从案主到一线实务工作者、到组织、再到政策层面，以确保对障碍的识别、对效率低下的解释，以及确定适当的目标干预水平。严格地测量实施变化时所达到的结果，必须确定其实际意义以证明成本合理。解决问题和参与系统的复杂性要求为这类培训采用跨学科的方法（Tucker，2008）。

当然，科学严谨性的提高并不意味着应用性方法和社区参与方法的消失。许多社会工作流派专门采用社区参与的研究方法，而研究方法的设计则支持这种强调（Padgett，2008；Soska and Butterfield，2013）。也有研究用于指导合作伙伴关系的发展过程来支持这些努力（Begun et al.，2010）。除了在美国的努力外，全球的社会工作学校也越来越多地教授研究技能。得克萨斯大学奥斯汀分校（University of Texas at Austin）在军事环境中建立了研究实习的机会，特别面向对这一人群感兴趣的博士学生，这是在社区和不同文化中进行沉浸式学习的一个范例（Dumars et al.，2015）。乔治·沃伦·布朗社会工作学院认识到教师和学生的时间限制了他们解决来自社区伙伴的各种需求，因此投资建立了评估中心，该中心为社区合作伙伴提供培训，介绍评估机会，并协助完成评估工作。

社会工作学院也越来越多地对未来研究人员进行高级数据和分析方法的培训。例如，在华盛顿大学，其中的公共卫生系统科学中心（Center of Public Health Systems Science）资助了一个网络科学兴趣小组，在学生和知名学者之间共享相关技术和应用的信息（http：//networkscience. wustl. edu/）。社会系统设计实验室（Social System Design Lab）为研究生和教师提供了解决基于社会问题的系统科学方法课程和基于项目的学习方法（https：//sites. wustl. edu/ssdl/research-and-training/）。儿童虐待政策、研究和培训创新中心（Center for Innovation in Child Maltreatment Policy, Research and Training）启动了一个大型项目，重点开发跨州数据编程和分析基础架构。它不仅为学生提供培训机会，而且最终将会提供一个编程和分析工具包，提供给研究人员和及州级机构使用（Child Welfare Data SMART；https：//cicm. wustl. edu/about-us/projects－2/）。

技术的应用不应该限于分析方法（可能会产生系统问题）。博士生还必须为数据的高级应用以及研究中的技术使用做好准备。宾夕法尼亚州立大学最近启动了一项综合性研究生教育计划，旨在培训研究人员进行社会数据分析（http：//bdss. psu. edu/soda）。现在，许多大学提供细分项目来支持数据的开发和使用，以实现社会公益（Zheng，2018）。南加州大学社会工作学院的洛杉矶儿童数据网络（Los Angeles Children's Data Network），为研究员、学生和老师们提供了一系列机会。华盛顿大学已经开始在计算和数据科学（Computational and Data Science）领域开设新的博士课程，该课程将应用社会科学领域（包括社会工作）的专业知识与计算统计方法方面的高级培训相结合。

跨学科工作和转化工作也是解决复杂问题和开发具有高影响力研究产品的关键（Nurius，2016）。虽然存在真正的跨学科博士课程的例子，如在密歇根大学可以获得多个学科的联合博士学位；但大多数大学并没有类似的机会。博士后阶段的多学科和跨学科教育也可以协助这一过程（James et al.，2015）。最后，跨学科方法必须适用于团队科学和信息传播（Jonson-Reid et al.，2013）。对于培养能够跨系统和跨学科思考的研究人员而言，我们目前对最有效的模型还不是特别清晰，所以这方面的创新仍然至关重要。

六 培养有效率的实务工作者

研究生水平的教育还必须与跨系统和跨学科工作的需求以及对数据和技术的需求保持同步。尽管很多社会工作学院越来越多地接受以证据为本的实务，但对跨学科方法的需求也日益增加（Bellamy et al.，2013；Stanhope et al.，2015）。常见问题和需求的共存与我们服务系统的孤立性形成了鲜明的对照。如果没有准备好在此领域开展行动的工作队伍，那么对更好的合作与协调的呼吁就不可能成功。例如，要求将行为健康与医疗保健相结合的呼吁不仅为社会工作提供了机会，而且还要求一种培训方法，该方法应将复杂问题的知识以及不同的服务系统整合在一起（Croft and Parish，2013；Patel et al.，2013）。

学生还必须准备好在实践中使用数据和技术。随着越来越多的人使用临床仪表板和基于绩效的系统反馈一类的创新［Dowding et al.，2015；佛罗里达教育部（Florida Dept of Education，n. d.）］，学生必须熟悉这些技术在这些领域的应用（Lery et al.，2015）。此外，人们越来越多地使用应用程序和远程医疗等技术，这些技术可以作为面对面服务的补充（Ramsey and Montgomery，2014）。在这种模型中，有效的和符合伦理要求的案主参与和实践所需的技能可能不同于传统意义上教授直接实务技能的方式（Dombo，Kays and Weller，2014；Mishna，Fantus and McInroy，2016）。

最后，与对未来研究人员的教育类似，对未来实务工作者的教育必须包括在多元化社区内关注有效的实务工作。虽然这通常是社会工作的优势领域，但培训方法（例如沉浸于不同环境中的学习方法）仍在不断发展（Dumars et al.，2015）。确实，对文化和社区的了解对于实务创新非常重要，例如在社会服务中使用信息和通信技术（Bryant et al.，2018）。由于文化和社区并非一成不变，因此我们需要不断更新对这些构造的理解，并在整个课程中注入合适的资料。

例如，培训的计算机化正在被测试，并用于持续的专业发展以提高实务水平（Patterson Silver Wolf et al.，1997），以及应用于服务使用者的治疗和外展（Amir et al.，2009；Mishna et al.，2014；Hughes et al.，2017）。虽然在接触服务不足和弱势人群的社会正义方面还有很多工作要做，但对实务工作者利用技术做最佳实务的培训将是社会工作专业发展的重要方向（Bryant et al.，2018；Lee and Harathi，2016）。这是一个不断发展的领域，既需要改善研究生教育，也需要扩大与校友的联系，以便让校友能够将开发和测试新技术或使用技术时的经验带到专业发展中来。

随着组织间和社区合作的实务模式在框架上的新发展，这些知识需要被有效地传达给实务社区。例如，文献建议在战略规划工作中应支持合作模型，以确保基于场地的计划（place-based initiatives）达到最优化（Dupre et al.，2016）。与学术机构建立合作伙伴关系，可以为机构在使用网络分析或系统动力学之类的工具上提供咨询以满足需求。这就要求毕业生无论从事临床、管理还是政策领域都必须与研究保持联系。华盛顿大学社会工作学院通过社会系统动力实验室培训和公共卫生系统网络研究兴趣小组，围绕系统分析方法建立了这样的伙伴关系。该校的克拉克—福克斯研究所（Clark-Fox Institute）研究生政策学者计划帮助学生将参与政策分析、沟通策略和倡导工作等领导力机会联系在一起。此外，该研究所还组织论坛并协助开展宣传活动，从而让校友和其他社区成员继续参与政策宣传的关键议题。布朗学院职业发展计划向更广泛的社区提供服务，这些社区正在提供以证据为本的临床和管理方法方面的持续培训。

在政策倡导层面，未来的实务工作者应该并且能够使用或开发经验数据，以帮助阐明服务存在的差距或找到质量较差的方面。他们必须具有与决策者和社区有效共享知识的技能，理想情况下，他们应该了解潜在的解决方案和成本。

与有效需求以及文化上可接受并且可行的服务有关，社会工作实务工作者必须成为向社区和个人传播信息的过程的一个部分，这些信息与社区居民可获得的支持类型相关。通过这样的方式，社会工作倡导弱势社区的参与，发展有效需求，鼓励人们参与政策倡导工作。最后，我们有必要倡导与所有支持者建立更早的联系，为长久缓解潜在的经济、教育、健康和精神健康困难提供更好的机会。

第四节　结语

宜居生活意味着人们在整个生命周期中有需要时都能获得有效的服务，而不是等到问题恶化并变得难以解决时才开始接触服务。这就要求我们对待支持性服务有一个截然不同的思维方式。正如当前有关医疗保健的争论所表明的那样，讨论不应只集中在一个方向上，服务功能应以生态发展框架为指导。我们需要询问在哪个部门，哪个人生阶段需要哪些服务，以提高个人在人际关系、家庭、工作场所及其社区中发挥作用的能力。我们还必须有能力以一致而非偶然的危机导向的方式提供跨区域跨人口的服务。服务也应易于获取并为有需要的人群所接受。此外，它们必须由数据指导，以便服务能够适应不断变化的需求。

从本质上讲，社会工作对世界持有一种多学科和生态的视角。鉴于此，该专业应专注于建立和支持积极发展的系统，而非在孤立的照护系统中做出回应。采用社会正义的方法认识服务，可能有助于推进这项工作。换句话说，如果我们将服务视为宜居生活所必需的公共物品，那么获得有效服务（包括确保公众充分了解最佳实务和可用资源）就是推进社会正义的重要组成部分。实现这一目标还需要在社会工作中付出更多的努力。显然，这是一个跨学科的问题，它需要在实践、政策和研究层面进行有效合作，包括提升这类合作所需的意愿以及普及这方面的已有知识。

第 十 三 章

设计和实施政策与项目创新

Barry Rosenberg, Patrick J. Fowler, &

Ross C. Brownson

  宜居生活取决于有效满足所有人（尤其是边缘化人群）所需的项目和政策。这些项目和政策是针对需要服务的人在基层实施的。在过去的几十年中，社会工作专业在提供这些人类服务中发挥了重要作用。然而，尽管我们在促进更健康的社会方面取得了长足的进步，棘手的社会问题给旨在促进宜居生活的服务提供制造了挑战。我们迫切需要广泛应用创新方法，以应对导致社会不平等的复杂系统。

  社会创新是引入系统变革最有希望的途径。然而，许多障碍阻碍了社会工作促进宜居生活的努力，还有很多工作要做以铺平实现这一目标的道路。本章阐述人类服务面临的一些关键挑战。它提出了一个重组社会工作进行未来创新的理论框架。根植于促进社会正义和社会福利的强大能力，我们的框架在方法上强调将促进连续性和非连续性创新的方法与人类服务相结合。这些方法可以让未来的领导者做好准备、利用各种机会促进宜居生活。

  这个雄心勃勃的行动要求社会工作专业应对挑战。这些挑战来自设计和测试复杂社会问题所形成的复杂解决方案。我们尝试在制度背景下通过学术角度阐明这个领域的前进方向。我们认识到编织方法的实施和传播需要来自学界外合作伙伴的投入。本章为重塑促进宜居生活的人类服务以及它的发展提供了第一步。

第一节　问题及其重要性：宜居生活的停滞不前

社会工作在使用以证据为本的实践促进宜居生活方面发挥了领导作用。研究人员已经确定了在精神健康服务、医疗保健提供，教育实践和人类服务管理领域的有效干预措施。该领域继续推动有关有效干预的实施和传播的开创性研究（Brownson，Colditz and Proctor，2012）。同时，社会工作培训模型以证据的使用为中心，专业认证要求具备研究指导实践的能力和社会干预方法的能力（Council on Social Work Education，n. d.）。专业的发展和社工执照的要求使得实务工作者更容易获得在实证研究指导下的实务知识。动员大量的实务工作者向以证据为本方法迈进，标志着迈向宜居生活的协调工作发生了巨大变化。

不幸的是，证据为本的实践和政策的颁布尚未消除社会问题。尽管在过去的一个世纪中，研究和培训取得了进步，但是棘手的社会问题还在继续挑战我们为宜居生活所提供的服务。贫困和社会排斥威胁着世界各地的家庭和个人的福祉（见本书第五章）。在我们日益紧密联系的社会中，种族主义和歧视在美国和全球范围内蔓延（参阅本书第四章）。边缘化和与有害环境的接触会对健康人和社区的发展产生毁灭性的影响（见本书第二章和第十章）。给宜居生活带来损害的复杂因素已经开始适应并抵制证据为本实务的广泛使用。社会工作需要思考促进福祉的替代性策略。

第二节　挑战：改善宜居生活的复杂性

社会工作所面临的众多挑战使其无法领导制定大规模的策略来促进宜

居生活。障碍的范围从社会和种族不平等的恶劣本质，到计划之外一成不变的教育方法。此外，在社会企业中缺乏社会工作者作为领袖，这威胁到了人类服务的未来领导力，也就无法为负责任的创新实践贡献新的思维方法，这种实践需要平衡社会正义与社会利益。

一 复杂性和证据为本的方法

社会问题的复杂性使所有这类问题难以解决。问题的根深蒂固以及它们的多变性催生了压迫和边缘化。促进宜居生活需要多层次、适应性强、有伸缩性的、可持续的有效方法。这就需要复杂的干预措施，以确保在维持保真度的条件下在多种情境和时间范围内协调构成干预的各个组成部分。这些举措通常需要广泛的合作。这又进一步挑战了服务的有效提供，特别是在资源有限的情况下。对服务需求不断增长，相互竞争的有形需求以及资金、时间、组织能力方面的限制迫使我们难以决定服务对象和服务内容。因此，这种复杂性阻碍了我们设计和实施以证据为本的干预，影响到我们对宜居生活的促进（Fowler et al.，2019；Kube，Das and Flower，2019）。

对许多项目影响力和新项目开发速度的担忧，使得以证据为本的干预更加复杂。传统的以证据为本的干预是在一系列线性阶段上逐渐推进的（Landsverk et al.，2012）。在对流行病学和社会问题的决定因素做了广泛研究之后，我们首先设计干预在提升福祉方面的关键机制。对这些机制，我们会在受控的环境中做试点和测试，以将机制的有效部分隔离开来。对成功的展示使得后续通过有效性研究（effectiveness studies）所做的测试有理由进行，而有效性研究是将干预措施应用到预期的环境之中。最后，只有那些少数在开发过程中展露希望的干预能够用到大规模的实施之中，而实施则需要制定培训和传送干预的策略。研究表明，以上过程是资源密集型的，知识转移存在大量时间上的延迟。据估计，从研究到实践的平均流水线为17年（Balas，1998；Grant et al.，2000）。结果是，社会工作专业人员必须耐心等待，等待研究所提供的指导。

　　证据为本的实践本身固有的时间延迟性使得社会工作专业人员无法应对复杂的现实。人类服务对动态条件做出回应，这些条件不断改变对可用资源的需求和供应。这些背景很少与产生证据的实际情况相匹配。在等待更好的证据时，社会工作专业人员接受过训练，知道在这时如何可以根据实际情况做些改变，以达到最佳实践的目标。尽管这总比没有采取行动要好，但这种权宜之计可能会引入并进一步巩固低效的实践和政策。此外，关注最佳实践和即兴发挥无法解决知识生成和传递延迟的根本问题。

　　如何扩大政策或实践的规模成为促进宜居生活的难题。扩大规模指的是项目可持续的实施过程，如何使项目在最大程度上提供最大收益（Fowler et al.，2017；Larson，Dearing and Backer，2017：v）。由社会工作者领导的大规模干预的范例目前还很少（Hoagwood et al.，2014；McHugh and Barlow，2010；Milat，Bauman and Redman，2015）。在扩大规模上存在许多障碍，包括时间、成本、阻力以及围绕新解决方案调整多个参与者的需求。对关键流程（例如采用、适应和放弃使用）的洞察力有助于改善宜居生活的服务和策略的效率。但是，效率的逐步提高持续面临系统性的短缺，即无法获得对支持的广泛需求。

　　社会问题和干预措施的复杂性危害了以证据为本方法的广泛应用。研究需要时间和资源来定义问题，开发和测试回应措施，以及确保广泛的实施和传播。当研究人员寻求以证据为本的解决方案时，社会问题会继续恶化并使人们对它们习以为常。例如，小的问题会在范围和复杂程度上呈现指数型放大，而政策和项目对它们的回应会带来意想不到的后果使低效率永久化。对一大批工作人员做以证据为本方法的培训是必需的，但仅此还不够，我们还需要培训他们设计和实施社会干预的能力，以达到宜居生活的目标。

二　什么是创新？

　　创新可能是指一个过程或一个产品。通过引入新产品、服务、公共政策、流程、技术、制度、组织结构，合作系统以及与组织成员进行互动的方法，都可以被认为是创新（无论是社会创新还是其他创新），创新会带来一定程度的改善（Cajaiba-Santana，2014；Damanpour，1991）。创新可以用来解决项目和政策的有效性或效率问题（Osborne，1998）。有一些创新可以使两者同时实现。一些学者（Light，2009a；Osborne，1998）将创新的定义局限于非连续性的变化。还有一些研究人员（Seelos et al.，2012；Prange and Schlegelmilch，2010）认为，创新可能会产生次要或主要的不连续。本部分我们考虑的创新可能是不连续的，也可能是连续的，甚至可能是渐进式的，例如通过持续的质量改进而采取适度变革的创新。颠覆性创新（disruptive innovations）引入了全新的产品、技术或服务，最终取代了现有的操作（Christensen，2011）。所有创新都包含新颖和变化的元素。但是，创新不必一定是原创的，对于特定的用户、情境或应用的第一次使用也可以被认为是创新（Damanpour，1987；Phills，Deiglmeier and Miller，2008）。

三　人类服务的社会创新和创业差距

在新兴的社会企业和社会创新领域，社会工作的代表性不足构成了另一个挑战。创新和创业源于商业中广泛使用的策略，它们提供了生成、测试和扩大新型解决方案规模的具体流程，这些解决方案可以更快更有效地满足消费者的需求。尽管这里不能过于详尽展开说明，但其步骤遵循一般结构（Christensen，2011）。通常，需要利用数据来洞察对产品、技术和步骤上未观察到的需求。解决方案的产生侧重于终端用户的潜在体验，以设计更好的选择。初始设计和测试通常涉及多个原型，这些原型以不同的方式满足需求。通过考虑多种数据源的结构化决策程序来选择进一步开发的选项，例如反馈、快速循环测试、研发成本等。规模扩大是否成功以及后续的决策取决于销售和增值等多项指标。

在整个规划过程中，证据是否存在以及对它们的使用与一般意义上对人文服务的开发有所不同。不断收集关键指标方面及时而准确的数据，为持续进行调整提供了机会。另一方面，关于公共服务和政策的数据往往是不完整的，并且难以进行实时决策。例如，关于服务提供的管理记录代表有能力并愿意接受服务的自选人群，因此这类记录不反映未观察到的需求。社会工作者学习项目规划和评估的变通方法，这些变通方法需要额外的资源来收集所需的信息，例如社区评估。但是，缺少实时数据与主流的以证据为本的框架相结合，可能会进一步延迟对公共服务导向的纠正。

对非连续性创新方法尤其是对创业创新方法的关注有了长足进步，这是对公共服务创新呼声的一种回应。创业创新这个概念是在 20 世纪 80 年代 Ashoka 的工作中出现的，Ashoka 资助了企业家以及帮助新企业寻求不同的收入来源（Dees，2007）。背后的驱动力源于公共服务需求的复杂性和范围不断扩大，政府支持的减少以及公共服务组织资源不足（Dees，1998，2007；Gauss，2015；Gray，Healy and Crofts，2003；Light，2009a；Nandan and Scott，2013；Skoll and Osberg，2013；Seelos and Mair，2012）。行业的模糊性和具有社会意识的商业增长、企业家的文化地位以及他们的"新"吸引力也促进了这一运动（Berzin and Pitt-Catsouphes，2015；Phils，Deiglmeier and Miller，2008）。

社会企业以及社会创业通常在社会工作之外发挥作用，他们对社区的健康威胁能够做出更为及时的回应。社会企业家认识到、回应并适应不断变化和不断增长的人口需求，环境变化的复杂性，并希望提高组织和项目的有效性、效率和可持续性。社会创新发生在"当一个新的想法建立了改变现有范式的不同思维方式和行动方式的时候"，并且有针对社会变革采取社会行动的需要（Cajaiba-Santana，2014：44）。一些人认为社会创新比主流的方法"更为公正"（Salamon，Geller and Mengel，2010：2），因为它们创造的价值主要是造福整个社会而非个人牟利（Phills et al.，2008：36）。

社会企业家通过建立新的组织、项目和组织关系来进行创新。如果这种创新是有效的，可复制的和可以转化为社会政策的，它们将达到广泛的规模效应。一些项目选择基于市场的社会企业模型，对社会负责的营利性企业或公司责任方法，而另一些则选择非营利组织的模式。还有一些人则创立了混合的组织结构和筹资战略（Phills et al.，2008）。社会企业孵化器、加速器、风险投资、影响力投资以及基金会与项目相关的投资是支持创业工作的常用方法。

社会创业家体现了企业家的许多特征和技能，区别是社会创业家是在现有组织内部工作以开发新的项目、干预措施和流程（Nandan，London and Bent-Goodley，2015）。已有的大量研究侧重于组织创新的特征、条件以及所谓的创业方向，其中包括创新性、风险承担、积极性以及如何使理事会、高层管理人员和核心员工在内的多个参与者协调一致（Beekman，Steiner and Wasserman，2012）。

社会工作在实践和培训中采纳社会企业和创新方法上进展缓慢〔杜克大学社会企业家发展中心（Center for the Advancement of Social Entrepreneurship at Duke University），2008；Westley and Antadze，2010）〕。尽管认识到公共服务的潜在价值，但很少有专业人员接触过结构化的教育模式（Berzin，2012；Berzin，and Pitt-Catsouphes，2015；Berzin，Pitt-Catsouphes，and Gaitan-Rossi，2016；Germak，and Singh，2009；Gray，Healy，and Crofts，2003；Nandan，London，and Bent-Goodley，2015）。进入社会工作专业的新生仍然没有充分地接触这个概念，而这方面也缺乏通过专业发展做培训的重组工作。这种延迟使得我们错过了塑造和指导负责任的公共服务应用的关键机会。我们没能培训好该领域的领袖队伍也使我们对未来发展的前景表示担忧。

四 社会创新与社会企业精神的局限性

尽管企业方法在公共服务和政策设计中仍未得到充分利用，但对现有应用的批评则提醒我们：社会创新的企业方法不足以创造宜居生活。流行的观点经常会把企业家浪漫化为社会影响力的奇才或超级英雄，而忽视了为实现宜居生活而努力的集体之间的相互依存关系（Andersson，April 11，2012；Andersson and McCambridge，2017；Berzin and Pitt-Catsouphes，2015）。社会企业家（有时与传统的公共服务管理者相反）具有远见、创新、乐观、变革、动力、勇敢、无情行动派、破坏者以及风险承担者的特征，他们不仅希望减轻人们的痛苦，而且希望实现可持续的、可扩大的社会转型（Bornstein，2004；Dees，1998；Light，2009b；Martin and Osberg，2007；Skoll Foundation，nd）。然而这种关注可能掩盖了一个事实，即企业家精神通常发生在组织内部，甚至是在新生的组织中，而实施新企业的过程则涉及众多参与者（Andersson and McCambridge，2017；Cnaan and Vino-kur-Kaplan，2015；Light，2009b）。

对社会企业家精神的批判包括：该运动催生了众多通常是重复且资源匮乏的初创企业；许多有代表性的想法缺乏证据支持；它们过于强调了个人在组织中的地位（Edgington，2011）；企业家常常无法过渡到对他们的项目进行合理管理，并且在治理和透明度方面能力薄弱（Light，2009a）；绝大多数初创企业倒闭；只有很少一部分企业能够达到有意义的规模（Ross，2014）。对社会企业家精神和社会创新的另一种普遍批判是：他们仅仅为了改变而改变。Cnaan 和 Vinokur-Kaplan（2015）指出，稳定成熟的组织在提供了满足明确需求的有效服务之后，可能没有理由去专注创新。其他人则认为，对非连续性创新和颠覆性创新的强调会有损渐进式创新的潜在有益影响（Osborne，Chew and McLaughlin，2008；Osborne and Flynn，1997；Seelos and Mair，2012；Seelos et al.，2012）。为防止随意的社会创新和社会企业的出现，我们必须协调专业价值观。

社会创新和企业家精神的局限性表明社区的需求未能得到满足。创新过于频繁就很难与利益相关者的需求和资源保持一致。这种错位至少部分反映了对社会问题的参与不足，这是公共服务中的普遍挑战。参与不足会错失改革的机会，更糟糕的是，这种错位会长期存在。社会工作可以通过植根于社会正义中的反思性实践和回应性实践来减轻这类风险，同时社会工作也可以从它一百多年的教育和培训的方法中得以完善。对于指导社会创新和社会企业专业标准的缺乏，也引发了对该领域未来发展的担忧。

五　创新的管理和政策挑战

宜居生活普遍面临的挑战是不确定性，这种不确定性包含了对复杂社会问题应对措施的管理。由于问题的动态性质，应对方式始终处于不断变化之中，微小的变化可能会削减现有干预措施的有效性，同时又会为新型的解决方案创造机会。例如，随着社区的种族隔离日益加剧，促进住房公平地方政策成功的可能性将减少。但是，这种情况为基于安置的社区发展战略创造了颠覆性机会。鉴于现有的应对措施所产生的惯性，对新型解决方案的激励非常困难。反馈过程为管理者和政策制定者创造了极其复杂的环境，这是任何社会工作专业人员都熟悉的现实。

考虑到稀缺资源的分配，创新过程中面临的压力显而易见。各级管理人员和决策者需要不断决定时间、精力和资金的最佳利用。稀缺意味着在一个领域的投资会剥夺另一个领域的投资。由社会企业家和社会创新方法产生的解决方案通常需要对风险投资做长期评估。设计新型解决方案所必需的原型和迭代过程比采用现有干预需要花费更多的时间和精力。但是，回应当前需求的压力会激励对现有解决方案的投资，无论这些解决方案是否保持现状或实用性是否下降。对于被迫将资源从创新转移到满足短期需求的管理人员和政策制定者来说，这是一个陷阱。在关键时刻加倍考虑潜在的突破性创新尤其如此（Fowler，Wright et al.，2019；Lyneis and Sterman，2016）。所以我们说，可持续创新需要相当强大的管理能力。

越来越多的理论、研究和评论集中在与创新者和组织所需技能相关的先例、方法、前提条件、贡献和抑制因素以及优先的程度上（Phills et al.，2008）。探索和开发是组织用来适应不断变化的环境并保持竞争力的两种策略。每一个都代表着使用和发展知识以达到影响的替代性战略方向（March，1991）。探索描述了一个非连续性的变化过程，包括搜索、变异、风险承担、实验、灵活性、发现或创新。开发则涉及诸如提炼、备选方案、生产、效率、选择、实施以及执行之类的事情。这些因素反过来又使过程出现渐进式变化。这样的过程是自我强化的，相关组织通常会倾向于选择这两种策略之中的某一种（Prange and Schlegelmilch，2010）。尽管具有挑战性，但双元性组织（ambidextrous organizations）能够做到两者兼备（1991；O'Reilly and Tushman，2013；Tushman and O'Reilly，1996）。

对领导力和组织能力的强调与社会企业家的普遍观念形成对比。创新过程需要对多阶段和多层次的过程做协调，其中涉及许多具有各种技能的人。尽管开发和维护具有挑战性，但最终的网络创建了一个制衡机制，可以提高新兴想法和产品的价值。为社会变革而嵌入各类网络中的创新也有助于确保生产效率。

六　公共服务领导力的价值递减

担任领袖角色的社会工作专业人员人数的减少，是为人们提供宜居生活服务的另一个障碍。许多学者记录了社会工作者在公共服务组织中获得高层领导职位的能力下降，而他们本可以在此范围内塑造和影响创新（Friedman，2008；Hoefer，2009；Perlmutter，2006；Rosenberg and McBride，2015；Sullivan，2016；Wuenschel，2006）。例如，最近对 12 个大型全国性非营利网络（例如，童子军、男孩和女孩俱乐部、天主教慈善机构，基督教青年会）的研究发现，当地分支机构的首席执行官中有一半拥有研究生学位；三分之一拥有 MBA 学位；仅有 20% 的人拥有 MSW 学位（Norris-Tirrell，Rinella and Pham，2017）。因此，在一些最重要的公共服务组织中，实际上由社会工作专业人员担任领袖的比率只有 10%。

造成这种下降的因素主要集中在培训的缺口上（Ezell，Chernesky and Healy，2004；Nesoff，2007）。人们越来越多地意识到，公共服务专业人员在复杂的服务提供中存在应对管理和领导力挑战准备不足的问题。与此同时，接受过商业、公共管理和非营利管理培训的个人竞争也在加剧（Hoefer，Watson and Preble，2013；Mirabella，2007；Milton，2016）。社会工作的缺席意味着其他具有不同价值观的职业正在进入并践行社会变革。在这样的背景下产生的解决方案可能会也可能不会符合社会正义原则和多数人的社会利益最大化。社会工作未能参与创新实践，不仅威胁到专业价值，而且给重大社会问题的回应质量带来威胁。

七　挑战总结

如表 13.1 所示，社会工作专业面临着许多阻碍，这种阻碍危害了旨在促进宜居生活的政策和实践创新。过度依赖证据为本的实践，再加上使用过程中固有的延迟和低效，无法应对社会问题的复杂性，并且错过了使用更好应对复杂社会问题的创新方法的机会。社会企业和社会内部创业的发展领域产生了重要的创新。但是，这项运动几乎没有社会工作的参与。尽管社会企业有自身的局限性，但由于其他职业填补了这方面的空白，社会工作的缺席威胁到该职业在公共服务领域的领导地位。此外，未能将社会工作视角纳入社会创新会威胁到公共服务的核心考量，即公平公正。

表 13.1　　　　社会工作和公共卫生在通过实践和政策促进
宜居生活上面临的主要障碍和机遇

问题	优势	挑战	回应
社会问题的复杂性	·社会变革的悠久历史和广泛经验 ·根深蒂固的社会正义和社会利益价值观	·根深蒂固和长期性的不平等 ·抵制标准政策和最佳实践方法 ·需要适应性的应对措施	·持续促进社会正义和社会利益的价值 ·为复杂的系统变革建立研究和培训能力
对证据为本的实践的过度依赖	·在决策上重视证据 ·有大量的基础设施用于教育和培训 ·劳动力的竞争优势	·在发展中的延迟和低效 ·广泛实施和传播的障碍 ·与复杂性不兼容 ·可靠证据的狭隘定义 ·社会变革的需求压力	·鼓励灵活的研究设计 ·重视产生证据的多重方法 ·促进复杂的系统思考
公共服务缺乏企业精神和创新	·独特的专业能力用于应对模糊性 ·整合证据为本的实务的竞争优势 ·重组基础设施	·创新需要平衡效率和发现 ·难以管理稀缺资源的竞争性需求 ·管理不善导致维持现状或失败 ·范例的缺乏抑制了实践	·促进整合连续性和非连续性变革的编织实践 ·培训双元性的专业人员和领袖
公共服务领导力的降低	·公共服务领导力的传统 ·解决复杂社会问题的丰富经验	·CEO越来越少在公共服务领域接受过培训 ·创新人员在公共服务领域外接受训练 ·社会创新不一定根植于公共利益 ·公共服务失去社会正义和社会利益的风险	·提供重组的机会 ·培养将创新整合于实务之中的领袖

第三节　解决方案：用于变革型公共服务和政策的一种编织方法

一　呼吁创新

证据为本的实践以及社会企业的弱点和局限性告诉我们，对证据为本和社会企业任何一项的过分依赖都是有缺陷的。社会工作将继续强调证据为本干预的重要性，这种干预是基于高质量研究以及不断增长的传播和实施科学。但是，迄今为止，该行业在非连续性创新和社会企业方面的参与有限。通过将这些工具整合到传统研究和政策实践中，下一代社会工作专业人员能够为推进宜居生活的议程做更好的准备。

在此重复一下其他学者的呼声（Berzin，2012；Berzin and Pitt-Catsouphes，2015；Berzin，Pitt-Catsouphes，and Gaitan-Rossi，2016；Germak and Singh，2009；Gray，Healy，and Crofts，2003；Nandan，London and Bent-Goodley，2015）。我们认为，公共服务专业人员必须同时采用连续性和非连续性的创新方法，以更好地应对复杂性和规模需求。将这两个方面联系在一起，专业人员需要从更广泛的工具包中获取知识和技能，这些工具包不仅包括实证研究，还包括可以在整个创新过程中使用的开发、探索、社会企业和内部创业技能，从而开发、实施和扩大有助于宜居生活的政策和项目创新。

我们认为，我们所称的"编织方法"与社会工作价值观和实践完全一致。创新战略和技能与对宏观实践的强调相一致，而企业家精神则将宏观实践的原则和商业活动相结合（Germak and Singh，2009；Pitt-Catsouphes and Berzin，2015；Nandan et al.，2015）。整合公共服务的转变可以回应"让社会工作在社会企业运动中占据一席之地"的呼吁。它要求公共服务有新的发展并强化教育模式，为专业人员做好创新准备（Center for the Advancement of Social Entrepreneurship at Duke University，2008；Westley and

Antadze，2010）。下面我们要讨论的编织方法将推进宜居生活所必需的系统变革。

二 一个编织工具箱

我们提倡社会工作专业开发一个广泛的工具箱，该工具箱可用于从较小程度的改变到最具颠覆性的创新过程。该工具箱还应该与有效领导和管理公共服务组织所需技能兼容。此外，这些技能可能有助于在时机成熟时考虑取消某些干预措施。企业家技能的发展需要特定技能的培训，例如设计思维（Brown and Wyatt，2010）、精益创业① （Ries，2011；Blank，2013）、敏捷项目管理工具、快速测试周期和参与式规划，以及组织管理和人力资源管理方面的一般技能（Pitt-Catsouphes and Berzin，2015；Nandan et al. ，2015）。其他一些利用现有变革能力的技能，例如持续质量改进，绩效管理和项目评估，对于渐进式创新至关重要。创新者还需要管理和领导才能以创造变革，并确保员工对证据为本的流程在操作上足够精准。此外，领导者需要了解使得组织双元性（ambidexterity）挑战最小化的策略，并理解每种创新策略的管理意义（Damanpour，1987；Osborne and Flynn，1997）。同样，在各个层面上影响社会政策具有紧迫性，这个过程需要倡导、政策实践和传播策略方面的技能。

三 促进双元性（ambidexterity）

实施编织方法需要提高双元性的领导能力和组织能力。双元性指的是在连续和不连续的适应中对利用 exploitation 与探索 exploration 找到平衡点（Lavie，Stettner and Tushman，2010；O'Reilly and Tushman，2004）。现有组织通常倾向于采用其中一种策略（Prange and Schlegelmilch，2010）。连续和不连续的变革、利用和探索过程反映了不同的组织策略、为资源竞争

---

① 精益创业是在硅谷流行的一种创业方法，其核心思想是先在市场中投入一个极简的原型产品，然后通过不断地学习和搜集用户反馈，对产品进行快速迭代优化，以适应市场变化

所需要的不同技能（March，1991）。双元性组织能够协调并高效地管理当今的商业需求，同时能够适应环境的变化（Raisch and Birkinshaw，2008）。双元性的积极影响得到了实证研究的支持（He and Wong，2004），并为领导力的一些理论奠定了基础（Rosing，Frese and Bausch，2011）。

双元性动态发展对于可持续性尤其重要（Bryson，Boal and Rainey，2008；O'Reilly and Tushman，2004；Tushman and O'Reilly 1996）。James March（1991）观察到，利用的结果比探索的结果更清晰更直接更确定。它们具有立竿见影的效果，可以有更快的改进，减少变化并有助于稳定性。这些自我强化的特质可能导致路径依赖，从而阻碍了探索。而且，它们可能导致如 Levinthal 和 March（1993）所说的"成功陷阱"，即利用阻碍了探索。

对于传统的、成熟的、并且已经成功的组织而言，要实现双元性尤其充满挑战。Clayton Christensen 在价值网络概念的颠覆性创新研究中着重讨论了这个问题，该价值网络是指"企业识别并回应客户需求，解决问题，获取信息，对竞争者做出回应并努力提高利润"（2011：36）。为了与现有产品和服务在竞争上取得成功，公司开发并完善了结构、能力、资源分配和关系的综合网络，这阻碍了对技术或环境做颠覆性变革的能力。Berzin 和 Pitt-Catsouphes（2015）指出，企业内部面临竞争性需求，也同时会抵制变革。

制度理论也解释了类似的局限性，该理论认为，要获得合法性，组织行为是由相关的制度环境以及政府和资助者等主导机构所塑造的（Schmid，2009）。Coule 和 Patmore（2013）讨论了关于组织的假设，这种假设是关于组织在制度领域中的角色如何影响组织在创新或维持服务稳定性方面做出决定。媒体审查以及来自资助方和利益相关者的期望可能会引起注意，而这种注意会由于资源转移和失败的风险而阻碍组织创新（Jas-kyte，2010）。

尽管如此，认识到挑战后，历史悠久的传统组织仍可以采纳创新的创业方向（Light，2009b）。现有文献概述了几种方法和类型，它们可用于实现组织双元性，平衡利用和探索的过程。它们包括将探索活动分配给一个单独的运营单位，在同一组织或运营单位内交替进行探索和利用，并为同时进行这两项工作制定战略环境。组织间联盟也可能是平衡利用和探索的一个选项（Lavie and Rosenkopf，2006）。管理者需要开发技能来管理和权衡组织利弊及其影响（有关概述，请参阅 Lavie，Stettner and Tushman，2010）。明智的做法则是更为全面地探索资助方、认证机构、专业协会和理事会如何塑造公共服务组织的创新意愿和自由。

四 示例

Mary Jane Rotheram-Borus 及其同事（2012）倡导的战略阐明了治疗性和预防性干预的一种编织方法，以解决现有范例在开发、实施和扩大证据为本干预的规模方面所存在的弊端和局限性。他们寻求颠覆性创新，这种创新提供"一种更简单更便宜的替代方案来满足多数消费者的共同需求"（467）。举一个例子，他们引用了 Minute Clinics（分钟诊所），该诊所提供的服务不及专职医生那么专业和健全，但服务更便捷，成本更低，并且能够满足大多数常见的医疗保健需求。

Rotheram-Borus 等（2012）呼吁制定新的研究议程，以识别证据为本实践的共同要素和显著特征。然后他们提倡尝试使用新型服务的提供方式，例如消费者控制的诊断，准专业人士提供以及使用可以在更短的时间内以更低的成本为更多人服务的技术。这些方法有时被称作"足够好"的干预措施（Christensen et al.，2006）。在国际发展中，通过"任务转移"可以找到一种相关的方法，在这种方法中，项目是不受捆绑的，非专业人员经过培训可以提供特定的、有限的、但基于证据的服务，而费用要比受过高度训练的专业人员所提供的服务更低（Word health Organizat，2007）。作者认为，使用营销研究技术（在设计思维中很常见）可以更好地识别影响消费者和服务提供者采用新干预措施的因素。他们进一步倡导使用一种持续改善质量的迭代过程，而不是坚持照搬原有干预。

自然发生的退休社区支持服务计划（NORC-SSP）的发展和演变阐明

了通过探索和利用过程使用社会创新编织方法的各个方面。NORC-SSP 模式最初是作为一种新型（非连续性）创新而实施的，并通过联邦资助的示范过程进行了验证，该过程涉及多个模型，这些模型可以回应各种情况。基于不断发展的证据基础，NORC-SSP 模式得以扩大，同时也得到了政府和慈善机构的支持。通过不断的创新过程，在不断变化的当地条件下，其核心概念在许多方面得到了调整和完善。

自然发生的退休社区是指"老年人高度聚中的地方，因为老年人退休后往往会留在这些社区或搬到这些社区"（Masotti et al.，2006：1164）。为了改善宜居生活，NORC-SSP 提供了各种成本相对较低的支持性干预措施，例如交通、健康、社会项目和家庭维修，这些措施促进了健康有尊严且成本较低的老龄化。第一个项目在 1985 年由纽约犹太慈善联合会呼吁发起。在北美犹太人联合会的倡导下，国会拨款（根据"美国老年人法案"）支持了 26 个州的 45 个示范项目（Greenfield et al.，2012）。一项全国范围内的评估得出的结论是：NORC-SSP 有效地促进了居家养老，同时居民的社会化程度提高了，隔离度降低了，与服务的联系更加紧密，并且更多地参与了志愿服务。参与者感觉身体更健康，因此更有可能留在自己家中（Bedney et al.，2007）。然而，尽管该项目加强了宜居生活并减少了老龄化的经济成本，但政府资金的减少导致许多项目终止或缩减。

参加密苏里州圣路易斯市的 NORC-SSP 项目的人报告说，他们对社区资源有了更多的了解，感受到自己是强大社区的一部分，结交了新朋友，并改善和保持了他们的健康状况。数据进一步表明，NORC-SSP 帮助延迟或减少了养老院的入院率，并使参与者能够留在自己家中更长的时间（Elbert and Neufeld，2010）。服务和活动的混合是根据参加者的偏好而演变的。此外，持续的创新过程随着时间改变了圣路易斯模式。例如，圣路易斯模式服务于郊区和低层公寓人口，这与第一个 NORC 的垂直高层模型不同。为了更好地识别居民、增加参与度并促进社会化，圣路易斯 NORC 成立了一系列居民委员会，每月召开一次会议。这个过程一直持续到居民自然关系的建立，从而减少了对人造结构的需求。随后的变化又引入了会员费制度。在圣路易斯和其他城市，NORC-SSP 模型通过不断创新保持了项目的针对性。

五　领导力发展

高层梯队理论（upper echelons theory）认为，组织是由处于组织层级结构顶端人员所塑造的，并且这些主管人员根据他们对所面临的战略问题的个人化解释采取行动（Hambrick，2007；Hambrick and Mason，1984）。这些解释受教育程度、在该领域的先前经验以及其他因素影响。因此，培训和职业路径很重要，因为它们塑造了主管人员学习构建和评估问题的方式。这最终影响了他们如何决定行动方针。为了能够用一种与社会工作知识、价值和道德相一致的方式设计和实施社会创新，社会工作专业人员必须处于具有领导力和影响力的职位。

为了保持社会工作在创新和公共服务中的领导地位，本书作者同意扩大并加强领导力的培训，包括硕士学位教育、继续教育以及对高管人员的培训（executive education levels）。Richard Hoefer（2009）认为，社会工作教育应将 MSW 定位为各级公共服务组织管理人员的首选学位。2010 年社会工作大会提出了这个问题。在下一个十年的一系列十项紧要任务中，有两项任务与此高度相关："将可持续的商业和管理实践模式融入社会工作教育和实践中"和"将领导力培训纳入各级社会工作课程中。"（National Association of Social Workers，2010）我们呼吁对政策、项目创新以及公共服务的领导和管理加强关注、参与和教育。这个声音呼应了对社会工作宏观实务的更高赞赏和承诺（Reisch，2016；Rothman，2013；Special Commission to Advance Macro Practice in Social Work，2015）。

六　课程创新

有大量文献涉及发展扎实的管理和领导技能所需的知识、能力和培训。在其他课程框架中，公共服务管理能力的全面定义被开发出来用于社会工作管理网络（Wimpfheimer et al.，2018）。Nandan 和 Scott（2013）提倡跨学科的教育模式，并强调华盛顿大学社会工作学院的 12 学分社会企业细化方向是一种创新模式。证据为本的管理运动的发展（Pfeffer and Sutton，2006）加强了一种方法，该方法与社会工作对数据指导实务的承诺保持一致。

本书作者建议，研究生阶段的领导和管理培训应采用双元视角。这样做可以让毕业生做好准备，从而全面了解创新过程，利用和探索的相对优势和劣势，优先采用的条件以及在两种创新模式下有效发挥作用所必需的技能。Birkinshaw 和 Gupta（2013）强调，组织实现双元性的关键在于管理的质量。

华盛顿大学社会工作学院提供了逐步演进的课程创新和发展，其中包括采用编织模型，并补充了这个模型在以证据为本实务的开发和教学中的领导地位（Rosenberg and McBride，2015）。除了 MSW/MBA 的双学位选择之外，该学院自 1984 年以来还提供了 12 学分的社会工作管理作为细化方向供学生选择。2011 年，它成为美国第一所提供 12 学分的社会企业细化方向的社会工作学院，该方向与华盛顿大学的奥林商学院合作。自 2015年以来，它还提供了社会政策细化方向。每个细化方向的设计都与 MSW的专业方向整合在一起。

从 2014 年开始，社会工作学院要求所有 MSW 学生在管理和领导能力方面修习三学分的课程。为满足此要求，学院在一定程度上补充了三学分的管理和领导力课程的完整课程表，并提供了一系列一学分的技能实验室。这些课程主题包括持续质量改进、拨款申请书撰写、战略规划、志愿者管理以及有效引导和会议管理等主题，以开发面向市场的、以就业为导向的技能。2016 年，学院招募了首位考夫曼基金会（Kauffman）捐赠的创新与社会企业实践教授，该教授在学院举办过社会企业与创新竞赛。学院已经看到这些细化方向的入学人数在增长。学生群体对政策、管理和领导作用的认可度也在不断提高。2018 年，学校为所有三个学位（社会工作硕士 MSW，公共卫生硕士 MPH，及其新的社会政策硕士 MSP）的学生开设了领导力必修课程。从 2020 年开始，学校将把社会影响领导力辟成 MSW

的专业方向，并采用编织方法，将传统管理与社会创新和企业培训相
结合。

第四节 结语

社会工作恰好处在发展、提升和利用社会创新以促进宜居生活的有利
位置上。该领域在解决复杂社会问题的灵活适应性方面具有充足的专业知
识。设计和社会创新方面的新技能是对当前实践的补充，而目前存在的大
量基础设施都可用于重组。

专业协同作用也有望解决当前创新的局限性。社会创新和企业家精神
与公共服务的协调性仍然很差。缺乏整合会浪费资源，并会为如何投资社
会变革引入困难的决策。扩大应用引起了对公共服务和政策的紧迫关注。
社会工作必须迅速采取行动、参与并引领社会创新，以确保实现全民宜居
生活。

未能实施、维持和扩大社会创新和社会政策的失败给社会工作带来
了重大影响。从根本上说，无效的或不可用的服务和政策错失了解决威
胁福祉的社会条件的机会。它们还削弱了该专业在解决服务质量和系统
性不公正方面的作用，这使该领域偏离了社会工作的核心价值观。此外，
未能在社会创新中担当领导角色有可能使该专业边缘化以及损害其进行
社会变革的能力。无论社会工作者是否在一线，社会创新都会发展。其
他专业人员可以在他们活跃的许多领域为创新发展提供领导力。尽管毫
无疑问的是，社会工作将在社会创新的发展和实施中扮演众多角色，但
如果未能担任领导职务，则有可能降低专业认同和市场价值。这有可能
使实务的发展不根植于社会正义和社会公益的核心价值观、并承担这类
问题的道德风险。

一 建议

（1）扩展社会工作范式，说明如何开发和实施公共服务创新和服务。社会工作专业已经成功地采用了证据为本的公共服务设计和实施模型并将其社会化，该模型基于医学的假设，并遵循严格的保真度做严谨的实证研究和实施。其基本步骤是扩展范式，使得社会企业家和社会企业过程合法化，该过程支持不连续乃至颠覆性创新以及所谓的"足够好"的创新（Christensen et al. , 2006），这些创新产生更快更高效和可持续的影响。

·针对该专业主要框架组织的教育和态度上的运动：认证机构，专业研究和实践协会，学术和实务期刊，教学和科研机构〔例如，美国社会工作和社会福利科学院（American Academy of Social Work and Social Welfare），社会工作教育委员会（Council on Social Work Education），社会工作与研究学会（Society for Social Work and Research）〕。

·会议。

·特别兴趣小组。

·特别期刊编辑。

·社会创新认可与奖项。

·社会工作学界和主要实务工作者的行动主义，在相关政府、公共服务理事会以及委员会担任管理和咨询角色。

（2）增加对企业创新的研究、教育和实践的资金和支持，同时保持和扩大对证据为本的干预以及实施和传播战略的支持。

·对政府机构和慈善资源的专业倡导，扩大筹资标准并增加对创业企业的资助。

·建立社会创新基金。

·社会创新孵化器和加速器。

·为成功的创新战略所需要的规模化提供资金。

·增加大学对教师与社区合作研究的资金赞助，以开发、实施和扩大社会创新。

（3）加强对领导力、管理、创新和企业家精神的硕士和博士水平的教育，帮助毕业生为获得组织领导职位做好准备，并促进公共服务方面的创新。

·在商业、非营利组织管理和公共管理领域的学校和专业协会进行有关创新、企业家精神、领导力和管理的合作和跨学科教学。

·在领导力、管理、创新和企业家精神以及政策实践方面，加强和扩大硕士课程。

·所有硕士生必修的课程内容，包括将双元方法纳入课程规划和评估中。

·在领导力、管理、创新和企业家精神上有完整的强调双元性的专业方向。

·联合学位项目-MBA，MNPA，MPA，MPH。

·与高级管理人员和企业家共同工作的实习机会。

·课外项目，例如创新中心、竞赛、学生团体。

·扩大以领导和管理为重点的实践型博士（DSW）项目。

（4）扩大专业和管理人员教育，以编织方法增强当前组织领导者的知识和技能，从而扩大创新和影响。

·为社会工作专业的毕业生和其他在领导、管理、创新和企业以及政策实践方面的公共服务领导者扩大基于大学的职业发展和高管教育。

·硕士毕业后证书。

·参加基于大学的创新中心、加速器、创新基金。

·对非营利组织理事会的教育，以改善组织对创新的支持。

（5）扩大有关公共服务创新过程的研究议程。

·与商业、非营利组织管理和公共管理领域的学校和专业协会合作，做跨学科研究，以扩大和调适有关创新过程的知识。

·识别阻碍非营利组织和公共组织发展、实施和扩大社会创新的障碍，包括认识资助者、认证机构、专业组织和理事会的作用。

·评估实现双元性的替代策略的有效性以及非营利组织和公共服务组

织内成功的条件。

·评估在公共服务组织中成功采用企业家实践（例如设计思维和快速模型）所需的先决条件、技能和策略。

·识别核心领导力和管理技能以及在公共服务组织中促进社会创新的策略。

二　结束寄语

社会工作一直处于社会变革运动的前沿，并且取得了巨大的成功。自该专业在 19 世纪末和 20 世纪初诞生以来，它在塑造服务提供以及各种公共服务项目和公共政策的创新方面发挥了重要的领导作用。这种影响从早期睦邻组织运动和疾病的预防扩展到儿童福利、收入支持、消费者保护和金融能力、精神疾病、美洲印第安人权利、退伍军人服务、住房、社区发展、老龄化和药物滥用等领域的重大贡献。Jane Addams 被认为是社会工作的第一位创新者。在这些方面人口福祉的增长证明了社会工作在解决复杂社会问题中的作用。

社会工作对证据为本的实务情有独钟。这个侧重提升了它的专业地位并极大地扩展了专业影响力。采取诸如认知行为疗法和动机性访谈之类的治疗方法，以及社会工作在诸如自然发生的退休社区，绿洲研究所的代际辅导或怀曼中心的青少年外展项目等模型的开发中所起的作用，说明这个专业为不同人群改善宜居生活做了很多工作。

同样，社会企业的增长也为公共服务做出了重要的创新，并且推动了以格莱银行（Grameen Bank）为代表的小额信贷运动，Aravind 眼部保健系统（Aravind Eye Care System）之类的突破性组织以及 City Year 一类的全国性运动。但是，社会工作在这些运动中的作用有限。这种局限性挑战了社会工作在公共服务中的领导作用。此外，它还挑战了将社会工作价值观、道德规范以及对社会正义的坚定承诺注入最广泛的公共服务圈的能力。重组社会工作以采用编织方法进行创新将极大地扩展、深化和加速为全民实现宜居生活所需的社会创新的发展。

第 十 四 章

发挥大数据分析学和信息学的杠杆作用

Derek S. Brown，Brett Drake，Patrick J. Fowler，
Jenine K. Harris，& Kimberly J. Johnson

宜居生活的目标已在此书得到探索。前面各章已经分析了阻碍人民过上完美生活的各种问题和挑战。本章中，我们讨论一个相对新颖的课题，即为帮助人民过上较好生活所需要的研究工具和方法。这个题目就是大数据。我们将讨论什么是大数据，以及数据有效性、储存、处理和分析方面的最新成果是如何使这项研究变成一个崭新领域。我们还将探索如何利用这个新领域所提供的强有力工具来改善人民的生活。

保证人民过上有尊严的生活，使他们的需要得到满足并有机会成长，这样的人文主义理想似乎与几十亿数据成分构成的服务器群没有关系，与我们所要搜寻的真理也差得很远。但是，知识就是力量，大数据就是最基本和原始形式的知识。

本章讨论三个主题。第一个主题，要做最好的宜居生活研究，大数据是必需的。证据为本的决策无疑要求有最好的证据。这类证据通常蕴藏在大数据中。同样道理，有效实务也需要工具。大数据一方面是指创造、测试和使用传统意义上的工具（如精算学的风险评估），另一方面，也指那些只能通过大数据才可获得的工具（如基于机器学习形成的预测分析）。

如同外科大夫需要使用锋利的手术刀，社会政策制定者或临床服务者要把工作做好，也必须使用更精确的工具。

第二个主题，我们想强调这个领域的历史背景。人们或许说，大数据一直都存在。这种看法，理论上是对的，但实际上并不完全如此。例如，美国人口普查搜集个人层面的数据，宪法规定的这项工作已经实行了两个半世纪。但是，骑着马跑400英里从一厚叠半清晰的文件中找资料，与花30秒的时间从"美国事实查找器"（American Fact Finder）找到对问题更精确的回答，具有本质区别。除获取方便性外，大数据在来源和链接能力上呈几何级数的激增，也使它具有更重要的作用。

第三个要强调的主题是，使用大数据回答社会问题具有特别的方式。虽然我们将大数据称为一个工具，更准确的说法可能需要看得更宽泛一些，它可能是一个新的工作坊空间，或新语言。使用大数据帮助人们过上宜居生活，我们在这方面的工作才刚刚开始。

由大数据提供的前沿工作，已经不再是技术性的，它同时也是理论性的。我们需要从概念上理解：它是项什么工作，如何才能分析好这类新型数据？对社会工作这类行业而言，它们面临的终极问题是："如何才能用好大数据，以帮助人们过上更美好的生活？"最近对大数据的重新定义，回应了这些问题，它将大数据的操作化看成是一种跨部门、创造性的、以过程为基础的工作，它有一种在运动中使用数据的潜能，使用的是活数据。

社会工作已经成为大数据的主要获益者。找到服务传递和适时使用服务的模式，已经给我们的社区、家庭和个人带来了福利。大数据分析学在加快研究的速度上具有极大潜能。它提升研究的反应度。跨部门大数据已经大大拓宽了研究的广度，提高了跨学科性、模型的建立和测试以及方法的严谨性。大数据提供了"象牙之塔综合症"（ivory tower syndrome）的解决方法，提高工作的实效性。例如，机构通常只记录与他们领域高度相关或自己感兴趣的数据，而不是那些理论性的或神秘性的资料。

大数据适应了日益增长的社会需要，为实时回答某些社会问题提供了一种有用的工具。我们正在进入一个大量需要实时数据的时代。大数据是唯一的这样一种信息来源，它们的使用使得有效的大规模实时研究成为可能。在过去 20 年中，对社会科学管理数据的认识也发生了巨大变化，它从第二类数据变成了通常使用的数据，又变成了高度期望的数据。在未来 20 年中，大数据将成为经验数据的基石（如，将跨部门数据连接在一起的数据库），或所有使用严谨方法的研究所必备的辅助数据（如，医院资料，地理背景变量）。举一个例子，设想一项大规模预防儿童虐待的研究，那样的研究如果不使用官方儿童虐待的报告做结果变量，可能会变得越来越不可思议。大批量数据，是通过州和私立服务系统与成千上百万案主接触而生成的。对一些人说来，这类数据是简短或转瞬即逝的；对另一些人说来，它们是丰富和永久存在的。社会工作者必须发挥这些来自不同领域、不同层面数据的杠杆力量，从中发现为什么有些服务对象获得了帮助，而另一些服务对象却没有。

本章将讨论大数据对社会工作的挑战。首先，我们从一般意义上讨论什么是大数据，让读者理解大数据的特征，它们正在形成中的特点，以及它们对改善人民生活的作用。这部分讨论，包括上面提到的前两个主题：日益增长的对大数据的需求以及目前的科技如何使得这种需求有可能得到满足。很大程度上，这两个主题不可分割，它们是同一硬币的两面。

我们正处在大数据时代的黎明。在乔治·沃伦·布朗社会工作学院，大数据被用于我们日常的流行病研究、干预研究、不对称分析以及其他许多研究之中。但是，我们认识到，我们所看到的只是新一天的第一缕阳光。与数据挖掘（data-mining）和机器学习的专家开发跨学科的合作关系至关重要，因为这些计算机科学家们正在研发不同的算法和程序。要认识如何为边缘化和弱势人群提供有效社会服务，做好这类服务的设计，我们必须开展合作，建立大数据贮藏库。同样重要的是，必须保证我们社会工作新一代学者能够接受这方面的训练，使他们有足够的技术做好未来的工作。

第一节　大数据定义及其历史

大数据是一个常用词汇，但并没有一个统一的定义。最早美国国家航空航天局 NASA 使用"大数据"这个词，指的是超大规模信息（Press，2014）。牛津英语词典仍然沿用这个定义。这个定义可能是指当时的一种限制状况——数据超出了硬件（也包括软件）的承受能力。今天，一枚花费 15 美元的 128 千兆字节 U 盘，可以在不到 2000 美元的电脑上花几分钟或更短的时间完成复杂的资料管理，或完成对几百万个案和几百个变量的分析。由电脑空间/时间带来的限制在今天的大数据应用中已经越来越不成为问题。

尽管"规模"隐含在其中（Ward and Barker，2013），大数据缺乏一个明晰和统一的定义。这个问题，到 2011 年引起了学术界、产业界和媒体的关注。最早对大数据定义的尝试，见诸 2001 年的一份报告（Laney，2001），虽然在那里作者还没有直接使用大数据这个词。那份报告提出用容量（volume），高速（velocity）和种类（variety）（俗称三 V）概括数据领域变化的主要特点。在大数据背景下，容量指数据的规模；种类指数据的类型、储藏、或数据生成的维度；而高速指数据流动的速度。直到最近，美国国家标准与技术研究院（NIST）的信息技术实验室召开了一个工作小组会议，研究了由博客、期刊文章、字典和许多学术渠道对大数据的各种定义。最后，该工作小组在定义中保留了 2001 年的三 V，并加了一个 V，变异度（variability），用来表示在其他特征上的变化（NIST，2015）。

2010—2015 年期间，谷歌对大数据的搜索激增；自那个高峰点之后，搜索量在一个略微下降的水平上持平（Google Trends，n. d. ）。类似的，科学网（Web of Science）2010 年在标题中出现大数据一词的只有一篇文章；此类文章之后不断增长，到 2018 年共有 2036 篇。对大数据的兴趣和研究的迅速上升，表明有必要对大数据的关键特征、这些特征在社会科学和社会政策中的功能，做出综合评估（Gandomi and Haider，2015）。

第二节　在大数据获取方面的挑战
以及大数据的缺陷

社会科学家研究抽象概念，如社区暴力或抑郁。当我们做这些研究时，我们开发、分析、并解释变量。变量的例子，包括去年所经历的暴力事件数，在某邮政编码区每1000人所经历的骚扰数，某人在"Beck抑郁量表"（Beck Depression Inventory）上的测试得分，或某个个案是否被正式诊断为抑郁。有很多可能的方法，帮助我们将一个抽象的概念转换成可操作的变量。我们在社工学士、硕士和博士教育中教学生的就是这类方法。

也许在获取大数据方面最大的挑战，就是数据的隐私性。此外，个人数据可能总比汇总数据更难获取。为得到保密的个人资料，你必须取得个人的知情同意书，或得到数据拥有人如州或联邦机构对数据使用的认可。此外，你可能还要得到数据拥有人所在单位的"机构审查委员会"（Institutional Review Board，IRB）和你自己所在单位的"机构审查委员会"对研究的批准。例如，一项对家庭暴力干预有效性的研究，在获取警察或医疗机构资料的时候，你必须取得数据所关联到的个人同意。

大规模研究通常使用个人层面"不可识别"（de-identified）数据①，通常是来自一个或多个信息源的大数据。例如，研究者现在可以使用许多年的个人层面不可识别信息，以研究诊断到的癌症和致病风险。许多这方面的研究使用的就是串联多重信息源的数据。在这些研究中，研究者从来不接触任何研究对象。而且，理想的情况是，研究者从来不会用到可能被识别出研究对象身份的数据，除非一开始为了数据库的匹配会有这种需要。在这后一种情况中，通常需要签署数据使用协议书，而不需要IRB获

---

① "不可识别"数据是一个专用词汇，指去除可辨识变量以后、无法辨别每一信息人身份的数据

批程序。

在大数据概念之前，研究者通常需要慎重考虑如何搜集自己的数据，或如何使用别人已经搜集到的数据做二手数据分析。譬如，如果你想知道社区居民接触暴力的程度，你可能使用标准问卷做直接调查。可替代的方式是，你可能会查一下警察的年度报告，看看那类资料是否足够详细，以便你能测量到居民区（小区、普查区块，或邮政编码区）的暴力事件总数。如果这样做之后，你发觉结果还是不理想，你可能会派一位研究助手去警察局，抽出警察文件用手动方式做计算（本章的一位作者在本科阶段就干过这样的工作）。

大数据提供了完全不同的方式。可能最正确的说法是，大数据始终存在，但下列两种工作本质上完全不同：一种方式是跑到警察大楼的地下室在棕色信封筑起的围墙中做手动编码；另一种是在网络上花几分钟将需要的东西下载。许多城市，如得克萨斯州的奥斯汀市，电子化数据已经存在了好多年，使得动态数据分析变得相对容易。

大数据最大的挑战是，它通常受到数据涵盖范围的局限。你想要的数据可能完全不存在，或并不是根据你需要的分析单位做出汇总。你可能想要所有的警察通话，但可能你能够得到的是警察关于逮捕案例的通话。你可能需要某一种攻击类型的数据，但得到的可能是轻攻击和严重攻击子类型。查看收入管理数据时，可能你找不到某个个案收入中断的原因，或者原因分类过于宽泛而没有使用价值。这类问题，通常被视作"半完整"或"半空缺"问题（half-full/half-empty issue）。社会科学家习惯了在数据采集上享有广泛自由；如果说这方面有什么限制的话，无非是采集的成本，研究对象的负担，以及把人类当作研究对象所产生的问题。当使用已经存在的数据时，你对所需要的变量产生的问题已经发生变化：问题从"我想要得到什么样的数据，是否有可能得到它们？"变为"什么样的数据已经存在，它们是否能完全满足我的需要？"。例如，大数据可能包含抑郁症的正式诊断记录，但是它们不能被用来测量轻度抑郁症状，而这类症状却很容易被 DASS－21 量表测出（Henry and Crawford，2005）。

从另一个角度看，这类局限又可被看作是一个优点。社会科学研究有个很长的历史，就是检验由不同理论导出的假设，这些假设有迷人的学术价值但较低的实用功能。依赖大数据，可以把更多一线人员吸引到我们的游戏中，打破某些对社会科学知识生产的垄断。譬如，你不能用大数据来检验不同类型的"厕所行为训练"对成年行为的影响。在这方面，大数据迫使对传统意义上由专业学术人士提出并回答的问题做民主化修正。在我们看来，这是件好事。

从更侧重于应用的角度，让我们考察两个案例：一个是个人层面的分析，一个是居民区层面的分析。我们考察大数据会提供什么样的选择。在第一个例子中，我们关心接受完全不同模式家庭教育的儿童，他们的行为结果有什么样的差异；这里，我们用一系列测量指标对儿童行为做了具体分类。"行为结果"是一个宽泛的概念，但我们可以注重于负面行为结果，如违法行为、逃学、受到暴力犯罪的伤害、危险性行为，以及其他一系列负面行为。所有这些研究问题都可以从大数据中得到解答，如果我们得到研究对象的许可。学校记录、医院记录，儿童保护和青少年法庭记录，以及其他数据，将为我们提供丰富信息、我们同时还希望我们的模型很好地控制其他变量，特别是反映家庭之外环境的变量。这个控制将比较困难，但还是可行的。例如，我们可以使用居民区（邮政编码区）的暴力和财产类犯罪记录（通过执法机构的网站）、经济流动率、种族，及其他一些人口指标（如普查中关于社区调查的数据）。我们可以很容易地将这些数据与个人层面的数据对接，并用它们来反映背景信息。在某些州，我们还可以得到回顾性数据，包括父母亲的犯罪/违法记录、收入维持、儿童虐待、医疗情况，及其他一些反映儿童出生之前状况的指标。

第二个例子，假设我们关心社区流动程度与家庭中断的关系。我们可以使用普查数据得到区块组、普查区块、邮政编码区、郡和州的人口流动率，还可使用很多控制变量（如收入、贫困率、现有交通状况、就业、离上班地点的距离及人口变量）。我们还可以得到若干汇总后的犯罪和医疗指标，并将它们作为结果变量用于我们的研究中。例如，优秀的"密苏里社区评估"（MICA）网页提供了关于死亡、医院记录（包括诊断和机制数据）及其他一整套结果变量。如果你想知道 2010 至 2012 年居住在 63130 邮政编码区、年龄在 18 至 24 岁女性在她们妊娠前三个月做产前检查的人数，你只要按一下相关的键，即可得到这些数据。多项邮政编码区的数据也可一次性得到，你只要使用一个做表格的功能，该数据库即可将所需数据做成电子报表的形式如 Excel，然后你可将数据变成任何分析软件所需要的格式。这些使用公共数据的可能性（如普查和 MICA 数据，它们都可免费从网上获得而无须任何许可手续），有助回答长期存在的关键社会工作问题；它们操作简便，无须付出任何烦人的努力。

　　另一个重要信息是，数据无须从你最初想到的地方去获取。譬如，暴力研究者最先想到提供此类数据的地方应该是执法机构或法院。但事实上，关于暴力类型最有用的信息，特别是受害人的信息，可能是医疗系统的数据。许多社会概念可以通过这类医疗数据变量来探索，并且，电子医疗记录让这项工作变得容易。对性传播疾病的治疗、枪击造成的伤害及其他类似信息都非常有用。如前所述，这项数据可能并不总是与你想要的数据完全相符。譬如，在某些州，那儿有很丰富的数据涵盖了所有跟医院的联络，但可能恰恰缺少了到"应急照护"（urgent care）就诊的数据。在这些方面，应当做出妥协。譬如，研究者可以不测量所有由暴力造成的伤害，而只将分析局限在枪伤上；因为对枪伤的治疗方式和地点，很可能留下官方记录。

　　使用大数据时，运用替代测量（proxy measures）也是一个不错的想法。譬如，医疗数据显示的不充分产前检查，或缺乏必需的医疗照护，可能反映的是某种形式的"忽视"。在校期间的停学、青少年法庭的记录文件可能反映某种形式的行为问题。需要强调的是，不管哪种形式的替代测量，在使用之前都必须详细讨论：它们能够测量什么，不能够测量什么。

　　相关的方法是三角检测（triangulation）。一项测量给定概念如"危险性两性行为"（risky sexual behavior）的研究，我们可以使用自我报告和家长报告的数据，也可以从医疗记录或者逮捕数据获得帮助。如果这些用不同工具做出的结果高度一致，我们对研究的有效性就有了信心。三角测量还有其他关键用途，如确定某个量表或某项方法的有效性。

社会科学中大数据的广泛使用正刚刚开始，在某些方面还存有对大数据质量的担心。我们的经验是，这些担心在过去几十年已经大大降低。在20世纪90年代，人们普遍认为管理型数据（administrative data）无效或通常不被采用。最近大数据在科学和其他领域（如商业中）的明显用处使人们的看法有了很大改变。管理数据不再被看作"二等"数据。简单的道理是，如同调查问卷的问题有写得好与写得差之分，大数据也有高质量和低质量的区别。大数据的质量取决于很多因素。虽然我们不能一一将这些因素列出来，在这里，我们想指出几个一般的原则。

同很多其他情况类似，钱可以提供帮助。与花费有关的数据来源（如收入维持或健康服务记录）都受到例行检查和审计。这项不需要成本的数据检查（从研究者的角度说）有很重要的作用。通常，那些要求有具体记录的领域（如构成死亡率数据的死亡人数），数据质量较高；而在数据输入时需要主观判断的数据（如某个心理诊断），质量较低。此例显示了一种两难的情况。也许研究数据的质量问题，不在于数据本身，而在于这些数据是如何被用来做推断，如何反映现实世界的真实情况的。所有科学都要求严谨的方法，这是第一原则。回到刚刚的例子，某人医疗服务的诊断数据，反映的是数据，它本身是完全可信（或几乎如此），而无关诊断是否精确。有时某些人从付账编码上被辨识到属于某种健康状况；在这里，我们需要认识到，去医生那儿看过某种病并为该诊断付款，并不意味着那人就一定有这种健康方面的疾病。所以，用管理数据来确定人口中关于某种健康疾病的流行率，有时可能是非常不合适也是不精确的。但是另一方面，用此类信息来理解某些疾病诊断的发生频率，以及它们是如何在时间上发生变化的，又是非常有价值和有效的。在某些领域，使用这类数据特别重要；譬如，用大数据探讨在某个给定的亚人口中，某种疾病是否被过度诊断，某项药物的处方是否被过度开出（Raghavan et al.，2005）。

大数据通常也被注意到有"假阴性"（false negatives）问题：某人有

违法行为，但可能从未在数据中反映出来。可以用多重数据来源来解决这个问题，特别是当这些数据具有动态性质的时候。可以很容易想到，如果某人经常犯罪，他可能没有出现在某一年的犯罪记录中，但这种情况不可能发生在跨时间的许多数据库中。

我们还必须认识到"与什么做比较"的问题。那些看轻管理数据的人通常倡导其他来源的数据，如对某些抽象心理概念所搜集的调查数据，在那类数据中，信度和效度的大量误差是被检测过的。我们并不认为管理类或大数据是天生有效的。正相反，一位大数据研究者最有价值的技术是，他/她有一个怀疑的脑袋，始终记住"垃圾进、垃圾出"的格言。我们想说的是，大数据是数据，必须对它们做出所有科学家在使用其他类型数据的时候都会做的各种检验（如时间稳定性检验和标准有效性检验）。最好的可能解决办法，是用完全不同的数据来源做三角检测。

在结束本节之前，我们还要对大数据的局限性做一个最后评论。知晓大数据的生成过程非常重要！由于大数据的生成通常是为了其他目的，所以研究者必须理解它们的局限性。不了解数据是为什么目的、如何被搜集的，会导致研究者在使用它们的时候对结果做错误解释，甚至导致对发表的结果撤回。为说明这点，我们举一个肿瘤学领域关于乳腺癌的研究例子。这项研究使用"全国癌症数据库"（National Cancer Database）的资料，该数据库囊括了美国 70% 癌症患者的诊断和治疗信息。这项研究，目的是检测放射疗法是否对降低一期雌激素受体阳性乳腺癌有效，因为 2004 年一项临床试验显示，术后放射疗法没有提升生存率的优点。"全国综合癌症网络 The National Comprehensive Cancer Network（NCCN）"是一个非营利组织，他们的工作主要是发布癌症治疗的指导意见。在他们 2004 年发布的全国操作指导意见的时候，他们对前述实验（即发现放射疗法没有显著效果）做了支持性的报道，并使这个发现广为人知。在目前这项研究中，研究者涵括了 1998—2012 年期间被诊断为患有一期雌激素受体阳性乳腺癌（或至少他们认为是这样做的）的妇女。他们希望，通过检验2004 年之前和之后使用放射疗法的趋势，评估那项实验研究的发现以及

NCCN 的操作指南是否对术后放射疗法、对这个病员群体的临床治疗有影响。研究者没有意识到，使用的数据中关于激素受体表达（hormone receptor expression）的变量在 2004 年之前"并没有被可信地或统一地搜集"，而这一变量是辨识病员人口的关键。所以，一个不可忽略的在 1998 至 2004 年患病的人员不应该包括在此类人群中。尽管全国癌症数据库警示研究者在使用数据时必须理解变量的局限性，但研究者并未充分认识这个警示的重要性，而当他们意识到之后，已经为时过晚。这个故事的伦理意义是，你必须在做研究之前，特别是发表研究结果之前，努力成为数据局限性和不确定性方面的专家。

总之，大数据使我们能够用涵盖大部分人口的资料提出现实世界的研究问题。但是，非常重要的是，必须理解大数据的挑战，包括涵盖方面的问题，必须理解数据的局限性，因为这些数据并不是根据你的研究问题而搜集的。此外，研究者必须懂得，数据的搜集方式及其质量会影响到你对研究问题的回答，你研究结果的不确定程度也与数据质量紧密相关。可能研究者存在一种对大数据效度和信度的自反性趋势，因为大数据的使用还属于新兴方法。这也可能是种过度反映。大数据提供的研究结果通常与使用其他数据做出的研究结果相吻合（Kim et al. ，2017），或者，这类结果比通过问卷调查所做的研究具有更高的统计意义上的预测价值（Vaithianathan et al. ，2013）。

第三节　数据管理方面的挑战

"垃圾进、垃圾出"是一个用在研究方面的咒语，可以从不同方面用到大数据上。前面提到的估算模型参数遇到的挑战，由于使用大数据而加剧。共同的挑战是数据结构。在社会服务领域，大数据通常来自服务记录或财会信息。这些信息的生成为了不同的目的，所以通常需要研究者在使用的时候做转换。在做分析之前，需要对不同数据库在管理系统上的差异

做调整。例如，管理数据通常通过"关系型或对象—关系型数据库（rela-
tional or object-relational databases）"建档（如，微软 Access、SQL、Ora-
cle）；这种方式能帮助储存层级化数据结构。服务记录会记下儿童的特征
（如人口变量）、遇到的事件（如接受服务的日期）、所在的家庭单位（与
户主相连），以及在不同时间的服务。关系性数据库将信息储存在不同的
文件中，这种格式有助于发布报告，通常适合年度报表或审计需要。但
是，它们无助于统计分析。数据管理系统有时会版本过期，这也增加了数
据调出时的工作。

数据链接是另一项挑战。关系型数据库用辨识编码或一组辨识编码将
文件拆开又重新整合起来，这里辨识编码是将研究单位在不同文件中的信
息串连起来的关键。例如，社会保险（Social Security）号码或出生记录号
码是独一无二的辨识编码；可以用这类号码匹配在两个系统中接受服务的
儿童：儿童福利服务和无家可归服务。此外，要使用的文件有时可能不包
含独一无二的辨识编码。在这种情况下，需要创造一个穿越文件的"人行
道"（连接变量）来完成匹配。

概率匹配通常是必需的，因为独一无二的辨识编码可能不存在。特别
是有些保护隐私的规定禁止搜集或外泄独一无二的辨识编码。概率匹配提
升了已存信息的使用度，提升了连接的确定性。例如，数据可能包括姓
名、出生日期及其他一些基本的人口学变量。仅仅通过名、姓和出生日期
上的匹配，我们就可找到许多相同的个案并把他们的信息连接起来。但
是，有时因为重复性（如相同的姓名和出生日期）或缺省数据而出现不匹
配的情况；这种情况在跨时间和跨人口的匹配中通常会发生。这时，通过
建立模型，可以整合其他人口学信息估算出已有文件的匹配概率。研究者
可以根据研究的实际情况设置出概率截断值。研究人口变化趋势的人口学
者可能满足于95%的精确度，而研究相对较小的人群如无家可归家庭在儿
童福利系统中的服务成本，可能就需要更精确的置信区间以降低估算
误差。

数据汇总以后，研究者必须感觉到搜集到的数据是有用的、合乎情理

的。关于数据的文件通常不完整或不存在。变量名字和赋值可能不存在，或它们的定义随时间的迁移已发生变化。接受儿童福利服务的家庭，他们居住服务的成本在小数点上可能在同一州非连续年份中相差 1000 个单位。为使数据变得有用且合乎情理，需要做很多工作。描述性统计、数据可视化以及正在发展的人工智能等方法，可以帮助我们做好这个工作。

　　一个通常发生的现实问题是，如何应对缺省数据（missing data）。在大数据资料中，有很多原因造成了缺省数据。例如，某个变量的搜集可能发生在某个日期之前（或之后），或者该资料可能只对某个子人群搜集了该变量。缺省数据的模式可能立即可以看到，也可能是模糊的，取决于一系列政策的实行或项目的具体情况。例如，使用无家可归服务资料做研究，可能研究者没有意识到，资料中关于家庭暴力受害人的信息被删除了，目的是保护受害人的隐私。这个情况对研究问题和方法有很大影响。研究者还需做出如何处理缺省数据的重要决定。这里，关键是大数据研究者必须"知晓他们的数据"。必须对缺省数据的模式有详细的研究和深入理解，如前面讨论过的为什么删除了家庭暴力受害者变量。大数据研究者必须庆幸在数据中"弄脏了双手"，而不是不加批判性地接受现有信息。

　　一个有关的挑战是删截（censoring）。删截是指某个观察到的值只提供了部分信息。例如，无家可归庇护所的日期可能系统地缺省了那些仍然居住在庇护所的人的信息；类似地，在某个特定时点进入庇护所的日期可能缺省了那些在那个时点之后成为无家可归者的信息。删截会导致统计分析的误差，所以必须认真对待。大数据天生包括"群组人"（cohorts）信息，如在某个时点所有存在于系统中的人，或在某个时点进入或退出系统的人。研究将用到哪些人的信息，取决于系统和所研究的问题。如果研究关心的是系统的流动，他们就不能只注意那些进入者，而必须同时注意那些已经在系统中的人。这在现实世界中会变得更复杂，特别是在某个关键时期之前或关键时期之间存有缺省数据。研究者必须在研究设计时认真思考选择性误差问题，特别是那些有可能造成系统性而非随机性的误差，或造成结果非完整性的问题。

第四节　让大数据的意义顺理成章

　　许多社会科学研究，关注于理解某个项目或政策是如何改善人们的生活，或个人的特征是如何关联在一起以便认识到谁需要什么。这方面的例子包括，在更多暴力事件居民区长大的儿童是否比那些在较少暴力区长大的儿童有更高的创伤症状，增大剂量地使用史他汀（statins）药物是否降低胆固醇，或不同时间段学生成绩的差异是否会导致学校政策的改变。这方面的信息，构成了我们的证据基础，指引研究者和实务工作者找到真正能够让人民过上更美好生活的干预项目。在社会科学中广泛使用的传统推断统计方法，依赖于 p 值生产这类证据。p 值显示研究结果是否具有统计意义上的显著性。一般而言，p 值的定义是，在给定的假设下你数据所持有的概率。撇开在 p 值实际意义上统计学家存有的不同意见（Aschwanden，2016），研究者通常把统计显著性当作一种标志，它表示某项发现更有可能代表了一种真实的关系，这种关系不是随机产生的。

　　譬如，独立样本 t 检验是一个常用的检验方法，通常用来比较两组人在某个连续变量的平均数上所存在的差异。t 检验可以被用在一个每周户外运动所花时间（以分钟为单位）的研究上：我们可以比较两组人的运动时间，一组人生活在有人行道的街区，而另一组人生活在"行走不友好"（less walking-friendly）的街区。所使用的检验统计量 t，是将平均数差异除以两组人的标准差之和与两组人规模之比。当样本规模非常大的时候，这个检测量的分母变得很小，t 指标也随之变大。较大的 t 值被看作差异不太可能由随机原因产生，所以，它与较低的 p 值相连，表明统计显著性，反映两组人的差异很大可能是真实的。现在，考虑两组人在 t 检验上的下列数据：有人行道街区组的平均每周运动时间为 19.2 分钟、标准差 5.0 分钟；而无人行道街区组的平均时间为 17.6 分钟、标准差 5.7 分钟。当我们的研究使用每组 50 人的样本量时，t 值为 1.5 并且它对应的 p 值为 0.14

而不显著。当群组规模扩大到每组 500 人时，同样的平均数、标准差会导致一个 4.72 的 t 值和它对应的 <0.00001 的 p 值。同样地，在每周锻炼时间平均数上的差异会变得比统计意义上显著，如果样本量从 100 增至 1000。当我们搜集到更多数据时，同样的群组差异会对我们得到的证据产生不同结果。

现在我们考虑大数据的规模。从 100 人升到 1000 人，我们看到人行道对健康的影响随样本规模而变化。那么，如果我们搜集大数据 100 万人甚至 1000 万人，将出现什么情况？群组差异小到何种地步但仍然显示统计显著性？当然，问题会变得更简单，如果我们的大数据研究使用全部人口数。推断统计的目的是从样本推断到全部人口。如果你有完整的人口，通常就没必要使用推断统计。假如你知道 100 个拉布拉多猎犬和 100 个德国牧羊犬的体重，你可能发现德国牧羊犬平均重 1 磅，且有 98% 的机遇（p<0.02）德国牧羊犬比拉布拉多猎犬重。但是，从另一角度看，如果你知道所有拉布拉多猎犬和德国牧羊犬的体重，你可以说，"德国牧羊犬的体重中位数比拉布拉多猎犬高 1.23 磅"。这个陈述是事实而非推断。这里不存在概率。答案是已知的而不是估算，尽管这个答案仍受时间或其他因素的限定，比如它只适用于美国 2017 年。毫无疑问，大数据使统计学家重新考虑传统意义上 p 值的使用（Wasserstein and Lazar，2016；Ioannidis，2018）。

一　简单几何学：跨部门数据的力量

如果你有两个点，你可画一条直线连接它们。如果你有三个点，你可画三条直线。5 个点可让你画 10 条线，20 个点可让你画 190 条线。这些画图的例子可用到任何给定变量的双变量关系检测上。如果你知道家庭户收入中位数和精神健康服务机构数，你可以检测到它们之间的相关系数——双变量让你检测到一种关系。如果你加进家庭结构、与执法机构联系次数和户主的教育水平，你可以检测到最多 10 种双变量关系，同时也还可以使用多变量或其他高级方法。从这儿，我们引进跨部门数据的概念。跨部门数据可以事先存在——许多州把不同机构的数据如收入维持、儿童虐待、青少年法庭记录等连接起来。这类连接数据的优点是显而易见的。对青少年案件轨迹的分析将大大改进，如果我们把收入和虐待包含在内。这样的数据可以成为自变量、控制变量、分组变量、甚至删截变量（譬如，你可能不想把接受家庭外居住性照护的儿童放到你对越轨行为的研究之中）。许多学术研究已经使用大规模的跨部门数据，包括收入维持部门的管理数据，教育、犯罪、青少年法庭、医疗以及儿童虐待。这类研究事实上使用的是数以千计的变量，并且性质上通常是动态研究（Jonson-Reid，Kohl and Drake，2012）。即便是这类研究，它们反映的也只是跨部门数据内在潜力的一个小例子。在全国最综合性的跨部门资源中，南卡洛兰纳综合数据系统（South Carolina's Integrated Data System）包含了来自所有政府项目的连接数据，以及广泛的医疗、教育和其他来源的数据。仅仅这一个数据来源，它就支持了几千项不同的研究（这还是一个最低限），为政策和实务服务。

对研究者来说，跨部门数据为三角检测提供了最好的资料，也是检验测量有效性的最好工具。很少有研究人员不希望拥有更多数据，或拥有与同一概念有关的更多变量来做比较。跨部门数据还可被用到没有想到的但十分简单的途径上。有一个研究（Drake et al.，2011）使用了多重来源的数据（医疗、儿童福利、生命统计资料），试图确定儿童虐待数据受种族偏见影响而导致的误差程度。在儿童虐待研究中，存在一种担心，即儿童虐待报告率方面的种族不对称可能是由报告者的偏见所造成。所以，检测儿童虐待率的种族不对称，只要将这些数据与其他现存的但不受主观偏见影响、反映儿童安全和福祉情况的数据（如死亡率、轻出生体重、不成熟等）做比较就一目了然了。

二　快、更快、最快：运动中的数据

电子数据和电脑显然扩充了储存能力，使从未有过的数据分析成为可能。可能还不那么明显的是，现在已经出现了崭新的数据运用方式，它完全自动化而无须人介入。数据能够"实时"被使用，并改变着人们的经历。读者可能意识到，网页会根据你浏览的历史和其他信息而定制广告。这是关于运动中的数据的一个例子。当你做出不同选择时，你的数据也随之变化，你也被不同地对待着。我们可以举一个很简单、基础、但可能是保护生命的应用："马里兰出生匹配（Maryland's Birth Match）系统"（Shaw et al.，2013）。这个系统用到两个数据库，一个显示在某天有孩子出生的父母，一个显示一组父母名单——这些父母以前使用过儿童保护服务、在过去五年中有过对某个孩子父母权注销（termination of parental rights）（TRF）的记录（Child Welfare Information Gateway，2013）。对 TRF 不太了解的人请注意，它是一个很高门槛的处罚，需要一系列法庭听证会，反映了法官认为父母没有能力安全照护孩子的意见，它会导致一系列父母权利的中断。有过 TRF 的父母所生新生儿遭遇严重虐待的高风险，促使马里兰州建立这个系统，检测在某天有孩子出生的父母，以及在过去五年中经历过 TRF 的父母。这个检测每天做，并由儿童福利机构列出前一天两组吻合的名单。州政府会派出一位工作者对吻合者的情况做出评估，取决于评估，再决定是否要采取进一步措施。

出生匹配目前已在多个州实施，是"实时"数据影响社会工作实务最生动的例子。很容易想到，这个方法可以拓展至多个领域。继续以儿童福利为例，让我们设想两个家长带着低龄儿童到急症室就医的案例，就诊儿童身上有伤，这些伤也许与儿童虐待有关，也许无关。两例都没有向有关部门报告。第二个星期，类似受伤案例又发生了，两例中有一例仍然由家长带着孩子到相同的急症室就医。这时，医院注意到了相同的模式，就向儿童保护服务打了电话。而另一例的家长，却带着孩子去了另一个急症室，医院没打电话；所以，对这个孩子来说，进一步的调查没有展开，他仍然处于受虐待的风险之中。这里，我们看到的是信息方面的问题。如果在不同医院的急诊部门存在数据库共享，第二例儿童的结果就将大大不同。如果医院可以实时使用州级数据库（这在很多州已经实行），结果也会不一样。我们举的这个例子有些微妙，与出生匹配有很大区别；但是，如果数据可以向急症室实时提供，它们就发挥了最大的作用。第二天再提供数据将太晚，当然这在出生匹配中是完全没有问题的。这里，我们的讨论从"几乎实时"进到"完全实时"。当然，这些都是一些初期的应用。但是，我们希望我们已传达了关键信息——数据可以变成活生生的"现在"工具，而不是账本里的数目字。

三　昨天、今天和明天：动态数据

做研究或实务评估的人懂得动态数据的好处。许多问题有时只能通过动态数据才能回答。如果你想知道治疗的有效性，危险性是如何表现出来的，累积接触产生的影响，随时间而变化的轨迹，或许多类似的其他问题，动态数据是解决你这些问题的最好工具。

在很多时候，某项研究或项目评估的动态性质，指的是"未来朝向（forwarding-facing）"。如果你研究某个干预项目的有效性，你很可能会在干预之后的某个时间（通常一年）回到你的案主身边，做后续测量。它通常通过实地访问或邮件或电子通信来实现。无论怎么做，这是研究者必须做的事情，而且一般还需要财政支持或付出较大努力。

在其他一些情形中，如危险评估，或检查过去发生的事情在目前所处的状况，我们需要用到"过去朝向"（backwards-facing）的动态数据。这通常是指，需要把当前问题的各种原因分隔开来，如某些精神健康问题（Scott et al.，2012）。当问到某人的过去，或回忆几十年前发生的事，我们通常需要使用回顾性测量（Retrospective measures）。

大数据是天生动态的。例如，逮捕记录，既可以搜集到过去的信息以量化研究对象过去的经历，也可以作为一种工具来量化研究对象的家长所经历的事情。同样，这类资料可以继续增长，研究者可以计划搜集未来的数据而无须再联系研究对象，只要研究对象给了我们在适当时间使用适当数据库的许可。两类方法都可以同时使用，以达到三角检测的目的。所有在大数据中留下了印记的研究，都可以采用这种策略。无论你是想降低心脏病的住院率，预防儿童虐待，还是改进家庭的财务状况，大数据可能已经存在，可以帮助你知道过去发生了什么，现在正发生着什么，或者，如果你可以等一下，你还可知道未来将发生什么。

一个与动态数据相关、较为神秘但又重要的问题，是如何降低假阴性。如果你有给定周、月或年关于某个问题的信息，你可能比较肯定，你不会从大数据中找到该问题的记录。例如，某个人有暴力行为，你可能不会在一年前的数据中找到记录，但是，如果你有若干年或几十年的数据，找到这类记录的可能性就大大提高了。如果存在跨多重数据库（如，医疗、犯罪、儿童福利、成人保护、家庭暴力等）的动态数据，我们贻误某项重要事件就变得更加不可能了。比如，可以设想一下，某人经常有严重暴力行动，但又不在健康、社会服务、教育、司法或任何其他数据系统留下痕迹。这样的事可能有，但不会经常发生。

第五节　伦理考虑

在使用大数据时，有很多伦理方面的事项需要考虑。伦理考虑通常是主要的限制因素。许多这方面的问题，还没有完全被定义，更不用说澄清或解决了。令人吃惊的是，许多大数据应用的研究实际上并没有做伦理方面的工作，这是因为，许多大数据属于：（1）公共领域；（2）已经被那些想使用它们的机构所拥有；（3）其他一些机构，但它们已经有了某些保障措施。从这个角度看，许多大数据应用不存在任何伦理问题——没有理由不让机构采用大数据方法利用它们已经获得或将要获得的数据。

一　公共领域的数据

很容易被遗忘的事是，许多非常有用的大数据来源于公共领域。这方面最典型的例子是那些地理汇总数据，如美国人口普查或美国农业部食物沙漠地图、铅接触风险地图、地区犯罪地图或可以在州公共信息部门找到的数据，如加利福尼亚州儿童福利指标项目（the California Child Welfare

Indicators Project)。使用这些数据的实务工作者、决策者和研究者通过这些数据来理解在他们关注的领域正在发生的情况。例如，在很多领域，你所需要的就是网址，你可以立即获得整套数据，知道地区犯罪、经济、人口、食物存在状况、儿童福利以及已存的社会服务资源等信息。所有这类信息都不保密或需要考虑保密问题，都对社会工作者有极大帮助。一个极简单的例子是，一个自动系统显示某服务对象的地址是否落于食物沙漠中，这个信息对很多机构来说就非常有用。某些个人层面的数据也同时对公众开放，包括逮捕、判罪、坐牢及性侵犯的数据。

二　机构内部数据

一个机构是否使用自己拥有的数据？虽然这个问题对所有机构都适用，但它对公共机构显得更为重要，因为它们拥有大量已经生成的数据。例如，如果一个州的社会服务部接到了一个儿童保护的热线电话，是否所有该机构拥有的关于那个家庭的信息都会添加到这个案例的报告上？这儿，我们再用一个简单明了的例子来说明。让我们假设某个家庭正在接受"疏于照顾"的儿童虐待调查，但是该案例的工作者从来不知道，那个家庭使用的"困难家庭临时援助"（Temporary Assistance for Needy Families，TANF）津贴在一周之内就要结束了。尽管为这个家庭提供 TANF 资助的工作人员就在同一座大楼办公，数据从未被分享过。这个调查虐待的工作人员并不知晓这样一个正在逼近的新风险因素，而且被剥夺了尽快处理、改善该家庭经济状况的机会。另一个例子是关于风险评估工具，这也在儿童福利服务中经常用到。社会工作者被派往实际工作地，用笔在选择表的一系列问题上打钩。询问的问题如，"这个家庭是否使用公共资助项目？"和"以前有过儿童保护 CPS 报告吗？"。其实对这些问题的回答，在机构的电脑系统中都已经有了。基本风险评估可以实时做，在这个热线电话打进来的时候做（评估者可以实时从屏幕上看到）。有了已存数据，无须社会工作者开车到案主家中，坐下来，掏出笔，填写表格，回机构后再输入电脑并存档。这仅是一个例子。许多类似信息其实州政府都有了，只是工作者无法获得。

三　机构共享数据

在何种程度上允许州机构在法律上共享数据，各州的做法有区别。但是，从数据存在的角度看，这样的数据应当被共享。例如，州出生记录有儿童虐待方面许多风险因素测量。一项最近的研究（Putnam-Hornstein and Needell，2011）发现，在很少一部分出生记录显示高风险指标的儿童中，89.5％会在未来5年中出现儿童虐待报告。如果该州从法律的角度能够讨论如何使用这些数据，那么，它们可以被用到有针对性的、自愿的和预防性的服务中去。当然，这里的伦理问题是严肃的且涉及方方面面，但伦理危险的核心是，州是采取还是不采取这方面的行动。儿童福利机构是否有权看到那些还没有虐待报告的家庭相关的出生记录？在道德上是否能接受这样的情况：州机构着手处理几乎确定的案件但不采取行动，在该儿童虐待事件发生之前？虽然采取那样的行动，从家长隐私权的角度可能在道德上有争议，但不采取行动同样有争议，因为那样做伤害了儿童的安全权。如果州政府拥有提升儿童保护的信息，使用这种信息难道不是儿童保护最主要的目的吗？不使用这种信息，难道不是一种过失吗？当然，如果某州忽视了一份严重的报告或对一个寄养家庭的监管失责，这肯定属于过失；但是，忽视数据也有可能构成失责。这又回到前面讨论到的出生匹配政策。这里，州政府实行这样的信息共享项目或不实行，都涉及一个伦理问题。

在何种程度上用州机构的数据指导并改进某机构的实务，这方面的空间是很大的，也无须花精力去强调它的重要性。许多社会问题在州和私立机构中都留下了脚印，所以，这些机构可以自由地与它们的工作者分享数据。譬如，不让一个调查虐待精神有问题的老人的社会工作者接触那位老人的医疗记录，这样的做法是道德的还是不道德的？同样，是否允许调出其他州机构有关的资料，譬如与家庭暴力或儿童虐待有关的资料？许多这类问题都没有答案，但是我们必然会在不远的将来找到这些答案。

第六节 结语

有种说法，事物变化越多，不变的方面也越多。从我们目前讨论的问题看，一个不变的简单事实是，我们知道得越多，我们对案主的服务也越好。如果社会工作者能使用优质的经验数据并用它们来指导自己的行动，他们也就能更好地为人民提供帮助。大数据不过代表了一系列新型数据，让我们能够实现帮助人们过上更好的生活这个终极目标。我们认为，大数据将成为我们证据为本工作未来的重要一环，因为它提供了迅速的反应度、广阔的运用度，以及增长信心的机会，就像我们知道的使用其他方法也能做到的那样。

往前看得更远一些，有理由设想未来社会工作者将比今天更深地扎入信息宇宙中，那时我们使用超大量"活"信息并服务于案主的能力将被视作理所当然。很重要的是，儿童福利工作者回到办公室后，可以索取家庭成员的逮捕历史并在一两天内得到它。或者更好的情形是，只要社会工作者将一个家庭成员的名字打入他的手提电脑，那样的信息就自动生成并对有关人员开放。同样重要的是，社会工作者知晓本地家庭暴力庇护所和联系电话，可以很快知道是否能接纳新成员。更好的情形是，社会工作者能够马上拿到床位空缺的地图。我们看到，大数据不仅对研究者和政策制定者是一项财富，它们对一线实务工作者也将越来越是一项财富。

第 十 五 章

回顾与前瞻

Edward F. Lawlor，Mary M. McKay，

Shanti K. Khinduka，& Mark R. Rank

　　美国社会工作正处于一个十字路口。在社会层面上，许多指标说明生活质量可能在下降。例如，期望寿命在过去若干年已经降低。这一史无前例的现象，反映了本书所讨论的许多社会问题造成的影响。经济不平等自 20 世纪 70 年代中期起持续加剧。政治两极化和诸多群体的不满在上升，特别在过去十年中。种族非正义持续并威胁到 20 世纪 60 年代以来的进步，表现在有色人种负担沉重，特别是犯罪司法系统中的问题、选举萎缩、教育和就业机会方面的障碍。从本地看，由 Michael Brown 悲惨死亡引发的密苏里州弗格森市的抗议运动①，也对我们行业通过研究、学生教育和社区合作推行有效的积极行动主义造成挑战。

　　社会服务系统的许多历史性支持和基础，从公共部门的社会援助计划，到像"联合之路"这样的坚定支持者，他们即使不是在彻底取消支

---

① 2014 年由于当地白人警察执法不当，导致黑人 Michael Brown 不幸死亡，引发了该市和全国持续数月的抗议运动和骚乱

持，也正在缩减其支持。警讯事件如芝加哥 Hull House Association 的关闭①，反映了资助系统的内在脆弱性和领导力问题，以及公众对安全网以及相关人文服务机构的支持态度。

在全球范围内，我们看到的也是日益严重的社会经济问题。许多国家缩减了用于社会合同的经费和政府提供的安全网络。种族和宗教冲突频发。另外，全球变暖对低收入国家带来不对称的负面影响。

这些对我们行业的挑战，有些是学术性的，有些是事务性的，也有些是政治性的。社会工作在历史上为研究、教育、政策开发和倡导提供了重要的领导力。社会工作者在诸多领域如社区精神服务和社会发展继续提供领导力和人力，但我们行业的知名度和影响力不得不承认是不充分的。纵观整个行业，有一个明显的需求，那就是，必须重振和重新提升我们在社会政策、社会安全服务网络方面的领导角色。

本书各章对这个行业面临的各种问题做了探讨，并勾画了社会工作者如何着手为解决这些问题做出努力。社会工作者在应对这些挑战方面处于独一无二的地位。他们有做出改变的技能和经验，有接地气的知识，知道这些问题是如何伤害个人、家庭和社区的。

圣路易斯华盛顿大学社会工作学院，在它历史上的不同阶段，不断为应对这类挑战做出努力（O'Connor，2008）。最近的例子是，为平息 2014年弗格森事件的后续影响，学院教师一起合作，考虑如何把学院的学术和专业技能与全国面临的挑战更好地结合起来。这些讨论，与许多社会工作组织梳理并应对"巨大挑战"的工作，相辅相成。这些挑战大多数环绕最严重的社会、经济和健康问题；对这些问题的解决可能需要一代人。布朗学院教师的工作目标是：通过总结研究与实务的前沿成果，用他们在学院形成的专长，为这个议程表提供框架。

依赖学院一贯秉持的"证据为本的实务和社会行动"的理念，一些教

---

① 这是一所历史悠久、久负盛名的社会服务机构，由美国社会工作创始人 Jane Addams 于1889 年创立

师形成了一组优先应对的问题，对这些问题的解决需要审慎的专业知识，从这些问题出发，他们还形成了改革和实施改革的建议。Mark Rank 和 Gautam Yadama 教授领导这项工作，提出了关键政策挑战，以及如何用学院教师的专业知识和研究应对这些挑战。教师们对这组优先课题的研究，构成了此书各章。

第一节　回顾

　　乔治·沃伦·布朗社会工作学院有一个悠长和杰出的历史。它在华盛顿大学的诞生可以追溯到 1909 年秋季。学院创始人之一是 Roger Baldwin，他后来于 1920 年创立了美国公民解放联盟（American Civil Liberties Union，ACLU）。1937 年学院成为全国第一个社会工作项目，有了自己的建筑，在这个当时的雏鸟专业中培养专职学生、做研究。Betty Bofinger Brown 捐赠了慷慨礼物，并用她丈夫 George Warren Brown 的名字命名这所学院。

　　如导论所讨论，社会工作的三大支柱，在学院历史上清楚地表现出来。这三大支柱的特点是：（1）努力营造一个更加社会正义的世界；（2）通过"环境中的个人"视角理解问题及其背景（这要求有跨学科的方法和国际视野）；（3）依赖研究为基础的证据，评估并设计解决问题的方案。对这三个原创理念的强调，在很大程度上定义了这所学院。

　　学院从它诞生之日起，就强调对社会正义的承诺。学院前身（Provident，圣路易斯慈善学院，以及圣路易斯社会经济学院）的主要工作是解决移民、非洲裔美国人、儿童、老人、残疾人包括有精神疾病的人所遭遇的非正义和贫穷问题。从一开始，学院和他们的教师就关注社会正义类问题，如童工，公共卫生和低工资。虽然社会工作方法和个案工作法随时间推移有了很大变化，但学院的基础价值观和重点一直没变。Shanti Khinduka 院长把这一承诺看作是对学院未来一项关键测试："学院的存在将变得没有意义，如果它不在平等、公平和社会正义领域保持领军地位。"（摘自

O'Connor，2008：151）Mary McKay 院长在她 2017 年为学院提升平等的项目所做的报告中指出：

> 布朗学院承诺，要将我们的声音、我们的科学、我们的资源加到呼吁社会正义的合唱中去。把这项工作串起来的就是对提升公平的执着重视。除非我们在我们的研究、项目、教学和倡导中坚持反对结构种族主义和系统压迫，否则，社会变革将停止或收效甚微。（2017：1）

在历史上，学院也追寻对研究的领导，跨学科研究，以及证据为本的实务和政策制定。早在 20 世纪 50 年代 Benjamin Youngdahl 当院长时期，学院就尝试将科学置入社会服务和社会政策之中。Youngdahl 院长聘任了 William Gordon，一位定量生态学家，让他在学院建立严谨的研究项目和优质博士培训项目。此外，Gordon 对我们整个领域构建"环境中的个人"的理论框架，也做出了重要贡献。1990 年关于他的讣告写道，"他是几位第一次将生态框架引入社会工作思维的学者之一，他认为，社会工作的中心点必须是人与环境的互动"（O'Connor，2008：76）。

Youngdahl 与 Gordon 都强调社会工作应当使用其他学科和专业都在使用的证据为本的方法，博士生教育必须强化科学方法的训练，做到严谨，而这些研究必须由生态视角做指导。

追寻严谨和证据为本的学术传统，在 Khinduka 院长担任领导的时候得以继续。这期间，学院聘用教师的数量显著增加，启动了大胆的学术倡导项目，建立了新的研究教学中心，尝试并成功获得丰厚的全国项目资金。1976 年，学院聘用了 Martha Ozawa，她是一位社会保障专家，是我们这个领域第一位使用研究为基础的分析方法，探讨社会福利项目对妇女和儿童之影响的专家。

一年之后，学院启动了《社会服务研究杂志》，它是社会工作行业最早发表实证研究学术文章的杂志之一。在十年之中，1990—2000 年，学院成立了 Kathryn Buder 美籍印第安人研究中心、精神健康服务研究中心、社会发展研究中心，以及合并疾病与成瘾研究中心。此外，1991 年，学院创建了由 Enola Proctor 领导的研究和基础设施办公室，成为社会工作学院第一个开发这方面能力的办公室。

在 40 年的时间里，学院还将全球视角引入社会工作和社会福利。Khinduka 院长和他的同事 Richard Parvis，将学院对国际学生开放，建立了众多国际伙伴，并把全球的内容融入学院的课程设置和文化之中。社会发展研究中心从一开始就追求资产建设的国际化议程。这项工作一直持续至今，他们发展了国际联合学位，招收了麦道学院 McDonnell Academy 国际学者，并创立了若干全球社会工作和公共卫生新研究中心。全球化视角在 McKay 院长领导下有新的扩展，她为研究国际影响的学生创立了 Khinduka 奖学金项目。重要的是，美国背景下的社会研究和政策也从这些国际化的项目中受益。

学院还通过聘用不同领域的学者，建立自己的教师团队，通过环境中的个人视角理解社会问题。此外，学院鼓励学生将关注点扩展到社会工作之外，从其他学术领域获取研究的养料，充实想法。依循建立社会工作与法学、社会工作与建筑学、社会工作与工商管理学等联合学位的做法，Edward Lawlor 院长开创了与中国伙伴大学联合培养社会政策硕士生的双学位项目。

在 Edward Lawlor 院长领导下，学院拓展了多学科研究和训练的理念，于 2008 年创建了公共卫生项目。这个项目的设计和对教师的招聘，依据的是"跨学科"研究与教育（Lawlor et al.，2015）。例如，公共卫生硕士项目的目标，就是培养一个新型的专业，学生通过在生物科学、社会科学、社会工作和公共卫生等领域的训练，有能力解决复杂的公共卫生问题，当然他们同时也接受伦理、多元化和社区背景等方面的训练。课程设置的核心是跨学科解决问题。学院还担纲创建了多学科公共卫生研究所，把华盛顿大学所有 7 所学院的专家整合在一起。

学院教师队伍广泛的学术背景，显示了多学科研究的机会，为把握这种优势，学院承诺使用一种叫作"一所学院"（One School）的方法。学院不鼓励各种方法、学科和专业各自为战，而是强调教师在研究与教育上的融合。这种融合涉及面很宽：一项对教师背景的早期分析显示，51 位教师来自 35 个不同领域。一个对教师合作的网络分析显示，教师们在申请学术资金和写文章方面紧密合作，通常跨越实体和专业背景（Luke，2013）。教师互相合作写作目前这本著作，又一次证明了"一所学院"的模式是成功的。

学院对社会政策的承诺可以追溯到历史上较早的时候。2007 年，谈及 1952 年 Youngdahl 院长的著名演讲"我们信奉什么"，Lawlor 院长写道：

> Youngdahl 院长相信社会工作根植于对个人自由的深刻承诺，他热衷于我们这个行业对社会政策提供咨询。虽然有些术语如今已经改变，我们学院目前所强调的经济机会，证据为本的实务，公民参与，公共卫生，社会政策，以及国际发展，都是这些基本信念和侧重点的回响。

McKay 院长沿袭了社会政策的传统，组织并深化了 Clark Fox 政策研究所，将学院社会政策硕士学位项目拓展至新的国家，并包括本国学生。这一影响社会政策的承诺，事实上贯穿于本书各章。

第二节　前瞻

作为三任服务了很长时间的院长，我们相信这本著作的分析和建议是我们工作的范例，反映了我们如何通过专业组织和社会工作学院的研究与教育，通过与社区和政策伙伴的合作，重组我们社会工作体系和社会政策。全书各章，反映了我们学院长期以来对社会正义和平等的承诺，对严谨的跨学科研究的承诺，对国际视角的承诺，以及对政策影响的承诺。

如果要问我们如何展望 21 世纪未来几十年，我们依然重申以上这些承诺的重要性。许多对我们国家问题的认识，是基于对这类问题的错误理解之上的。社会工作对生态背景和环境中的个人的认识，在我们看来，是未来社会变迁的关键。我们的学生、实务工作者、研究人员都准备好了，要将这一视角用于解决 21 世纪最有压力的问题中去。

本书涉及的许多问题（如果不是大多数问题）所产生的原因都是系统性的。它们包括长期存在的压迫、排斥和特权系统。认识并改变这些系统，是将我们国家和整个世界变得更为人性化和可持续化的关键。

Khinduka 院长将这些想法在他 2001 年的演讲中做了总结。在这个题为"关于社会工作和社会工作教育的思考"的演讲中，他注意到，

> 我们使命的根本性质，要求社会工作者挑战社会广泛接受的陈规……当一些人抱怨是他们的不幸导致了他们被压迫的状况时，我们需要提出主导制度的不公平性。当一些人为国家史无前例的繁荣庆祝时，我们就提请人们关注所存在的不合理的贫困。要鼓励社会工作者成为社会的良心，而不是唱赞歌的人。我们精神上的满足，不来自被精英阶层、有权力的人、名人或魔力阶层赞许，而是来自那种感受，知道到我们为擦干人类的眼泪做了一点工作，帮助了儿童和脆弱的老人，组织了对人的赋权活动，以及偶尔在一两次小冲突中为人类的尊严赢取了胜利。（O'Connor，2008：149 – 150）

我们还相信让所有人过上宜居生活的根本目标，精辟地概括了我们行业在 21 世纪的工作重点。社会工作日常处理的问题，基本上都环绕这一目标。我们鼓励我们社会工作组织都来激励并倡导这一目标。同样，社会工作学院必须考虑，如何将他们对学生的训练以及他们教师的研究都汇总到推动这个目标实现的运动中。

在一个更具体的层面上，新方法要求研究和教育的创新。如此书关于项目设计、社会服务、大数据等章所言，我们正在进入一个社会服务系统、金融和义务的新世界。完全依赖福利国家的传统解决方法将不再可

行，或并不理想。

我们还要根据国家和世界的需要，将社会工作的侧重点放到与社区有关的工作中去，以阻断大量存在的不信任和分裂。这项工作要求我们对解决棘手的种族问题有承诺并具备能力。由宜居生活的讨论可以看到，健康和社会机遇方面不对称的根子是历史和歧视。从结构和文化上搬除障碍，是我们在服务和政策方面做出进步的重要一环。我们相信，社会工作新行业必须在搬除这类障碍上下功夫。

最后，我们需要创造通往政策决定的新桥梁，包括将研究转换为服务设计以及政策的新的方法。巨大潜力存在于社区、地方和州政府以及服务传递系统如健康照护机构。我们需要在信息发布与实施领域做开创性工作，为这类转换提供可取的工具。

第三节　结语

在我们的学术生涯中，我们在学院的走廊里遇到过成百的学生和几十位教师、员工。这些成员的能量、创新和承诺激励着我们，并让我们对未来做出保证。这些保证包含了社会工作所能提供的最好服务，并帮助我们在未来实现一个社会意义上更正义的世界。

此外，最近的数据显示，我们的行业在上升之中。根据美国人口普查局的资料，2015 年自我认定的社会工作者有 850000，他们中有 650000 人拥有社会工作学位，有 350000 人拥有从业执照（Marsh and Bunn，2018）。这些数字，在最近几十年不断上升。

进一步说，过去 15 年，进入社会工作项目的学生数明显增长。Jeanne Marsh 和 Mary Bunn 发现，2005—2015 年，"获得社工硕士（MSW）的人数从 16956 增长到 26329，或增长 55.3%。与此同时，获得社工学士学位（BSW）的人从 13939 增至 21164，或增长 51.8%"（2018：669）。此外，很多服务领域都接纳了社会工作者。综合起来看，在我们迈向未来时，我们这个行业正在积蓄有力的动能。我们相信，这个领域有广泛需求，并将在未来变得更加重要。

最后的话要让我们的前辈、前任院长和革新型领导者 Benjamin Youngdahl 来说。在 1952 年 "我们相信什么" 的演讲中，他这样说道：

> 我们关于社会工作的哲学和方法本质上是乐观的。我们认为在给定情形下总值得做些什么。我们相信，为了目标睿智地使用我们的知识，我们就总能进步。我们是一个有动力的行业，我们不接受同代人中的某些愤世嫉俗和悲观的看法。

当我们展望未来，这些将近 70 年前说的话听起来依然正确。我们正处在许多经济、社会、政治和环境变革的边缘。我们从未遇到过这样巨大的挑战。但是，同样，我们也从未有过这样的机遇、这样大的对社会工作者的需求。我们真的是一个 "有动力的行业"，一个急于在 21 世纪创造更美好的世界、有知识并训练有素的行业。这样的世界，无疑是宜居生活得以实现、每一个儿童都期盼的世界！

参考文献

Aarons, G. A. , A. E. Green, L. A. Palinkas, S. Self – Brown, D. J. Whitaker, J. R. Lutzker, and M. J. Chaffin. 2012. "Dynamic Adaptation Process to Implement an Evidence – Based Child Maltreatment Intervention. " Implementation Science,7,1 – 9.

AARP. 2012, December. "Civic Engagement Among Mid – life and Older Adults: Findings from the 2012 Survey on Civic Engagement Research and Strategic Analysis Integrated Value and Strategy. "

Abramsky, S. 2013. The American Way of Poverty: How the Other Half Still Lives. New York: Nation Books.

Acharya, G. 2016. "The Right to Health is a Fundamental Human Right but Better Health is a Shared Responsibility. " Acta Obstetricia et Gynecologica Scandinavica,95,1203 – 1204.

Adams, E. A. 2018. "Thirsty Slums in African Cities: Household Water Insecurity in Urban Informal Settlements of Lilongwe, Malawi. " International Journal of Water Resources Development,34,869 – 887.

Adelman, R. 2004. "Neighborhood Opportunities, Race, and Class: The Black Middle Class and Residential Segregation. " City and Community,3,43 – 63.

Adger, W. N. 2006. "Vulnerability. " Global Environmental Change,16(3) ,268 – 281.

Adjepong, A. 2017. " 'We're, like, a Cute Rugby Team': How Whiteness and

Heterosexuality Shape Women's Sense of Belonging in Rugby. " International Review for the Sociology of Sport, 52, 209 – 222.

Adler, N. , A. Singh – Manoux, J. Schwartz, J. Stewart, K. Matthews, and M. G. Marmot. 2008. "Social Status and Health: A Comparison of British Civil Servants in Whitehall – II with European – and African – Americans in CARDI- A. " Social Science and Medicine, 66, 1034 – 1045.

Adler, N. E. , and J. Stewart. 2010. " Health Disparities Across the Lifespan: Meaning, Methods, and Mechanisms. " Annals of the New York Academy of Sciences, 1186, 5 – 23.

Adler, N. E. , T. Boyce, M. A. Chesney, S. Cohen, S. Folkman, R. L. Kahn, and S. L. Syme. 1994. "Socioeconomic Status and Health: The Challenge of the Gradient. " The American Psychologist, 49, 15 – 24.

Adler, R. P. , and J. Goggin. 2016. " What Do We Mean by ' Civic Engage- ment'？" Journal of Transformative Education, 3, 236 – 253.

Administration on Aging. 2018. A Profile of Older Americans, 2017. Washington, DC: Administration on Aging.

Afifi, T. O. , H. L. MacMillan, M. Boyle, K. Cheung, T. Taillieu, S. Turner, and J. Sareen. 2016. "Child Abuse and Physical Health in Adulthood. " Health Re- ports, 27, 10 – 8.

Aguilar – Gaxiola, S. A. , L. Zelezny, B. Garcia, C. Edmondson, C. , Alejo – Garci- a, and W. Vega. 2002. "Mental Health Care for Latinos: Translating Research into Action: Reducing Disparities in Mental Health Care for Mexican Americans. " Psychiatric Services, 53, 1563 – 1568.

Agyeman, J. , D. Schlosberg, L. Craven, and C. Matthews. 2016. "Trends and Di- rections in Environmental Justice: From Inequity to Everyday Life, Community, and Just Sustainabilities. " Annual Review of Environment and Resources, 41, 321 – 340.

Ahn, J. , B. J. Lee, S. K. Kahng, H. L. Kim, O. K. Hwang, E. J. Lee, H. R. Shin,

M. S. Yoo, Y. Cho, Y. S. Yoo, Y. J. Kwak, Y. M. Shin, J. Y. Lim, Y. J. Cho, S. Y. Park, and J. P. Yoo. 2017. "Estimating the Prevalence Rate of Child Physical and Psychological Maltreatment in South Korea." Child Indicators Research, 10, 187 – 203.

Ain, J., and D. Newville. 2017. "Expanding Educational Opportunity through Savings." CFED Federal Policy Brief. Retrieved from: https://prosperitynow. org/files/PDFs/expanding_educational_opportunity_through_savings. pdf

Ajzen, I. 2011. "Theory of Planned Behavior." Handbook Theory Social Psychology, 1, 438.

Akmatov, M. K. 2010. "Child Abuse in 28 Developing and Transitional Countries – Results from the Multiple Indicator Cluster Surveys." International Journal of Epidemiology, 40, 219 – 227.

Al Hasan, D. M., and J. M. Eberth. 2016. "An Ecological Analysis of Food Outlet Density and Prevalence of Type II Diabetes in South Carolina Counties." BMC Public Health, 16, 10.

Alba, R. D., and J. R. Logan. 1993. "Minority Proximity to Whites in Suburbs: An Individual – Level Analysis of Segregation." The American Journal of Sociology, 98, 1388 – 1427.

Alesina, A., and E. L. Glaeser. 2004. Fighting Poverty in the US and Europe: A World of Difference. Oxford, UK: Oxford University Press.

Allen, H., I. Garfinkel, and J. Waldfogel. 2018. "Social Policy Research in Social Work in the Twenty – First Century: The State of Scholarship and the Profession; What Is Promising, and What Needs to Be Done." Social Service Review, 92, 504 – 547.

Alley, D., P. Liebig, J. Pynoos, T. Banerjee, and I. H. Choi. 2007. "Creating Elder – Friendly Communities." Journal of Gerontological Social Work, 49, 1 – 18.

Alliance for Strong Families and Communities. 2018. "Family First Prevention Services Act Summary." Families in Society, FEI Behavioral Health. PCG Hu-

man Services is co – author with Alliance. https：//www. acesconnection. com/
g/resource – center/fileSendAction/fcType/0/fcOid/464758151152075082/
filePointer/479542389221270598/fodoid/479542389221270594/Family%
20First%20Act%202018%20Summary_8 – 18_v2. pdf

Allport,G. 1954. The Nature of Prejudice. Cambridge：Perseus Books.

Alston,M. 2015. "Social Work,Climate Change and Global Cooperation." Inter-
national Social Work,58,355 – 363.

Amarasingham, R. , L. Plantinga, M. Diener – West, D. J. Gaskin, and
N. R. Powe. 2009. "Clinical Information Technologies and Inpatient Outcomes：
A Multiple Hospital Study." Archives of Internal Medicine,169,108 – 114.

American Academy of Social Work and Social Welfare 2017. "Stop Family Vio-
lence. 12 Challenges. " Retrieved fromhttp://grandchallengesforsocial-
work. org/grand – challenges – initiative/12 – challenges/stop – family – vio-
lence/

American Press Institute. 2014. "Race,Ethnicity,and the Use of Social Media for
News. " Retrieved fromhttps：//www. americanpressinstitute. org/publications/
reports/survey – research/race – ethnicity – social – media – news/

Amir, N. , C. Beard, C. T. Taylor, H. Klumpp, J. Elias, M. Burns, and
X. Chen. 2009. "Attention Training in Individuals with Generalized Social Pho-
bia：A Randomized Controlled Trial. " Journal of Consulting and Clinical Psy-
chology,77,961 – 973.

Amrit, C. , T. Paauw, R. Aly, and M. Lavric. 2017. " Identifying Child Abuse
Through Text Mining and Machine Learning. " Expert Systems with Applica-
tions,88,402 – 418.

Anderson, J. O. , J. G. Thundiyil, and A. Stolbach. 2012. "Clearing the Air：A
Review of the Effects of Particulate Matter Air Pollution on Human Health. "
Journal of Medical Toxicology,8,166 – 175.

Anderson,L. and D. A. Snow. 2001. "Inequality and the Self：Exploring Connections from an Interactionist Perspective. " Symbolic Interaction,24,395 – 406.

Anderson, N. B. , C. D. Belar, S. J. Breckler, K. C. Nordal, D. W. Ballard, L. F. Bufka, and K. Wiggins. 2015. Stress in America: Paying with our Health. Washington,DC: American Psychological Association.

Andersson,F. O. ,and R. McCambridge,R. 2017. "Social Entrepreneurship's All – American Mind Trap. " Nonprofit Quarterly,24,28 – 33.

Andersson, F. O. 2012, April 11. "Social Entrepreneurship as Fetish. " Nonprofit Quarterly. Retrieved fromhttps://nonprofitquarterly. org/2012/04/11/socialentrepreneurship – as – fetish – 2/

Andrews,J. R. ,J. Bogoch,and J. Utzinger. 2017. "The Benefits of Mass Deworming on Health Outcomes: New Evidence Synthesis,the Debate Persists. " Lancet Global Health,5,e4 – e5.

Angel,R. J. 2016. "Social Class,Poverty,and the Unequal Burden of Illness. " The Oxford Handbook of the Social Science of Poverty. Edited by D. Brady and L. M. Burton. New York: Oxford University Press,pp. 660 – 683.

Anguelovski,I. 2015. "Healthy Food Stores,Greenlining and Food Gentrification: Contesting New Forms of Privilege,Displacement and Locally Unwanted land Uses in Racially Mixed Neighborhoods. " International Journal of Urban and Regional Research,39,1209 – 1230.

Apte,T. 2005. "Creating Stakeholder Ownership of Biodiveristy Planning: Lessons from India. " Participatory Learning and Action,53,54 – 60.

Arcipowski,E. , J. Schwartz, L. Davenport, M. Hayes, and T. Nolan. 2017. "Clean Water, Clean Life: Promoting Healthier, Accessible Water in Rural Appalachia. " Journal of Contemporary Water Research & Education,161,1 – 18.

Arku,F. S. ,and C. Arku. 2010. "I Cannot Drink Water on an Empty Stomach: A Gender Perspective on Living with Drought. " Gender and Development,18, 115 – 124.

Arnstein, S. R. 1969. "A Ladder of Citizen Participation." Journal of the American Institute of Planners, 35, 216 – 224.

Aschwanden, C. 2016. "Statisticians Found One Thing They Can Agree On: It's Time to Stop Misusing p values." Five Thirty Eight. Retrieved fromhttp://fivethirtyeight. com/features/statisticians – found – one – thing – they – canagree – on – its – time – to – stop – misusing – p – values/

Ateah, C. , and J. Durrant. 2005. "Maternal Use of Physical Punishment in Response to Child Misbehavior: Implications for Child Abuse Prevention." Child Abuse and Neglect, 29, 169 – 185.

Atherton, I. M. , E. Lynch, A. J. Williams, and M. D. Witham. 2015. "Barriers and Solutions to Linking and Using Health and Social Care Data in Scotland." British Journal of Social Work, 45, 1614 – 1622.

Auslander, W. , C. Fisher, M. Ollie, and M. Yu. 2012. "Teaching Master's and Doctoral Social Work Students to Systematically Evaluate Evidence – Based Interventions." Journal of Teaching in Social Work, 32, 320 – 341.

Auslander, W. , J. C. McMillen, D. Elze, R. Thompson, M. Jonson – Reid, and A. Stiffman. 2002. "Mental Health Problems and Sexual Abuse Among Youths in Foster Care: Relationship to HIV Risk Behaviors and Intentions." AIDS and Behavior, 6, 351 – 359.

Auslander, W. , P. R. Sterzing, J. Threlfall, D. Gerke, and T. Edmond, 2016. "Childhood Abuse and Aggression in Adolescent Girls Involved in Child Welfare: The Role of Depression and Posttraumatic Stress." Journal of Child and Adolescent Trauma, 9, 1 – 10.

Auslander, W. F. , H. McGinnis, S. Myers Tlapek, P. Smith, A. Foster, T. Edmond, and J. Dunn, 2017. "Adaptation and Implementation of a Trauma – Focused Cognitive Behavioral Intervention for Adolescent Girls in Child Welfare." American Journal of Orthopsychiatry, 87, 206 – 215.

Austen, S. , and R. Ong. 2013. "The Effects of Ill Health and Informal Care Roles on the Employment Retention of Mid – Life Women: Does the Workplace Matter?" Journal of Industrial Relations,55,663 – 680.

Austin, J. , H. Stevenson, and J. Wei – Skillern. 2006. "Social and Commercial Entrepreneurship: Same, Different, or Both?" Entrepreneurship Theory and Practice,30,1 – 22.

Babiarz, P. , and C. A. Robb. 2014. "Financial Literacy and Emergency Saving. " Journal of Family and Economic Issues,35,40 – 50.

Babu, B. V. , and S. K. Kar. 2010. "Domestic Violence in Eastern India: Factors Associated with Victimization and Perpetration. " The Royal Society for Public Health,124,136 – 148.

Bafford, B. 2014. "The Feasibility and Future of Social Impact Bonds in the United States. " Sanford Journal of Public Policy,3,12 – 19.

Baker, P. R. , D. P. Francis, J. Soares, A. L. Weightman, and C. Foster. 2011. "Community Wide Interventions for Increasing Physical Activity. " Sao Paulo Medical Journal,129,436 – 437.

Balas E. A. 1998. "From Appropriate Care to Evidence – Based Medicine. " Pediatric Annals,27,581 – 584.

Balfour, J. L. , and G. A. Kaplan. 2002. "Neighborhood Environment and Loss of Physical Function in Older Adults: Evidence from the Alameda County Study. " American Journal of Epidemiology,155,507 – 515.

Bancroft, C. , S. Joshi, A. Rundle, M. Hutson, C. Chong, C. C. Weiss, and G. Lovasi. 2015. "Association of Proximity and Density of Parks and Objectively Measured Physical Activity in the United States: A Systematic Review. " Social Science and Medicine,138,22 – 30.

Bandura, A. 1999. "A Social Cognitive Theory of Personality. " Handbook of Personality. Edited by L. Pervin and O. John. New York: Guildford Press,pp. 154 – 196.

Bandura, A. 2001. "Social Cognitive Theory: An Agentic Perspective. " Annual

Review of Psychology, 52, 1 – 26.

Bandura, A. 2004. "Health Promotion by Social Cognitive Means. " Health Education and Behavior, 31, 143 – 164.

Banerjee, A. , E. Duflo, N. Goldberg, D. Karlan, R. Osei, W. Parienté, and C. Udry. 2015. "A Multifaceted Program Causes Lasting Progress for the Very Poor: Evidence from Six Countries. " Science, 348, 6236, 1260799 – 1 – 1260799 – 16.

Barker, D. P. 1997. "Fetal Nutrition and Cardiovascular Disease in Later Life. " British Medical Bulletin, 53, 96 – 108.

Barlow, J. 2015. "Preventing Child Maltreatment and Youth Violence Using Parent Training and Home Visiting Programmes. The Oxford Textbook of Violence Prevention: Epidemiology, Evidence and Policy. Edited by P. D. Donnelly and C. L. Ward. Oxford: Oxford University Press, pp. 133 – 140.

Barnidge, E. K. , C. Radvanyi, K. Duggan, F. Motton, I. Wiggs, E. A. Baker, and R. C. Brownson. 2013. "Understanding and Addressing Barriers to Implementation of Environmental and Policy Interventions to Support Physical Activity and Healthy Eating in Rural Communities. " The Journal of Rural Health, 29, 97 – 105.

Barr, M. S. 2004. "Banking the Poor. " Yale Journal on Regulation, 21, 121.

Barr, M. S. 2010. And Banking for All? Darby, PA: Diane Publishing.

Barr, R. G. , F. P. Rivara, M. Barr, P. Cummings, J. Taylor, L. J. Lengua, and E. Meredith – Benitz. 2009. "Effectiveness of Educational Materials Designed to Change Knowledge and Behaviors Regarding Crying and Shaken – Baby Syndrome in Mothers of Newborns: A Randomized, Controlled Trial. " Pediatrics, 123(3), 972 – 980.

Barrera, M. , F. G. Castro, L. A. Stryker, and D. J. Toobert. 2013. "Cultural Adaptations of Behavioral Health Interventions: A Progress Report. " Journal of Consulting and Clinical Psychology, 81, 196 – 205.

Barrett, C. B., and E. C. Lentz. 2016. "Hunger and Food Insecurity." The Oxford Handbook of the Social Science of Poverty. Edited by D. Brady and L. M. Burton. New York: Oxford University Press, pp. 117 – 140.

Barrientos, A., and D. Hulme. 2008. Social Protection for the Poor and Poorest. London: Palgrave Macmillan.

Barth, R., and M. Jonson – Reid. 2017. "Better Use of Data to Protect Children and Families. A Policy Action to End Family Violence." Grand Challenges for Social Work Policy Action, 2 – 5. http://grandchallengesforsocialwork. org/wp – content/uploads/2017/03 /PAS. 3. 1. pdf

Barth, R. and R. J. Macy. 2018. "Stop Family Violence." Grand Challenges for Social Work and Society. Edited by in R. Fong, J. Lubben, and R. Barth. New York: Oxford University Press, pp. 56 – 80.

Barth, R. P., B. R. Lee, and M. T. Hodorowicz. 2017. "Equipping the Child Welfare Workforce to Improve the Well – Being of Children." Journal of Children's Services, 12, 211 – 220.

Barth, R. P., E. Putnam – Hornstein, T. V. Shaw, and N. S. Dickinson. 2016. "Safe children: Reducing severe and fatal maltreatment (grand challenges for social work initiative working paper no. 17)." Retrieved from American Academy of Social Work & Social Welfare website: http://aaswsw. org/wp – content/uploads/2015/12/WP17 – with – cover. pdf.

Bartlett, J. D., B. Barto, J. L. Griffin, J. G. Fraser, H. Hodgdon, and R. Bodian. 2016. "Trauma – Informed Care in the Massachusetts Child Trauma Project." Child Maltreatment, 21, 101 – 112.

Bartlett, J. D., J. L. Griffin, J. Spinazzola, J. G. Fraser, C. R. Noroña, R. Bodian, and B. Barto. 2018. "The Impact of a Statewide Trauma – Informed Care Initiative in Child Welfare on the Well – Being of Children and Youth with Complex Trauma." Children and Youth Services Review, 84, 110 – 117.

Bartlett, J. D., M. Raskin, C. Kotake, K. D. Nearing, and M. A. Easterbrooks.

2014. "An Ecological Analysis of Infant Neglect by Adolescent Mothers." Child Abuse and Neglect,38,723 – 734.

Battistoni, R. M. 2017. Civic Engagement Across the Curriculum: A Resource Book for Service – Learning Faculty in All Disciplines. Sterling,VA: Stylus.

Baum,C. L. ,and C. J. Ruhm. 2016. "The Effects of Paid Family Leave in California on Labor Market Outcomes." Journal of Policy Analysis and Management, 35,333 – 356.

Baum,L. S. 2004. "Internet Parent Support Groups for Primary Caregivers of a Child with Special Health Care Needs." Pediatric Nursing,30,381 – 390.

Bauman, A. E. , R. S. Reis, J. F. Sallis, J. C. Wells, R. J. Loos, and B. W. Martin. 2012. "Correlates of Physical Activity: Why Are Some People Physically Active and Others Not?" The Lancet,380,258 – 271.

Bayer,R. ,and S. Galea. 2015. "Public Health in the Precision – Medicine Era." New England Journal of Medicine,373,499 – 501.

Beaglehole, R. , R. Bonita, R. Horton, M. Ezzati, N. Bhala, M. Amuyunzu – Nyamongo,M. ,and K. S. Reddy. 2012. "Measuring Progress on NCDs: One Goal and Five Targets." The Lancet,380,1283 – 1285.

Beals – Erickson,S. E. ,and M. C. Roberts. 2016. "Youth Development Program Participation and Changes in Help – Seeking Intentions," Journal of Child and Family Studies,25,1634 – 1645.

Becerra, J. M. , R. S. Reis, L. D. Frank, F. A. Ramirez – Marrero, B. Welle, E. Arriaga Cordero,and J. Dill. 2013. "Transport and Health: A Look at Three Latin American Cities." Cadernos de Saúde Pública,29,654 – 666.

Bedney, B. , D. Schimmel, R. Goldberg, I. Cotlar – Berkowitz, and D. Bursztyn. 2007. "Rethinking Aging in Place: Exploring the Impact of NORC Supportive Service Programs on Older Adult Participants. " Paper presented at the 2007 Joint Conference of the American Society on Aging and the National Council on Aging. Chicago,IL.

Beekman, A. V. , A. Steiner, and M. E. Wasserman. 2012. "Where Innovation Does a World of Good: Entrepreneurial Orientation and Innovative Outcomes in Nonprofit Organizations. " Journal of Strategic Innovation and Sustainability, 8, 22 – 36.

Begun, A. L. , L. K. Berger, L. L. Otto – Salaj, and S. J. Rose. 2010. "Developing Effective Social Work University – Community Research Collaborations. " Social Work, 55, 54 – 62.

Belaid, L. , A. Dumont, N. Chaillet, A. Zertal, D. V. Brouwere, S. Hounton, and V. Ridde. 2016. "Effectiveness of Demand Generation Interventions on Use of Modern Contraceptives in Low and Middle Income Countries. " Tropical Medicine and International Health, 21, 1240 – 1254.

Bellamy, J. L. , E. J. Mullen, J. M. Satterfield, R. P. Newhouse, M. Ferguson, R. C. Brownson, and B. Spring. 2013. "Implementing Evidence – Based Practice Education in Social Work a Transdisciplinary Approach. " Research on Social Work Practice, 23, 426 – 436.

Ben – David, V. , M. Jonson – Reid, B. Drake, and P. L. Kohl. 2015. "The Association Between Childhood Maltreatment Experiences and the Onset of Maltreatment Perpetration in Young Adulthood Controlling for Proximal and Distal Risk Factors. " Child Abuse and Neglect, 46, 132 – 141.

Ben – Zeev, D. , R. Frounfelker, S. B. Morris, and P. W. Corrigan. 2012. "Predictors of Self – Stigma in Schizophrenia: New Insights Using Mobile Technologies. " Journal of Dual Diagnosis, 8, 305 – 314.

Berecki, J. , J. Lucke, M. R. Hockeye, and A. Dobson. 2007. Changes in Caring Roles and Employment in Mid – Life: Findings from the Australian Longitudinal Study on Women's Health. Callaghan, Australia: Department of Health and Ageing.

Berezowitz, C. K. , A. B. Bontrager Yoder, and D. A. Schoeller. 2015. "School Gardens Enhance Academic Performance and Dietary Outcomes in Children. "

Journal of School Health, 85, 508 – 518.

Berger, L. M. , S. A. Font, K. S. Slack, and J. Waldfogel. 2017. "Income and Child Maltreatment in Unmarried Families: Evidence from the Earned Income Tax Credit. " Review of Economics of the Household, 15, 1345 – 1372.

Berger, L. M. 2004. "Income, Family Structure, and Child Maltreatment Risk. " Children and Youth Services Review, 26, 725 – 748.

Berger, L. M. 2015. "Economic Resources and Child Maltreatment: Early Results from the Getting Access to Income Now Evaluation. " Paper presented at the Society for Social Work and Research 19th Annual Conference: The Social and Behavioral Importance of Increased Longevity. Albuquerque, NM.

Berkman, L. F. , A. Boersch – Supan, and M. Avendano. 2015. "Labor – Force Participation, Policies & Practices in an Aging America: Adaptation Essential for a Healthy & Resilient Population. " Daedalus, 144, 41 – 54.

Berkowitz, S. A. , A. C. Hulberg, S. Standish, G. Reznor, and S. J. Atlas. 2017. "Addressing Unmet Basic Resource Needs as Part of Chronic Cardiometabolic Disease Management. " JAMA Internal Medicine, 177, 244 – 252.

Berlin, L. J. , M. Shanahan, and K. A. Carmody. 2014. "Promoting Supportive Parenting in New Mothers with Substance Use Problems: A Pilot Randomized Trial of Residential Treatment Plus an Attachment Based Parenting Program. " Infant Mental Health Journal, 35, 81 – 85.

Berry, J. M. 2005. "Nonprofits and Civic Engagement. " Public Administration Review, 65, 568 – 578.

Bertrand, M. , and S. Mullainathan. 2003. "Are Emily and Greg More Employable Than Lakisha and Jamal? A Field Experiment on Labor Market Discrimination. " NBER Working Paper Series, Working Paper 9873, National Bureau of Economic Research.

Berube, A. , E. Deakin, and S. Raphael. 2006. "Socioeconomic Differences in Household Automobile Ownership Rates: Implications for Evacuation Policy. "

Retrieved fromhttp://socrates. berkeley. edu/ ~ raphael/BerubeDeakenRapha-el. pdf

Berzin, S. , and M. Pitt – Catsouphes. 2015. "Social Innovation from the Inside： Considering the 'Intrapreneurship' Path." Social Work, 60, 360 – 362.

Berzin, S. , M. Pitt – Catsouphes, and P. Gaitan – Rossi. 2016. "Innovation and Sustainability： An Exploratory Study of Intrapreneurship Among Human Service Organizations." Human Service Organizations： Management, Leadership and Governance, 40, 540 – 552.

Berzin, S. C. 2012. "Where Is Social Work in the Social Entrepreneurship Move-ment?" Social Work, 57, 185 – 188.

Beverly, S. , M. Sherraden, M. , R. Cramer, T. Williams Shanks, Y. Nam, and M. Zhan. 2008. "Determinants of Asset Holdings." Asset Building and Low – Income Families. Edited by S. M. McKernan and M. Sherraden. Washington, DC： Urban Institute Press, pp. 89 – 151.

Beverly, S. G. , M. M. Clancy, and M. Sherraden. 2016. "Universal Accounts at Birth： Results from SEED for Oklahoma Kids." CSD Research Summary No. 16 – 07. St. Louis, MO： Washington University, Center for Social Develop-ment.

Beverly, S. G. , W. Elliott, and M. Sherraden. 2013. "Child Development Accounts and College Success： Accounts, Assets, Expectations, and Achievements." CSD Perspective, 13, 27.

Beverly, S. G. 2001. "Measures of Material Hardship： Rationale and Recommen-dations." Journal of Poverty, 5, 23 – 41.

Bhanderi, M. N. , and S. Kannan. 2010. "Untreated Reproductive Morbidities A-mong Never Married Women of Slums of Rajkot City, Gujarat： The Role of Class, Distance, Provider Attitudes, and Perceived Quality of Care." Journal Urban Health, 87, 254 – 263.

Bhattacharya, J. , T. DeLeire, S. Haider, and J. Currie. 2003. "Heat or Eat? Cold –

Weather Shocks and Nutrition in Poor American Families. " American Journal of Public Health,93,1149 – 1154.

Billiot,S. , and J. Parfait. 2019. " Reclaiming Land: Adaptation Activities and Global Environmental Change Challenges Within Indigenous Communities. " People and Climate Change: Vulnerability, Adaptation, and Social Justice. Edited by L. R. Mason and J. Rigg. New York: Oxford University Press, pp. 108 – 121.

Binette,J. , E. Y. Harrison, and K. Thorpe. 2016. Livability for All: The 2016 AARP Age – Friendly Community Survey of Southeast and Southwest Atlanta, Georgia AARP Members Age 50 – Plus. Washington,DC: AARP Research.

Bingley P. ,and I. Walker. 1997. "The Labour Supply,Unemployment and Participation of Lone Mothers in In – Work Transfer Programmes. " The Economic Journal,107,1375 – 1390.

Binswanger – Mkhize,H. P. 2012. "Is There too Much Hype about Index – based Agricultural Insurance?" Journal of Development Studies,48,187 – 200.

Birkenmaier,J. , and Q. Fu. 2015. "The Association of Alternative FinancialServices Usage and Financial Access: Evidence from the National Financial Capability Study. " Journal of Family and Economic Issues,37,1 – 11.

Birkenmaier,J. ,and S. W. Tyuse. 2005. "Affordable Financial Services and Credit for the Poor: The Foundation of Asset Building. " Journal of Community Practice,13,69 – 85.

Birkinshaw,J. , and K. Gupta. 2013. "Clarifying the Distinctive Contribution of Ambidexterity to the Field of Organizational Studies. " The Academy of Management Perspectives,27,287 – 298.

Black,L. , and D. Andersen. 2012. "Using Visual Representations as Boundary Objects to Resolve Conflict in Collaborative Model – Building Applications. " Systems Research and Behavioral Science,29,194 – 208

Blank, R. M. 1997. It Takes a Nation: A New Agenda for Fighting

Poverty. Princeton, NJ: Princeton University Press.

Blank, S. 2013. "Why the Lean Start – Up Changes Everything." Harvard Business Review, 91, 63 – 72.

Board of Governors of the Federal Reserve System. 2016. "Report on the Economic Well – Being of U. S. Households in 2015." Retrieved fromhttp://www. federalreserve. gov/2015 – report – economic – well – being – ushouseholds – 201605. pdf

Board of Governors of the Federal Reserve System. 2018. "Report on the Economic Well – Being of U. S. Households in 2017." Retrieved fromhttps://www. federalreserve. gov/publications/files/2017 – report – economic – wellbeing – us – households – 201805. pdf

Board of Governors of the Federal Reserve System. 2019. "Student Loans Owned and Securitized, Outstanding." Retrieved fromhttps://fred. stlouisfed. org/series/SLOAS

Bockting, W. 2014. "The Impact of Stigma on Transgender Identity Development and Mental Health." Gender Dysphoria and Disorders of Sex Development: Progress in Care and Knowledge. Edited by B. Kreukels, T. D. Steensma, and A. De Vries. New York: Springer, pp. 319 – 330.

Boddy, J. , S. Macfarlane, and L. Greenslade. 2018. "Social Work and the Natural Environment: Embedding Content across Curricula." Australian Social Work, 71, 367 – 375.

Bornstein, D. 2004. How to Change the World: Social Entrepreneurs and the Power of New Ideas. New York: Oxford University Press.

Borrell, L. N. , A. V. Diez Roux, D. R. Jacobs, S. Shea, S. Jackson, S. Shrager, and R. S. Blumenthal. 2010. "Perceived Racial/Ethnic Discrimination, Smoking and Alcohol Consumption in the Multi – Ethnic Study of Atherosclerosis (MESA)." Preventive Medicine, 51, 307 – 312.

Borrell, L. N. , C. I. Kiefe, A. V. Diez – Roux, D. R. Williams, and P. Gordon –

Larsen. 2013. "Racial Discrimination, Racial/Ethnic Segregation, and Health Behaviors in the CARDIA Study. " Ethnicity and Health, 18, 227 – 243.

Bouchery, E. E. , H. J. Harwood, J. J Sacks, C. J. Simon, and R. D. Brewer. 2011. "Economic Costs of Excessive Alcohol Consumption in the U. S. , 2006. " American Journal of Preventive Medicine, 41, 516 – 524.

Bouffard, J. , M. Cooper, and K. Bergseth. 2016. "The Effectiveness of Various Restorative Justice Interventions on Recidivism Outcomes Among Juvenile Offenders. " Youth Violence and Juvenile Justice, 15, 465 – 480.

Bourdieu, P. 1987. "What Makes a Social Class? On the Theoretical and Practical Existence of Groups. " Berkeley Journal of Sociology, 32, 1 – 17.

Bourdieu, P. 1990. The Logic of Practice. Stanford, CA: Stanford University Press.

Boushey, H. 2011. "The Role of the Government in Work – Family Conflict. " The Future of Children, 21, 163 – 190.

Bouvette – Turcot, A. A. , E. Unternaehrer, H. Gaudreau, J. E. Lydon, M. Steiner, M. J. Meaney, and MAVAN Research Team. 2017. "The Joint Contribution of Maternal History of Early Adversity and Adulthood Depression to Socioeconomic Status and Potential Relevance for Offspring Development. " Journal of Affective Disorders, 207, 26 – 31.

Bovaird, T. 2007. "Beyond Engagement and Participation: User and Community Coproduction of Public Services. " Public Administration Review, 67 (5), 846 – 860.

Bowen, W. , E. Barrington, and S. Beresford. 2015. "Identifying the Effects of Environmental and Policy Change Interventions on Healthy Eating. " Annual Review Public Health, 36, 289 – 306.

Boyce, K. S. , M. Travers, B. Rothbart, V. Santiago, and J. Bedell. 2018. "Adapting Evidence – Based Teen Pregnancy Programs to Be LGBT – Inclusive: Lessons Learned. " Health Promotion Practice, 19, 445 – 454.

Boyum, S. , M. W. Kreuter, A. McQueen, T. Thompson, and R. Greer. 2016. "Getting Help from 2 − 1 − 1: A Statewide Study of Referral Outcomes. " Journal of Social Service Research, 42, 402 − 411.

Bradley, C. , S. Burhouse, H. Gratton, and R. A. Miller. 2009. "Alternative Financial Services: A Primer. " FDIC Quarterly, 3, 39 − 47.

Bradley, D. J. , and J. Bartram. 2013. "Domestic Water and Sanitation as Water Security: Monitoring, Concepts and Strategy. " Philosophical Transactions of the Royal Society A, 371, 20120420.

Bradley, E. H. , and L. A. Taylor. 2013. The American Health Care Paradox: Why Spending More Is Getting Us Less. New York: Public Affairs.

Brady, D. , A. Blome, and H. Kleider. 2016. "How Politics and Institutions Shape Poverty and Inequality. " The Oxford Handbook of the Social Science of Poverty. Edited by D. Brady and L. M. Burton. New York: Oxford University Press, pp. 117 − 140.

Bragg, L. 2003. Child Protection in Families Experiencing Domestic Violence. Washington, DC: Child Abuse and Neglect User Manual Series.

Braveman, P. , S. Egerter, and D. R. Williams. 2011. "The Social Determinants of Health: Coming of Age. " Annual Review of Public Health, 32, 381 − 398.

Braveman, P. 2006. "Health Disparities and Health Equity: Concepts and Measurement. " Annual Review of Public Health, 124, 167 − 194.

Breitenstein, S. M. , D. Gross, and R. Christophersen. 2014. "Digital Delivery Methods of Parenting Training Interventions: A Systematic Review. " Worldviews on Evidence Based Nursing, 11, 168 − 176.

Brennan Center for Justice. 2019. "New Voting Restrictions in America. " Retrieved fromhttp://www. brennancenter. org/new − voting − restrictions − america

Broeckling, J. , L. Pinsoneault, A. Dahlquist, and M. Van Hoorn. 2015. "Using Authentic Engagement to Improve Health Outcomes: Community Center Practices and Values (at the Agency). " Families in Society,96,165 – 174.

Bronfenbrenner, U. 1979. The Ecology of Human Development. Cambridge, MA：
Harvard University Press.

Bronfenbrenner, U. 1994. "Ecological Models of Human Development. " Readings
on the Development of Children. Edited by M. Gauvian and M. Cole. New York：
Freeman, pp. 37 – 43.

Brooks – Gunn, J. , G. J. Duncan, and J. L. Aber. 1997. Neighborhood Poverty：
Context and Consequences for Children. New York：Russell Sage Foundation.

Brown, T. , and J. Wyatt. 2010. "Design Thinking for Social Innovation. " Devel-
opment Outreach,12,29 – 43.

Browne – Marshall, G. J. 2016. The Voting Rights War：The NAACP and the On-
going Struggle for Justice. New York：Rowman and Littlefield.

Brownson, R. , G. Colditz, and E. Proctor. 2012. Dissemination and Implementa-
tion Research in Health：Translating Science to Practice. New York：Oxford U-
niversity Press. doi：10. 1093/acprof：oso/9780199751877. 001. 0001

Brudney, D. 2016. "Is Health Care a Human Right?" Theoretical Medicine and
Bioethics,37,249 – 257.

Bryant, L. , B. , Garnham, D. Tedmanson, and S. Diamandi. 2018. "Tele – Social
Work and Mental Health in Rural and Remote Communities in Australia. " In-
ternational Social Work,61,143 – 155.

Bryson, J. M. , K. B. Boal, and H. G. Rainey. 2008. "Strategic Orientation And
Ambidextrous Public Organizations. " Paper presented at the conference on Or-
ganizational Strategy, Structure, and Process：A Reflection on the Research Per-
spective of Raymond Miles and Charles Snow. Cardiff University and the Eco-
nomic and Social Research Council. Cardiff, UK. Retrieved fromhttp：//kim-
boal. ba. ttu. edu/Selected%20writings/organizationalambidexterity. pdf

Bubar, R. 2010. "Cultural Competence, Justice, and Supervision：Sexual Assault
Against Native Women. " Women and Therapy,33,55 – 72.

Buffel, T. , C. Phillipson, and T. Scharf. 2012. "Ageing in Urban Environments: Developing 'Age - Friendly' Cities. " Critical Social Policy, 32, 597 - 617.

Bugental, D. B. , and K. Happaney. 2004. "Predicting Infant Maltreatment in Low - Income Families: The Interactive Effects of Maternal Attributions and Child Status at Birth. " Developmental Psychology, 40, 234 - 243.

Burke, M. M. 2013. "Improving Parental Involvement: Training Special Education Advocates. " Journal of Disability Policy Studies, 23, 225 - 234.

Burr, J. A. , J. E. Mutchler, and F. G. Caro. 2007. "Productive Activity Clusters Among Middle - Aged and Older Adults: Intersecting Forms and Time Commitments. " The Journals of Gerontology Series B: Psychological Sciences and Social Sciences, 62, 267 - 275

Butler, S. , and M. Constantine. 2005. "Collective Self - Esteem and Burnout in Professional School Counselors. " Professional School Counseling, 9, 55 - 62.

Butterfield, A. K. , J. L. Scherrer, and K. Olcon. 2017. "Addressing Poverty and Child Welfare: The Integrated Community Development and Child Welfare Model of Practice. " International Social Work, 60, 321 - 335.

Buwalda, B. W. , M. Blom, J. M. Koolhaas, and G. van Dijk. 2001. "Behavioral and Physiological Responses to Stress are Affected by High - Fat Feeding in Male Rats. " Physiology and Behavior, 73, 371 - 377.

Cabassa, L. J. , and A. Gomes. 2014. "Primary Health Care Experiences of Hispanics with Serious Mental Illness: A Mixed - Methods Study. " Administration and Policy in Mental Health, 41, 724 - 736.

Cajaiba - Santana, G. 2014. "Social Innovation: Moving the Field forward. A Conceptual Framework. " Technological Forecasting and Social Change, 82, 42 - 51.

Calancie L, J. Leeman S. B. Jilcott Pitts, L. K. Khan, S. Fleischhacker, and K. R. Evenson. 2015. "Nutrition - Related Policy and Environmental Strategies to Prevent Obesity in Rural Communities: A Systematic Review of the Literature, 2002 - 2013. " Preventative Chronic Disease, 12, E57.

Calheiros, M. M. , M. B. Monteiro, J. N. Patrício, and M. Carmona. 2016. "Defining Child Maltreatment Among Lay People and Community Professionals: Exploring Consensus in Ratings of Severity. " Journal of Child and Family Studies, 25, 2292 – 2305.

Calvo, E. , K. Haverstick, and S. A. Sass. 2009. "Gradual Retirement, Sense of Control, and Retirees' Happiness. " Research on Aging, 31, 112 – 135.

Cancian, M. , M. Y. Yang, and K. S. Slack, K. S. 2013. "The Effect of Additional Child Support Income on the Risk of Child Maltreatment. " Social Service Review, 87, 417 – 437.

Cantor – Graae, E. , and J. Selten. 2005. "Schizophrenia and Migration: A Meta – Analysis and Review. " The American Journal of Psychiatry, 62, 12 – 24.

Caplovitz, D. 1963. The Poor Pay More: Consumer Practices of Low – Income Families. Glencoe, IL: Free Press.

Card, D. , and A. B. Krueger. 2015. Myth and Measurement: The New Economics of the Minimum Wage. Princeton, NJ: Princeton University Press.

Carney, T. 2009. "The Employment Disadvantage of Mothers: Evidence for Systemic Discrimination. " Journal of Industrial Relations, 51, 113 – 130.

Carolan, K. , E. Gonzales, K. Lee, and R. A. Harootyan. 2018. "Institutional and Individual Factors Affecting Health and Employment for Low – Income Women with Chronic Health Conditions. " The Journals of Gerontology Series B: Psychological Science and Social Sciences, XX, 1 – 10. https://www. doi. org/ 10. 1093/geronb/gby149

Carr, D. , and D. Umberson. 2013. "The Social Psychology of Stress, Health, and Coping. " Handbook of Social Psychology. Edited by J. DeLamater and A. Ward. Netherlands: Springer, pp. 465 – 487.

Carr, D. C. , L. P. Fried, and J. W. Rowe. 2015. "Productivity and Engagement in an Aging America: The Role of Volunteerism. " Daedalus, 144, 55 – 67.

Carstensen, L. L. 1992. "Social and Emotional Patterns in Adulthood: Support for

Socioemotional Selectivity Theory. " Psychology and Aging,7,331 – 338.

Carter, G. R. , and A. O. Gottschalck. 2011. "Drowning in Debt: Housing and Households with Underwater Mortgages. " U. S. Census Bureau American Housing Survey Working Paper. Washington,DC: U. S. Census Bureau.

Carter, K. N. , T. Blakely, S. Collings, F. I. Gunasekara, and K. Richardson. 2009. "What Is the Association Between Wealth and Mental Health?" Journal of Epidemiology and Community Health,63,221 – 226.

Case, A. , and A. Deaton. 2015. "Rising Morbidity and Mortality in Midlife Among White Non – Hispanic Americans in the 21st Century. " PNAS, 112, 15078 – 15083.

Case, A. , and C. Paxson. 2006. "Children's Health and Social Mobility. " Future of Children, 16, 151 – 173.

Cash, S. J. , and D. J. Wilke. 2003. "An Ecological Model of Maternal Substance Abuse and Child Neglect: Issues, Analyses, and Recommendations. " American Journal of Orthopsychiatry,73(4),392 – 404.

Caskey, J. P. 1994. Fringe Banking: Check – Cashing Outlets, Pawnshops, and the Poor. New York: Russell Sage Foundation.

Castillo, C. M. , V. Garrafa, T. Cunha, and F. Hellmann. 2017. "Access to Health Care as a Human Right in International Policy: Critical Reflections and Contemporary Challenges. " Ciencia & Saude Coletiva,22,2151 – 2160.

Castro, F. G. , M. Barrera Jr. , and C. R. Martinez Jr. 2004. "The Cultural Adaptation of Prevention Interventions: Resolving Tensions Between Fidelity and Fit. " Prevention Science,5,41 – 45.

Castro, F. G. , M. Barrera Jr. , and L. K. Holleran Steiker. 2010. "Issues and Challenges in the Design of Culturally Adapted Evidence – Based Interventions. " Annual Review of Clinical Psychology,6,213 – 239.

Cattell, V. 2001. "Poor People, Poor Places, and Poor Health: The Mediating Role of Social Networks and Social Capital. " Social Science Medicine,52,1501.

Cecil, C. A., E. Viding, P. Fearon, D. Glaser, and E. J. Mccrory. 2017. "Disentangling the Mental Health Impact of Childhood Abuse and Neglect." Child Abuse and Neglect, 63, 106 – 119.

Center for Disease Control. 2018. "Early Release of Selected Estimates Based on Data from January – June 2018 National Health Interview Survey." Retrieved from https://www. cdc. gov/nchs/nhis/releases/released201812. htm

Center for Social Development, Washington University. 2014. "Livable Lives Projects." Retrieved from https://Csd. Wustl. Edu/Ourwork/Thrivingcommunities/Livablelivesinitiative/Pages/ Livable livesprojectinformation. Aspx

Center for the Advancement of Social Entrepreneurship. 2008, June. "Developing the Field of Social Entrepreneurship: A Report from the Center for Advancement of Social Entrepreneurship (CASE), Duke University, the Fuqua School of Business." Durham, North Carolina: Duke University.

Center on Assets, Education, and Inclusion. 2016. "How Student Debt Is Helping to Increase the Wealth Gap and Reduce the Return on a Degree: Are Children's Savings Accounts (CSAs) a Viable Alternative?" AEDI Brief. Retrieved from https://pdfs. semanticscholar. org/
88f3/16ee960476f20ac32f78052dc35ac2345973. pdf

Center on Budget and Policy Priorities. 2016. "The Earned Income Tax Credit. Policy Basics." Retrieved fromhttps://www. cbpp. org/sites/default/files/atoms/files/policybasics – eitc. pdf

Center on Budget and Policy Priorities. 2018, April. "Policy Basics: The Earned Income Tax Credit."

Centers for Disease Control and Prevention. 2014. "Essentials for Childhood: Steps To Create Safe, Stable, Nurturing Relationships and Environments." Retrieved from https://www. cdc. gov/violenceprevention/pdf/essentials _ for _ childhood_framework. pdf

Centers for Medicare and Medicaid Services. 2017. "State Innovation Models Initi-

ative： Model Test Awards Round One. ” Retrieved fromhttps：//innova-
tion. cms. gov/initiatives/State – Innovations – Model – Testing/index. html

Chaffin, M. , B. Funderbunk, D. Bard, L. V. Valle, and R. Gurwitch. 2011. “ A
Combined Motivation and Parent – Child Interaction Therapy Package Reduces
Child Welfare Recidivism in a Randomized Dismantling Field Trial. ” Journal of
Consulting and Clinical Psychology, 79, 84 – 95.

Chaffin, M. , D. Bard, D. S. Bigfoot, and E. J. Maher. 2012. “Is a Structured, Man-
ualized, Evidence – Based Treatment Protocol Culturally Competent and Equiva-
lently Effective Among American Indian Parents in Child Welfare？” Child Mal-
treatment, 17, 242 – 252.

Chambers, R. 2017. Can We Know Better？ Reflections for Development. Rugby,
UK： Practical Action.

Chang, B. L. , S. Bakken, S. S. Brown, T. K. Houston, G. L. Kreps, G. L. R.
Kukafka, P. Z. Stavri, and P. 2004. “ Bridging the Digital Divide： Reaching
Vulnerable Populations. ” Journal of the American Medical Informatics Associa-
tion, 11, 448 – 457.

Chang, Y. J. , H. H. Liu, L. D. Chou, Y. W. Chen, and H. Y. Shin. 2007. “A Gen-
eral Architecture of Mobile Social Network Services. ” IEEE, 151 –
156. https：//ieeexplore. ieee. org/abstract/document/4420252

Chantarat, S. , A. G. Mude, C. B. Barrett, and M. R. Carter, M. R. 2013. “Desig-
ning Index Based Livestock Insurance for Managing Asset Risk in Northern
Kenya. ” Journal of Risk and Insurance, 80, 205 – 237.

Chapman, A. 2015. “The Foundations of a Human Right to Health： Human Rights
and Bioethics in Dialogue. ” Health and Human Rights Journal, 17, E6 – E18.

Chapple, K. 2009. Mapping Susceptibility to Gentrification： The Early Warning
Toolkit. Berkeley, CA： Center for Community Innovation.

Charles, C. Z. , G. Dinwiddie, and D. S. Massey. 2004. “ The Continuing Conse-
quences of Segregation： Family Stress and College Academic Performance. ”

Social Science Quarterly, 85, 1353 – 1373.

Charles, C. Z. 2003. "The Dynamics of Racial Residential Segregation. " Annual Review of Sociology, 29, 167 – 207.

Charter Oak Group LLC. 2003. Final Report: Pilot Project to Assess Customer Satisfaction in the Senior Community Service Employment Program. Glastonbury, CT: Author.

Charter Oak Group, LLC. 2007. The SCSEP Performance Story: Preliminary Results for Program Years 2004 and 2005. Glastonbury, CT: Author.

Chase – Lansdale, P. L. , and J. Brooks – Gunn. 2014. "Two – Generation Programs in the Twenty – First Century. " Future of Children, 24, 13 – 39.

Checkoway, B. 2001a. "Renewing the Civic Mission of the American Research University. " The Journal of Higher Education, 72, 125 – 147.

Checkoway, B. 2001b. "Strategies for Involving the Faculty in Civic Renewal. " Journal of College and Character, 2, Article 1.

Chen, M. , and K. L. Chan. 2016. "Effects of Parenting Programs on Child Maltreatment Prevention a Meta – Analysis. " Trauma, Violence, and Abuse, 17, 88 – 104.

Chetty, R. , and N. Hendren. 2018. "The Impacts of Neighborhoods on Intergenerational Mobility II: County – Level Estimates. " The Quarterly Journal of Economics, 133, 1163 – 1228.

Chetty, R. , D. Grusky, M. Hell, N. Hendren, R. Manduca, and J. Narang. 2017. "The Fading American Dream: Trends in Absolute Income Mobility Since 1940. " Science, 356, 398 – 406.

Child Abuse Prevention and Treatment Act of 2010, 42 U. S. C. § 3817

Child Welfare Information Gateway. 2013. "Grounds for Involuntary Termination of Parental Rights. " Washington, DC: Author.

Child Welfare Information Gateway. 2015. Developing a Trauma – Informed Child Welfare System. Retrieved from https://effectivehealthcare. ahrq. gov/ehc/products/298/1422/trauma – interventions – maltreatment – child – executive – 130415. pdf

Child Welfare Information Gateway. n. d. "State Statutes." Retrieved from https://www. childwelfare. gov/systemwide/laws_policies/statutes/define. cfm

Choi, K. W. , R. Houts, L. Arseneault, C. Pariante, K. J. Sikkema, and T. E Moffitt. 2018. "Maternal Depression in the Intergenerational Transmission of Childhood Maltreatment and Its Sequelae: Testing Postpartum Effects in a Longitudinal Birth Cohort." Development and Psychopathology, 31, 143 – 156.

Christens, B. D. , and P. T. Inzeo. 2015. "Widening the View: Situating Collective Impact Among Frameworks for Community – Led Change." Community Development, 46(4), 420 – 435.

Christensen, C. M. , H. Baumann, R. Ruggles, and T. M. Sadtler. 2006. "Disruptive Innovation for Social Change." Harvard Business Review, 84, 94 – 101.

Christensen, C. M. 2011. The Innovator's Dilemma: The Revolutionary Book That Will Change the Way you Do Business. New York: Harper.

Christopher, A. S. , and D. Caruso, D. 2015. "Promoting Health as a Human Right in the Post – ACA United States." AMA Journal of Ethics, 17, 958 – 965.

Cigrang, J. A. , J. V. Cordova, T. D. Gray, E. Najera, M. Hawrilenko, C. Pinkley, M. Nielsen, J. Tatum, and K. Redd. 2016. "The Marriage Checkup: Adapting and Implementing a Brief Relationship Intervention for Military Couples." Cognitive and Behavioral Practice, 23, 561 – 570.

Cipriani, J. , R. Haley, E. Moravec, and H. Young. 2010. "Experience and Meaning of Group Altruistic Activities Among Long – Term Care Residents." British Journal of Occupational Therapy, 73, 269 – 276.

Clancy, M. , C. K. Han, L. R. Mason, and M. Sherraden. 2006. "Inclusion in College Savings Plans: Program Features and Savings." Proceedings, Annual Conference on Taxation and Minutes of the Annual Meeting of the National Tax Association, 99, 385 – 393.

Clark, K., and A. Glicksman. 2012. "Age – Friendly Philadelphia: Bringing Diverse Networks Together Around Aging Issues." Journal of Housing for the Elderly, 26, 121 – 136.

Clarke, N. E., A. C. Clements, S. A. Doi, D. Wang, S. J. Campbell, D. Gray, and S. V. Nery. 2017. "Differential Effect of Mass Deworming and Targeted Deworming for Soil – Transmitted Helminth Control in Children: A Systematic Review and Meta – Analysis." The Lancet, 389, 287 – 297.

Cleland, V, C. Hughes, L. Thornton, K. Squibb, A. Venn, and K. Ball. 2015. "Environmental Barriers and Enablers to Physical Activity Participation among Rural Adults: A Qualitative Study." Health Promotion Journal of Australia, 26, 99 – 104.

Cnaan, R. A., and D. Vinokur – Kaplan. 2015. Social Innovation: Definitions, Clarifications, and a New Model. Cases in Innovative Nonprofits: Organizations that Make a Difference. Thousand Oaks, CA: SAGE.

Coates, J., and M. Gray. 2012. "The Environment and Social Work: An Overview and Introduction." International Journal of Social Welfare, 21, 230 – 238.

Coats, J. V., J. D. Stafford, V. Sanders Thompson, B. Johnson Javois, and M. S. Goodman. 2015. "Increasing Research Literacy: The Community Research Fellows Training Program." Journal of Empirical Research on Human Research Ethics, 10, 3 – 12.

Cobb, R. V, D. J. Greiner, and K. Quinn. 2010. "Can Voter ID Laws Be Administered in a Race – Neutral Manner? Evidence from the City of Boston in 2008." Quarterly Journal of Political Science, 7, 1 – 33.

Cohen, D., and J. Zelnick. 2015. "What We Learned from the Failure of the Rikers Island Social Impact Bond." Nonprofit Quarterly. https://nonprofitquarterly.org/2015/08/07/what – we – learned – from – the – failure – ofthe – rikers – island – social – impact – bond/

Cohen, D. A., K. Mason, A. Bedimo, R. Scribner, V. Basolo, and

T. A. Farley. 2003. "Neighborhood Physical Conditions and Health." American Journal of Public Health,93,467 – 471.

Coleman – Jensen A. , M. P. Rabbitt, C. A. Gregory, and A. Singh. 2018. Household Food Security in the United States in 2017, ERR – 256. U. S. Department of Agriculture, Economic Research Service.

Collins, C. 2019. Making Motherhood Work: How Women Manage Careers and Caregiving. Princeton, NJ: Princeton University Press.

Collins, J. M. , and L. Gjertson. 2013. "Emergency Savings for Low – Income Consumers." Focus,30,12 – 17.

Colombo, F. , J. Llena – Nozal, J. Mercier, and F. Tjadens. 2011. Help Wanted? Providing and Paying for Long – Term Care. Paris: OECD.

Comer, K. F. , S. Grannis, B. E. Dixon, D. J. Bodenhamer, and S. E. Wiehe. 2011. "Incorporating Geospatial Capacity Within Clinical Data Systems to Address Social Determinants of Health." Public Health Reports,126(Supp 3),54 – 61.

Commission on Social Determinants of Health. 2008. Closing the Gap in a Generation: Health Equity Through Action on the Social Determinants of Health. Final Report of the Commission on Social Determinants of Health. World Health Organization. Retrieved fromhttps://apps. who. int/iris/handle/10665/43943.

Commission to Eliminate Child Abuse and Neglect Fatalities. 2016. Within Our Reach: A National Strategy to Eliminate Child Abuse and Neglect Fatalities: Final Report 2016. Washington, DC: Government Printing Office.

Community Wealth Ventures. 2010. Social Enterprise: A Portrait of the Field. Washington, DC: Author.

Conley, D. 1999. Being Black, Living in the Red. Berkeley, CA: University of California Press.

Conrad – Hiebner, A. , and E. Byram, 2018. "The Temporal Impact of Economic Insecurity on Child Maltreatment: A Systematic Review." Trauma, Violence,& Abuse. Online Ahead of Print. https://doi. org/10. 1177/ 1524838018756122

Constantino, J. N. , L. M. Chackes, U. G. Wartner, M. Gross, S. L. Brophy, J. Vitale, and A. C. Heath. 2006. "Mental Representations of Attachment in Identical Female Twins With and Without Conduct Problems." Child Psychiatry and Human Development, 37, 65 – 72.

Consumer Financial Protection Bureau. 2013. "Payday Loans and Deposit Advance Products: A White Paper of Initial Data Findings." Retrieved fromhttps://files. consumerfinance. gov/f/201304 _ cfpb _ payday – dap whitepaper. pdf

Corporation for National and Community Service. 2010. "Civic Life in America: Key Findings on the Civic Health of the Nation." Retrieved fromhttps://ncoc. org/wp – content/uploads/2015/04/2010AmericaIssueBrief. pdf

Corporation for National and Community Service. 2017, May. "Senior Corps Fact Sheet." Retrieved fromhttps://www. nationalservice. gov/sites/default/files/documents/CNCS – Fact – Sheet – 2017 – SeniorCorps_2. pdf

Corporation for National and Community Service. 2017. "A Definition of Civic Engagement." Retrieved fromhttps://www. vistacampus. gov/definition – civic – engagement

Corrigan, P. W. , and A. C. Watson. 2002. "The Paradox of Self – Stigma and Mental Illness." Clinical Psychology: Science and Practice, 9, 35 – 53.

Corrigan, P. W. , and M. W. M. Fong. 2014. "Competing Perspectives on Erasing the Stigma of Illness: What Says the Dodo Bird?" Social Science & Medicine, 103, 110 – 117.

Corrigan, P. W. 1998. "The Impact of Stigma on Severe Mental Illness." Cognitive and Behavioral Practice, 5, 201 – 222.

Coule, T. , and B. Patmore. 2013. "Institutional Logics, Institutional Work, and Public Service Innovation in Non – Profit Organizations." Public Administration, 91, 980 – 997.

Coulton, C. , R. George, E. Putnam – Hornstein, and B. de Haan. 2015, July.

"Harnessing Big Data for Social Good: A Grand Challenge for Social Work. " Working Paper No 11. Retrieved fromhttp://aaswsw. org/wpcontent/uploads/2015/12/WP11 – with – cover. pdf

Coulton, C. J. , D. S. Crampton, M. Irwin, J. C. Spilsbury, and J. E. Korbin. 2007. How Neighborhoods Influence Child Maltreatment: A Review of the Literature and Alternative Pathways. Child Abuse & Neglect, 31 (11 – 12), 1117 – 1142.

Council on Social Work Education. n. d. "2015 Educational Policy and Accreditation Standards for Baccalaureate and Master's Social Work Programs. " Retrieved fromhttps://cswe. org/getattachment/Accreditation/Accreditation – Process/2015 – EPAS/2015EPAS_Web_FINAL. pdf. aspx

Courtney, M. E. 2018. "Whither American Social Work in Its Second Century?" Social Service Review, 92, 487 – 503.

Croft, B. , and S. L. Parish. 2013. "Care Integration in the Patient Protection and Affordable Care Act: Implications for Behavioral Health. " Administration and Policy in Mental Health and Mental Health Services Research, 40, 258 – 263.

Crombach, A. , and M. Bambonyé. 2015. "Intergenerational Violence in Burundi: Experienced Childhood Maltreatment Increases the Risk of Abusive Child Rearing and Intimate Partner Violence. " European Journal of Psychotraumatology, 6, 26995.

Cross, T. P. , B. Mathews, L. Tonmyr, D. Scott, and C. Ouimet. 2012. "Child Welfare Policy and Practice on Children's Exposure to Domestic Violence. " Child Abuse and Neglect, 36, 210 – 216.

Current Population Survey. 2016, September. Historical Poverty Tables: People and Families—1959 to 2015. Retrieved from https://www. census. gov/data/tables/time – series/demo/income – poverty/historical – poverty – people. html

Currie, J. , and C. S. Widom. 2010. "Long – Term Consequences of Child Abuse and Neglect on Adult Economic Well – Being. " Child Maltreatment, 15, 111 –

120.

Dabla – Norris, E. , K. Kochhar, F. Ricka, N. Suphaphiphat, and E-
. Tsounta. 2015. "Causes and Consequences of Income Inequality: A Global
Perspective. " IMP Staff Discussion Note 15/13.

Daley, D. , M. Bachmann, B. A. Bachmann, C. Pedigo, M. T. Bui, and
J. Coffman. 2016. "Risk Terrain Modeling Predicts Child Maltreatment. " Child
Abuse & Neglect, 62, 29 – 38.

Damanpour, F. 1987. "The Adoption of Technological, Administrative, and Ancil-
lary Innovations: Impact of Organizational Factors. " Journal of Management,
13, 675 – 688.

Damanpour, F. 1991. "Organizational Innovation: A Meta – Analysis of Effects of
Determinants and Moderators. " Academy of Management Journal, 34, 555 –
590.

Darkins, A. , P. Ryan, R. Kobb, L. Foster, E. Edmonson, B. Wakefield, and
A. E. Lancaster. 2008. "Care Coordination/Home Telehealth: The Systematic
Implementation of Health Informatics, Home Telehealth, and Disease Manage-
ment to Support the Care of Veteran Patients with Chronic Conditions. " Tele-
medicine and e – Health, 14, 1118 – 1126.

Dauber, S. , C. Neighbors, C. Dasaro, A. Riordan, and J. Morgenstern. 2012. "Im-
pact of Intensive Case Management on Child Welfare System Involvement for
Substance – Dependent Parenting Women on Public Assistance. " Children and
Youth Services Review, 34, 1359 – 1366.

Dauda, B. , and K. Dierickx. 2012. "Health, Human Right, and Health Inequali-
ties: Alternative Concepts in Placing Health Research as Justice for Global
Health. " American Journal of Bioethics, 12, 42 – 44.

Davison, G. , S. Roll, S. Taylor, and M. Grinstein – Weiss. 2017. "Financial Ne-
cessity or Financial Nightmare? The Experience of Payday Loan Use in Low –
Income Households. " CSD Research Brief. St. Louis, MO: Washington Univer-

sity, Center for Social Development.

Dawson, K. , and M. Berry. 2002. "Engaging Families in Child Welfare Services: An Evidence - Based Approach to Best Practice. " Child Welfare, 81, 293 - 317.

De Wolff, M. S. , and M. H. Van Ijzendoorn. 1997. "Sensitivity and Attachment: A Meta - Analysis on Parental Antecedents of Infant Attachment. " Child Development, 68, 571 - 591.

Dees, J. G. 1998. "Enterprising Nonprofits. " Harvard Business Review, 76, 54 - 69.

Dees, J. G. 2007. "Taking Social Entrepreneurship Seriously. " Society, 44, 24 - 31.

del Castillo, A. D. , O. L. Sarmiento, R. S. Reis, and R. C. Brownson. 2011. "Translating Evidence to Policy: Urban Interventions and Physical Activity Promotion in Bogotá, Colombia and Curitiba, Brazil. " Translational Behavioral Medicine, 1, 350 - 360.

Democracy Collaborative. n. d. "Overview: Community Land Trusts (CLTs). " Retrieved fromhttp://community - wealth. org/strategies/panel/clts/index. html

Dentinger, E. , and M. Clarkberg. 2002. "Informal Caregiving and Retirement Timing among Men and Women: Gender and Caregiving Relationships in Late Midlife. " Journal of Family Issues, 23, 857 - 879.

Depanfilis, D. , and J. L. Zlotnik. 2008. "Retention of Front - Line Staff in Child Welfare: A Systematic Review of Research. " Children and Youth Services Review, 30, 995 - 1008.

DeSilver, D. 2018, May 21. "U. S. Trails Most Developed Countries in Voter Turnout. " Pew Research Center Fact Tank. Retrieved fromhttp://www. pewresearch. org/fact - tank/2018/05/21/u - s - voter - turnout - trails - most - developed - countries/

Desmond, M. 2016. Evicted: Poverty and Profit in the American City. New York: Broadway Books.

Despard, M. R. , D. C. Perantie, L. Luo, J. Oliphant, and M. Grinstein – eiss. 2015. "Use of Alternative Financial Services Among Low – and Moderate – Income Households: Findings from a Large – Scale National Household Financial Survey. " CSD Research Brief No. 15 – 57. St. Louis, MO: Washington University, Center for Social Development.

Despard, M. R. , D. Perantie, S. Taylor, M. Grinstein – Weiss, T. Friedline, and R. Raghavan. 2016. "Student Debt and Hardship: Evidence from a Large Sample of Low – and Moderate – Income Households. " Children and Youth Services Review, 70, 8 – 18.

Dettlaff, A. J. , and M. A. Johnson. 2011. "Child Maltreatment Dynamics Among Immigrant and US Born Latino Children: Findings from the National Survey of Child and Adolescent Well – being (NSCAW). " Children and Youth Services Review, 33(6), 936 – 944.

Dettlaff, A. J. , I. Earner, and S. D. Phillips. 2009. Latino Children of Immigrants in the Child Welfare System: Prevalence, Characteristics, and Risk. " Children and Youth Services Review, 31(7), 775 – 783.

Devaney, J. , and T. Spratt. 2009. "Child Abuse as a Complex and Wicked Problem: Reflecting on Policy Developments in the United Kingdom in Working with Children and Families with Multiple Problems. " Children and Youth Services Review, 31, 635 – 641.

Devooght, K. , M. Mccoy – Roth, and M. Freundlich. 2011. "Young and Vulnerable: Children Five and Under Experience High Maltreatment Rates. " Child Trends: Early Childhood Highlights, 2, 1 – 20.

Diez Roux, A. V. , and C. Mair. 2010. "Neighborhoods and Health. " Annals of the New York Academy of Sciences, 1186, 125 – 45.

Ding, D. , J. F. Sallis, T. L. Conway, B. E. Saelens, L. D. Frank, K. L. Cain, and

D. J. Slymen. 2012. "Interactive Effects of Built Environment and Psychosocial Attributes on Physical Activity: A Test of Ecological Models." Annals of Behavioral Medicine,44,365 – 374.

DiPrete,T. A. , and G. M. Eirich. 2006. "Cumulative Advantage as a Mechanism for Inequality: A Review of Theoretical and Empirical Developments." Annual Review of Sociology,32,271 – 297.

Dombo,E. A. , L. Kays, and K. Weller. 2014. Clinical Social Work Practice and Technology: Personal,Practical,Regulatory,and Ethical Considerations for the Twenty – First Century. Social Work in Health Care,53,900 – 919.

Dorgan, B. L. , J. Shenandoah, D. Bigfoot, E. Broderick, E. Brown, V. Davidson, A. Fineday, M. Flitcher, J. Keel, R. Whitener, and M. Zimmerman. 2014, November. "Ending Violence So American Indian Alaska Native children Can Thrive." Attorney General's Advisory Committee, U. S. Department of Justice.

Dowd,J. B. ,A. Zajacova,and A. Aiello. 2009. "Early Origins of Health Disparities: Burden of Infection,Health,and Socioeconomic Status in U. S. Children." Social Science and Medicine,68,699 – 707.

Dowding, D. , R. Randell, P. Gardner, G. Fitzpatrick, P. Dykes, J. Favela, S. Hamer, Z. Whitewood – Moores, N. Hardiker, E. Borycki, and L. Currie. 2015. "Dashboards for Improving Patient Care: Review of the Literature." International Journal of Medical Informatics,8,87 – 100.

Drake,B. , and M. Jonson – Reid. 2000. "Substantiation,Risk Assessment and Involuntary Versus Voluntary Services." Child Maltreatment,5,227 – 235.

Drake, B. , and M. Jonson – Reid. 2014. "Poverty and Child Maltreatment." Handbook of Child Maltreatment. Contemporary Issues in Research and Policy. Edited by J. Korbin and R. Krugman. New York: Springer.

Drake,B. , and M. Jonson – Reid. 2015. "Competing Values and Evidence: How Do We Evaluate Mandated Reporting and CPS Response?" Mandatory Reporting Laws and Identification of Severe Child Abuse and Neglect. Edited by

B. Mathews and D. Brosss. New York: Springer.

Drake, B., and M. Jonson – Reid. 2017. "Administrative Data and Predictive Risk Modelling in Public Child Welfare: Ethical Issues." White Paper for Los Angeles Children's Data Network.

Drake, B., and M. Jonson – Reid. 2018a. "Defining and Estimating Child Maltreatment." The APSAC Handbook of Child Maltreatment. 4th ed. Edited by J. B. Klika and J. Conte. Los Angeles, CA: SAGE.

Drake, B., and M. Jonson – Reid. 2018b. "If We Had a Crystal Ball, Would We Use It?" Pediatrics, 141(2), e20173469.

Drake, B., and M. R. Rank. 2009. "The Racial Divide Among American Children in Poverty: Reassessing the Importance of Neighborhood." Children and Youth Services Review, 31, 1264 – 1271.

Drake, B., and S. Pandey. 1996. "Understanding the Relationship Between Neighborhood Poverty and Specific Types of Child Maltreatment." Child Abuse and Neglect, 20, 1003 – 1018.

Drake, B., J. M. Jolley, P. Lanier, J. Fluke, R. P. Barth, and M. Jonson – Reid. 2011. "Racial Bias in Child Protection? A Comparison of Competing Explanations Using National Data." Pediatrics, 127(3), 471 – 478.

Drake, B., M. Jonson – Reid, and L. Sapokaite. 2006. "Rereporting of Child Maltreatment: Does Participation in Other Public Sector Services Moderate the Likelihood of a Second Maltreatment Report?." Child Abuse & Neglect, 30(11), 1201 – 1226.

Drake, B., M. Jonson – Reid, I. Way, and S. Chung. 2003. "Substantiation and Recidivism." Child Maltreatment, 8, 248 – 260.

Driver, A., C. Mehdizadeh, S. Bara – Garcia, C. Bodenreider, J. Lewis, and S. Wilson. 2019. "Utilization of the Maryland Environmental Justice Screening Tool: A Bladensburg, Maryland Case Study." International Journal of Environmental Research and Public Health, 16, 348.

Dubber, S. , C. Reck, M. Müller, and S. Gawlik. 2015. "Postpartum Bonding: The Role of Perinatal Depression, Anxiety and Maternal – Fetal Bonding During Pregnancy. " Archives of Women's Mental Health, 18(2), 187 – 195.

Dubowitz, H. , J. Kim, M. M. Black, C. Weisbart, J. Semiatin, and L. S. Magder. 2011. "Identifying Children at High Risk for a Child Maltreatment Report. " Child Abuse and Neglect, 35, 96 – 104.

Duggan, A. , E. Mcfarlane, L. Fuddy, L. Burrell, S. M. Higman, A. Windham, and C. Sia. 2004. "Randomized Trial of a Statewide Home Visiting Program: Impact in Preventing Child Abuse and Neglect. " Child Abuse and Neglect, 28, 597 – 622.

DuMars, T. , K. Bolton, A. Maleku, and A. Smith – Osborne. 2015. Training MSSW Students for Military Social Work Practice and Doctoral Students in Military Resilience Research. Journal of Social Work Education, 51 (Supp 1), S117 – S127.

Dunbar, L. 1988. The Common Interest: How Our Social – Welfare Policies Don't Work, and What We Can Do about Them. New York: Pantheon.

Duncan, A. E. , W. Auslander, K. Bucholz, D. Hudson, R. Stein, and N. White. 2015. "Relationship Between Abuse and Neglect in Childhood and Diabetes in Adulthood: Differential Effects by Sex, National Longitudinal Study of Adolescent Health. " Prevention of Chronic Disease, 12, 1 – 14.

Duncan, G. J. , and R. J. Marmame. 2011. Whither Opportunity? Rising Inequality, Schools, and Children's Life Chances. New York: Russell Sage Foundation.

Dupre, M. E. , J. Moody, A. Nelson, J. M. Willis, L. Fuller, A. J. Smart, D. Easterling, and M. Silberberg. 2016. "Place – Based Initiatives to Improve Health in Disadvantaged Communities: Cross – Sector Characteristics and Networks of Local Actors in North Carolina. " American Journal of Public Health, 106, 1548 – 1555.

Durlauf, S. N. 2001. "The Membership Theory of Poverty: The Role of Group Affiliations in Determining Socioeconomic Status. " Understanding Poverty. Edited by S. H. Danziger and R. H. Haveman. New York: Russell Sage Foundation, pp. 392 – 416.

Durlauf, S. N. 2006. " Groups, Social Influences, and Inequality. " Poverty Traps. Edited by S. Bowles, S. N. Durlauf, and K. Hoff. New York: Russell Sage Foundation, pp. 141 – 175.

Durrant, J. E. 1999. " Evaluating the Success of Sweden's Corporal Punishment Ban. " Child Abuse and Neglect, 23, 435 – 448.

D'Agostino McGowan, L. , J. D. Stafford, V. L. Thompson, B. Johnson – Javois, and M. S. Goodman. 2015. " Quantitative Evaluation of the Community Research Fellows Training Program. " Front Public Health, 3, 179.

D'Agostino McGowan, L. , J. Stafford, V. L Thompson, B. Johnson, and M. S. Goodman. 2015. " Quantitative Evaluation of the Community Research Fellows Training Program. " Frontiers in Public Health, 3, 179. http://dx. doi. org/10. 3389/fpubh. 2015. 00179

D'Almeida, K. 2015, April 10. "781 Million People Can't Read this Article. " Inter Press Service News Agency. Retrieved fromhttp://www. ipsnews. net/2015/04/781 – million – people – cant – read – this – story/

D'andrade, A. , J. D. Simon, D. Fabella, L. Castillo, C. Mejia, and D. Shuster. 2017. " The California Linkages Program: Doorway to Housing Support for Child Welfare Involved Parents. " American Journal of Community Psychology, 60, 125 – 133.

Eberhardt, M. S. , and E. R. Pamuk. 2004. " The Importance of Place of Residence: Examining Health in Rural and Nonrural Areas. " American Journal of Public Health, 94, 1682 – 1686.

Eckenrode, J. , D. Zielinski, E. Smith, L. A. Marcynyszyn, C. R. Henderson Jr, H. Kitzman, R. Cole, J. Powers, and D. L. Olds. 2001. " Child Maltreatment and the Early Onset of Problem Behaviors: Can a Program of Nurse Home Visitation

Break the Link?" Development and Psychopathology,13,873 − 890.

Edgington,N. 2011. "The Problem with Social Entrepreneurship: Guest Post. " Social Velocity. Retrieved fromhttp://www. socialvelocity. net/2011/06/theproblem − with − social − entrepreneurship − guest − post/

Edin,K. J. ,and H. L. Shaefer. 2015. $2. 00 a Day: Living on Almost Nothing in America. Boston: Mariner Books.

Edin,K. J. ,and L. Lein. 1997. Making Ends Meet: How Single Mothers Survive Welfare and Low − Wage Work. New York: Russell Sage Foundation.

Egli,V. ,M. Oliver,and E. Tautolo. 2016. "The Development of a Model of Community Garden Benefits to Wellbeing. " Preventive Medicine Reports,3,348 − 352.

Ehlers,C. L. , I. R. , Gizer, D. A. Gilder, J. M. Ellingson, and R. Yehuda. 2013. " Measuring Historical Trauma in an American Indian Community Sample: Contributions of Substance Dependence, Affective Disorder, Conduct Disorder and PTSD. " Drug and Alcohol Dependence,133,180 − 187.

Ehrenreich,J. 1985. The Altruistic Imagination: A History of Social Work and Social Policy in the United States. Ithaca,NY: Cornell University Press.

Elbert,K. B. ,and P. S. Neufeld. 2010. "Indicators of a Successful Naturally Occurring Retirement Community: A Case Study. " Journal of Housing for the Elderly,24,322 − 334.

Elliot,W. ,and M. Sherraden. 2013. "Assets and Educational Achievement: Theory and Evidence. " Economics of Education Review,33,1 − 7.

Ellwood,D. T. ,and E. D. Welty,2000. "Public Service Employment and Mandatory Work: A Policy Whose Time Has Come and Gone and Come Again?" Finding Jobs: Work and Welfare Reform. Edited by D. E. Card and R. M. Blank. New York: Russell Sage Foundation,pp. 299 − 372.

Emery,C. R. , H. N. Trung, and S. Wu. 2015. " Neighborhood Informal Social Control and Child Maltreatment: A Comparison of Protective and Punitive Approaches. " Child Abuse and Neglect,41,158 − 169.

Emple,H. 2013. "Asset – Oriented Rental Assistance：Next Generation Reforms for HUD's Family Self – Sufficiency Program." New America Foundation.

Employment and Social Development Canada. 2015. "2014 CESP Annual Statistical Review." Retrieved fromhttps：//www. canada. ca/en/employmentsocial – development/services/student – financial – aid/educationsavings/reports/2014 – statistical – review. html

Encyclopedia of American Politics. 2017. "State Poll Opening and Closing Times." Retrieved from https：//ballotpedia. org/State _ Poll _ Opening _ and _ Closing_Times_（2016）

Enders,C. ,D. Pearson,K. Harley,and K. Ebisu. 2019. "Exposure to Coarse Particulate Matter During Gestation and Term Low Birthweight in California：Variation in Exposure and Risk Across Region and Socioeconomic Subgroup." Science of the Total Environment,653,1435 – 1444.

Engelhardt,G. V. , and J. Gruber. 2004. "Social Security and the Evolution of Elderly Poverty." No. w10466. National Bureau of Economic Research.

Engle,J. ,and V. Tinto. 2008. "Moving Beyond Access：College Success for Low – Income,First – Generation Students." Pell Institute for the Study of Opportunity in Higher Education.

English, D. J. , J. C. Graham, J. Litrownik, M. Everson, and S. I. Bangdiwala. 2005. "Defining Maltreatment Chronicity：Are There Differences in Child Outcomes?" Child Abuse and Neglect,29,575 – 595.

Ensor,T. ,and S. Cooper. 2004. "Overcoming Barriers to Health Service Access：Influencing the Demand Side." Health Policy and Planning,19,69 – 79.

Eppard,L. M. ,M. R. Rank,and H. Bullock. 2020. Rugged Individualism and the Misunderstanding of American Inequality. Bethlehem,PA：Lehigh University Press.

Ermish,J. ,M. Jantti,and T. Smeeding. 2012. From Parents to Children：The Intergenerational Transmission of Advantage. New York：Russell Sage Foundation.

Escobar, A. 2015. "Degrowth, Postdevelopment, and Transitions: A Preliminary Conversation. " Sustainability Science, 10, 451 – 462. https://doi. org/10. 1007/s11625 – 015 – 0297 – 5

Esping – Andersen, G. 2002. Why We Need a New Welfare State. Oxford, UK: Oxford University Press.

Esping – Andersen, G. 2007. "Equal Opportunities and the Welfare State. " Contexts, 6, 23 – 27.

Estes, C. L. , and E. Williams. 2013. Health Policy: Crisis and Reform. Burlington, MA: Jones and Bartlett Learning.

Euser, E. M. , M. H. Van Ijzendoorn, P. Prinzie, P. , and M. J. Bakermans – Kranenburg. 2010. Elevated Child Maltreatment Rates in Immigrant Families and the Role of Socioeconomic Differences. Child Maltreatment, 16, 63 – 73.

Evans, G. W. 2004. "The Environment of Childhood Poverty. " American Psychologist, 59, 77 – 92.

Evans, G. W. 2006. "Child Development and the Physical Environment. " Annual Review of Psychology, 57, 423 – 451.

Executive Paywatch. 2018. "Executive Paywatch Report for 2017. " AFL/CIO. Farley, J. E. 2008. "Even Whiter Than We Thought: What Median Residential Exposure Indices Reveal About While Neighborhood Contact with African Americans' in US Metropolitan Areas. " Social Science Research, 37, 604 – 623.

Ezell, M. , R. H. Chernesky, and L. M. Healy. 2004. "The Learning Climate for Administration Students. " Administration in Social Work, 28, 57 – 76.

Ezzell, M. B. 2009. "Barbie Dolls" on the Pitch: Identity Work, Defensive Othering, and Inequality in Women's Rugby. " Social Problems, 56, 111 – 131.

Fabbre, V. D. , and E. Gaveras. 2019. "The Manifestation of Multi – Level Stigma in the Lived Experiences of Transgender and Gender Nonconforming (TGNC)

Older Adults. " Unpublished manuscript.

Fabbre, V. D. 2014. "Gender Transitions in Later Life: The Significance of Time in Queer Aging. " Journal of Gerontological Social Work, 57, 161 – 175.

Fabbre, V. D. 2017a. "Agency and Social Forces in the Life Course: The Case of Gender Transitions in Later Life. " Journal of Gerontology: Social Sciences, 72, 479 – 487.

Fabbre, V. D. 2017b. "Queer Aging: Implications for Social Work Practice with LGBTQ Older Adults. " Social Work, 62, 73 – 76.

Factor, R. J. , and E. D. Rothblum. 2007. "A Study of Transgender Adults and Their Non – Transgender Siblings on Demographic Characteristics, Social Support, and Experiences of Violence. " Journal of LGBT Health Research, 3, 11 – 30.

Family First Prevention Services Act of 2018 (H. R. 5456).

Fan J. X. , M. Wen, L. Kowaleski – Jones. 2014. "Rural – Urban Differences in Objective and Subjective Measures of Physical Activity: Findings from the National Health and Nutrition Examination Survey (NHANES) 2003 – 2006. " Preventative Chronic Disease, 11, E141.

Fang, X. , D. A. Fry, D. S. Brown, J. A. Mercy, M. P. Dunne, A. R. Butchart, P. S. Corso, K. Maynzyuk, Y. Dzhygyr, Y. Chen, A. McCoy, and D. M. Swales. 2015. "The Burden of Child Maltreatment in the East Asia and Pacific Region. " Child Abuse and Neglect, 42, 146 – 162.

Fang, X. , D. S. Brown, C. S. Florence, and J. A. Mercy. 2012. "The Economic Burden of Child Maltreatment in the United States and Implications for Prevention. " Child Abuse and Neglect, 36, 156 – 165.

Farley, R. , C. Steeh, M. Krysan, T. Jackson, and K. Reeves. 1994. "Stereotypes and Segregation: Neighborhoods in the Detroit Area. " The American Journal of Sociology, 100, 750 – 780.

Feagin, J. R. 2010. Racist America: Roots, Current Realities, and Future Reparations. New York: Routledge.

Federal Deposit Insurance Corporation. 2018. "2017 FDIC National Survey of Unbanked and Underbanked Households. " Washington, DC: FDIC.

Federal Reserve Bank. 2017. "Recent Trends in Wealth – Holding by Race and Ethnicity: Evidence from the Survey of Consumer Finances. " FEDS Notes, Sept. 27, 2017

Federal Reserve Bank. 2018. Report on the Economic Well – Being of U. S. Households in 2017. Washington DC: Board of Governors of the Federal Reserve System.

Feldman, R. , A. L. Sussman, and E. Zigler. 2004. "Parental Leave and Work Adaptation at the Transition to Parenthood: Individual, Marital, and Social Correlates. " Journal of Applied Developmental Psychology, 25, 459 – 479.

Felitti, V. J. , R. F. Anda, D. Nordenberg, D. F. Williamson, A. M. Spitz, V. Edwards, M. P. Koss, and J. S. Marks. 1998. "Relationship of Childhood Abuse and Household Dysfunction to Many of the Leading Causes of Death in Adults: The Adverse Childhood Experiences (ACE) Study. " American Journal of Preventive Medicine, 1, 245 – 258.

Financial Security Credit Act of 2015, H. R. 4236, 114th Congress. 2015.

Fink, A. 2018. "Bigger Data, Less Wisdom: The Need for More Inclusive Collective Intelligence in Social Service Provision. " AI and Society, 33, 61 – 70.

Finkelhor D. , H. A. Turner, A. Shattuck, and S. L. Hamby, 2015. "Prevalence of Childhood Exposure to Violence, Crime, and Abuse. " JAMA Pediatrics, 169, 746 – 754.

Finkelhor, D. , H. A. Turner, S. Hamby, S. , and R. Ormrod. 2011. "Polyvictimization: Children's Exposure to Multiple Types of Violence, Crime, and Abuse. " Free Inquiry in Creative Sociology, 39, 45 – 63.

Fiscella, K. , and P. Franks. 1997. "Does Psychological Distress Contribute to Racial and Socioeconomic Disparities in Mortality?" Social Science and Medicine,

45,1805 – 1809.

Fiscella, K., P. Franks, M. P. Doescher, and B. G. Saver. 2002. "Disparities in Health Care by Race, Ethnicity, and Language Among the Insured: Findings from a National Sample." Medical Care, 45, 52 – 59.

Fischer, M. J. 2003. "The Relative Importance of Income and Race in Determining Residential Outcomes in U. S. Urban Areas, 1970 – 2000. Urban Affairs Review, 38, 669 – 696.

Fitzgerald, J. L., and M. W. Watkins. 2006. "Parents' Rights in Special Education: The Readability of Procedural Safeguards." Exceptional Children, 72, 497 – 510.

Fleegler, E. W., C. J. Bottino, A. Pikcilingis, B. Baker, E. Kistler, and A. Hassan. 2016. "Referral System Collaboration Between Public Health and Medical Systems: A Population Health Case Report." NAM Perspectives. Discussion Paper, National Academy of Medicine, Washington, DC. Retrieved fromhttps://nam. edu/referral – system – collaboration – between – public – health – andmedical – systems – a – population – health – case – report/

Fletcher, M., W. Singel, and K. Fort. 2009. Facing the Future. The Indian Child Welfare Act at 30. East Lansing: Michigan State University Press. Flexner, A. 2001. "Is Social Work a Profession?" Research on Social Work Practice, 11, 152 – 165.

Florida Department of Education. n. d. "PK – 20 Data Warehouse." Retrieved fromhttp://www. fldoe. org/accountability/data – sys/edw/

Fong, K. 2017. "Child Welfare Involvement and Contexts of Poverty: The Role of Parental Adversities, Social Networks, and Social Services." Children and Youth Services Review, 72, 5 – 13.

Fong, R. 2012. "Framing Education for a Science of Social Work: Missions, Curriculum, and Doctoral Training." Research on Social Work Practice, 22, 529 –

536.

Fontenot, K. , J. Semega, and M. Kollar. 2018. "U. S. Census Bureau, Current Population Reports, P60 – 263, Income and Poverty in the United States: 2017. " U. S. Government Printing Office: Washington, DC.

Food Research and Action Center. 2018, August. Food Hardship in America: A Look at National, Regional, State, and Metropolitan Statistical Area Data on Household Struggles with Hunger. Food Research and Action Center Report.

Fowler, P. J. , and D. Chavira, 2014. "Family Unification Program: Housing Services for Homeless Child Welfare – Involved Families. " Housing Policy Debate, 24, 802 – 814.

Fowler, P. J. , A. F. Farrell, K. E. Marcal, S. Chung, and P. S. Hovmand. 2017. "Housing and Child Well – Being: Emerging Evidence and Implications for Scaling Up Services. " American Journal of Community Psychology, 60, 134 – 144.

Fowler, P. J. , D. B. Henry, M. Schoeny, J. Landsverk, D. Chavira, and J. J. Taylor. 2013. "Inadequate Housing Among Families Under Investigation for Child Abuse and Neglect: Prevalence from a National Probability Sample. " American Journal of Community Psychology, 52(1 – 2), 106 – 114.

Fowler, P. J. , K. Wright, K. E. Marcal, E. Ballard, and P. S. Hovmand. 2019. "Capability Traps Impeding Homeless Services: A Community – Based System Dynamics Evaluation. " Journal of Social Service Research, 45, 348 – 359.

Fowler, P. J. , P. S. Hovmand, K. E. Marcal, and S. Das. 2019. "Solving Homelessness from a Complex Systems Perspective: Insights for Prevention Responses. " Annual Review of Public Health, 40, https://doi. org/10. 1146/ annurev – publhealth – 040617 – 013553

Fox Piven, F. , and R. Cloward. 1978. Poor People's Movements: Why They Succeed, How They Fail. New York: Vintage Books.

Fox, K. A. 2003. "Collecting Data on the Abuse and Neglect of American Indian

Children. " Child Welfare,82,707 – 726.

Fox,L. ,F. Torche,and J. Waldfogel. 2016. "How Politics and Institutions Shape Poverty and Inequality. " The Oxford Handbook of the Social Science of Poverty. Edited by D. Brady and L. M. Burton. New York: Oxford University Press, pp. 117 – 140.

Fraser,A. ,S. Tan,M. Lagarde,and N. Mays. 2018. "Narratives of Promise,Narratives of Caution: A Review of the Literature on Social Impact Bonds. " Social Policy and Administration,52,4 – 28.

Freedman,V. A. ,J. C. Cornman,and D. Carr. 2014. "Is Spousal Caregiving Associated With Enhanced Well – Being? New Evidence from the Panel Study of Income Dynamics. " The Journals of Gerontology Series B: Psychological Sciences and Social Sciences,69,861 – 869.

Freisthler,B. ,B. Needell,and P. J. Gruenewald. 2005. "Is the Physical Availability of Alcohol and Illicit Drugs Related to Neighborhood Rates of Child Maltreatment?" Child Abuse and Neglect,29,1049 – 1060.

Freisthler,B. ,H. F. Byrnes,and P. J. Gruenewald. 2009. "Alcohol Outlet Density,Parental Monitoring,and Adolescent Deviance: A Multilevel Analysis. " Children and Youth Services Review,31(3),325 – 330.

Frieden T. R. , W. Dietz,and J. Collins. 2010. " Reducing Childhood Obesity Through Policy Change: Acting Now to Prevent Obesity. " Health Affairs,29, 357 – 363.

Friedman,B. D. 2008. "Where Have All the Social Work Managers Gone?" Management and Leadership in Social Work Practice and Education. Edited by L. H. Ginsberg. Alexandria,VA: Council on Social Work Education,pp. 22 – 31.

Friedman, E. A. , J. Dasgupta, A. E. Yamin, and L. O. Gostin. 2013. " Realizing the Right to Health Through a Framework Convention on Global Health? A Health and Human Rights Special Issue. " Health and Human Right Journal,

15, E1 – E4.

Friedman, J. N. 2015. "Building on What Works: A Proposal to Modernize Retirement Savings." Discussion Paper 2015 – 06. The Hamilton Project.

Friedman, M. S. , M. P. Marshal, T. E. Guadamuz, C. Wei, C. F. Wong, E-. M. Saewyc, and R. Stall. 2011. "A Meta – Analysis of Disparities in Childhood Sexual Abuse, Parental Physical Abuse, and Peer Victimization Among Sexual Minority and Sexual Nonminority Individuals." American Journal of Public Health, 101, 1481 – 1494.

Frost, S. S. , R. T. Goins, R. H. Hunter, S. P. Hooker, L. L. Bryant, J. Kruger, and D. Pluto. 2010. "Effects of the Built Environment on Physical Activity of Adults Living in Rural Settings." American Journal of Health Promotion, 24, 267 – 283.

Fry, R. 2012. "A Record One – in – Five Households Now Owe Student Loan Debt." Pew Research Center. September 26.

Fréchette, S. , M. Zoratti, and E. Romano. 2015. "What Is the Link Between Corporal Punishment and Child Physical Abuse?" Journal of Family Violence, 30, 135 – 148.

Fung, A. 2006. "Varieties of Participation in Complex Governance." Public Administration Review, 66, 66 – 75.

Gagne, P. , and R. Tewksbury. 1998. "Conformity Pressures and Gender Resistance Among Transgendered Individuals." Social Problems, 45, 81 – 101.

Gallopín, G. C. 2006. "Linkages between Vulnerability, Resilience, and Adaptive Capacity." Global Environmental Change, 16(3), 293 – 303.

Gandomi, A. , and M. Haider. 2015. "Beyond the Hype: Big Data Concepts, Methods, and Analytics." International Journal of Information Management, 35, 137 – 144.

Garcia, M. C. 2017. "Reducing Potentially Excess Deaths from the Five Leading Causes of Death in the Rural United States." MMWR Surveillance Summaries,

66. Retrieved from https://www.cdc.gov/mmwr/volumes/66/ss/ss6602a1.htm

Garg, A., S. Toy, Y. Tripodis, M. Silverstein, and E. Freeman. 2015. "Addressing Social Determinants of Health at Well Child Care Visits: A Cluster RCT." Pediatrics, 135, e296 – e304.

Gauss, A. 2015, July 29. "Why We Love to Hate Nonprofits." Stanford Social Innovation Review. Retrieved fromhttps://ssir.org/articles/entry/why_we_love_to_hate_nonprofits.

Gaventa, J. 2011. Towards Participatory Local Governance: Six Propositions for Discussion. The Participation Reader. Edited A. Cornwall. London: Zed books, pp. 253 – 264.

Gee, G. C., and C. L. Ford. 2011. "Structural Racism and Health Inequalities." Du Bois Review: Social Science Research on Race, 8, 115 – 132.

Gehlert, S., D. Sohmer, T. Sacks, C. Mininger, M. McClintock, and O. Olopade. 2008. "Targeting Health Disparities: A Model Linking Upstream Determinants to Downstream Interventions." Health Affairs (Project Hope), 27 (2), 339 – 349. doi:10.1377/hlthaff.27.2.339.

Gehlert, S. 2011. "Chicago Team Explores Links of Environment and Biology." Health Affairs, 30, 1902 – 1903.

Gehlert, S. O. M. Fayanju, S. Jackson, S. Kenkel, I. McCullough, C. Oliver, and M. Sanford. 2014. "A Method for Achieving Reciprocity of Funding in Community – Based Participatory Research." Progress in Community Health Partnerships: Research, Education, and Action, 8, 861 – 570.

Gerassi, L., M. Jonson – Reid, and B. Drake. 2016. "Sexually Transmitted Infections in a Sample of At – Risk Youth: Roles of Mental Health and Trauma Histories." Journal of Child and Adolescent Trauma, 9, 209 – 216.

Gerber, A. S., G. A. Huber, D. Doherty, C. M. Dowling, and S. J. Hill. 2012. "The Voting Experience and Beliefs about Ballot Secrecy." Working Paper. Retrieved fromhttp://ddoherty.sites.luc.edu/documents/TheVotingExperience. pdf

Germak, A. J. , and K. K. Singh. 2009. "Social Entrepreneurship: Changing The Way Social Workers Do Business." Administration in Social Work, 34, 79 – 95.

Geronimus, A. T. , J. Bound, T. A. Waldmann, C. G. Colen, and D. Steffick. 2001. "Inequality in Life Expectancy, Functional Status, and Active Life Expectancy across Selected Black and White Populations in the United States." Demography, 38, 227 – 251.

Geronimus, A. T. , M. Hicken, D. Keene, and J. Bound. 2006. " 'Weathering' and Age Patterns of Allostatic Load Scores Among Blacks and Whites in the United States." American Journal of Public Health, 96, 826 – 833.

Geronimus, A. T. , S. A. James, M. Destin, L. A. Graham, M. Hatzenbuehler, M. Murphy, J. P. Thompson. 2016. "Jedi Public Health: Co – Creating an Identity – Safe Culture to Promote Health Equity." SSM – Population Health, 2, 105 – 116.

Gibbs, D. , L. Rojas – Smith, S. Wetterhall, T. Farris, P. G. Schnitzer, R. T. Leeb, and A. E. Crosby. 2013. "Improving Identification of Child Maltreatment Fatalities Through Public Health Surveillance." Journal of Public Child Welfare, 7, 1 – 19.

Gibson – Davis, C. M. 2016. "Single and Cohabiting Parents and Poverty." The Oxford Handbook of the Social Science of Poverty. Edited by D. Brady and L. M. Burton. New York: Oxford University Press, pp. 21 – 46.

Gilbert, R. , C. S. Widom, K. Browne, D. Fergusson, E. Webb, and S. Janson. 2009. "Burden and Consequences of Child Maltreatment in High – Income Countries." The Lancet, 373, 68 – 81.

Gilens, M. 1999. Why Americans Hate Welfare: Race, Media, and the Politics of Antipoverty Policy. Chicago: University of Chicago Press.

Glickman D. , L. Parker, L. J. Sim, H. Del Valle Cook, E. A. Miller. 2012. "Accelerating progress in obesity prevention: solving the weight of the nation." Institute of Medicine. Retrieved fromhttp：//mncanceralliance. org/wp－content/up-loads/2013/09/IOM－Accelerating－Progress－inObesity－Prevention. pdf

Goffman, E. （1963）. Stigma：Notes on the management of spoiled identi-ty. Englewood Cliffs, NJ：Prentice－Hall.

Goggins, G. A. , and D. Howard. 2009. "The Nonprofit Starvation Cycle. " Stan-ford Social Innovation Review, 7 48－53.

Golant, S. M. 2014. Age－Friendly Communities：Are We Expecting too Much? Montreal：Institute for Research on Public Policy.

Goldhaber－Fiebert, J. D. , S. L. Bailey, M. S. Hurlburt, J. Zhang, L. R. Snowden, F. Wulczyn, J. Landsverk, and S. M. Horwitz. 2012. "Evaluating Child Welfare Policies with Decision－Analytic Simulation Models. " Administration and Poli-cy in Mental Health and Mental Health Services Research, 39, 466－477.

Goldman Fraser, J. , S. W. Lloyd, R. Murphy, M. Crowson, C. Casanueva, A. Zolotor, M. Coker－Schwimmer, K. Letourneau, A. Gilbert, T. Swinson Ev-ans, K. Crotty, and M. Viswanathan. 2013, April. "Child Exposure to Trauma：Comparative Effectiveness of Interventions Addressing Maltreatment. " Compar-ative Effectiveness Review No. 89. Prepared by the RTI－UNC Evidence－Based Practice Center Under Contract No. 290－2007－10056－I. AHRQ Publication No. 13－EHC002－EF. Rockville, MD：Agency for Healthcare Re-search and Quality.

Goldman, D. , and J. P. Smith. 2011. "The Increasing Value of Education to Health. " Social Science and Medicine, 72, 1728－1737.

Gomez, L. F. 2015. "Urban Environment Interventions Linked to the Promotion of Physical Activity：A Mixed Methods Study Applied to the Urban Context o Latin America. " Social Science Medicine, 131, 18－30.

Goodman, M. S. , E. Gbaje, S. M. Yassin, J. Johnson Dias, K. Gilbert, and V. Thompson. 2018. "Adaptation, Implementation, and Evaluation of a Public Health Research Methods Training for Youth. " Health Equity, 2, 349－355.

Google Trends. (n. d.). "Search for term ' Big Data. ' " Available fromhttps：// trends. google. com/trends/explore？ date = allandq = big％20data

Gostin， L. O. ， E. A. Friedman， P. Buss， M. Chowdhury， A. Grover， and M. Heywood，2016. "The Next WHO Director – General's Highest Priority： A Global Treaty on the Human Right to Health. " Lancet Global Health，4，e890 – e892.

Gottlieb，B. H. ，and A. A. Gillespie. 2008. "Volunteerism，Health，and Civic Engagement Among Older Adults. " Canadian Journal on Aging/La Revue Canadienne du Vieillissement，27，399 – 406.

Gottlieb，L. ，M. Sandel，and N. E Adler. 2013. "Collecting and Applying Data on Social Determinants of Health in Health Care Settings. " JAMA Internal Medicine，173，1017 – 1020.

Gottlieb， L. M. ， D. Hessler， D. Long， E. Laves， A. R. Burns， A. Amaya， P. Sweeney， C. Schudel， and N. E. Adler. 2016. " Effects of Social Needs Screening and In – Person Service Navigation on Child Health： A Randomized Clinical Trial. " JAMA Pediatrics，170(11)： e162521.

Gottlieb，L. M. ，H. Wing，and N. E. Adler. 2017. "A Systematic Review of Interventions on Patients' Social and Economic Needs. " American Journal of Preventive Medicine，53，719 – 729.

Gould，E. 2019. "The State of Working America Wages 2018. " Economic Policy Institute，Washington，DC.

Government Accountability Office. 2014. "Issues Related to State Voter Identification Laws， Report to Congressional Requesters. " Retrieved fromhttp：// www. gao. gov/assets/670/665966. pdf

Government of the District of Columbia，Office of the Deputy Mayor for Health & Human Services. 2018. Age – Friendly 2023 Strategic Plan. Washington，DC： Author.

Gracia，E. ，and J. Herrero. 2007. "Perceived Neighborhood Social Disorder and

Attitudes Toward Reporting Domestic Violence Against Women. Journal of Interpersonal Violence,22,737 - 752

Grant,J. ,R. Cottrell,F. Cluzeau,and B. Fawcett. "Evaluating 'Payback' on Biomedical Research from Papers Cited in Clinical Guidelines: Applied Bibliometric Study. " BMJ,320,1107 - 1111.

Grant,J. 2010. Outing Age 2010: Public Policy Issues Affecting Lesbian,Gay,Bisexual and Transgender Elders. Washington,DC: National Gay and Lesbian Task Force Policy Institute. Grantmakers in Aging. 2014. Community Agenda: Q and A. Arlington,VA: Grantmakers in Aging.

GrantSpace. 2019. "How Many Nonprofit Organizations Are There in the US?" Retrieved fromhttps://grantspace. org/resources/knowledge - base/number - of - nonprofits - in - the - u - s/

Gray,M. ,K. Healy,and P. Crofts. 2003. "Social Enterprise: Is It the Business of Social Work?" Australian Social Work,56,141 - 154.

Greenberg,M. H. 2009. "It's Time for a Better Poverty Measure. " Counterpoise, 13,21 - 24.

Greenfield,E. A. ,A. Scharlach,A. J. Lehning,and J. K. Davitt. 2012. "A Conceptual Framework for Examining the Promise of the NORC Program and Village Models to Promote Aging in Place. " Journal of Aging Studies,26,273 - 284.

Greenwood, P. 2008. " Prevention and Intervention Programs for Juvenile Offenders. " The Future of Children,18,185 - 210.

Grella,C. E. ,Y. I. Hser,and Y. C. Huang. 2006. "Mothers in Substance Abuse Treatment: Differences in Characteristics Based on Involvement with Child Welfare Services. " Child Abuse and Neglect,30,55 - 73.

Griffiths, K. M. , and Christensen, H. 2006. "Review of Randomized Controlled Trials of Internet Interventions for Mental Health Disorders and Related Conditions. " Clinical Psychologist,10,16 - 29.

Grinstein - Weiss, M. , C. Key, S. Guo, Y. H. Yeo, and K. Holub. 2013. "Homeownership and Wealth Among Low – and Moderate – Income Households. ” Housing Policy Debate,23,259 – 279.

Grinstein – Weiss, M. , D. C. Perantie, B. D. Russell, K. Comer, S. H. Taylor, L. Luo,C. Key,and D. Ariely. 2015. “Refund to Savings 2013: Comprehensive Report on a Large – Scale Tax – Time Saving Program. ” CSD Research Report 15 – 06. St. Louis,MO: Washington University,Center for Social Development.

Grinstein – Weiss, M. , M. Sherraden, W. Rohe, W. G. Gale, M. Schreiner, and C. Key. 2012. “Long – Term Follow – Up of Individual Development Accounts: Evidence from the Add Experiment. ” SSRN Working Paper No. 2096408.

Grinstein – Weiss, M. , O. Kondratjeva, S. P. Roll, O. Pinto, and G. Gottlieb. 2019. “The Saving for Every Child Program in Israel: An Overview of a Universal Asset – Building Policy. ” Asia Pacific Journal of Social Work and Development,29,20 – 33.

Gross,T. ,M. J. Notowidigdo,and J. Wang. 2014. “Liquidity Constraints and Consumer Bankruptcy: Evidence from Tax Rebates. ” Review of Economics and Statistics,96,431 – 443.

Guiney,H. , and L. Machado. 2017. “Volunteering in the Community: Potential Benefits for Cognitive Aging. ” The Journals of Gerontology Series B: Psychological Sciences and Social Sciences,73,399 – 408.

Guo,S. , and M. W. Fraser. 2014. Propensity Score Analysis: Statistical Methods and Applications. Los Angeles,CA: SAGE.

Guo. S. (2015). Shaping social work science: what should quantitative researchers do? Research on Social Work Practice, 25 (3): 370 – 381. DOI: 10. 1177/1049731514527517

Gustafsson – Wright, E. , S. Gardiner, and V. Putcha. 2015. The Potential and Limitations of Impact Bonds. Washington,DC: Brookings Institution.

Guterman, K. 2015. “ Unintended Pregnancy as a Predictor of Child Maltreatment. ” Child Abuse and Neglect,48,160 – 169.

Ha,Y.,M. E. Collins,and D. Martino. 2015. "Child Care Burden and the Risk of Child Maltreatment Among Low – Income Working Families." Children and Youth Services Review,59,19 – 27.

Hacker,J. S. 2006. The Great Risk Shift. New York: Oxford University Press.

Hall,E. 2018. Aristotle's Way: How Ancient Wisdom Can Change Your Life. New York: Penguin Press.

Hall,K. L.,B. A. Stipelman,K. S. Eddens,M. W. Kreuter,S. I. Bame,H. I. Meissner, K. R. Yabroff, J. Q. Purnell, R. Ferrer, K. M. Ribisl, R. Glasgow, L. A. Linnan,S. Taplin,and R. Glasgow. 2012. "Advancing Collaborative Research with 2 – 1 – 1 to Reduce Health Disparities: Challenges,Opportunities, and Recommendations." American Journal of Preventive Medicine, 43 (Supp5),S518 – S528.

Halpin, H. A., M. M Morales – Suarez – Varela, and J. M. Martin – Moreno. 2010. "Chronic Disease Prevention and the New Public Health." Public Health Reviews,32,120 – 154.

Hambrick,D. C.,and P. A. Mason. 1984. "Upper Echelons: The Organization as a Reflection of Its Top Managers." Academy of Management Review,9,193 – 206.

Hambrick,D. C. 2007. "Upper Echelons Theory: An Update." Academy of Management Review,32,334 – 343.

Hamilton,D.,and W. Darity. 2010. "Can 'Baby Bonds' Eliminate the Racial Wealth Gap in Putative Post – Racial America?" The Review of Black Political Economy,37,207 – 216.

Hamilton – Giachritsis,C. 2016. "What Helps Children and Young People Move Forward Following Child Maltreatment?" Child Abuse Review,25,83 – 88.

Hampton,T. 2010. "Child Marriage Threatens Girls' Health." JAMA,304,509 – 510.

Hanlon,J.,A. Barrientos,and D. Hulme. 2010. Just Give Money to the Poor: The

Development Revolution from the Global South. Sterling, VA: Kumarian Press.

Hannum, E. , and Y. Xie. 2016. "Education. " The Oxford Handbook of the Social Science of Poverty. Edited by D. Brady and L. M. Burton. New York: Oxford University Press, pp. 462 – 485.

Hanson, D. , & C. A. Emlet. 2006. "Assessing a Community's Elder Friendliness. " Family and Community Health, 29, 266 – 278.

Harold Alfond College Challenge. 2017. " $500 Alfond Grant for Your Baby's Future!" Retrieved from https://www. 500forbaby. org/

Harris, J. , M. Jonson – Reid, B. Carothers, and B. Castrucci. 2017. "The Composition and Structure of Multisectoral Networks for Injury and Violence Prevention Policy in 15 Large US Cities. " Public Health Reports, 132, 381 – 388.

Harris, K. M. , M. J. Edlund, and S. Larson. 2005. "Racial and Ethnic Differences in the Mental Health Problems and Use of Mental Health Care. " Medical Care, 43 775 – 784.

Hatzenbuehler, M. L. , and B. G. Link. 2014. "Introduction to the Special Issue on Structural Stigma and Health. " Social Science and Medicine, 103, 1 – 6.

Hatzenbuehler, M. L. , J. C. Phelan, and B. G. Link. 2013. "Stigma as a Fundamental Cause of Population Health Inequalities. " American Journal of Public Health, 103, 813 – 821.

Hatzenbuehler, M. L. , K. A. McLaughlin, K. M. Keyes, and D. S. Hasin. 2010. "The Impact of Institutional Discrimination on Psychiatric Disorders in Lesbian, Gay, and Bisexual Populations: A Prospective Study. " American Journal of Public Health, 100, 452 – 459.

Hatzenbuehler, M. L. , K. M. Keyes, and D. S. Hasin. 2009. "State – Level Policies and Psychiatric Morbidity in Lesbian, Gay, and Bisexual Populations. " American Journal of Public Health, 99, 2275 – 2281.

Hatzenbuehler, M. L. , N. Slopen, and K. A. McLaughlin. 2014. "Stressful Life Events, Sexual Orientation, and Cardiometabolic Risk Among Young Adults in the

United States. " Health Psychology,33,1185 – 1194.

Hatzenbuehler, M. L. 2011. " The Social Environment and Suicide Attempts in Lesbian, Gay, and Bisexual Youth. " Pediatrics,127,896 – 903.

Hawken, P. 2007. Blessed Unrest. New York: Viking Penguin.

Hays, S. 2003. Flat Broke with Children: Women in the Age of Welfare Reform. New York: Oxford University Press.

Hayward, R. A. , and D. D. Joseph. 2018. " Social Work Perspectives on Climate Change and Vulnerable Populations in the Caribbean: Environmental Justice and Health. " Environmental Justice,11,192 – 197.

He, Z. , and P. Wong. 2004. " Exploration vs. Exploitation: An Empirical Test of the Ambidexterity Hypothesis. " Organizational Science,15,481 – 494.

Head, B. W. , and J. Alford. 2015. " Wicked Problems Implications for Public Policy and Management. " Administration and Society,47,711 – 739.

Heath G. W. , D. C. Parra, and O. L. Sarmiento. 2012. " Evidence – Based Intervention in Physical Activity: Lessons from Around the World. " Lancet,380,272 – 281.

Hebert, S. , W. Bor, C. C. Swenson, and C. Boyle. 2014. " Improving Collaboration: A Qualitative Assessment of Inter – Agency Collaboration Between a Pilot Multisystemic Therapy Child Abuse and Neglect (MST – CAN) Program and a Child Protection Team. " Australasian Psychiatry,22,370 – 373.

Hegewisch, A. , H. Liepmann, J. Hayes, and H. Hartmann. 2010. Separate and Not Equal? Gender Segregation in the Labor Market and the Gender Wage Gap. Washington, DC: Institute for Women's Policy Research.

Heim, C. , M. Shugart, W. E. Craighead, and C. B. Nemeroff,2010. " Neurobiological and Psychiatric Consequences of Child Abuse and Neglect. " Developmental Psychobiology,52,671 – 690.

Heimpel, D. 2016. " An Upstream Approach: Using Data – Driven Home Visiting to Prevent Child Abuse. " The Chronicle for Social Change. Retrieved from ht-

tps://chronicleofsocialchange. org/featured/targeting – home – visiting – pro-
grams – prevent – child – abuse/20119

Heisler,K. , and S. Lutter. 2015. "Incorporating Savings into the Debt Manage-
ment Plan. " A Fragile Balance. Edited by J. M. Collins. New York: Palgrave
Macmillan,pp. 193 – 200.

Henggeler,S. W. , and S. K. Schoenwald. 2011. "Evidence – Based Interventions
for Juvenile Offenders and Juvenile Justice Policies That Support Them. " Social
Policy Report,25(1). https://eric. ed. gov/? id = ED519241

Henry,J. D. , and J. R. Crawford. 2005. "The Short Form Version of the Depres-
sion Anxiety Stress Scales: Construct Validity and Normative Data in a Large
Nonclinical Sample. " British Journal of Clinical Psychology,44,227 – 239.

Herrenkohl, T. I. , D. J. Higgins, M. T. Merrick, and R. T. Leeb. 2015. "Positio-
ning a Public Health Framework at the Intersection of Child Maltreatment and
Intimate Partner Violence: Primary Prevention Requires Working Outside Exist-
ing Systems. " Child Abuse & Neglect,48,22 – 28.

Hertzman,C. ,and T. Boyce. 2010. "How Experience Gets Under the Skin to Cre-
ate Gradients in Developmental Health. " Annual Review of Public Health,31,
329 – 347.

Hibbard,R. A. ,L. W. Desch,and Committee on Child Abuse and Neglect. 2007.
"Maltreatment of Children with Disabilities. " Pediatrics,119,1018 – 1025.

Hick,R. , and T. Burchardt. 2016. "Capability Deprivation. " The Oxford Hand-
book of the Social Science of Poverty. Edited by D. Brady and L. M. Bur-
ton. New York: Oxford University Press,pp. 75 – 92.

Hicken,M. T. ,H. Lee,J. Ailshire,S. A. Burgard,and D. R. Williams. 2013. "Every
Shut Eye,Ain't Sleep": The Role of Racism – Related Vigilance in Racial/Eth-
nic Disparities in Sleep Difficulty. " Race and Social Problems,5(2),100 –
112. doi:10. 1007/s12552 – 013 – 9095 – 9

Hill,H. D. 2013. "Paid Sick Leave and Job Stability. " Work and Occupations,

40,143 – 173.

Hoagwood, K. E. , S. S. Olin, S. Horwitz, M. McKay, A. Cleek, A. Gleacher, and M. Hogan. 2014. "Scaling Up Evidence – Based Practices for Children and Families in New York State: Toward Evidence – Based Policies on Implementation for State Mental Health Systems. " Journal of Clinical Child and Adolescent Psychology,43,145 – 157.

Hochschild, J. , and N. Scovronick. 2003. The American Dream and the Public Schools. New York: Oxford University Press.

Hoefer, R. , L. Watson, and K. Preble. 2013. " A Mixed Methods Examination of Nonprofit Board Chair Preferences in Hiring Executive Directors. " Administration in Social Work,37,437 – 446.

Hoefer, R. 2009. "Preparing Managers for the Human Services. " The Handbook of Human Services Management. Edited by R. J. Patti. Thousand Oaks, CA: SAGE, pp. 483 – 501.

Hogarth, J. M. , C. E. Anguelov, and J. Lee. 2005. "Who Has a Bank Account? Exploring Changes over Time,1989 – 2001. " The Journal of Family and Economic Issues,26,7 – 30.

Holosko, M. J. , and E. Faith. 2015. "Educating BSW and MSW Social Workers to Practice in Child Welfare Services. " Evidence – Informed Assessment and Practice in Child Welfare. Edited by J. S. Wodarski, M. J. Holosko, and M. D. Feit. Cham, Switzerland: Springer, pp. 3 – 25.

Holosko, M. J. , R. Cooper, K. High, A. Loy, and J. Ojo. 2015. "The Process of Intervention with Multiproblem Families: Theoretical and Practical Guidelines. " Evidence – Informed Assessment and Practice in Child Welfare. Edited by J. S. Wodarski, M. J. Holosko, and M. D. Feit. Cham, Switzerland: Springer, pp. 137 – 164.

Holzer, H. , D. Schanzenbach, G. Duncan, and J. Ludwig. 2008. " The Economic Costs of Childhood Poverty in the United States. " Journal of Children and Poverty, 14, 41 – 61.

Hong, C. S. , A. L. Siegel, and T. G. Ferris. 2014. "Caring for high – Need, High – Cost Patients: What Makes for a Successful Care Management Program. " Commonwealth Fund Issue Brief 19, 9.

Hong, S. , N. Morrow – Howell, F. Tang, and J. Hinterlong. 2008. "Engaging Older Adults in Volunteering. " Nonprofit and Voluntary Sector Quarterly, 38, 200 – 219.

Hooyman, N. , K. Kawamoto, and H. Kyak. 2017. Social Gerontology: A Multidisciplinary Perspective. New York, NY: Pearson Education.

Hornor, G. 2015. "Childhood Trauma Exposure and Toxic Stress: What the PNP Needs to Know. " Journal of Pediatric Health Care, 29, 191 – 198.

Hotz, V. J. , J. Rasmussen, and E. Wiemers. 2016. "Intergenerational Transmission of Inequality: Parental Wealth and the Financing of Children's College and Home Buying. " Paper presented to Society of Labor Economists, Seattle.

House, J. S. 2002. "Understanding Social Factors and Inequalities in Health: 20th Century Progress and 21st Century Prospects. " Journal of Health and Social Behavior, 43, 125 – 142.

Hovmand, P. , M. Jonson – Reid, and B. Drake. 2007. "Mapping Service Networks. " Journal of Technology and Human Services, 25, 1 – 22.

Hovmand, P. 2013. Community Based System Dynamics. New York: Springer Science and Business Media.

Hovmand, P. 2014. Community Based System Dynamics. New York: Springer. Hughes,

Hovmand, P. S. , D. F. Andersen, E. Rouwette, G. P. Richardson, K. Rux, and A. Calhoun. 2012. "Group Model Building 'Scripts' as a Collaborative Planning Tool. " Systems Research and Behavioral Science, 29, 179 – 193.

Howard, K. S. , and J. Brooks – Gunn. 2009. "The Role of Home – Visiting Programs in Preventing Child Abuse and Neglect. " The Future of Children, 19,

119 – 46.

Howe, T. R., M. Knox, E. R. P. Altafim, M. B. M. Linhares, N. Nishizawa, T. J. Fu, A. P. L. Camargo, G. I. R. Ormeno, T. Marques, L. Barrios, and A. I. Pereira. 2017. "International Child Abuse Prevention: Insights from ACT Raising Safe Kids." Child and Adolescent Mental Health, 22, 194 – 200.

Howes, C. , C. Rodning, D. C. Galluzzo, and L. Myers. 1988. "Attachment and Child Care: Relationships with Mother and Caregiver." Early Childhood Research Quarterly, 3, 403 – 416.

Hu, X. , and R. W. Puddy. 2010. "An Agent – Based Model for Studying Child Maltreatment and Child Maltreatment Prevention." Advances in Social Computing. Edited by S – K. Chai J. J. Salerno, and P. L. Mabry. Cham, Switzerland: Springer, pp. 189 – 198.

Huang, J. , M. Sherraden, Y. Kim, and M. Clancy. 2014. "Effects of Child Development Accounts on Early Social – Emotional Development: An Experimental Test." JAMA Pediatrics, 168, 265 – 271.

Hudson, D. L. , H. W. Neighbors, A. T. Geronimus, and J. S. Jackson. 2015. "Racial Discrimination, John Henryism, and Depression Among African Americans." Journal of Black Psychology, 43, 221 – 243.

Hudson, D. L. , J. Eaton, A. Banks, W. Sewell, and H. Neighbors. 2018. " 'Down in the Sewers': Perceptions of Depression and Depression Care Among African American Men." American Journal of Men's Health, 12, 126 – 137. https://doi. org/10. 1177/1557988316654864

Humphreys, C. , and D. Absler. 2011. "History Repeating: Child Protection Responses to Domestic Violence." Child and Family Social Work, 16, 464 – 473.

Hung, K. , E. Sirakaya – Turk, and L. J. Ingram. 2011. "Testing the Efficacy of an Integrative Model for Community Participation." Journal of Travel Research, 50, 276 – 288.

Hunt, M. O. , and H. E. Bullock. 2016. "Ideologies and Beliefs about Poverty."

The Oxford Handbook of the Social Science of Poverty. Edited by D. Brady and L. M. Burton. New York: Oxford University Press, pp. 93 – 116.

Hunt, P. 2016. "Interpreting the International Right to Health in a Human Rights – Based Approach to Health. " Health Human Rights Journal, 18, 109 – 130.

Hussey, J. M. , J. J. Chang, and J. B. Kotch. 2006. "Child Maltreatment in the U-nited States: Prevalence, Risk Factors, and Adolescent Health Consequences. " Pediatrics, 118, 933 – 942.

Hussey, J. M. , J. M. Marshall, D. J. English, E. D. Knight, A. S Lau, H. Dubowitz, and J. B. Kotch. 2005. " Defining Maltreatment According to Substantiation: Distinction Without a Difference?" Child Abuse and Neglect, 29, 479 – 492. International Association for Public Participation. n. d. IAP2 Core Values. Retrieved fromhttp://www. iap2. org/? page = A4

Iacoviello, M. 2011. " Housing Wealth and Consumption. " International Finance Discussion Papers 1027. Board of Governors of the Federal Reserve System.

Iannotti, L. , and C. Lesorogol. 2014. "Animal Milk Sustains Micronutrient Nutrition and Child Anthropometry Among Pastoralists in Samburu, Kenya. " American Journal of Physical Anthropology, 155, 66 – 76.

Imai, K. and B. Maleb. 2015. "Rural and Urban Poverty Estimates for Developing Countries: Methodologies. " Kobe University Discussion Paper DP2015 – 07.

Independent Sector. n. d. Value of Volunteer Time. Washington, DC: Author.

Institute of Medicine and National Research Council. 2014. New Directions In Child Abuse and Neglect Research. Washington, DC: The National Academies Press.

Intergovernmental Panel on Climate Change. 2014a. " Climate Change 2014: Impacts, Adaptation, and Vulnerability. " Retrieved from https://www. ipcc. ch/report/ar5/wg2/

Intergovernmental Panel on Climate Change. 2014b. " Climate Change 2014: Synthesis Report. " Retrieved from https://www. ipcc. ch/report/ar5/syr/

Intergovernmental Panel on Climate Change. 2018. "Global Warming of 1. 5° Celsius: Summary for Policymakers. " Retrieved from https://report. ipcc. ch/sr15/pdf/sr15_spm_final. pdf

International Association for Public Participation. 2006. "IAP2 Core Values. " Retrieved fromhttp://www. iap2. org/? page = A4

Ioannidis, J. P. A. 2018. "The Proposal to Lower P Value Thresholds to. 005. " Journal of the American Medical Association, 319, 1429 – 1430.

Iovan, S. , P. M. Lantz, and S. Shapiro, 2018. " 'Pay for Success' Projects: Financing Interventions That Address Social Determinants of Health in 20 Countries. " American Journal of Public Health, 108, 1473 – 1477.

Israel, B. A. , A. J. Schulz, L. Estrada – Martinez, S. N. Zenk, E. Viruell – Fuentes, A. M. Villarruel, and C. Stokes. 2006. "Engaging Urban Residents in Assessing Neighborhood Environments and their Implications for Health. " Journal of Urban Health, 83, 23 – 539.

Israel, B. A. , B. Checkoway, A. Schulz, and M. Zimmerman. 1994. "Health Education and Community Empowerment: Conceptualizing and Measuring Perceptions of Individual, Organizational, and Community Control. " Health Education Quarterly, 21, 149 – 170.

ISSC, IDS, and UNESCO. Eds. 2016. World Social Science Report 2016: Challenging Inequalities: Pathways to a Just World. Paris: UNESCO.

Iyengar, S. D. , K. Iyengar, V. Suhalka, and K. Agarwal. 2009. "Comparison of Domiciliary and Institutional Delivery – Care Practices in Rural Rajasthan, India. " Journal of Health, Population, and Nutrition, 27, 303 – 312.

Jackson, J. S. , K. M. Knight, and J. A. Rafferty. 2010. "Race and Unhealthy Behaviors: Chronic Stress, the HPA Axis, and Physical and Mental Health Disparities over the Life Course. " American Journal of Public Health, 100, 933 – 939.

Jacobson, M. F. , and K. D. Brownell. 2000. "Small Taxes on Soft Drinks and Snack Foods to Promote Health. " American Journal of Public Health, 90, 854 – 857.

Jacobus, R. 2015. "Inclusionary Housing: Creating and Maintaining Equitable Communities." Lincoln Institute of Land Policy. Retrieved fromhttps://www. lincolninst. edu/publications/policy – focus – reports/inclusionary – housing

Jaffee, S. R. , and A. K. Maikovich – Fong, A. K. 2011. "Effects of Chronic Maltreatment and Maltreatment Timing on Children's Behavior and Cognitive Abilities." Journal of Child Psychology and Psychiatry, 52, 184 – 194.

Jaffee, S. R. , A. Caspi, T. E. Moffitt, M. Polo – Tomás, and A. Taylor. 2007. "Individual, Family, and Neighborhood Factors Distinguish Resilient from Non – Resilient Maltreated Children: A Cumulative Stressors Model." Child Abuse and Neglect, 31, 231 – 253.

James, A. S. , S. Gehlert, D. J. Bowen, and G. A. Colditz. 2015. "A Framework for Training Transdisciplinary Scholars in Cancer Prevention and Control." Journal of Cancer Education, 30, 664 – 669.

Jargowsky, P. A. 2003. "Stunning Progress, Hidden Problems: The Dramatic Decline of Concentrated Poverty in the 1990's." The Living Cities Census Series, May 2003, The Brookings Institution.

Jaskyte, K. 2010. "Innovation in Human Service Organizations." Human Services as Complex Organizations. Edited by Y. Hasenfeld. Thousand Oaks, CA: SAGE, pp. 481 – 503.

Jaudes, P. K. , and L. Mackey – Bilaver. 2008. "Do Chronic Conditions Increase Young Children's Risk of Being Maltreated?" Child Abuse and Neglect, 32, 671 – 681.

Jaudes, P. K. , V. Champagne, A. Harden, J. Masterson, and L. A. Bilaver. 2012. "Expanded Medical Home Model Works for Children in Foster Care." Child Welfare, 91, 9 – 33.

Jee, S. , M. Szilagyi, S. Blatt, V. Meguid, P. Auinger, and P. Szilagyi. 2010. "Timely Identification of Mental Health Problems in Two Foster Care Medical Homes." Children and Youth Services Review, 32, 685 – 690.

Jemal, A. , E. Ward, R. N. Anderson, T. Murray, and M. J. Thun. 2008. " Wide-ning of Socioeconomic Inequalities in U. S. Death Rates 1993 – 2001. " PLoS One, 3, e2181.

Jencks, C. 2002. " Does Inequality Matter?" Daedalus, 131, 49 – 65.

Jepson, W. , and E. Vandewalle. 2016. " Household Water Insecurity in the Global North: A Study of Rural and Periurban Settlements on the Texas – Mexico Bor-der. " The Professional Geographer, 68, 66 – 81.

Jepson, W. E. , A. Wutich, S. M. Colllins, G. O. Boateng, and S. L. Young. 2017. " Progress in Household Water Insecurity Metrics: A Cross - Disciplinary Ap-proach. " Wiley Interdisciplinary Reviews: Water, 4, e1214.

Ji, K. , and D. Finkelhor. 2015. " A Meta – Analysis of Child Physical Abuse Prev-alence in China. " Child Abuse and Neglect, 43, 61 – 72.

Johnson, A. 2006. Power, Privilege, and Difference. St. Louis, MO: McGraw – Hill Higher Education.

Johnson, R. C. , and R. F. Schoeni. 2011. " Early – Life Origins of Adult Disease: National Longitudinal Population – Based Study of the United States. " Ameri-can Journal of Public Health, 101, 2317 – 24.

Johnson, R. W. , and C. Mommaerts. 2010. Age Differences in Job Displacement, Job Search, and Reemployment. Chestnut Hill, MA: Boston College Center for Retirement Research.

Johnson, W. , D. J. Pate, and J. Givens. 2010. Big Boys Don't Cry, Black Boys Don't Feel: The Intersection of Shame and Worry on Community Violence and the Social Construction of Masculinity among Urban African American Males— The Case of Derrion Albert. Berkeley: University of California Press.

Jones L. , and K. Wells. 2007. " Strategies for Academic and Clinician Engagement in Community – Participatory Partnered Research. " Journal of the American Medical Association, 297, 407 – 10.

Jones, C. P. 2000. " Levels of Racism: A Theoretic Framework and a Gardener's

Tale. " American Journal of Public Health, 90, 1212 – 1215.

Jones, L. , M. A. Bellis, S. Wood, K. Hughes, E. Mccoy, L. Eckley, G. Bates, C. Mikton, T. Shakespeare, and A. Officer. 2012. " Prevalence and Risk of Violence Against Children with Disabilities: A Systematic Review and Meta – Analysis of Observational Studies. " Lancet, 380, 899 – 907.

Jones, L. P. , E. Gross, and I. Becker. 2002. " The Characteristics of Domestic Violence Victims in a Child Protective Service Caseload. " Families in Society, 83 (4), 405 – 415.

Jonson – Reid, M, B. Drake, J. Kim, S. Porterfield, and L. Han. 2004. " A Prospective Analysis of the Relationship Between Reported Child Maltreatment and Special Education Eligibility Among Poor Children. " Child Maltreatment, 9, 382 – 394.

Jonson – Reid, M, T. Chance, and B. Drake. 2007. " Risk of Death Among Children Reported for Non – Fatal Maltreatment. " Child Maltreatment, 12, 86 – 95.

Jonson – Reid, M. , and B. Drake. 2008. " Multi – Sector Longitudinal Administrative Databases: An Indispensable Tool for Evidence – Based Policy for Maltreated Children and Their Families. " Child Maltreatment, 13, 392 – 399.

Jonson – Reid, M. , and B. Drake. 2016. Child Well – Being: " Where Is It in Our Data Systems?" Journal of Public Child Welfare, 10, 457 – 465.

Jonson – Reid, M. , and B. Drake. 2018. After the Cradle Falls: What Child Abuse Is, How We Respond to It and What You Can Do About It. New York: Oxford University Press.

Jonson – Reid, M. , and C. Chiang. 2019. Problems in Understanding Program Efficacy in Child Welfare. Re – Visioning Public Health Approaches for Protecting Children. Edited by B. Lonne, D. Scott, D. Higgins, and T. Herrenkohl. Cham, Switzerland: Springer, pp. 349 – 378.

Jonson – Reid, M. , B. Drake, and P. Kohl. 2009. " Is the Overrepresentation of the

Poor in Child Welfare Caseloads Due to Bias or Need?" Children and Youth Services Review,31,422 – 427.

Jonson – Reid,M. ,B. Drake,and P. Kohl. 2017. "Childhood Maltreatment,Public Service System Contact and Preventable Death in Young Adulthood. " Violence and Victims, 32 (1) , 93 – 109. https://www. doi. org/10. 1891/0886 – 6708. VV – D – 14 – 00133

Jonson – Reid, M. , B. Drake, J. Constantino, M. Tandon, L. Pons, P. Kohl, S. Roesch,E. Wideman,A. Dunnigan,and W. Auslander. 2018. A Randomized Trial of Home Visitation for Intact Families Reported to Child Protective Serv-ices: Feasibility and the Moderating Impact of Prior Report History and Mater-nal Depression. " Child Maltreatment,23,281 – 293.

Jonson – Reid,M. ,B. Drake,P. Kohl,S. Guo,D. Brown,T. McBride,H. Kim,and E. Lewis. 2017. "Why We Should We Care About Usual Care. " Children and Youth Services Review,82,222 – 229.

Jonson – Reid,M. ,N. Weaver,B. Drake,and J. Constantino. 2013. "Violence and Injury Prevention and Treatment Among Children and Youth. " Transdisci-plinary Public Health: Research,Methods,and Practice. Edited by T. McBride and D. Haire – Joshu. San Francisco,CA: Jossey – Bass.

Jonson – Reid, M. , P. Kohl, T. McBride, B. Drake, D. Brown, S. Guo, P. Hovmand, C. Chiang, H. Kim, and E. Lewis. 2018. " Intervening in Child Neglect: A Microsimulation Evaluation Model of Usual Care: Final Report. " Administration of Children and Families 90 CA 1832.

Jonson – Reid,M. ,P. L. Kohl,and B. Drake. 2012. "Child and Adult Outcomes of Chronic Child Maltreatment. " Pediatrics,129,839 – 845.

Jonson – Reid, M. , T. Edmond, J. Lauritsen, and D. Schneider. 2016. " Violence Prevention: Public Health and Policy. " Prevention Policy and Public Health. Edited by A. Eyler,R. Brownson,J. Chriqui,and S. Russell. New York: Oxford University Press.

Jonson – Reid, M. 2011. "Disentangling System Contact and Services: A Key Pathway to Evidence – Based Children's Policy." Children and Youth Services Review, 33, 598 – 604.

Jonson – Reid, M. 2015. "Education Policy." Encyclopedia of Social Work Online. Edited by C. Franklin. New York: Oxford University Press.

Jouriles, E., R. Mcdonald, A. Slep, R. Heyman, and E. Garrido. 2008. "Child Abuse in the Context of Domestic Violence: Prevalence, Explanations, and Practice Implications." Violence and Victims, 23, 221 – 235.

Julian, D. A. 1997. "The Utilization of the Logic Model as a System Level Planning and Evaluation Device." Evaluation and Program Planning, 20, 251 – 257.

Kabeer, N. 2000. "Social Exclusion, Poverty and Discrimination Towards an Analytical Framework." IDS Bulletin, 31, 83 – 97.

Kabeer, N. 2016. "'Leaving No One Behind': The Challenge of Intersecting Inequalities." Challenging Inequalities: Pathways to a Just World, World Social Science Report. Edited by ISSC, IDS, and UNESCO. Paris: UNESCO, pp. 55 – 58.

Kahlenberg, R. D. 2002. "Economic School Integration: An Update." Century Foundation Issue Brief Series, Century Foundation, New York.

Kahne, J., and E. Middaugh. 2008. "Democracy for Some: The Civic Opportunity Gap in High School." Circle Working Paper 59. Center for Information and Research on Civic Learning and Engagement (CIRCLE). http:// files. eric. ed. gov/fulltext/ED503646. pdf

Kaiser Family Foundation. 2018. Key Facts About the Uninsured Population. Washington, DC: Kaiser Family Foundation.

Kaiser, M. L., C. Rogers, M. D. Hand, C. Hoy, and N. Stanich. 2016. "Finding Our Direction: The Process of Building A Community – University Food Mapping Team." Journal of Community Engagement & Scholarship, 9, 19 – 33.

Kalleberg, A. L. 2011. Good Jobs, Bad Jobs: The Rise of Polarized and Precarious Employment Systems in the United States, 1970s to 2000s. New York: Russell Sage Foundation.

Kang, J. Y. , S. Park, B. Kim, E. Kwon, and J. Cho. 2018. " The Effect of California's Paid Family Leave Program on Employment among Middle – Aged Female Caregivers. " The Gerontologist. https://www. doi. org/10. 1093/geront/gny105

Kaplow, J. B. , and C. S. Widom, 2007. "Age of Onset of Child Maltreatment Predicts Long – Term Mental Health Outcomes. " Journal of Abnormal Psychology, 116, 176 – 187.

Kapos, S. 2016, January 22. "Big Lutheran Social Agency Cuts 750 Jobs Amid Budget Impass. " Crain's Chicago Business. Retrieved fromhttp://www. chicagobusiness. com/article/20160122/NEWS07/160129931/bigluthe-ran – social – agency – cuts – 750 – jobs – amid – budget – impasse

Karlin, B. E. , and G. Cross. 2014. "From the Laboratory to the Therapy Room: National Dissemination and Implementation of Evidence – Based Psychotherapies in the US Department of Veterans Affairs Health Care System. " American Psychologist, 69, 19 – 33.

Katz, M. B. , M. J. Stern, and J. J. Fadler. 2005. "The New African American Inequality. " Journal of American History, 92, 75 – 108.

Katznelson, I. 2005. When Affirmative Action Was White: An Untold Story of Racial Inequality in Twentieth Century America. New York: W. W. Norton.

Kazoora, C. , C. Tondo, and B. Kazungu. 2005. "Routes to Justice: Institutionalising Participation in Forest Law Enforcement. " Participatory Learning and Action, 53, 61 – 68.

Keating, N. , J. Eales, and J. E. Phillips. 2013. " Age – Friendly Rural Communities: Conceptualizing ' Best – Fit. ' " Canadian Journal on Aging/LaRevue Canadienne Du Vieillissement, 32, 319 – 332.

Keddell, E. 2014. "The Ethics of Predictive Risk Modelling in the Aotearoa/New Zealand Child Welfare Context: Child Abuse Prevention or Neo – Liberal Tool?" Critical Social Policy, 35, 39 – 88.

Kelleher, K. , W. Gardner, J. Coben, R. Barth, J. Edleson, and A. Hazen. 2006. "Co – Occurring Intimate Partner Violence and Child Maltreatment: Local Policies/Practices and Relationships to Child Placement, Family Services and Residence. " Department of Justice. Retrieved from https://www. ncjrs. gov/pdffiles1/nij/grants/213503. pdf

Keller, S. C. , B. R. Yehia, F. O Momplaisir, M. G. Eberhart, A. Share, and K. A Brady. 2014. "Assessing the Overall Quality of Health Care in Persons Living with HIV in an Urban Environment. " AIDS Patient Care and STDs, 28, 198 – 205.

Kemeny, M. E. , and M. Schedlowski. 2007. "Understanding the Interaction Between Psychosocial Stress and Immune – Related Diseases: A Stepwise Progression. " Brain, Behavior, and Immunity, 21, 1009 – 1018.

Kemp, S. P. , M. O. Marcenko, K. Hoagwood, and W. Vesneski. 2009. "Engaging Parents in Child Welfare Services: Bridging Family Needs and Child Welfare Mandates. " Child Welfare, 88, 101 – 126.

Kershaw, K. N. , T. T. Lewis, A. V. Diez Roux, N. S. Jenny, K. Liu, F. J. Penedo, and M. R. Carnethon. 2016. "Self – Reported Experiences of Discrimination and Inflammation Among Men and Women: The Multi – Ethnic Study of Atherosclerosis. " Health Psychology, 35, 343 – 350.

Kessler, M. , E. Gira, and J. Poertner. 2005. "Moving Best Practice to Evidence – Based Practice in Child Welfare. " Families In Society, 86, 244 – 250.

Kessler, R. C. , K. A. Mclaughlin, J. G. Green, M. J. Gruber, N. A. Sampson, A. M. Zaslavsky, S. Aguilar – Gaxiola, A. O. Alhamzawi, J. Alonso, M. Angermeyer, C. Benjet, E. Bromet, S. Chatterji, G. de Girolamo, K. Demyttenaere, J. Fayyad, S. Florescu, G. Gal, O. Gureje, J. M. Haro, C. Y. Hu, E. G. Karam,

N. Kawakami, S. Lee, J. P. Lépine, J. Ormel, L. Posada – Villa, R. Sagar, A. Tsang, T. B. Ustün, S. Vassilev, M. S. Viana, and D. R. Williams. 2010. "Childhood Adversities and Adult Psychopathology in the WHO World Mental Health Surveys." The British Journal of Psychiatry, 197, 378 – 385.

Kesterton, A. J., J. Cleland, A. Sloggett, and C. Ronsmans. 2010. "Institutional Delivery in Rural India: the Relative Importance of Accessibility and Economic Status." BMC Pregnancy Childbirth, 10, 1 – 9.

Key, C. 2014. "The Finances of Typical Households After the Great Recession." The Assets Perspective: The Rise of Asset Building and Its Impact on Social Policy. Edited by R. Cramer and T. R. Williams Shanks. New York: Palgrave Macmillan, pp. 33 – 65.

Khan, L. K., K. Sobush, D. Keener, K. Goodman, A. Lowry, J. Kakietek, and S. Zaro, 2009. "Recommended Community Strategies and Measurements to Prevent Obesity in the United States." MMWR: Recommendations and Reports, 58, 1 – 29.

Khanlou, N., N. Haque, S. Sheehan, and G. Jones. 2015. "It Is an Issue of Not Knowing Where to Go: Service Providers' Perspectives on Challenges in Accessing Social Support and Services by Immigrant Mothers of Children with Disabilities." Journal of Immigrant and Minority Health, 17, 1840 – 1847.

Kim, H., and B. Drake. 2017. "Duration in Poverty – Related Programs and Number of Child Maltreatment Reports: A Multilevel Negative Binomial Study." Child Maltreatment, 22(1), 14 – 23.

Kim, H., C. Wildeman, M. Jonson – Reid, and B. Drake. 2016. "Lifetime Prevalence of Child Maltreatment Among US Children." American Journal of Public Health, 107, 274 – 280.

Kim, J., and D. Cicchetti. 2004. "A Longitudinal Study of Child Maltreatment, Mother – Child Relationship Quality and Maladjustment: The Role of Self – Esteem and Social Competence." Journal of Abnormal Child Psychology, 32,

341 – 354.

Kim, Y. , M. Sherraden, J. Huang, and M. Clancy. 2015. "Child Development Accounts and Parental Educational Expectations for Young Children: Early Evidence from a Statewide Social Experiment." Social Service Review, 89, 99 – 137.

Kim, Y. , S. Lee, H. Jung, J. Jaime, and C. Cubbin. 2018. "Is Neighborhood Poverty Harmful to Every Child? Neighborhood Poverty, Family Poverty, and Behavioral Problems among Young Children." Journal of Community Psychology, 47, 594 – 610.

King, J. 2010. "ASPIRE Act Introduced in the House." New America. Retrieved from: https://www. newamerica. org/asset – building/the – ladder/aspire – actintroduced – in – the – house/

Kirst, M. , L. P. Lazgare, Y. J. Zhang, P. O'Campo. 2015. "The Effects of Social Capital and Neighborhood Characteristics on Intimate Partner Violence: A Consideration of Social Resources and Risks." American Journal of Community Psychology, 55, 314 – 325.

KKwate, N. A. , and I. H. Meyer. 2011. "On Sticks and Stones and Broken Bones" Du Bois Review: Social Science Research on Race, 8, 191 – 198.

Klein, S. 2011. "The Availability of Neighborhood Early Care and Education Resources and the Maltreatment of Young Children." Child Maltreatment, 16, 300 – 311.

Klerman, J. , K. Daley, and A. Pozniak. 2012. Family and Medical Leave in 2012: Technical Report. Cambridge, MA: Abt Associates.

Klevens, J. , L. M. Kollar, G. Rizzo, G. O'Shea, J. Nguyen, and S. Roby. 2019. "Commonalities and Differences in Social Norms Related to Corporal Punishment Among Black, Latino and White Parents." Child and Adolescent Social Work Journal, 36(1), 19 – 28.

Klika, J. B. , S. Lee, and J. Y. Lee. 2018. "Prevention of Child Maltreatment."

The APSAC Handbook on Child Maltreatment. Edited by J. B. Klika and J. R. Conte. Sage Publications, Inc: Thousand Oaks, CA, pp. 235 – 251.

Klinenberg E. 2002. Heat Wave: A Social Autopsy of Disaster in Chicago. Chicago: University of Chicago Press.

Koenig, M. A. , R. Stephenson, S. Ahmed, S. J. Jejeebhoy, and J. Campball. 2006. "Individual and Contextual Determinants of Domestic Violence in North India. " American Journal of Public Health, 96, 132 – 137.

Koh, H. K. , and K. G. Sebelius. 2010. "Promoting Prevention Through the Affordable Care Act" New England Journal of Medicine, 363, 1296 – 1299.

Kohl, J. 1995. "The European Community: Diverse Images of Poverty. " Poverty: A Global Review. Edited by E. Oyen, S. M. Miller, and S. A. Samad. Oslo: Scandinavian University Press, pp. 251 – 286.

Kohl, P. , M. Jonson – Reid, and B. Drake, B. 2011. "The Role of Parental Mental Illness in the Safety and Stability of Maltreated Children. " Child Abuse and Neglect, 35, 309 – 318.

Kohl, P. L. , M. Jonson – Reid, and B. Drake. 2009. "Time to Leave Substantiation Behind: Findings from a National Probability Study. " Child Maltreatment, 14, 17 – 26.

Kohl, P. L. , R. Barth, A. L. Hazen, and J. A. Landsverk, 2005. "Child Welfare as a Gateway to Domestic Violence Services. " Children and Youth Services Review, 27, 1203 – 1221.

Koken, J. A. , D, S. Bimbi, and J. T. Parsons. 2009. "Experiences of Familial Acceptance – Rejection Among Transwomen of Color. " Journal of Family Psychology, 23, 853 – 860.

Komaie, G. , C. C. Ekenga, V. L. S. Thompson, and M. S. Goodman. 2017. "Increasing Community Research Capacity to Address Health Disparities: A Qualitative Program Evaluation of the Community Research Fellows Training Program. " Journal of Empirical Research on Human Research Ethics, 12, 55 –

66.

Kondrat, M. E. 1999. "Who Is the Self in Self – Aware?" Social Service Review, 73, 451 – 477.

Kondrat, M. E. 2008. "Person – in – Environment." Encyclopedia of Social Work. 20th ed. Edited by T. Mizrahi and. L. Davis. New York: Oxford University Press, pp. 348 – 354.

Kontakosta, C. E. 2014. "Mixed Income Housing and Neighbourhood Integration: Evidence from Inclusionary Zoning Programs." Journal of Urban Affairs, 36, 716 – 741.

Kopelman, L. M. 2016. "The Forced Marriage of Minors: A Neglected Form of Child Abuse." American Society of Law, Medicine and Ethics, 44, 173 – 181.

Korpi, W. 2003. "Welfare – State Regress in Western Europe: Politics, Institutions, Globalization, and Europeanization." Annual Review of Sociology, 29, 589 – 609.

Krahn, G. , M. H. Fox, V. A. Campbell, I. Ramon, and G. Jesien. 2010. "Developing a Health Surveillance System for People with Intellectual Disabilities in the United States." Journal of Policy and Practice in Intellectual Disabilities, 7, 155 – 166.

Krause, A. L. , and C. Bitter. 2012. "Spatial Econometrics, Land Values, and Sustainability: Trends in Real Estate Valuation Research." Cities, 29, S19 – S25.

Krause, N. 2003. "Neighborhoods, Health, and Well – Being in Late Life." Annual Review of Gerontology and Geriatrics, 23, 223 – 249.

Krause, N. 2006. "Neighborhood Deterioration, Social Skills, and Social Relationships in Late Life." International Journal of Aging and Human Development, 62, 185 – 207.

Kreuter, M. W. , C. Sugg – Skinner, C. L. Holt, E. M. Clark, D. Haire – Joshu, Q. Fu, A. C. Booker, K. Steger – May, and D. Bucholz. 2005. "Cultural Tailoring for Mammography and Fruit and Vegetable Intake Among Low – Income Af-

参考文献 *391*

rican – American Women in Urban Public Health Centers. " Preventive Medicine, 41, 53 – 62.

Kreuter, M. W. , S. N. , Lukwago, D. C. , Bucholtz, E. M. , Clark, and V. Sanders – Thompson. 2003. " Achieving Cultural Appropriateness in Health Promotion Programs: Targeted and Tailored Approaches. " Health Education and Behavior, 30, 133 – 146.

Krieger, N. 2001a. " A Glossary for Social Epidemiology. " Journal of Epidemiology and Community Health, 55, 693 – 700.

Krieger, N. 2001b. " Theories for Social Epidemiology in the 21st Century: An Ecosocial Perspective. " International Journal of Epidemiology, 55, 668 – 677.

Krings, A. , B. G. Victor, J. Mathias, and B. E. Perron. 2018. " Environmental Social Work in the Disciplinary Literature, 1991 – 2015. " International Social Work. Online Ahead of Publication. doi: 0020872818788397.

Krings, A. , D. Kornberg, and E. Lane. 2018. " Organizing Under Austerity: How Residents' Concerns Became the Flint Water Crisis. " Critical Sociology, 45, 583 – 597.

Krishna, S. , S. A. Boren, and E. A. Balas. 2009. " Healthcare via Cell Phones: A Systematic Review. " Telemedicine and e – Health, 15, 231 – 240.

Kube, A. , S. Das, and P. J. Fowler. 2019. " Allocating Interventions Based on Predicted Outcomes: A Case Study on Homelessness Services. " Proceedings of the AAAI Conference on Artificial Intelligence, 33 (July) , 622 – 629. https:// doi. org/10. 1609/aaai. v33i01. 3301622

Kulkarni, S. J. , R. P. Barth, and J. T. Messing. 2016, September. " Policy Recommendations for Meeting the Grand Challenge to Stop Family Violence. " Grand Challenges for Social Work Initiative Policy Brief No. 3. Cleveland, OH: American Academy of Social Work and Social Welfare.

Kumar, P. , L. Morawska, C. Martani, G. Biskos, M. Neophytou, S. Di Sabatino, M. Bell, L. Norford, and R. Britter. 2015. " The Rise of Low – Cost Sensing for

Managing Air Pollution in Cities. " Environment International, 75, 199 – 205.

Kus, B. , B. Nolan, and C. T. Whelan. 2016. " Material Derivation and Consumption. " The Oxford Handbook of the Social Science of Poverty. Edited by D. Brady and L. M. Burton. New York: Oxford University Press, pp. 577 – 601.

Laforett, D. R. , and J. L. Mendez. 2010. " Parent Involvement, Parental Depression, and Program Satisfaction Among Low – Income Parents Participating in a Two – Generation Early Childhood Education Program. " Early Education and Development, 21, 517 – 535.

Lagarde, M. , A. Haines, and N. Palmer. 2007. " Conditional Cash Transfers for Improving Uptake of Health Interventions in Low – and Middle – Income Countries: A Systematic Review. " JAMA, 298, 1900 – 1910.

Lagarde, M. , A. Haines, and N. Palmer. 2009. " The Impact of Conditional Cash Transfers on Health Outcomes and Use of Health Services in Low and Middle Income Countries. " Cochrane Database of Systematic Reviews, 4, 1 – 50.

Lahaie, C. , A. Earle, and J. Heymann. 2012. " An Uneven Burden: Social Disparities in Adult Caregiving Responsibilities, Working Conditions, and Caregiver Outcomes. " Research on Aging, 35, 243 – 274.

Landsverk, J. , C. H. Brown, P. Chamberlain, L. A. Palinkas, M. Ogihara, S. Czaja, J. D. Goldhaver – Fiebert, J. A. Rolls Reutz, and S. M. Horwitz. 2012. " Design and analysis in dissemination and implementation research. Dissemination and Implementation Research in Health. Edited by R. C. Brownson, G. A. Colditz, and E. K. Proctor. New York: Oxford University Press, pp. 225 – 260.

Lane, S. R. , and S. Pritzker. 2018. Political Social Work: Using Power to Create Social Change. Gewerbestrasse, Switzerland: Springer International.

Lane, S. R. and N. R. Humphreys. 2011. " Social Workers in Politics: A National Survey of Social Work Candidates and Elected Officials. " Journal of Policy Practice, 10, 225 – 244.

Laney, D. 2001. "3D Data Management: Controlling Data Volume, Velocity, and

Variety. " Technical Report, META Group.

Lanier, P. , M. Jonson – Reid, M. Stahlschmidt, B. Drake, and J. Constantino, 2009. "Child Maltreatment and Pediatric Health Outcomes: A Longitudinal Study of Low – Income Children. " Journal of Pediatric Psychology, 35, 511 – 22.

Larsen, T. P. 2010. "Flexicurity from the Individual's Work – Life Balance Perspective: Coping with the Flaws in European Child – and Eldercare Provision. " Journal of Industrial Relations, 52, 575 – 593.

Larson, R. S. , J. W. Dearing, and T. E. Backer. 2017. "Strategies to Scale Up Social Programs: Pathways, Partnerships and Fidelity. " Diffusion Associates. Retrieved fromhttp://www. wallacefoundation. org/knowledgecenter/Pages/how – to – scale – up – social – programs – that – work. aspx

LaVeist, T. , K. Pollack, R. Thorpe, R. Fesahazion, and D. Gaskin. 2011. "Place, Not Race: Disparities Dissipate in Southwest Baltimore When Blacks and Whites Live Under Similar Conditions. " Health Affairs, 30, 1880 – 1887.

LaVeist, T. A. , and J. M. Wallace. 2000. "Health Risk and Inequitable Distribution of Liquor Stores in African American Neighborhood. " Social Science and Medicine, 51, 613 – 617.

Lavie, D. , and L. Rosenkopf. 2006. "Balancing Exploration and Exploitation in Alliance Formation. " Academy of Management Journal, 49, 797 – 818.

Lavie, D. , U. Stettner, and M. L. Tushman. 2010. "Exploration and Exploitation Within and Across Organizations. " The Academy of Management Annals, 4, 109 – 155.

Lawless, J. , and R. L. Fox. 2005. It Takes a Candidate: Why Women Don't Run for Office. New York: Cambridge University Press.

Lawlor, E. F. , M. W. Kreuter, A. K. Sebert – Kuhlman, and T. D. McBride. 2015. "Methodological Innovations in Public Health Education: Transdisciplinary Problem Solving. " American Journal of Public Health, 105, S99 – S103.

Lawrence, C. N. , K. D. Rosanbalm, and K. A. Dodge. 2011. "Multiple Response System: Evaluation of Policy Change in North Carolina's Child Welfare System." Children and Youth Services Review, 33, 2355 - 2365.

Lawton, M. P. , and L. Nahemow. 1973. "Ecology and the Aging Process." The Psychology of Adult Development and Aging. Edited by C. Eisdorfer and M. P. Lawton. Washington, DC: American Psychological Association, pp. 619 - 674.

Leckie, N. , M. Dowie, and C. Gyorfi - Dyke. 2008. "Learning to Save, Saving to Learn: Early Impacts of the Learn $ ave Individual Development Accounts Project." Social Research and Demonstration Corporation.

Leclerc, B. , Y. N. Chiu, and J. Cale. 2016. "Sexual Violence and Abuse Against Children a First Review Through The Lens of Environmental Criminology." International Journal of Offender Therapy and Comparative Criminology, 60, 743 - 765.

Lecy, J. D. , and E. A. M Searing. 2014. "Anatomy of the Nonprofit Starvation Cycle." Nonprofit and Voluntary Sector Quarterly, 44, 539 - 563.

Lee, C. S. , and I. H. Koo. 2016. "The Welfare States and Poverty." The Oxford Handbook of the Social Science of Poverty. Edited by D. Brady and L. M. Burton. New York: Oxford University Press, pp. 709 - 732.

Lee, J. M. , and K. T. Kim. 2016. "Assessing Financial Security of Low - Income Households in the United States." Journal of Poverty, 20, 296 - 315.

Lee, J. Y. , and S. Harathi. 2016. "Using Health in Social Work Practice with Low - Income Hispanic Patients." Health and Social Work, 41, 60 - 63.

Lee, L. C. , J. B. Kotch, and C. E. Cox. 2004. "Child Maltreatment in families Experiencing Domestic Violence." Violence and Victims, 19(5), 573 - 591.

Lee, M. , and M. Jonson - Reid. 2009. "Special Education Services for Emotional Disturbance: Needs and Outcomes for Children Involved with the Child Welfare System." Children and Youth Services Review, 31, 722 - 731.

Leeb, R. T. , L. J. Paulozzi, C. Melanson, T. Simon, and I. 2008. Child Maltreatment Surveillance: Uniform Definitions for Public Health and Recommended Data Elements. Vol. 1. Atlanta, GA: Centers for Disease Control.

Leenarts, L. E. , J. Diehle, T. A. Doreleijers, E. P. Jansma, and R. J. Lindauer. 2013. "Evidence – Based Treatments for Children with Trauma – Related Psychopathology as a Result of Childhood Maltreatment: A Systematic Review. " European Child and Adolescent Psychiatry, 22, 269 – 283.

Leidenfrost, N. B. 1993. "An Examination of the Impact of Poverty on Health. " Report prepared for the Extension Service, U. S. Department of Agriculture.

Lein, L. , E. S. Uehara, E. Lightfoot, E. F. Lawlor, and J. H. Williams. 2017. "A Collaborative Framework for Envisioning the Future of Social Work Research and Education. " Social Work Research, 41 67 – 71.

Leiter, J. 2007. "School Performance Trajectories After the Advent of Reported Maltreatment. " Children and Youth Services Review, 29, 363 – 382.

Lemoine, P. D. , O. L. Sarmiento, J. D. Pinzón, J. D. Meisel, F. Montes, D. Hidalgo, and R. Zarama. 2016. "TransMilenio, a Scalable Bus Rapid Transit System for Promoting Physical Activity. " Journal of Urban Health, 93, 256 – 270.

Lery, B. , E. Putnam – Hornstein, W. Wiegmann, and B. King. 2015. "Building Analytic Capacity and Statistical Literacy Among Title IV – E MSW Students. " Journal of Public Child Welfare, 9, 256 – 276.

Leventhal, T. , and J. Brooks – Gunn. 2000. "The Neighborhoods They Live in: The Effects of Neighborhood Residence on Child and Adolescent Outcomes. " Psychological Bulletin, 126, 309 – 337.

Levin, E. 2015. "Rainy Day EITC: A New Idea to Boost Financial Security for Low – Wage Workers. " Prosperity Now Blog. Retrieved from: https://prosperitynow. org/blog/rainy – day – eitc – new – idea – boost – financialsecurity – low – wage – workers

Levinthal, D. A. , and J. G. March. 1993. "The Myopia of Learning. " Strategic

Management Journal, 14 , 95 – 112.

Levitas, R. , C. Pantazis, E. Fahmy, D. Gordon, E. Lldoy, and D. Patsois. 2007. The Multi – Dimensional Analysis of Social Exclusion. Bristol, UK: University of Bristol.

Levy, D. 2014. "The Use of Simulation Models in Public Health with Applications to Substance Abuse and Obesity Problems. " Defining Prevention Science. Edited by Z. Sloboda and H. Petras. New York: Springer US, pp. 405 – 430.

Levy, H. 2009. Income, Material Hardship, and the Use of Public Programs Among the Elderly. Ann Arbor, MI: Michigan Retirement and Disability Research Center.

Lewin, K. 1936. Principles of Topological Psychology. New York: McGraw – Hill.

Lewis, T. T. , F. M. Yang, E. A. Jacobs, and G. Fitchett. 2012. "Racial/Ethnic Differences in Responses to the Everyday Discrimination Scale: A Differential Item Functioning Analysis. " American Journal of Epidemiology, 175 , 391 – 401.

Liang, L. 2018. "No Room for Respectability: Boundary Work in Interaction at Shanghai Rental. " Symbolic Interaction, 41 , 185 – 209.

Liebman, J. B. 2002. "The Optimal Design of the Earned Income Tax Credit. " Making Work Pay: The Earned Income Tax Credit and Its Impact on American Families. Edited by B. D. Meyer and D. Holtz – Eakin. New York: Russell Sage Foundation, pp. 196 – 234.

Light, P. C. 2009a. The Search for Social Entrepreneurship. Washington, DC: Brookings Institution Press.

Light, P. C. 2009b. "Social Entrepreneurship Revisited. " Stanford Social Innovation Review, 7 , 21 – 22.

Lin, J. , and S. M. Reich. 2016. "Mothers' Perceptions of Neighborhood Disorder Are Associated with Children's Home Environment Quality. " Journal of Community Psychology,44,714 – 728.

Lineberry,T. W. , and J. M. Bostwick. 2006. "Methamphetamine Abuse: A Perfect Storm of Complications. " Mayo Clinic Proceedings,81,77 – 84.

Link,B. G. ,and J. C. Phelan. 1995. "Social Conditions as Fundamental Causes of Disease. " Journal of Health and Social Behavior,Special No,80 – 94.

Link,B. G. , and J. C. Phelan. 2001. "Conceptualizing Stigma. " Annual Review of Sociology,27,363 – 385.

Link,B. G. ,and J. C. Phelan. 2002. "McKeown and the Idea That Social Conditions are Fundamental Causes of Disease. " American Journal of Public Health, 92,730 – 732.

Link,B. G. , and J. C. Phelan. 2014. "Stigma Power. " Social Science & Medicine,103,24 – 32.

Lipsky,M. 2010. Street – Level Bureaucracy: Dilemmas of the Individual in Public Service. Russell Sage Foundation.

Lloyd,C. B. , and B. S. Mensch. 2008. "Marriage and Childbirth as Factors in Dropping Out From School: An Analysis of DHS Data from Sub – Saharan Africa. " Population Studies,62,1 – 13.

Lo,C. K. , K. L. Chan, and P. Ip. 2017. "Insecure Adult Attachment and Child Maltreatment: A Meta – Analysis. " Trauma,Violence,& Abuse,20(5),706 – 719.

Lobosco,K. 2016. "After One Year,20,000 People Are Saving for Retirement with Obama's myRA. " CNN Money. Retrieved fromhttp://money. cnn. com/ 2016/12/16/retirement/obama – myra – retirement – saving/

Loman,L. A. and G. L. Siegel. 2015. "Effects of Approach and Services Under Differential Response on Long Term Child Safety and Welfare. " Child Abuse and Neglect,39,86 – 97.

Lorthridge, J. , J. Mccroskey, P. J. Pecora, R. Chambers, and M. Fatemi. 2012. "Strategies for Improving Child Welfare Services for Families of Color: First

Findings of a Community – Based Initiative in Los Angeles. " Children and Youth Services Review,34,281 – 288.

Lubell,J. 2016. "Preserving and Expanding Affordability in Neighborhoods Experiencing Rising Rents and Property Values. " Cityscape,18,131 – 150.

Luby,J. L. 2015. "Poverty's Most Insidious Damage: The Developing Brain. " JAMA Pediatrics,169,810 – 811.

Lui, C. , J. Everingham, J. Warburton, M. Cuthill, and H. Bartlett. 2009. "What Makes a Community Age – Friendly: A Review of International Literature. " Australasian Journal on Ageing,28,116 – 121.

Luke, D. 2013. "The Science Behind Collaboration: And What It Means for Brown. " Center for Public Health Science,George Warren Brown School of Social Work.

Luke,D. A. ,and J. K. Harris. 2007. "Network Analysis in public Health: History,Methods,and Applications. " Annual Review Public Health,28,69 – 93.

Luke, D. A. , L. M. Wald, B. J. Carothers, L. E. Bach, and J. K. Harris. 2013. "Network Influences on Dissemination of Evidence – Based Guidelines in State Tobacco Control Programs. " Health Education and Behavior,40,33S – 42S.

Luke,D. A. 2005. "Getting the Big Picture in Community Science: Methods That Capture Context. " American Journal of Community Psychology,35,185 – 200.

Lum,D. 2004. Social Work Practice and People of Color: A Process Stage Approach. Belmont,CA: Brooks Cole.

Lutfiyya,M. N. ,L. F. Chang,and M. S. Lipsky. 2012. "A Cross – Sectional Study of US Rural Adults' Consumption of Fruits and Vegetables: Do They Consume at Least Five Servings Daily?" BMC Public Health,12,280.

Luxton, D. D. , R. A. McCann, N. E. Bush, M. C. Mishkind, and G. M. Reger. 2011. "Health for Mental Health: Integrating Smartphone Technology in Behavioral Healthcare. " Professional Psychology: Research and Practice,42,505 – 512.

Lyneis,J. , and J. Sterman. 2016. "How to Save a Leaky Ship: Capability Traps and the Failure of Win – Win Investments in Sustainability and Social Responsibility. " Academy of Management Discoveries,2,7 – 32.

Lyons, R. A. , K. H. Jones, G. John, C. J. Brooks, J. P. Verplancke, D. V. Ford, G. Brown,and K. Leake. 2009. "The SAIL Databank: Linking Multiple Health and Social Care Datasets. " BMC Medical Informatics and Decision Making,9,3.

Lysaker, P. H. , D. Roe, and P. T. Yanos. 2007. "Toward Understanding the Insight Paradox: Internalized Stigma Moderates the Association between Insight and Social Functioning, Hope, and Self – Esteem Among People with Schizophrenia Spectrum Disorders. " Schizophrenia Bulletin,33,192 – 199.

Maclaurin, B. , N. Trocmé, B. Fallon, C. Blackstock, L. Pitman, and M. Mccormack. 2008. "A Comparison of First Nations and Non – Aboriginal Children Investigated for Maltreatment in Canada In 2003. " CECW Information Sheet# 66E.

Maclean, M. J. , S. Sims, C. Bower, H. Leonard, F. J. Stanley, and M. O'Donnell. 2017. "Maltreatment Risk Among Children With Disabilities. " Pediatrics,139,1 – 10.

MacMillan,H. L. ,C. N. Wathen, J. Barlow, D. M. Fergusson, J. M. Leventhal, and H. N. Taussig. 2009. "Interventions to Prevent Child Maltreatment and Associated Impairment. " The Lancet,373(9659),250 – 266.

MacMillan,S. 2017. "Record Payouts Being Made by Kenya Government and Insurers to Protect Herders Facing Historic Drought. " ILRI News. Retrieved fromhttps://news. ilri. org/2017/02/21/record – payouts – being – made – by – kenya – government – and – insurers – to – protect – herders – facing – historic – drought

Madrian, B. C. , and D. F. Shea. 2001. "The Power of Suggestion: Inertia in 401 (k) Participation and Savings Behavior. " The Quarterly Journal of Economics, 116,1149 – 1187.

Maguire – Jack, K., and K. Showalter. 2016. "The Protective Effect of Neighborhood Social Cohesion in Child Abuse and Neglect." Child Abuse & Neglect, 52, 29 – 37.

Maher, E. J., L. J. Jackson, P. J. Pecora, D. J. Schultz, A. Chandra, and D. S. Barnes – Broby. 2009. "Overcoming Challenges to Implementing and Evaluating Evidence – Based Interventions in Child Welfare: A Matter of Necessity." Children and Youth Services Review, 31, 555 – 562.

Mamdani, M. 1996. Citizen and Subject: Contemporary Africa and the Legacy of Late Colonialism. Princeton, NJ: Princeton University Press.

Mani, A., S. Mullainathan, E. Shafir, and J. Zhao. 2013. "Poverty Impedes Cognitive Function." Science, 341, 976 – 980.

March, J. G. 1991. "Exploration and Exploitation in Organizational Learning." Organizational Science, 2, 71 – 87.

Marmot, M. G., S. Stansfeld, C. Patel, F. North, J. Head, I. White, E. Brunner, A. Feeney, M. G. Mrmot, G. Davey Smith. 1991. "Health Inequalities Among British Civil Servants: The Whitehall II Study." The Lancet, 337, 1387 – 1393.

Marsh, J. C., and M. Bunn. 2018. "Social Work's Contribution to Direct Practice with Individuals, Families, and Groups: An Institutionalist Perspective." Social Service Review, 92, 647 – 692.

Marsh, J. C., B. D. Smith, and M. Bruni. 2011. "Integrated Substance Abuse and Child Welfare Services for Women: A Progress Review." Children and Youth Services Review, 33, 466 – 472.

Martin S. L., G. J. Kirkner, K. Mayo, C. E. Matthews, J. L. Durstine, and J. R. Hebert. 2005. "Urban, Rural, and Regional Variations in Physical Activity." Journal of Rural Health, 21, 239 – 244.

Martin, R. L., and S. Osberg. 2007. "Social Entrepreneurship: The Case for Definition." Stanford Social Innovation Review, 5, 28 – 39.

Martinez, I. L. , D. Crooks, K. S. Kim, and E. Tanner. 2011. " Invisible CivicEngagement among Older Adults: Valuing the Contributions of Informal Volunteering. " Journal of Cross – Cultural Gerontology,26,23 – 37.

Maslow, A. H. 1943. " A Theory of Human Motivation. " Psychological Review, 50,370.

Maslow, A. H. 1968. Toward a Psychology of Being. New York: D. Van Nostrand Company.

Mason, L. R. , and J. Rigg. eds. 2019. People and Climate Change: Vulnerability, Adaptation, and Social Justice. New York: Oxford University Press.

Mason, L. R. , J. Erwin, A. Brown, K. N. Ellis, and J. M. Hathaway. 2018. " Health Impacts of Extreme Weather Events: Exploring Protective Factors with a Capitals Framework. " Journal of Evidence – Informed Social Work,15,579 – 593.

Mason, L. R. , K. N. Ellis, and J. M. Hathaway. 2017. "Experiences of Urban Environmental Conditions in Socially and Economically Diverse Neighborhoods. " Journal of Community Practice,25,48 – 67.

Mason, L. R. , M. K. Shires, C. Arwood, and A. Borst. 2017. " Social Work Research and Global Environmental Change. " Journal of the Society for Social Work and Research,8,645 – 672.

Mason, L. R. 2014. " Examining Relationships Between Household Resources and Water Security in an Urban Philippine Community. " Journal of the Society for Social Work and Research,5,489 – 512.

Mason, L. R. 2015. " Beyond Improved Access: Seasonal and Multidimensional Water Security in Urban Philippines. " Global Social Welfare,2,119 – 128.

Masotti, P. J. , R. Fick, A. Johnson – Masotti, and S. MacLeod. 2006. " Healthy Naturally Occurring Retirement Communities: A Low – Cost Approach to Facilitating Healthy Aging. " American Journal of Public Health,96,1164 – 1170.

Massey, D. S. , and N. A. Denton. 1993. American Apartheid: Segregation and the Making of the Underclass. Cambridge, MA: Harvard University Press.

Massey,D. S. 1996. "The Age of Extremes: Concentrated Affluence and Poverty in the Twenty – First Century. " Demography,33,395 – 412.

Massey, D. S. 2007. Categorically Unequal: The American Stratification System. New York: Russell Sage Foundation.

Massey, D. S. 2016. "Segregation and the Perpetuation of Disadvantage. " The Oxford Handbook of the Social Science of Poverty. Edited by D. Brady and L. M. Burton. New York: Oxford University Press,pp. 369 – 394.

Mayer,S. E. 1997. What Money Can't Buy: Family Income and Children's Life Chances. Cambridge,MA: Harvard University Press.

Mbagaya,C. ,P. Oburu,and M. J. Bakermans – Kranenburg. 2013. "Child Physical Abuse and Neglect in Kenya,Zambia and the Netherlands: A Cross – Cultural Comparison of Prevalence,Psychopathological Sequelae and Mediation by PTSS. " International Journal of Psychology,48,95 – 107.

Mcbride, A. M. , E. Gonzales, N. Morrow – Howell, and S. Mccrary. 2011. "Stipends in Volunteer Civic Service: Inclusion, Retention, and Volunteer Benefits. " Public Administration Review,71,850 – 858.

McBride, A. M. 2006. "Civic Engagement,Older Adults,and Inclusion. " Generations,30,66 – 71.

McBride, A. M. 2008. "Civic Engagement. " Encyclopedia of Social Work. Edited by Chief,Cynthia Franklin. New York: Oxford University Press.

Mccarthy, M. M. , P. Taylor, R. E. Norman, L. Pezzullo, J. Tucci, and C. Goddard. 2016. "The Lifetime Economic and Social Costs of Child Maltreatment in Australia. " Children and Youth Services Review,71,217 – 226.

McClure,A. 2017. "Becoming a Parent Changes Everything: How Nonbeliever and Pagan Parents Manage Stigma in the U. S. Bible Belt. " Qualitative Sociology,40,331 – 352.

Mccroskey,J. ,T. Franke,C. A. Christie,P. J. Pecora,J. Lorthridge,D. Fleischer, and E. Rosenthal. 2010. "Prevention Initiative Demonstration Project (PIDP):

Year Two Evaluation Report. " Report prepared for Casey Family Programs.

McDonald, R. I. , P. Green, D. Balk, B. M. Fekete, C. Revenga, M. Todd, and M. Montgomery. 2011. "Urban Growth, Climate Change, and Freshwater Availability. " Proceedings of the National Academies of Sciences, 108, 6312 – 6317.

Mcdonnell, C. G. , A. D. Boan, C. C. Bradley, K. D. Seay, J. M. Charles, and L. A. Carpenter. 2018. "Child Maltreatment in Autism Spectrum Disorder and Intellectual Disability: Results from a Population – Based Sample. " Journal of Child Psychology and Psychiatry, 60, 576 – 584.

McEwen, B. S. 2003a. "Early Life Influences on Life – Long Patterns of Behavior and Health. " Mental Retardation and Developmental Disabilities Research Reviews, 9, 149 – 154.

McEwen, B. S. 2003b. "Interacting Mediators of Allostasis and Allostatic Load: Towards an Understanding of Resilience in Aging. " Metabolism: Clinical and Experimental, 52, 10 – 16.

McEwen, B. S. 2004. "Protection and Damage from Acute and Chronic Stress: Allostasis and Allostatic Overload and Relevance to the Pathophysiology of Psychiatric Disorders. " Annals of the New York Academy of Sciences, 1032, 1 – 7.

McFarlane, J. , A. Nava, H. Gilroy, and J. Maddoux. 2016. "Child Brides, Forced Marriage, and Partner Violence in America: Tip of an Iceberg Revealed. " Obstetrics and Gynecology, 127, 706 – 713.

Mcfarlane, J. , L. Symes, B. Binder, J. Maddoux, and R. Paulson. 2014. "Maternal – Child Dyads of Functioning: The Intergenerational Impact of Violence Against Women on Children. " Maternal and Child Health Journal, 18, 2236 – 2243.

McGorry, P. , T. Bates, and M. Birchwood. 2013. "Designing youth Mental Health Services for the 21st Century: Examples from Australia, Ireland and the UK. " The British Journal of Psychiatry, 202, s30 – s35.

McGuire, S. 2012. "Accelerating Progress in Obesity Prevention: Solving the

Weight of the Nation. " Advances in Nutrition,3,708 – 709.

McGurty,M. M. 1997. "From NIMBY to Civil Rights: The Origins of the Environmental Justice Movement. " Environmental History,2,301 – 323.

McHugh,R. K. ,and D. H. Barlow. 2010. "The Dissemination and Implementation of Evidence – Based Psychological Treatments: A Review of Current Efforts. " American Psychologist,65,73 – 84.

McIntosh,P. 1989. White Privilege: Unpacking the Invisible Knapsack. Peace and Freedom.

McKay,M. M. ,and W. M. Bannon Jr. 2004. "Engaging Families in Child Mental Health Services. " Child and Adolescent Psychiatric Clinics,13,905 – 921.

McKay,M. M. 2017. Commitment to Equity. St. Louis,MO: Washington University.

McKernan,S. M. , C. Ratcliffe, and K. Vinopal. 2009. "Do Assets Help Families Cope with Adverse Events?" Washington,DC: Urban Institute.

McKernan,S. M. , C. Ratcliffe, E. Steuerle, and S. Zhang. 2013. "Less than Equal: Racial Disparities in Wealth Accumulation. " Washington,DC: Urban Institute.

McKernan,S. M. , C. Ratcliffe, M. Simms, and S. Zhang. 2014. "Do Racial Disparities in Private Transfers Help Explain the Racial Wealth Gap? New Evidence from Longitudinal Data. " Demography,51,949 – 974.

Mclaughlin,A. M. , E. Gray, and M. Wilson. 2015. "Child Welfare Workers and Social Justice: Mending the Disconnect. " Children and Youth Services Review,59,177 – 183.

McLaughlin,M. , and Mark R. Rank. 2018. "Estimating the Economic Cost of Childhood Poverty in the United States. " Social Work Research,42(2),73 – 83. https://doi. org/10. 1093/swr/svy007

McLeod,J. D. , and M. J. Shanahan, 1993. "Poverty, Parenting, and Children's Mental Health. " American Sociological Review,58,351 – 366.

McLoyd,V. C. , and R. M. Jocson. 2016. "Linking Poverty and Children's Development：Concepts，Models，and Debates. ” The Oxford Handbook of the Social Science of Poverty. Edited by D. Brady and L. M. Burton. New York：Oxford U-niversity Press，pp. 141 – 165.

McMurrer，D. P. , and I. V. Sawhill. 1998. Getting Ahead：Economic and Social Mobility in America. Washington，DC：Urban Institute Press.

Meier，S. ,and C. D. Sprenger. 2013. “Discounting Financial Literacy：Time Pref-erences and Participation in Financial Education Programs. ” Journal of Eco-nomic Behavior & Organization，95，159 – 174.

Meloy，M. E. , S. T. Lipscomb，and M. J. Baron. 2015. “Linking State Child Care and Child Welfare Policies and Populations：Implications for Children，Fami-lies，and Policymakers. ” Children and Youth Services Review，57，30 – 39.

Melton，G. B. 2005. “Mandated Reporting：A Policy Without Reason. ” Child A-buse & Neglect，29(1),9 – 18.

Melton，G. B. 2014. “Strong Communities for Children：A Community – Wide Ap-proach to Prevention of Child Maltreatment. ” Handbook of Child Maltreatment：Contemporary Issues in Research and Policy. Edited by J. Korbin and R. Krugman. New York：Springer，pp. 329 – 339.

Menec，V. , R. Means，N. Keating，G. Parkhurst，and J. Eales. 2011. “Conceptual-izing Age – Friendly Communities. ” Canadian Journal on Aging/LaRevue Ca-nadienne Du Vieillissement，30，479 – 493.

Menec，V. H. , S. Novek，D. Veselyuk，and J. Mcarthur. 2014. “Lessons Learned from a Canadian Province – Wide Age – Friendly Initiative：The Age – Friendly Manitoba Initiative. ” Journal of Aging & Social Policy，26，33 – 51.

Merikangas，K. R. , J. P. He，M. Burstein，J. Swendsen，S. Avenevoli，B. Case，K. Georgiades，L. Heaton，S. Swanson，and M. Olfson. 2011. “Service Utilization for Lifetime Mental Disorders in US Adolescents：Results of the National Co-morbidity Survey – Adolescent Supplement（NCS – A）. ” Journal of the Ameri-can Academy of Child and Adolescent Psychiatry，50，32 – 45.

Merriam – Webster. 2017. "System." Retrieved fromhttps：//www. merriamweb-ster. com/dictionary/system

Merritt,D. H. ,and S. Klein. 2015. "Do Early Care and Education Services Im-prove Language Development for Maltreated Children? Evidence from a National Child Welfare Sample." Child Abuse and Neglect,39,185 – 196.

Mersky,J. P. ,and J. Topitzes. 2010. "Comparing Early Adult Outcomes of Mal-treated and Non – Maltreated Children：A Prospective Longitudinal Investiga-tion." Children and Youth Services Review,32,1086 – 1096.

Mersky, J. P. , J. Topitzes, and K. Blair. 2017. "Translating Evidence – Based Treatments into Child Welfare Services Through Community – University Part-nerships：A Case Example of Parent – Child Interaction Therapy." Children and Youth Services Review,82,427 – 433.

Merton,R. K. 1968. "The Matthew Effect in Science：The Reward and Communi-cation System of Science." Science,199,55 – 63

Merton,R. K. 1988. "The Matthew Effect in Science,II：Cumulative Advantage and the Symbolism of Intellectual Property." ISIS,79,606 – 623.

MetLife Mature Market Institute. 2011. The MetLife Study of Caregiving Costs to Working Caregivers：Double Jeopardy for Baby Boomers Caring for Their Par-ents. New York：MetLife Mature Market Institute.

Metz,E. , J. McLellan, and J. Youniss. 2003. "Types of Voluntary Service and Adolescents' Civic Development." Journal of Adolescent Research, 18, 188 – 203.

Meyer,B. D. , and D. Holtz – Eakin, 2002. Making Work Pay：The Earned In-come Tax Credit and Is Impact on America's Families. New York：Russell Sage Foundation.

Meyer,I. H. ,S. Schwartz,and D. M. Frost. 2008. "Social Patterning of Stress and Coping：Does Disadvantaged Social Statuses Confer More Stress and Fewer Coping Resources?" Social Science and Medicine,67,368 – 379.

Mezuk, B., C. M. Abdou, D. Hudson, K. N. Kershaw, J. A. Rafferty, H. Lee, J. S. Jackson. 2013. "'White Box' Epidemiology and the Social Neuroscience of Health Behaviors: The Environmental Affordances Model." Society and Mental Health,3,1 – 22.

Mezuk, B., J. A. Rafferty, K. N. Kershaw, D. Hudson, C. M. Abdou, H. Lee, and J. S. Jackson. 2011. "Reconsidering the Role of Social Disadvantage in Physical and Mental Health: Stressful Life Events, Health Behaviors, Race, and Depression." American Journal of Epidemiology,172,1238 – 1249.

Mezuk, B., X. Li, K. Cederin, K. Rice, J. Sundquist, and K. Sundquist. 2016. "Beyond Access: Characteristics of the Food Environment and Risk of Diabetes." American Journal of Epidemiology,183,1129 – 1137.

Mikton, C., M. Power, M. Raleva, M. Makoae, M. Al Eissa, I. Cheah, N. Cardia, C. Choo, and M. Almuneef. 2013. "The Assessment of the Readiness of Five Countries to Implement Child Maltreatment Prevention Programs on a Large Scale." Child Abuse and Neglect,37,1237 – 1251.

Milat, A. J., A. Bauman, and S. Redman. 2015. "Narrative Review of Models and Success Factors for Scaling Up Public Health Interventions." Implementation Science,10,113.

Miller, J. B. 1976. Toward a New Psychology of Women. Boston: Beacon Press.

Millett, L. S., K. D. Seay, and P. L. Kohl. 2015. "A National Study of Intimate Partner Violence Risk Among Female Caregivers Involved in the Child Welfare System: The Role of Nativity, Acculturation, and Legal Status." Children and Youth Services Review,48,60 – 69.

Mills, G., S. McKernan, C. Ratcliffe, S. Edelstein, M. Pergamit, B. Braga, H. Hahn, and S. Elkin. 2016. "Building Savings for Success: Early Impacts from the Assets for Independence Program Randomized Evaluation." OPRE Report #2016 – 59. The Urban Institute and the Office of Planning, Research and Evaluation.

Mills, G. , W. G. Gale, R. Patterson, G. V. Engelhardt, M. D. Eriksen, and E-. Apostolov. 2008. "Effects of Individual Development Accounts on Asset Purchases and Saving Behavior: Evidence from a Controlled Experiment. " Journal of Public Economics, 92, 1509 - 1530.

Milton, V. I. 2016. "A Study of Board Members' Perceptions of Leadership Competencies That Professionally Trained Social Workers Should Possess Who Lead Nonprofit Human Service Organizations as Adopted in the Council on Social Work Education (CSWE) Strategic Plan, 1998 - 2000. " Retrieved fromhttp://digitalcommons. auctr. edu/cauetds/22/

Ministry of Health and Population. 2012. Brief profile on tobacco control in Nepal. Ministry of Health and Population, Government of Nepal.

Minsky, H. P. 1986. Stabilizing an Unstable Economy. New Haven, CN: Yale University Press.

Mirabella, R. M. 2007. "University – Based Educational Programs in Nonprofit Management and Philanthropic Studies: A 10 – Year Review and Projections of Future Trends. " Nonprofit and Voluntary Sector Quarterly, 36, S11 – S27.

Mishna, F. , M. Bogo, J. Root, and S. Fantus. 2014. "Here to Stay: Cyber Communication as a Complement in Social Work Practice. " Families in Society, 95, 179 - 186.

Mishna, F. , S. Fantus, and L. B. McInroy. 2016. "Informal Use of Information and Communication Technology: Adjunct to Traditional Face – to – Face Social Work Practice. " Clinical Social Work Journal, 45, 49 - 55.

Missouri Medicaid. 2016, August. "Legislature Continues to Reject Medicaid Expansion. " Retrieved fromhttps://www. healthinsurance. org/missourimedicaid/

Mitchell, F. M. 2018 "'Water Is Life': Using Photovoice to Document American Indian Perspectives on Water and Health. " Social Work Research, 42, 277 - 289.

Mohai, P. , and R. Saha. 2015. "Which Came First, People or Pollution? Assessing the Disparate Siting and Post – Siting Demographic Change Hypotheses of Environmental Injustice. " Environmental Research Letters, 10, 115008.

Mohai, P. , D. Pellow, and J. T. Roberts. 2009. " Environmental Justice. " Annual Review of Environment and Resources, 34, 405 – 430.

Mohamoud, Y. A. , R. S. Kirby, and D. B. Ehrenthal. 2019. " Poverty, Urban – Rural Classification and Term Infant Mortality: A Population – Based Multilevel Analysis. " BMC Pregnancy and Childbirth, 19, 40.

Molina – Millan, T. , T. Barham, K. Macours, J. A. Maluccio, and M. Stampini, M. 2016. " Long – Term Impacts of Conditional Cash Transfers in Latin America: Review of the Evidence. " Inter – American Development Bank.

Molnar, B. E. , E. D. Beatriz, and W. R. Beardslee. 2016. " Community – Level Approaches to Child Maltreatment Prevention. " Trauma, Violence, and Abuse, 17, 387 – 397.

Molua, E. L. 2009. " Accommodation of Climate Change in Coastal Areas of Cameroon: Selection of Household – Level Protection Options. " Mitigation & Adaptation Strategies for Global Change, 14, 721 – 735.

Monette, D. R. , T. J. Sullivan, C. R. DeJong, and T. P. Hilton. 2013. Applied Social Research: A Tool for the Human Services. Belmont, CA: Cengage Learning.

Montano, D. , and D. Kasprzk. 2008. " The Theory of Reasoned Action, Theory of Planned Behavior and the Integrated Behavioral Model. " Health Behavior and Health Education: Theory, Research and Practice. Edited by K. M. Glanz, B. K. Rimer, and K. Viswanath. San Francisco: Jossey – Bass, pp. 67 – 96.

Moore, E. , G. Armsden, and P. L. Gogerty. 1998. " A Twelve – Year Follow – Up Study of Maltreated and At – Risk Children Who Received Early Therapeutic Child Care. " Child Maltreatment, 3, 3 – 16.

Morgan, C. , and G. Hutchinson. 2010. " The Social Determinants of Psychosis in Migrant and Ethnic Minority Populations: A Public Health Tragedy. " Psychological Medicine,40,705 - 709.

Morgan,C. ,T. Burns, R. Fizpatrick, V. Pinfold, and S. Priebe. 2007. "Social Exclusion and Mental Health. " The British Journal of Psychiatry,191,477 - 483.

Morgan, P. L. , G. Farkas, M. M. Hillemeier, R. Mattison, S. Maczuga, H. Li, and M. Cook. 2015. "Minorities Are Disproportionately Underrepresented in Special Education: Longitudinal Evidence Across Five Disability Conditions. " Educational Researcher,44,278 - 292.

Morrill, A. C. , L. Mcelaney, B. Peixotto, M. Vanvleet, and R. Sege. 2015. "Evaluation of All Babies Cry,a Second Generation Universal Abusive Head Trauma Prevention Program. " Journal of Community Psychology,43,296 - 314.

Morrow - Howell, N. ,and A. C. Mui. 2014. Productive Engagement in Later Life: A Global Perspective. London: Routledge.

Morrow - Howell, N. , and E. A. Greenfield. 2016. " Productive Engagement in Later Life. " Handbook of Aging and the Social Sciences. Edited by K. Ferraro and L. George. Cambridge, MA: Academic Press, pp. 293 - 313.

Morrow - Howell, N. , and S. Gehlert. 2012. "Social Engagement and a Healthy Aging Society. " Public Health for an Aging Society. Edited by T. Prohaska, L. Anderson, and R. Binstock. Baltimore, MD: Johns Hopkins University Press, pp. 205 - 227.

Morrow - Howell, N. , C. J. Halvorsen, P. Hovmand, C. Lee, and E. Ballard. 2017. "Conceptualizing Productive Engagement in a System Dynamics Framework. " Innovation in Aging,1(1),igx018.

Morrow - Howell, N. , E. Gonzales, C. Matz - Costa, and E. A. Greenfield. 2015. "Increasing Productive Engagement in Later Life. " Grand Challenges for Social Work Initiative Working Paper No. 8. Cleveland, OH: American Academy of Social Work and Social Welfare.

Morse, R. 2008. Environmental Justice Through the Eye of Hurricane Katrina. Washington, DC: Joint Center for Political and Economic Studies,

Health Policy Institute.

Movement Advancement Project, and Services and Advocacy for Gay, Lesbian, Bisexual and Transgender Elders. 2010. Improving the Lives of LGBT Older Adults. Boulder, CO: Movement Advancement Project.

Mullainathan, S. , and E. Shafir. 2013. Scarcity: Why Having Too Little Means So Much. New York: Macmillan.

Mullaly, B. 2007. The New Structural Social Work. 3rd ed. Don Mills, ON: Oxford University Press.

Muller, C. 1993. "Parent Involvement and Academic Achievement: An Analysis of Family Resources Available to the Child. " Parents, Their Children, and Schools. Edited by J. Coleman. New York: Routledge, pp. 77 – 114.

Mullings, L. 2002. "The Sojourner Syndrome: Race, Class, and Gender in Health and Illness. " Voices, 6, 32 – 36.

Munar, W. , P. S. Hovmand, C. Fleming, and G. L. Darmstadt. 2015. "Scaling – Up Impact in Perinatology Through Systems Science: Bridging the Collaboration and Translational Divides in Cross – Disciplinary Research and Public Policy. " Seminars in Perinatology, 39, 416 – 423.

Murphy, K. , K. A. Moore, Z. Redd, and K. Malm. 2017. "Trauma – Informed Child Welfare Systems and Children's Well – Being: A Longitudinal Evaluation of KVC's Bridging the Way Home Initiative. " Children and Youth Services Review, 75, 23 – 34.

Muzik, M. , and S. Borovska. 2010. "Perinatal Depression: Implications for Child Mental Health. " Mental Health in Family Medicine, 7(4), 239 – 247.

M. , N. Maher, Y. Shen, C. Shore – Fitzgerald, Y. Wang, C. Metts, and D. A. Patterson Silver Wolf. 2017. "Computerized Behavioral Interventions: Current Products and Recommendations for Substance Use Disorder Treatment. " Journal of Social Work in the Addictions, 4, 339 – 351.

Naccarato, T. 2010. "Child Welfare Informatics: A Proposed Subspecialty for Social Work. " Children and Youth Services Review,32,1729 – 1734.

Nadan,Y. ,J. C. Spilsbury,and J. E. Korbin. 2015. "Culture and Context in Understanding Child Maltreatment: Contributions of Intersectionality and Neighborhood – Based Research. " Child Abuse and Neglect,41,40 – 48.

Nair,M. ,P. Ariana,and P. Webster. 2012. "What Influences the Decision to Undergo Institutional Delivery by Skilled Birth Attendants? A Cohort Study in Rural Andhra Pradesh,India. " Rural Remote Health,12,2311.

Nam,Y. ,Y. Kim,M. Clancy,R. Zager,and M. Sherraden,2013. "Do Child Development Accounts Promote Account Holding,Saving,and Asset Accumulation for Children's Future? Evidence from a Statewide Randomized Experiment. " Journal of Policy Analysis and Management,32,6 – 33.

Nandan,M. ,and P. A. Scott. 2013. "Social Entrepreneurship and Social Work: The Need for a Transdisciplinary Educational Model. " Administration in Social Work,37,257 – 271.

Nandan,M. ,M. London,and T. Bent – Goodley. 2015. "Social Workers as Social Change Agents: Social Innovation,Social Intrapreneurship,and Social Entrepreneurship. " Human Service Organizations: Management,Leadership and Governance,39,38 – 56.

National Alliance for Caregiving and AARP. 2015. Caregiving in the U. S. Washington,DC: AARP Public Policy Institute.

National Association of Social Workers. 1999. "NASW's Electoral Political Program. " Retrieved fromhttps://www. socialworkers. org/archives/advocacy/electoral/default. asp? back = yes

National Association of Social Workers. 2008. "Code of Ethics. " Retrieved fromhttps://www. socialworkers. org/pubs/code/code. asp

National Association of Social Workers. 2010. 2010 Social Work Congress Final Report. Washington,DC: NASW Press.

National Association of Social Workers. 2017. "Code of Ethics. " Retrieved from https：//www. socialworkers. org/About/Ethics/Code – of – Ethics/Code – of – Ethics – English.

National Council on Aging. 2017. Senior Community Service Employment Program (SCSEP). Arlington,VA： Author.

National Drug Intelligence Center. 2011. "The Economic Impact of Illicit Drug Use on American Society. " Washington,DC： U. S. Department of Justice. Retrieved fromhttp：//www. justice. gov/archive/ndic/pubs44/44731/44731p. pdf

National Equity Atlas. 2015. "Car Access. " Retrieved fromhttps：//nationalequityatlas. org/indicators/Car_access

National Institutes of Standards and Technology. 2015. "NIST Big Data Interoperability Framework： Volume 1, Definitions. " NIST Special Publication 1500 – 1. Available online athttp：//nvlpubs. nist. gov/nistpubs/SpecialPublications/NIST. SP. 1500 – 1. pdf

Nau, C. , B. S. Schwartz, K. Bandeen Roche, A. Liu, J. Pollak, A. Hirsch, and T. A. Glass. 2015. "Community Socioeconomic Deprivation and Obesity Trajectories in Children Using Electronic Health Records. " Obesity,23,207 – 212.

Neal,M. B. ,A. K. DeLaTorre,and P. C. Carder. 2014. "Age – Friendly Portland： A University – City – Community Partnership. " Journal of Aging & Social Policy,26,88 – 101.

Negash,T. ,and K. Maguire – Jack. 2016. "Do Social Services Matter for Child Maltreatment Prevention? Interactions Between Social Support and Parent's Knowledge of Available Local Social Services. " Journal of Family Violence, 31,557 – 565.

Neger,E. N. ,and R. J. Prinz. 2015. "Interventions to Address Parenting and Parental Substance Abuse： Conceptual and Methodological Considerations. " Clinical Psychology Review,39,71 – 82.

Nepal,B. ,L. Brown,G. Ranmuthugala,and R. Percival. 2011. "A Comparison of the Lifetime Economic Prospects of Women Informal Carers and Non – Carers. "

Australian Journal of Social Issues, 46, 91 – 108.

Nesmith, A., and N. Smyth. 2015. "Environmental Justice and Social Work Education: Social Workers' Professional Perspectives." Social Work Education, 34, 484 – 501.

Nesoff, I. 2007. "The Importance of Revitalizing Management Education for Social Workers." Social Work, 52, 283 – 285.

Ness, D. L. 2011. "Women, Caregivers, Families, and the Affordable Care Act's Bright Promise of Better Care." Generations, 35, 38 – 44.

Nettleton, S. 2006. The Sociology of Health and Illness. Cambridge, Polity Press.

Neuberger, Z., R. Greenstein, and P. Orszag. 2006. "Barriers to Saving." Communities and Banking Series. Boston: Federal Reserve Bank of Boston.

Nguyen, H. T., L. Hatt, M. Islam, N. L. Sloan, J. Chowdhury, J. O. Schmidt, A. Hossain, and H. Wang. 2012. "Encouraging Maternal Health Service Utilization: An Evaluation of the Bangladesh Voucher Program." Social Science Medicine, 74, 989 – 996.

Nilsson, K., A. Hertting, I. L., Petterson, and T. Theorell. 2005. "Pride and Confidence at Work: Potential Predictors of Occupational Health in a Hospital Setting." BMC Public Health, 5, 92.

Noble, C. 1997. Welfare as We Knew It: A Political History of the American Welfare State. New York: Oxford University Press.

Norris – Tirrell, D., J. Rinella, and X. Pham. 2017. "Examining the Career Trajectories of Nonprofit Executive Leaders." Nonprofit and Voluntary Sector Quarterly, 47, 146 – 164.

Northern Periphery Programme. 2013. O4O: Older People for Older People Final Report. Copenhagen, Denmark: Author.

Nour, N. M. 2006. "Health Consequences of Child Marriage in Africa." Emerging Infectious Disease, 12, 1644 – 1649.

Nour, N. M. 2009. "Child Marriage: A Silent Health and Human Rights Issue. "

Reviews in Obstetrics and Gynecology,2,51 – 56.

Nurius,P. S. 2016. "Social Work Preparation to Compete in Today's Scientific Marketplace. " Research on Social Work Practice,27,169 – 174.

Nussbaum, M. C. 1995. Poetic Justice: The Literary Imagination and Public Life. Boston: Beacon Press.

Oexle,N. , and P. W. Corrigan. 2018. "Understanding Mental Illness Stigma Toward Persons with Multiple Stigmatized Conditions: Implications of Intersectionality Theory. " Psychiatric Services,69,587 – 589.

Oexle, N. , N. Rusch, S. Viering, C. Wyss, E. Seifritz, Z. Xu, and W. Kawohl. 2017. "Self – Stigma and Suicidality: A Longitudinal Study. " European Archives of Psychiatry and Clinical Neuroscience,267,359 – 361.

Olds, D. , J. Eckenrode, and H. Kitzman. 2005. "Clarifying the Impact of the Nurse – Family Partnership on Child Maltreatment: Response to Chaffin (2004). " Child Abuse & Neglect,29(3),229 – 233.

Oliver,M. L. ,and T. M. Shapiro. 1997. Black Wealth/White Wealth. New York: Routledge.

Oliver,M. L. ,and T. M. Shapiro. 2006. "Forced Marriage,Forced Sex: the Perils of Childhood for Girls. " Black Wealth/White Wealth. Edited by M. Ouattara, P. Sen,and M. Thomson. New York: Routledge,pp. 27 – 33.

Olshansky,S. J. ,T. Antonucci, L. Berkman, R. H. Binstock, A. Boersch – Supan, J. T. Cacioppo, B. A. Carnes, L. L. Carstensen, L. P. Fried, D. P. Goldman, J. Jackson,M. Kohli, J. Rother, Y. Zheng, and J. Rowe. 2012. "Differences in Life Expectancy Due to Race and Educational Differences Are Widening,and Many May Not Catch Up. " Health Affairs,31,1803 – 1813.

Oluwoye, O. , B. Stiles, M. Monroe – DeVita, L. Chwastiak, and J. McClellan. 2018. "Racial – Ethnic Disparities in First – Episode Psychosis Treatment Outcomes from the RAISE – ETP Study. " Psychiatric Services,69, 1138 – 1145

Orfield, G. , and C. Lee. 2005. "Why Segregation Matters: Poverty and Educational Inequality. " The Civil Rights Project, Harvard University.

Organisation for Economic Cooperation and Development. 1999. Social Expenditure Database 1980 – 1996. Paris: Organisation for Economic Cooperation and Development.

Organisation for Economic Cooperation and Development. 2019. "Poverty Rate (Indicator) . " Retrieved from   https://www. doi. org/10. 1787/0fe1315d – en

Osborne, S. P. , and N. Flynn. 1997. "Strategic Alliances Managing the Innovative Capacity of Voluntary and Non – Profit Organizations in the Provision of Public Services. " Public Money and Management, 17, 31 – 39.

Osborne, S. P. , C. Chew, and K. McLaughlin. 2008. "The Once and Future Pioneers? The Innovative Capacity of Voluntary Organisations and the Provision of Public Services: A Longitudinal Approach. " Public Management Review, 10, 51 – 70.

Osborne, S. P. 1998. "Naming the Beast: Defining and Classifying Service Innovations in Social Policy. " Human Relations, 51, 1133 – 1154.

Oshri, A. , T. E. Sutton, J. Clay – Warner, and J. D. Miller. 2015. "Child Maltreatment Types and Risk Behaviors: Associations with Attachment Style and Emotion Regulation Dimensions. " Personality and Individual Differences, 73, 127 – 133.

Ostrander, J. , S. R. Lane, J. McClendon, C. Hayes, and T. Rhodes Smith. 2017. "Collective Power to Create Political Change: Increasing the Political Efficacy and Engagement of Social Workers. " Journal of Policy Practice, 3, 261 – 275.

O'Brien, R. 2008. "Ineligible to Save? Asset Limits and the Saving Behavior of Welfare Recipients. " Journal of Community Practice, 16, 183 – 199.

O'Connor, A. 2001. "Understanding Inequality in the Late Twentieth – Century Metropolis: New Perspectives on the Enduring Racial Divide. " Urban Inequality: Evidence from Four Cities. Edited by A. O'Connor, L. Bobo, and C. Tilly. New York: Russell Sage, pp. 1 – 34.

O'Connor, A. 2016. "Poverty Knowledge and the History of Poverty Research." The Oxford Handbook of the Social Science of Poverty. Edited by D. Brady and L. M. Burton. New York: Oxford University Press, pp. 169 – 192.

O'Connor, C. 2008. What We Believe: A History of the George Warren Brown School of Social Work, 1909 – 2007. St. Louis, MO: Washington University George Warren Brown School of Social Work.

O'Donnell, M., M. J. Maclean, S. Sims, V. A. Morgan, H. Leonard, and F. J. Stanley. 2015. "Maternal Mental Health and Risk of Child Protection Involvement: Mental Health Diagnoses Associated with Increased Risk." Journal of Epidemiology Community Health, 69, 1175 – 1183.

O'Donnell, M., N. Nassar, H. Leonard, P. Jacoby, R. Mathews, Y. Patterson, and F. Stanley. 2010. "Characteristics of Non – Aboriginal and Aboriginal Children and Families with Substantiated Child Maltreatment: A Population – Based Study." International Journal of Epidemiology, 39, 921 – 928.

O'Neil, M. 2014, December 17. "Americans' Engagement with Organizations Wanes, Report Says." The Chronicle of Philanthropy: News and Analysis. Retrieved fromhttps://www. philanthropy. com/article/Americans – Engagement – With/152055

O'Reilly, C. A., and M. L. Tushman. 2013. "Organizational Ambidexterity: Past, Present, and Future." SSRN Scholarly Paper ID 2285704. Rochester, NY: Social Science Research Network. https://papers. ssrn. com/abstract = 2285704

O'Reilly, C. A., III, and M. L. Tushman. 2004. "The Ambidextrous Organization." Harvard Business Review, 82, 74 – 81.

Padgett, D. K. 2008. Qualitative Methods in Social Work Research. 2nd ed. Thousand Oaks, CA: SAGE.

Pandey, S., Y. B. Karki, V. Murugan, and A. Mathur. 2017. "Mothers' Risk for

Experiencing Neonatal and Under – Five Child Deaths in Nepal: The Role of Empowerment. ” Global Social Welfare,4,105 – 115.

Pandey,S. 2016. “Physical or Sexual Violence Against Women of Child Bearing Age Within Marriage in Nepal: Prevalence, Causes, and Prevention Strategies. ” International Social Work,59,803 – 820.

Pandey,S. 2017. “Persistent Nature of Child Marriage Among Women Even When It Is Illegal: The Case of Nepal. ” Children and Youth Services Review,73, 242 – 247.

Pappas G. ,S. Queen,W. Hadden,and G. Fisher. 1993. “The Increasing Disparity in Mortality Between Socioeconomic Groups in the United States, 1960 and 1986. ” New England Journal of Medicine,329,103 – 109.

Pappas,G. ,et al. 1993. “The Increasing Disparity in Mortality between Socioeconomic Groups in the United States,1960 and 1986. ” New England Journal of Medicine,329,103 – 115.

Park,S. ,B. Kim,and J. Cho. 2017. “Formal Volunteering among Vulnerable Older Adult from the Environmental perspective: Does Senior Housing Matter?” Journal of Housing for the Elderly,31,334 – 350.

Park,S. ,B. Kim,and Y. Han. 2018. “Differential Aging – in – Place and Depressive Symptoms: Interplay Among Time, Income, and Senior Housing. ” Research on Aging,40,207 – 231.

Park, S. , J. Smith, R. Dunkle, B. Ingersoll – Dayton, and T. Antonucci. 2017. “Health and Social – Physical Environment Profiles Among Older Adults Living Alone: Associations with Depressive Symptoms. ” Journals of Gerontology Series B: Psychological Sciences and Social Sciences,74,675 – 684.

Parks, S. E. , R. A. Housemann, and R. C. Brownson. 2003. “Differential Correlates of Physical Activity in Urban and Rural Adults of Various Socioeconomic Backgrounds in the United States. ” Journal of Epidemiology and Community Health,57,29 – 35.

Patel, V., G. S. Belkin, A. Chockalingam, J. Cooper, S. Saxena, and J. Unützer. 2013. "Grand Challenges: Integrating Mental Health Services into Priority Health Care Platforms." PLoS Med,10(5),e1001448.

Patterson Silver Wolf, D. A., E. Maguin, A. Ramsey, and E. Stringfellow. 2014. "Measuring Attitudes Toward Empirically Supported Treatment in Real – World Addiction Services." Journal of Social Work Practice in the Addictions,14,141 – 154.

Patterson Silver Wolf, D. A., L. Pullen, E. Evers, D. L. Champlin, and R. Ralson. 1997. "An Experimental Evaluation of HyperCDTX: Multimedia Substance Abuse Treatment Education Software." Computers in Human Services,14,21 – 38.

Patterson Silver Wolf, D. A. 2015. "Factors Influencing the Implementation of a Brief Alcohol Screening and Educational Intervention in Social Settings Not Specializing in Addiction Services." Social Work in Health Care,54,345 – 364.

Pattillo, M., and J. N. Robinson. 2016. "Poor Neighborhoods in the Metropolis." The Oxford Handbook of the Social Science of Poverty. Edited by D. Brady and L. M. Burton. New York: Oxford University Press,pp. 341 – 368.

Paul, P. 2005. Pornified: How Pornography Is Damaging Our Lives, Our Relationships, and Our Families. New York: Henry Holt.

Pauwels, K., T. Ambler, B. H. Clark, P. LaPointe, D. Reibstein, B. Skiera, and T. Wiesel. 2009. "Dashboards as a Service: Why, What, How, and What Research Is Needed?" Journal of Service Research,12,175 – 189.

Pavalko, E. K., and J. D. Wolfe. 2015. "Do Women Still Care? Cohort Changes in US Women's Care for the Ill or Disabled." Social Forces,94,1359 – 1384.

Pavalko, E. K., and J. E. Artis. 1997. "Women's Caregiving and Paid Work: Causal Relationships in Late Midlife." The Journals of Gerontology Series B: Psychological Sciences and Social Sciences,52,170 – 179.

Pavalko, E. K., and K. A. Henderson. 2006. "Combining Care Work and Paid

Work. " Research on Aging,28 ,359 – 374.

Peacock ,S. , S. Konrad, E. Watson, D. Nickel, and N. Muhajarine. 2013. " Effec-
tiveness of Home Visiting Programs on Child Outcomes: A Systematic
Review. " BMC Public Health,13 ,17.

Pecora ,P. J. , D. Sanders, D. Wilson, D. English, A. Puckett, and K. Rudlang –
Perman. 2014. " Addressing Common Forms of Child Maltreatment: Evidence –
Informed Interventions and Gaps in Current Knowledge. " Child and Family So-
cial Work ,19 ,321 – 332.

Pelton ,L. H. 2015. " The Continuing Role of Material Factors in Child Maltreat-
ment and Placement. " Child Abuse and Neglect ,4 ,130 – 39.

Perez ,V. M. 2015. " Americans with Photo ID: A Breakdown of Demographic
Characteristics. " Project Vote. Retrieved fromhttp://www. projectvote. org/wp
– content/uploads/2015/06/AMERICANS – WITH – PHOTO – ID – Research
– Memo – February – 2015. pdf

Perlmutter ,F. D. 2006. " Ensuring Social Work Administration. " Administration
in Social Work ,30 ,3 – 10.

Pescosolido ,B. A. , and J. K. Martin. 2015. " The Stigma Complex. " Annual Re-
view of Sociology ,41 ,87 – 116.

Petra ,M. , and P. Kohl. 2010. " Pathways Triple P and the Child Welfare System:
A Promising Fit. " Children and Youth Services Review ,32 ,611 – 618.

Petrosino ,A. , C. Turpin – Petrosino, and S. Guckenburg. 2013. " Formal System
Processing of Juveniles: Effects on Delinquency. " Crime Prevention Research
Review No. 9 Washington ,DC: U. S. Department of Justice ,Office of Communi-
ty Oriented Policing Services.

Pew Charitable Trusts. 2016. " A Look at Access to Employer – Based Retirement
Plans   and   Participation   in   the   States. "   Retrieved   fromhttp://
www. pewtrusts. org/en/research – and – analysis/reports/2016/01/a – look –
ataccess – to – employer – based – retirement – plans – and – participation – in

– the – states

Pew Charitable Trusts. 2016. "Do Limits on Family Assets Affect Participation in, Costs of TANF?" Issue Brief. Retrieved fromhttps：//www. pewtrusts. org/en/ research – and – analysis/issue – briefs/2016/07/do – limits – on – family – assets – affect – participation – in – costs – of – tanf

Pew Charitable Trusts. 2017. "Retirement Plan Access and Participation Across Generations. " Issue Brief. Retrieved fromhttps：//www. pewtrusts. org/media/ assets/2017/02/ret_retirement_plan_access_and_participation_across_genera- tions. pdf

Pew Research Center. 2006. Who Votes, Who Doesn't, and Why：Regular Voters, Intermittent Voters, and Those Who Don't. Retrieved fromhttp：//www. people – press. org/2006/10/18/who – votes – who – doesn't – and – why/2/

Pew Research Center. 2017. "Reports of Civic Engagement Higher than in Bench- mark Surveys. " Retrieved fromhttp：//www. pewresearch. org/2017/05/15/ what – low – response – rates – mean – for – telephone – surveys/pm – 05 – 15 – 2017_rddnonresponse – 00 – 07/

Pfeffer, F. T. , S. Danziger, and R. F. Schoeni. 2013. "Wealth Disparities Before and After the Great Recession. " The Annals of the American Academy of Polit- ical and Social Science ,650 ,98 – 123.

Pfeffer, J. , and R. I. Sutton. 2006. "Evidence – Based Management. " Harvard Business Review ,84 ,62 – 72.

Phelan, J. C. , B. G. Link, and J. F. Dovidio. 2008. "Stigma and Prejudice：One Animal or Two?" Social Science & Medicine ,67 ,358 – 367.

Phelan, J. C. , B. G. Link, and P. Tehranifar. 2010. "Social Conditions as Funda- mental Causes of Health Inequalities：Theory, Evidence, and Policy Implica- tions. " Journal of Health and Social Behavior, 51 (1 _ suppl), S28 – S40. https：//doi. org/10. 1177/0022146510383498

Phillips, K. A. , M. L. Mayer, and L. A. Aday. 2000. "Barriers to Care Among Ra-

段

cial/Ethnic Groups Under Managed Care. ” Health Affairs,19,65 – 75.

Phills,J. A. ,K. Deiglmeier,and D. T. Miller. 2008. “Rediscovering Social Innovation. ” Stanford Social Innovation Review,6,34 – 43.

Pieterse,D. 2015. “Childhood Maltreatment and Educational Outcomes: Evidence from South Africa. ” Health Economics,24,876 – 894.

Piketty,T. 2014. Capital in the 21st Century. Cambridge,MA: Harvard University Press.

Piliavin,J. ,and E. Siegl. 2015. “Health and Well – Being Consequences of Formal Volunteering. ” The Oxford Handbook of Prosocial Behavior. Edited by D. Schroeder and W. Graziano. New York, NY: Oxford University Press, pp. 494 – 523.

Pinard,C. A. ,C. B. Shanks,S. M. Harden,and A. L. Yaroch. 2016. “An Integrative Literature Review of Small Food Store Research Across Urba and Rural Communities in the US. ” Preventive Medicine Reports,3,324 – 332.

Pitt – Catsouphes,M. ,and S. Cosner Berzin. 2015. “Teaching Note – Incorporating Social Innovation Content into Macro Social Work Education. ” Journal of Social Work Education,51,407 – 416.

Plouffe,L. A. ,and A. Kalache. 2011. “Making Communities Age Friendly: State and Municipal Initiatives in Canada and Other Countries. ” Gaceta Sanitaria, 25,131 – 137.

Poteat, T. , D. German, and D. Kerrigan. 2013. “Managing Uncertainty: A Grounded Theory of Stigma in Transgender Health Care Encounters. ” Social Science & Medicine,84,22 – 29.

Poterba,J. M. 1997. “Demographic Structure and the Political Economy of Public Education. ” Journal of Policy Analysis and Management,16,48 – 66.

Prange, C. , and Schlegelmilch. 2010. “Heading for the Next Innovation Archetype. ” Journal of Business Strategy,31,46 – 55.

Press,G. 2014,September 3. “12 Big Data Definitions: What's Yours?” Forbes. Available fromhttp：//www. forbes. com/sites/gilpress/2014/09/03/12 − big − datadefinitions − whats − yours/

Prinz，R. J. 2016. "Parenting and Family Support Within a Broad Child Abuse Prevention Strategy：Child Maltreatment Prevention Can Benefit from Public Health Strategies. " Child Abuse and Neglect，51，400 − 406.

Prosperity Now. 2017a. "Everything You Need to Know About Individual Development Accounts（IDAs）. " Retrieved fromhttps：//prosperitynow. org/everything − you − need − know − about − individualdevelopment − accounts − idas

Prosperity Now. 2017b. "Prosperity Now Scorecard：Asset Limits in Public Benefit Programs. " Retrieved fromhttp：//scorecard. prosperitynow. org/databy − issue #finance/policy/asset − limits − in − public − benefit − programs

Prosperity Now. 2017c. "Prosperity Now Scorecard：Homeownership by Income. " Retrieved fromhttp：//scorecard. prosperitynow. org/data − byissue # housing/outcome/homeownership − by − income

Purnell，J. Q. ，J. Griffith，K. S. Eddens，and M. W. Kreuter. 2014. "Mobile Technology，Cancer Prevention，and Health Status Among Diverse，Low − Income Adults. " American Journal of Health Promotion，28，397 − 402.

Purnell，J. Q. ，M. Goodman，W. F. Tate，K. M. Harris，D. L. Hudson，B. D. Jones，and K. Gilbert. 2018. "For the Sake of All：Civic Education on the Social Determinants of Health and Health Disparities in St. Louis. " Urban Education，53，711 − 743.

Putnam，R. D. 1995. "Tuning In，Tuning Out：The Strange Disappearance of Social Capital in America. " Political Science and Politics，28，664 − 683.

Putnam，R. D. 2000. Bowling Alone：America's Declining Social Capital. New York：Palgrave Macmillan US.

Putnam − Hornstein，E. ，and B. Needell. 2011. "Predictors of Child Protective Service Contact Between Birth and Age Five：An Examination of California's 2002 Birth Cohort. " Children and Youth Services Review，33，1337 − 1344.

Putnam – Hornstein, E. , B. Needell, and A. E. Rhodes. 2013. "Understanding Risk and Protective Factors for Child Maltreatment: The Value of Integrated, Population – Based Data. " Child Abuse and Neglect, 37 ,116 – 119.

Putnam – Hornstein, E. , J. N. Wood, J. Fluke, A. Yoshioka – Maxwell, and R. P. Berger. 2013. "Preventing Severe and Fatal Child Maltreatment: Making the Case for the Expanded Use and Integration of Data. " Child Welfare, 92 ,59 – 75.

Puzzanchera, C. , B. Adams, and M. Sickmund. 2010. "Juvenile Court Statistics 2006 – 2007. " Pittsburgh, PA: National Center for Juvenile Justice. Retrieved fromhttps: //www. ojjdp. gov/ojstatbb/njcda/pdf/jcs2007. pdf

Pösö, T. , M. Skivenes, and A. D. Hestbæk. 2014. "Child Protection Systems Within the Danish, Finnish and Norwegian Welfare States – Time for a Child Centric Approach?" European Journal of Social Work, 17 ,475 – 490.

Quan – Haase, A. , B. Wellman, J. C. Witte, and K. N. Hampton. 2002. "Capitalizing on the Net: Social Contact, Civic Engagement, and Sense of Community. " The Internet in Everyday Life. Edited by B. Wellman and C. A. Haythornthwaite. Malden, MA: Blackwell, pp. 291 – 324.

Quillian, L. 2003. "How Long Are Exposures to Poor Neighborhoods? The Long – Term Dynamics of Entry and Exit from Poor Neighborhoods. " Population Research and Policy Review, 22 ,221 – 249.

Radford, L. , S. Corral, C. Bradley, and H. L. Fisher. 2013. "The Prevalence and Impact of Child Maltreatment and Other Types of Victimization in the UK: Findings from a Population Survey of Caregivers, Children and Young People and Young Adults. " Child Abuse and Neglect, 37 ,801 – 813.

Raghavan, R. , B. T. Zima, R. M. Andersen, A. A. Leibowitz, M. A. Schuster, and J. Landsverk. 2005. "Psychotropic Medication Use in a National Probability Sample of Children in the Child Welfare System. " Journal of Child and Adolescent Psychopharmacology, 15 ,97 – 106.

Raghupathi, W. , and V. Raghupathi. 2014. " Big Data Analytics in Healthcare: Promise and Potential. " Health Information Science and Systems, 2, 1.

Rahman, A. , P. J. Surkan, C. E. Cayetano, P. Rwagatare, and K. E. Dickson. 2013. " Grand Challenges: Integrating Maternal Mental Health Into Maternal and Child Health Programmes. " Plos Medicine, 10, 1 – 7.

Raisch, S. , and J. Birkinshaw. 2008. " Organizational Ambidexterity: Antecedents, Outcomes, and Moderators. " Journal of Management, 34, 375 – 409.

Raj, A. , N. Saggurti, M. Winter, A. Labonte, M. R. Decker, D. Balaiah, J. G Silverman. 2010. " The Effect of Maternal Child Marriage on Morbidity and Mortality of Children Under 5 in India: Cross Sectional Study of a Nationally Representative Sample. " BMJ, 340, b4258.

Raj, A. 2010. " When the Mother Is a Child: The Impact of Child Marriage on the Health and Human Rights of Girls. " Archives of Disease in Childhood, 95, 931 – 935.

Ramsey, A. T. , and K. Montgomery. 2014. " Technology – Based Interventions in Social Work Practice: A Systematic Review of Mental Health Interventions. " Social Work in Health Care, 53, 883 – 899.

Ramsey, A. T. , A. Baumann, B. , Cooper, and D. A. Patterson Silver Wolf. 2015, December. " Informing the Development of an Electronic Clinical Dashboard in Addiction Services. " Poster Presentation at the 8th Annual Conference on the Science of Dissemination and Implementation, Washington, DC.

Rank, M. R. , and T. A. Hirschl. 2015. " The Likelihood of Experiencing Relative Poverty over the Life Course. " PLoS One, 10, e0116370.

Rank, M. R. , T. A. Hirschl, and K. A. Foster. 2014. Chasing the American Dream: Understanding What Shapes Our Fortunes. New York: Oxford University Press.

Rank, M. R. 1994. Living on the Edge: The Realities of Welfare in America. New York: Columbia University Press.

Rank, M. R. 2004. One Nation, Underprivileged: Why American Poverty Affects Us All. New York: Oxford University Press.

Rank, M. R. 2011. "Rethinking American Poverty." Contexts, 10, 16 – 21.

Ratner, B. 2012. Statistical and Machine – Learning Data Mining: Techniques for Better Predictive Modeling and Analysis of Big Data. Boca Raton, FL: CRC Press.

Ravallion, M. 2016. The Economics of Poverty. New York: Oxford University Press.

Raver, C. C., and B. J. Leadbeater. 1999. "Mothering Under Pressure: Environmental, Child, and Dyadic Correlates of Maternal Self – Efficacy Among Low – Income Women." Journal of Family Psychology, 13(4), 523 – 534.

Rawlings, L., and G. M. Rubio. 2005. Evaluating the Impact of Conditional Cash Transfer Programs. New York: Oxford University Press.

Reardon, S. F., and K. Bischoff. 2011. "Income Inequality and Income Segregation." American Journal of Sociology, 116, 1092 – 1153

Reiman, J. 2004. The Rich Get Richer and the Poor Get Prison: Ideology, Class, and Criminal Justice. Boston: Allyn and Bacon.

Reinikka, R., and J. Svensson, J. 2011. "The Power of Information in Public Services: Evidence from Education in Uganda." Journal of Public Economics, 95, 956 – 966.

Reis, R. S., A. A. F. Hino, D. K. Cruz, L. E. da Silva Filho, D. C. Malta, M. R. Domingues, and R. C. Hallal. 2014. "Promoting Physical Activity and Quality of Life in Vitoria, Brazil: Evaluation of the Exercise Orientation Service (EOS) Program." Journal of Physical Activity and Health, 11, 38 – 44.

Reis, R. S., D. Salvo, D. Ogilvie, E. V. Lambert, S. Goenka, R. C. Brownson, and Lancet Physical Activity Series 2 Executive Committee. 2016. "Scaling Up Physical Activity Interventions Worldwide: Stepping Up to Larger and Smarter Approaches to Get People Moving." The Lancet, 388, 1337 – 1348.

Reis,R. S. , P. C. Hallal, D. C. Parra, I. C. Ribeiro, R. C. Brownson, M. Pratt, and L. Ramos. 2010. "Promoting Physical Activity through Community – Wide Policies and Planning: Findings from Curitiba, Brazil. " Journal of Physical Activity and Health,7,S137 – S145.

Reisch,M. 2002. "Defining Social Justice in a Socially Unjust World. " Families in Society,83,343 – 352.

Reisch,M. 2016. "Why Macro Practice Matters. " Journal of Social Work Education,52,258 – 268.

Reisner, S. L. , E. E. Dunham, K. J. Heflin, J. Coffey – Esquivel, and S. Cahill. 2015. "Legal Protections in Public Accommodations Settings: A Critical Public Health Issue for Transgender and Gender – Nonconforming People. " The Milbank Quarterly,93,484 – 515.

Reisner, S. L. , K. J. Conron, L. A. Tardiff, S. Jarvi, A. R. Gordon, and S. B. Austin. 2014. "Monitoring the Health of Transgender and Other Gender Minority Populations: Validity of Natal Sex and Gender Identity Survey Items in a U. S. National Cohort of Young Adults. " BMC Public Health,14,1224.

Renner,L. M. , and K. S. Slack. 2006. "Intimate Partner Violence and Child Maltreatment: Understanding Intra – and Intergenerational Connections. " Child Abuse and Neglect,30,599 – 617.

Resnicow,K. , T. Baranowski, J. S. Ahluwalia, and R. L. Braithwaite. 1999. "Cultural Sensitivity in Public Health: Defined and Demystified. " Ethnicity and Disease,9,10 – 21.

Reupert, A. , and D. Maybery. 2007. "Families Affected by Parental Mental Illness: A Multiperspective Account of Issues and Interventions. " American Journal of Orthopsychiatry,77,362 – 369.

Reynolds, A. J. , L. C. Mathieson, and J. W. Topitzes. 2009. "Do Early Childhood Interventions Prevent Child Maltreatment? A Review of Research. " Child Maltreatment,14,182 – 206.

Rhee, N. 2013. The Retirement Savings Crisis. Washington, DC: National Institute on Retirement Security.

Ribot, J. 2010. "Vulnerability Does Not Fall from the Sky: Toward Multiscale, Pro – Poor Climate Policy. Social Dimensions of Climate Change: Equity and Vulnerability in a Warming World. Edited by R. Mearns and A. Norton. Washington, DC: World Bank, pp. 47 – 74.

Richardson, A. S., G. P. Hunter, M. Ghosh – Dastidar, N. Colabianchi, R. L. Collins, R. Beckman, and W. M. Troxel. 2017. "Pathways Through Which Higher Neighborhood Crime is Longitudinally Associated with Greater Body Mass Index." International Journal of Behavioral Nutrition and Physical Activity, 14, 155.

Ries, E. 2011. The Lean Startup: How Today's Entrepreneurs Use Continuous Innovation to Create Radically Successful Businesses. New York: Crown Business.

Rigotti, N. A., and R. B. Wallace. 2015. "Using Agent – Based Models to Address 'Wicked Problems' Like Tobacco Use: A Report from the Institute of Medicine." Annals of Internal Medicine, 163, 469 – 471.

Robbins, E. 2013. "Banking the Unbanked: A Mechanism for Improving the Financial Security of Low – Income Individuals." Policy Perspectives, 20, 85 – 91.

Rodriguez, C., and M. Tucker. 2015. "Predicting Maternal Physical Child Abuse Risk Beyond Distress and Social Support: Additive Role of Cognitive Processes." Journal of Child and Family Studies, 24, 1780 – 1790.

Rohe, W. M., and L. S. Stewart. 1996. "Homeownership and Neighborhood Stability." Housing Policy Debate, 7, 37 – 81.

Rohwedder, S., and R. J. Willis. 2010. "Mental Retirement." Journal of Economic Perspectives, 24, 119 – 138.

Roll, S. P., B. D. Russell, D. C. Perantie, and M. Grinstein – Weiss. 2019. "Encouraging Tax Time Savings with a Low Touch, Large Scale Intervention: Evidence from the Refund to Savings Experiment. " Journal of Consumer Affairs, 53,87 – 125.

Roll, S. P. , G. Davison, M. Grinstein – Weiss, M. R. Despard, and S. Bufe. 2018. "Refund to Savings 2015 – 2016: Field Experiments to Promote Tax – Time Saving in Low – and Moderate – Income Households. " CSD Research Report No. 18 – 28. St. Louis, MO: Washington University, Center for Social Development.

Roll, S. P. , S. H. Taylor, and M. Grinstein – Weiss. 2016. "Financial Anxiety in Low – and Moderate – Income Households: Findings from the Household Financial Survey. " CSD Research Brief No. 16 – 42. St. Louis, MO: Washington University, Center for Social Development.

Rome, S. H. , and S. Hoechstetter. 2010. "Social Work and Civic Engagement: The Political Participation of Professional Social Workers. " Journal of Sociology and Social Welfare, 37, 107 – 129.

Rose, G. 2001. "Sick Individuals and Sick Populations. " International Journal of Epidemiology, 30, 427 – 432.

Rosen, A. 2003. "Evidence – Based Social Work Practice: Challenges and Promise. " Social Work Research, 27, 197 – 208.

Rosenberg, B. , and A. M. McBride. 2015. "The Management Imperative: Displacement, Dynamics, and Directions Forward for Training Social Workers as Managers. " CSD Working Paper No. 15 – 41. St. Louis, MO: Washington University, Center for Social Development.

Rosenstock, I. M. 2005. "Why People Use Health Services. " The Milbank Quarterly, 83, 1 – 32.

Rosing, K. , M. Freese, and A. Bausch. 2011. "Explaining the Heterogeneity of the Leadership – Innovation Relationship: Ambidextrous Leadership. " The Leadership Quarterly, 22, 956 – 974.

Ross, R. K. 2014. "We Need More Scale, Not More Innovation." Stanford Social Innovation Review, 12, 1 – 6.

Rossin – Slater, M. , C. J. Ruhm, and J. Waldfogel. 2013. " The Effects of California's Paid Family Leave Program on Mothers' Leave – Taking and Subsequent Labor Market Outcomes. " Journal of Policy Analysis and Management, 32, 224 – 245.

Rotheram – Borus, M. J. , D. Swendeman, and B. F. Chorpita. 2012. " Disruptive Innovations for Designing and Diffusing Evidence – Based Interventions. " American Psychologist, 67, 463.

Rothman, J. 2013. "Education for Macro Intervention: A Survey of Problems and Prospects. " Report for the Association of Community Organization and Social Administration (ACOSA).

Rothstein, R. 2017. The Color of Law: A Forgotten History of How Our Government Segregated America. New York: W. W. Norton. Sallis, J. F. , F. Bull, R. Guthold, G. W. Heath, G. S. Inoue, P. Kelly, and Lancet Physical Activity Series 2 Executive Committee. 2016. "Progress in Physical Activity over the Olympic Quadrennium. " The Lancet, 388, 1325 – 1336.

Rotondi, N. K. , G. R. Bauer, K. Scanlon, M. Kaay, R. Travers, and A. Travers. 2011a. "Prevalence of and Risk and Protective Factors for Depression in Female – to – Male Transgender Ontarians: Trans PULSE Project. " Canadian Journal of Community Mental Health, 30, 135 – 155.

Rotondi, N. K. , G. R. Bauer, R. Travers, A. Travers, K. Scanlon and M. Kaay. 2011b. "Depression in Male – to – Female Transgender Ontarians: Results from the Trans PULSE Project. " Canadian Journal of Community Mental Health, 30, 113 – 133.

Rumbold, B. , R. Baker, O. Ferraz, S. Hawkes, C. Krubiner, P. Littlejohns, O. F. Norheim, T. Pegram, A. Rid, S. Venkatapuram, A. Voorhoeve, D. Wang, A. Weale, J. Wilson, A. E. Yamin and, P. Hunt. 2017. "Universal Health Cov-

erage, Priority Setting, and the Human Right to Health. " Lancet, 390, 712
– 714.

Russell, J. 2015. "Predictive Analytics and Child Protection: Constraints and Op-
portunities. " Child Abuse and Neglect, 46, 182 – 189.

Ryan, J. P. , B. A. Jacob, M. Gross, B. E. Perron, A. Moore, and
S. Ferguson. 2018. "Early Exposure to Child Maltreatment and Academic Out-
comes. " Child Maltreatment, 23, 365 – 375.

Rylko – Bauer, B. , and P. Farmer. 2016. "Structural Violence, Poverty and Social
Suffering. " The Oxford Handbook of the Social Science of Poverty. Edited by
D. Brady and L. M. Burton. New York: Oxford University Press, pp. 47 – 74.

Ryon, S. B. , K. W. Early, and A. E. Kosloski. 2017. " Community – Based and
Family – Focused Alternatives to Incarceration: A Quasi – Experimental Evalu-
ation of Interventions for delinquent youth. " Journal of Criminal Justice, 51, 59
– 66.

Sabbe, A. , H. Oulami, W. Zekraoui, H. Hikmat, M. Temmerman, and Leye,
E. 2013. "Determinants of Child and Forced Marriage in Morocco: Stakeholder
Perspectives on Health, Policies and Human Rights. " BMC International Health
Human Rights, 13, 43.

Sadana, R. , and S. Harper, 2011. "Data Systems Linking Social Determinants of
Health with Health Outcomes: Advancing Public Goods to Support Research
and Evidence – Based Policy and Programs. " Public Health Reports, 125
(Supp 3), 6 – 13.

Saenz, R. 2008. " A Demographic Profile of U. S. Workers Around the Clock. "
Population Reference Bureau. Retrieved fromhttp://www. prb. org/Publica-
tions/Articles/2008/workingaroundtheclock. aspx

Saez, E. , and G. Zucman. 2016. " Wealth Inequality in the United States Since
1913: Evidence from Capitalized Income Tax Data. " The Quarterly Journal of
Economics, 131, 519 – 578.

Saez, E. 2019, March 2. "Striking It Richer: The Evolution of Top Incomes in the United States (Updated with 2017 Final Estimates). "

Salamon, L. M. , S. L. Geller, and K. L. Mengel. 2010. " Nonprofits, Innovation, and Performance Measurement: Separating Fact from Fiction. " Listening Post Project, 17, 1 – 25.

Sallis J. F. , M. F. Floyd, D. A. Rodríguez, and B. E. Saelens. 2012. "The Role of Built Environments in Physical Activity, Obesity, and CVD. " Circulation, 125, 729 – 737.

Sallis, J. F. , E. Cerin, T. L. Conway, M. A. Adams, L. D. Frank, M. Pratt, and R. Davey. 2016. "Physical Activity in Relation to Urban Environments in 14 Cities Worldwide: A Cross – Sectional Study. " The Lancet, 387, 2207 – 2217.

Salvi, V. 2009. " Child Marriage in India: A Tradition with Alarming Implications. " Lancet, 373, 1826 – 1827.

Sampson, R. J. , and J. D. Morenoff. 2006. "Spatial Dynamics, Social Processes, and the Persistence of Poverty in Chicago Neighborhoods. " Edited by S. Bowles, S. N. Durlauf, and K. Hoff. New York: Russell Sage Foundation, pp. 176 – 203.

Sampson, R. J. , S. W. Raudenbush, and F. Earls. 1997. "Neighborhoods and Violent Crime: A Multilevel Study of Collective Efficacy. " Science, 277, 918 – 924.

Sanders Thompson, V. L. , M. Johnson – Jennings, A. A. Bauman, and E-. Proctor. 2015. "Use of Culturally Focused Theoretical Frameworks for Adaptations of Diabetes Prevention Programs: A Qualitative Review. " Preventing Chronic Disease, 12, 140 – 42.

Sanders Thompson, V. L. 2009. "Cultural Context and Modification of Behavior Change Theory. " Health Education and Behavior, 36, 156S – 160S.

Sanders Thompson, V. L. S. , B. Drake, A. S. James, M. Norfolk, M. Goodman, L. Ashford, and G. Colditz. 2015. " A Community Coalition to Address Cancer

Disparities: Transitions, Successes and Challenges. " Journal of Cancer Education, 30, 616 – 622.

Sanders, M. R., C. Markie – Dadds, and K. M. T. Turner. 2003. "Theoretical, Scientific and Clinical Foundations of Tripe P – Positive Parenting Program: A Population Approach to the Promotion of Parenting Competence. " Parenting Research and Practice Monographs, 1 – 21.

Sanneving, L., N. Trygg, D. Saxena, D. Mavalankar, and S. Thomsen. 2013. "Inequity in India: The Case of Maternal and Reproductive Health. " Global Health Action, 6, 1 – 31.

Saraceno, C. 2010. "Social Inequalities in Facing Old – Age Dependency: A Bi – Generational Perspective. " Journal of European Social Policy, 20, 32 – 44.

Sarasa, S. 2008. "Do Welfare Benefits Affect Women's Choices of Adult Care Giving?" European Sociological Review, 24, 37 – 51.

Sarmiento, O., A. Torres, E. Jacoby, M. Pratt, T. L. Schmid, and G. Stierling. 2010. "The Ciclovía – Recreativa: A Mass – Recreational Program with Public Health Potential. " Journal of Physical Activity and Health, 7, S163 – S180.

Sarmiento, O. L., A. D. del Castillo, C. A. Trina, M. J. Acevedo, S. A. Gonzalez, and M. Pratt. 2016. "Reclaiming the Streets for People: Insights from Ciclovias Recreativas in Latin America. " Preventive Medicine, 103, s34 – s40.

Saroha, E., M. Altarac, and L. M. Sibley. 2008. "Caste and Maternal Health Care Service Use Among Rural Hindu Women in Maitha, Uttar Pradesh, India. " Journal of Midwifery and Women's Health, 53, e41 – e47.

Satterfield, D., L. DeBruyn, C. D. Francis, and A. Allen. 2014. "A Stream Is Always Giving Life: Communities Reclaim Native Science and Traditional Ways to Prevent Diabetes and Promote Health. " American Indian Culture and Research Journal, 38, 157 – 190.

Saunders, A., T. Schiff, K. Rieth, S. Yamada, G. G. Maskarinec, and

S. Riklon. 2010. "Health as a Human Right: Who Is Eligible?" Hawaii Medical Journal, 69, 4 – 6.

Say, L., D. Chou, A. Gemmill, ? Tun ? alp, A. B. Moller, J. Daniels, A. M. Gülmezoglu, M. Temmerman, and L. Alkema. 2017. "Global Causes of Maternal Death: A WHO Systematic Analysis." The Lancet Global Health, 2, e323 – e333.

Scannapieco, M. R. Hegar, and K. Connell – Carrick. 2012. "Professionalization in Public Child Welfare: Historical Context and Workplace Outcomes for Social Workers and Non – Social Workers." Children and Youth Services Review, 34, 2170 – 2178.

Scarborough, A. A., and J. S. Mccrae. 2010. "School – Age Special Education Outcomes of Infants and Toddlers Investigated for Maltreatment." Children and Youth Services Review, 32, 80 – 88.

Scharlach, A. 2012. "Creating Aging – Friendly Communities in the United States." Ageing International, 37, 25 – 38.

Scharlach, A. E., and A. J. Lehning. 2013. "Ageing – Friendly Communities and Social Inclusion in the United States of America." Ageing and Society, 33, 110 – 136.

Scharlach, A. E., and A. J. Lehning. 2016. Creating Aging – Friendly Communities. New York, NY: Oxford University Press.

Schiller, B. R. 2008. The Economics of Poverty and Discrimination, Tenth Edition. Upper Saddle River, NJ: Prentice Hall.

Schlosberg, D., and L. B. Collins. 2014. "From Environmental to Climate Justice: Climate Change and the Discourse of Environmental Justice." Wiley Interdisciplinary Reviews: Climate Change, 5, 359 – 374.

Schmid, H. 2009. "Agency – Environment Relations." The Handbook of Human Services Management. Edited by R. J. Patti. Thousand Oaks, CA: SAGE, pp. 411 – 433.

Schmit, S. , L. Schott, L. Pavetti, and H. Matthews. 2015. "Effective, Evidence – Based Home Visiting Programs in Every State at Risk If Congress Does Not Extend Funding." Center on Budget and Policy Priorities. Retrieved from https://www. cbpp. org/research/effective – evidence – based – home – visiting – programs – in – every – state – at – risk – if – congress – does – not

Schmitz, H. 2011. "Why Are the Unemployed in Worse Health? The Causal Effect of Unemployment on Health." Labour Economics, 18, 71 – 78.

Schneider, E. C. , D. O. Sarnak, D. Squires, A. Shah, and M. M. Doty. 2017. Mirror, Mirror 2017: International Comparison Reflects Flaws and Opportunities for Better U. S. Health Care. Report prepared for The Commonwealth Fund, July 2017.

Schneider, U. , B. Trukeschitz, R. Mühlmann, and I. Ponocny. 2013. "Do I Stay or Do I Go? Job Change And Labor Market Exit Intentions of Employees Providing Informal Care to Older Adults." Health Economics, 22, 1230 – 1249.

Scholte, R. , G. J. van den Berg, and M. Lindeboom. 2012. "Long – Run Effects of Gestation During the Dutch Hunger Winter Famine on Labor Market and Hospitalization Outcomes." SSRN Electronic Journal, 6307, 1 – 35.

Schreiner, M. , and M. Sherraden. 2007. Can the Poor Save?: Saving and Asset Building in Individual Development Accounts. New York: Transaction Publishers.

Schwalbe, M. , D. Holden, D. Schrock, S. Godwin, S. Thompson, and M. Wolkomir. 2000. "Generic Processes in the Reproduction of Inequality: An Interactionist Analysis." Social Forces, 79, 419 – 452.

Schwartz, I. M. , P. York, E. Nowakowski – Sims, and A. Ramos – Hernandez. 2017. "Predictive and Prescriptive Analytics, Machine Learning and Child Welfare Risk Assessment: The Broward County Experience." Children and Youth Services Review, 81, 309 – 320.

Schwartz, R. C. , and D. M. Blankenship. 2014. "Racial Disparities in Psychotic Disorder Diagnosis: A Review of Empirical Literature." World Journal of Psychiatry, 4, 130 – 140.

Scott, K. M., K. A. McLaughlin, D. A. Smith, and P. M. Ellis. 2012. "Childhood Maltreatment and DSM – IV Adult Mental Disorders: Comparison of Prospective and Retrospective Findings." The British Journal of Psychiatry, 200, 469 – 475.

Searle, B. A., and S. Köppe. 2014. "Assets, Saving and Wealth, and Poverty: A Review of Evidence." Final Report to the Joseph Rowntree Foundation. Personal Finance Research Centre.

Seay, K. D., and P. L. Kohl. 2015. "The Comorbid and Individual Impacts of Maternal Depression and Substance Dependence on Parenting and Child Behavior Problems." Journal of Family Violence, 30, 899 – 910.

Seccombe, K. 1999. So You Think I Drive a Cadillac? Welfare Recipients' Perspective on the System and Its Reform. Needham Heights, MA: Allyn and Bacon.

Seelos, C., and J. Mair. 2012. "Innovation Is Not the Holy Grail." Stanford Social Innovation Review, 10, 44 – 49.

Seelos, C. 2012. "What Determines the Capacity for Continuous Innovation in Social Sector Organizations?" Retrieved fromhttps://pdfs. semanticscholar. org/ f722/da82f678247806abe38794a1e87dfe1f3188. pdf

Seeman, T., E. Epel, T. Gruenewald, A. Karlamangla, and B. S. McEwen. 2010. "Socio – Economic Differentials in Peripheral Biology: Cumulative Allostatic Load." Annals of the New York Academy of Sciences, 1186, 223 – 239.

Seif, H. 2009. "The Civic Education and Engagement of Latina/o Immigrant Youth: Challenging Boundaries and Creating Safe Spaces." Research Paper Series on Latino Immigrant Civic Participation, No. 5. www. wilsoncenter. org/migrantparticipation

Sen, A. 1981. Poverty and Famines: An Essay on Entitlement and Deprivation. Oxford, UK: Oxford University Press.

Sen, A. 1999. Development as Freedom. New York: Knopf.

Sen, A. 2000. "Social Exclusion: Concept, Application, and Scrutiny. " Social Development Papers No. 1: Office of Environment and Social Development, Asian Development Bank.

Seng, J. S., W. D. Lopez, M. Sperlich, L. Hamama, and C. D. Reed Meldrum. 2012. " Marginalized Identities, Discrimination Burden, and Mental Health: Empirical Exploration of an Interpersonal – Level Approach to Modeling Intersectionality. " Social Science and Medicine, 75, 2437 – 2445.

Sexton, M. B., L. Hamilton, E. W. Mcginnis, K. L. Rosenblum, and M. Muzik. 2015. "The Roles of Resilience and Childhood Trauma History: Main and Moderating Effects on Postpartum Maternal Mental Health and Functioning. " Journal of Affective Disorders, 174, 562 – 568.

Shadbolt, N. , K. O'Hara, T. Berners – Lee, N. Gibbins, H. Glaser, and W. Hall. 2012. "Linked Open Government Data: Lessons from data. gov. uk. " IEEE Intelligent Systems, 27, 16 – 24.

Shah, A. K. , E. Shafir, and S. Mullainathan. 2015. " Scarcity Frames Value. " Psychological Science, 26, 402 – 412.

Shapiro, T N. 2001. "The Importance of Assets: The Benefits of Spreading Asset Ownership. " Assets for the Poor: The Benefits of Spreading Asset Ownership. Edited by T. N. Shapiro and E. Wolff. New York: Russell Sage Foundation, pp. 11 – 33.

Shapiro, T. M. 2004. The Hidden Cost of Being African American: How Wealth Perpetuates Inequality. New York: Oxford University Press.

Shapiro, T. N. T. Meschede, and S. Osoro. 2013. "The Roots of the Widening Racial Wealth Gap: Explaining the Black – White Economic Divide. " Institute on Assets and Social Policy Research and Policy Brief. Waltham, MA: Brandeis University.

Sharkey, P. 2008. " The Intergenerational Transmission of Context. " American

Journal of Sociology,113,931 – 969.

Shaw,T. V.,R. P. Barth,J. Mattingly,D. Ayer,and S. Berry,S. 2013. "Child Welfare Birth Match: Timely Use of Child Welfare Administrative Data to Protect Newborns." Journal of Public Child Welfare,7,217 – 234.

Shaw,T. V. 2013. "Is Social Work a Green Profession? An Examination of Environmental Beliefs." Journal of Social Work,13,3 – 29.

Sherman,A. 1994. Wasting America's Future: The Children's Defense Fund Report on the Costs of Child Poverty. Boston: Beacon Press.

Sherraden,M.,and M. Sherraden. 2000. "Asset Building: Integrating Research, Education and Practice." Advances in Social Work,1,61 – 77.

Sherraden,M.,Clancy,M.,and Y. Nam. 2016. "Universal and Progressive Child Development Accounts." Urban Education,53,806 – 833.

Sherraden, M., P. Stuart, R. P. Barth, S. Kemp, J. Lubben, J. D. Hawkins, C. Coulton,R. McRoy,K. Walters,L. Healy,B. Angell,K. Mahoney,J. Brekke, Y. Padilla,D. DiNitto,D. Padgett,T. Schroepfer,and R. Catalano. 2014. Grand accomplishments in social work (Grand Challenges for Social Work Initiative, Working Paper No. 2). Baltimore,MD: American Academy of Social Work and Social Welfare.

Sherraden,M. 1990. "Stakeholding: Notes on a Theory of Welfare Based on Assets." Social Service Review,64,580 – 601.

Sherraden,M. 1991. Assets and the Poor: A New American Welfare Policy. New York: M. E. Sharpe.

Shobe,M. and D. Page – Adams. 2001. "Assets,Future Orientation,and Well – Being: Exploring and Extending Sherraden's Framework." Journal of Sociology and Social Welfare,28,109 – 128.

Shonkoff,J. P.,and A. S. Garner. 2012. "The Lifelong Effects of Early Childhood Adversity and Toxic Stress." Pediatrics,129,e232 – e246.

Silovsky,J. F.,D. Bard,M. Chaffin,D. Hecht,L. Burris,A. Owora,L. Beasley,

D. Boughty, and J. Lutzker. 2011. "Prevention of Child Maltreatment in High – Risk Rural Families: A Randomized Clinical Trial with Child Welfare Outcomes. " Children and Youth Services Review, 33, 1435 – 1444.

Silver, E. , A. Heneghan, L. Bauman, and R. Stein. 2006. "The Relationship of Depressive Symptoms to Parenting Competence and Social Support in Inner – City Mothers of Young Children. " Maternal and Child Health Journal, 10, 105 – 112.

Simoes, E. J. , P. Hallal, F. Siqueira, C. Schmaltz, D. Menor, D. Malta, H. Duarte, A. Hino, G. Mielke, M. Pratt, and R. Reis. 2017. "Effectiveness of a Scaled Up Physical Activity Intervention in Brazil: A Natural Experiment. " Preventative Medicine, 103S, S66 – S72.

Simon, B. L. 1994. The Empowerment Tradition in American Social Work: A History. New York: Columbia University Press.

Simons, L. , S. M. Schrager, L. F. Clark, M. Belzer, and J. Olson. 2013. Parental Support and Mental Health Among Transgender Adolescents. " The Journal of Adolescent Health, 53, 791 – 793.

Siqueira Reis R, A. A. Hino C. Ricardo Rech, J. Kerr, and P. Curi Hallal. 2013. "Walkability and Physical Activity: Findings from Curitiba, Brazil. " American Journal of Preventative Medicine, 45, 269 – 275.

Skoll Foundation. n. d. "Approach. " Retrieved fromhttp://skoll. org/about/approach/

Skoll, J. , and Osberg, S. 2013. "Social Entrepreneurs Dare to Change the World. " Retrieved fromhttp://www. cnn. com/2013/09/07/opinion/skoll – osbergsocial – entrepreneurs/

Slack, K. S. , J. L. Holl, B. J. Lee, M. Mcdaniel, L. Altenbernd, and A. B. Stevens. 2003. "Child Protective Intervention in the Context of Welfare Reform: The Effects of Work and Welfare on Maltreatment Reports. " Journal of Policy Analysis and Management, 22, 517 – 536.

Slack, K. S., J. L. Holl, M. McDaniel, J. Yoo, and K. Bolger. 2004. "Understanding the Risks of Child Neglect: An Exploration of Poverty and Parenting Characteristics." Child Maltreatment, 9(4), 395 – 408.

Smeeding, T. M., L. Rainwater, and G. Burtless. 2001. "U. S. Poverty in a Cross – National Context." Understanding Poverty. Edited by S. H. Danziger and R. H. Haveman. Cambridge, MA: Harvard University Press, pp. 162 – 189.

Smeeding, T. M. 2016. "Poverty Measurement." The Oxford Handbook of the Social Science of Poverty. Edited by D. Brady and L. M. Burton. New York: Oxford University Press, pp. 21 – 46.

Smith, A., K. L. Schlozman, S. Verba, and H. Brady. 2009. "The Current State of Civic Engagement in America." Pew Research Center. Retrieved fromhttp://www. pewinternet. org/2009/09/01/the – current – state – of – civic – engagement – in – america/September1, 2009

Smith, A. 2013. "Civic Engagement in the Digital Age: Online and Offline Political Engagement." Pew Research Center. Retrieved fromhttp://www. pewinternet. org/2013/04/25/civic – engagement – in – the – digital – age/

Smith, A. L., D. Cross, J. Winkler, T. Jovanovic, and B. Bradley. 2014. "Emotional Dysregulation and Negative Affect Mediate the Relationship Between Maternal History of Child Maltreatment and Maternal Child Abuse Potential." Journal of Family Violence, 29, 483 – 494.

Smith, J. R., J. Brooks – Gunn, and P. K. Klebanov. 1997. "Consequences of Living in Poverty for Young Children's Cognitive and Verbal Ability and Early School Achievement." Consequences of Growing Up Poor. Edited by G. J. Duncan and J. Brooks – Gunn. New York: Russell Sage Foundation, pp. 132 – 189.

Smith, M. 2017. "Systematic Literature Review of Built Environment Effects on Physical Activity and Active Transport: An Update and New Findings on Health

Equity. " International Journal of Behavioral Nutrition and Physical Activity, 14,158.

Smith, S. S. 2016. "Job – Finding among the Poor: Do Social Ties Matter?" The Oxford Handbook of the Social Science of Poverty. Edited by D. Brady and L. M. Burton. New York: Oxford University Press, pp. 438 – 461.

Snelgrove, J. W. , A. M. Jasudavisius, B. W. Rowe, E. M. Head, and G. R. Bauer. 2012. " ' Completely Out – At – Sea ' with ' Two – Gender Medicine ' : A Qualitative Analysis of Physician – Side Barriers to Providing Healthcare for Transgender Patients. " BMC Health Services Research, 12,110.

Social Enterprise Alliance. 2011. State Policy Toolkit. Washington, DC: Social Enterprise Alliance.

Sosa, E. T. , L. Biediger – Friedman, and Z. Yin. 2013. " Lessons Learned from Training of Promotores de Salud For Obesity and Diabetes Prevention. " Journal of Health Disparities Research and Practice, 6,1 – 13.

Soska, T. , and A. K. J. Butterfield. 2013. University – Community Partnerships: Universities in Civic Engagement. London: Routledge.

Specht, H. , and M. Courtney. 1994. Unfaithful Angels: How Social Has Abandoned Its Mission. New York: Free Press.

Specht, H. , and M. E. Courtney. 1995. Unfaithful Angels: How Social Work Has Abandoned Its Mission. New York: Simon and Schuster.

Special Commission to Advance Macro Practice in Social Work. 2015. " Macro Practice in Social Work: From Learning to Action for Social Justice. " Retrieved fromhttp://files. ctctcdn. com/de9b9b0e001/0e4f058e – 1226 – 4f8fb7e1 – a2a4d677cbfc. pdf

Speizer, I. S. , and E. Pearson. 2011. " Association Between Early Marriage and Intimate Partner Violence in India: A Focus on Youth from Bihar and Rajasthan. " Journal of Interpersonal Violence, 26,1963 – 1981.

Spencer, M. S. , A. M. Rosland, E. C. Kieffer, B. R. Sinco, M. Valerio,

G. Palmisano, and M. Heisler. 2011. "Effectiveness of a Community Health Worker Intervention Among African American and Latino Adults with Type 2 Diabetes: A Randomized Controlled Trial. " American Journal of Public Health, 101, 2253 – 2260.

Spencer, M. S. , J. Hawkins, N. R. Espitia, B. Sinco, T. Jennings, C. Lewis, G. Palmisano, and E. Kieffer. 2013. "Influence of a Community Health Worker Intervention on Mental Health Outcomes among Low – Income Latino and African American Adults with Type 2 Diabetes. " Race and Social Problems, 5, 137 – 146.

Spinney, E. , M. Yeide, W. Feyerherm, M. Cohen, R. Stephenson, and C. Thomas. 2016. "Racial Disparities in Referrals to Mental Health and Substance Abuse Services from the Juvenile Justice System: A Review of the Literature. " Journal of Crime and Justice, 39, 153 – 173

Spivey, M. I. , P. G. Schnitzer, R. L. Kruse, P. Slusher, and D. M. Jaffe. 2009. "Association of Injury Visits in Children and Child Maltreatment Reports. " Journal of Emergency Medicine, 36, 207 – 214

Srihari, V. H. , C. Tek, J. Pollard, S. Zimmet, J. Keat, J. D. Cahill, S. Kucukgoncu, B. C. Walsh, F. Li, R. Gueorguieva, N. Levine, R. Mesholam – Gately, M. Friedman – Yakoobian, L. J. Seidman, M. S. Keshavan, T. H. McGlashan, and S. W. Woods. 2014. "Reducing the Duration of Untreated Psychosis and Its Impact in the US: the STEP – ED Study. " BMC Psychiatry, 14, 335.

Stahlschmidt, M. J. , M. Jonson – Reid, L. Pons, J. Constantino, P. L. Kohl, B. Drake, and W. Auslander. 2018. "Trying to Bridge the Worlds of Home Visitation and Child Welfare: Lessons Learned from a Formative Evaluation. " Evaluation and Program Planning, 66, 133 – 140.

Stainback, K. , and D. Tomaskovic – Devey. 2012. Documenting Desegregation: Racial and Gender Segregation in Private – Sector Employment Since the Civil Rights Act. New York: Russell Sage Foundation.

Stanhope, V. , L. Videka, H. Thorning, and M. McKay. 2015. "Moving Toward Integrated Health: An Opportunity for Social Work. " Social Work in Health Care, 54, 383 – 407.

State of Illinois, Department of Human Services. 2014, March 26. "Redeploy Illinois Annual Report 2012 – 2013. " Retrieved fromhttps://www. dhs. state. il. us/page. aspx? item = 70551

Stiffman, A. R. , B. Pescosolido, and L. J. Cabassa. 2004. "Building a Model to Understand Youth Service Access: The Gateway Provider Model. " Mental Health Services Research, 6, 189 – 198.

Stith, S. M. , T. Liu, L. C. Davies, E. L. Boykin, M. C. Alder, J. M. Harris, A. Som, M. McPherson, J. E. M. E. G. Dees. 2009. " Risk Factors in Child Maltreatment: A Meta – Analytic Review of the Literature. " Aggression and Violent Behavior, 14, 13 – 29.

Stoddard, S. A. , S. J. Henly, R. E. Sieving, and J. Bolland. 2011. "Social Connections, Trajectories of Hopelessness, and Serious Violence in Impoverished Urban Youth. " Journal of Youth and Adolescence, 40, 278 – 295.

Stoltenborgh, M. , M. H. Van Ijzendoorn, E. M. Euser, and M. J. Bakermans – Kranenburg. 2011. "A Global Perspective on Child Sexual Abuse: Meta – Analysis of Prevalence Around the World. " Child Maltreatment, 16, 79 – 101.

Stoltenborgh, M. , M. J. Bakermans – Kranenburg, and M. H. Van Ijzendoorn. 2013. "The Neglect of Child Neglect: A Meta – Analytic Review of the Prevalence of Neglect. " Social Psychiatry and Psychiatric Epidemiology, 48, 345 – 355.

Stoltenborgh, M. , M. J. Bakermans – Kranenburg, M. H. Ijzendoorn, and L. R. Alink. 2013. "Cultural – Geographical Differences in the Occurrence of Child Physical Abuse? A Meta – Analysis of Global Prevalence. " International Journal of Psychology, 48, 81 – 94.

Stone, S. 2007. "Child Maltreatment, Out – of – Home Placement and Academic

Vulnerability：A Fifteen – Year Review of Evidence and Future Directions. ”
Children and Youth Services Review, 29, 139 – 161.

Stotzer, R. L. 2009. “Violence Against Transgender People：A Review of United
States Data. ” Aggression and Violent Behavior, 14, 170 – 179.

Strathearn, L. , P. Gray, M. O'Callaghan, and D. Wood. 2001. “Childhood Neglect
and Cognitive Development in Extremely Low Birth Weight Infants：A Prospec-
tive Study. ” Pediatrics, 108, 142 – 151.

Sullivan, P. M. , and J. F. Knutson. 2000. “Maltreatment and Disabilities：A Pop-
ulation – Based Epidemiological Study. ” Child Abuse and Neglect, 24, 1257 –
1273.

Sullivan, W. P. 2016. “Leadership in Social Work：Where Are We?” Journal of
Social Work Education, 52, S51 – S61.

Sundeen, R. A. , S. A. Raskoff, and M. C. Garcia. 2007. “Differences in Perceived
Barriers to Volunteering to Formal Organizations：Lack of Time Versus Lack of
Interest. ” Nonprofit Management and Leadership, 17, 279 – 300.

Susser, M. 1973. Causal Thinking in the Health Sciences：Concepts and Strategies
of Epidemiology. New York：Oxford University Press.

Svensson, B. , U. Eriksson, and S. Janson. 2013. “Exploring Risk for Abuse of
Children with Chronic Conditions or Disabilities – Parent's Perceptions of Stres-
sors and the Role of Professionals. ” Child：Care, Health and Development, 39,
887 – 893.

Syme, S. L. 2008. “Reducing Racial and Social – Class Inequalities In Health：
The Need for a New Approach. Health Affairs. ” Human Behavior, 27, 456
– 459.

Tan, E. J. , A. Georges, S. M. Gabbard, D. J. Pratt, A. Nerino, A. S. Roberts,
S. M. Wrightsman, and M. Hyde. 2016. “The 2013 – 2014 Senior Corps Study：
Foster Grandparents and Senior Companions. ” Public Policy & Aging Report,
26, 88 – 95.

Tang, F. , E. Choi, and N. Morrow – Howell. 2010. "Organizational Support and Volunteering Benefits for Older Adults. " The Gerontologist, 50, 603 – 612.

Tasioulas, J. , and E. Vayena. 2015. "Getting Human Rights Right in Global Health Policy. " Lancet, 385, e42 – e44.

Taylor L. A. , A. X. Tan. C. E, Coyle, C. Ndumele E. Rogan M. Canavan, L. A. Curry, and E. H. Bradley. 2016. "Leveraging the Social Determinants of Health: What Works?" PLoS ONE, 11(8), e0160217.

Taylor, D. M. , and F. M. Moghaddam. 1994. Theories of Intergroup relations: International Social Psychological Perspectives. Westport, CO: Greenwood.

Taylor, H. O. , Y. Wang, and N. Morrow – Howell. 2018. "Loneliness in Senior Housing Communities. " Journal of Gerontological Social Work, 61, 623 – 639.

Taylor, M. A. , and H. A. Geldhauser. 2007. "Low – Income Older Workers. " Aging and Work in the 21st Century. Mahwah, NJ: Erlbaum, pp. 49 – 74.

Teicher, M. H. , C. M. Anderson, and A. Polcari. 2012. "Childhood Maltreatment Is Associated with Reduced Volume in the Hippocampal Subfields CA3, Dentate Gyrus, and Subiculum. " Proceedings of the National Academy of Sciences, 109, E563 – E572.

Temple, J. A. , and A. J. Reynolds. 2015. "Using Benefit – Cost Analysis to Scale Up Early Childhood Programs Through Pay – for – Success Financing. " Journal of Benefit – Cost Analysis, 6, 628 – 653.

Tessum, C. W. , J. S. Apte, A. L. Goodkind, N. Z. Muller, K. A. Mullins, D. A. Paolella, S. Polasky, N. P. Springer, S. K. Thakrar, J. D. Marshall, and J. D. Hill. 2019. "Inequity in Consumption of Goods and Services Adds to Racial – Ethnic Disparities in Air Pollution Exposure. " Proceedings of the National Academy of Sciences, 116, 6001 – 6006.

Thaler, R. H. , and S. Benartzi. 2004. "Save More Tomorrow: Using Behavioral Economics to Increase Employee Saving. " Journal of Political Economy, 112, S164 – S187.

The Relative Contribution of Multiple Determinants to Health. 2014. Health Affairs Health Policy Brief, August 21. doi：10. 1377/hpb20140821. 404487

Thompson，C. ，D. Smith，and S. Cummins. 2019. "Food Banking and Emergency Food Aid：Expanding the Definition of Local Food Environments and Systems. " International Journal of Behavioral Nutrition and Physical Activity，16，2.

Thompson，R. ，D. J. English，and C. R. White. 2016. "Maltreatment History as Persistent Risk：An Extension of Li and Godinet（2014）. " Children and Youth Services Review，64，117 – 121.

Thompson，T. ，M. W. Kreuter，and S. Boyum. 2015. "Promoting Health by Addressing Basic Needs Effect of Problem Resolution on Contacting Health Referrals. " Health Education and Behavior，30，616 – 622.

Thomése，F. ，and M. B. Groenou. 2006. "Adaptive Strategies after Health Decline in Later Life：Increasing the Person – Environment Fit by Adjusting the Social and Physical Environment. " European Journal of Ageing，3，169 – 177.

Thurlow，J. ，P. Dorosh，and B. Davis. 2019. "Demographic Change，Agriculture，and Rural Poverty. " Sustainable Food and Agriculture. Edited by C. Campanhola，and S. Pandey. Rome：Academic Press，pp. 31 – 53

Thygesen，L. C. ，C. Daasnes，I. Thaulow，and H. Br？nnum – Hansen. 2011. "Introduction to Danish（Nationwide）Registers on Health and Social Issues：structure，Access，Legislation，and Archiving. " Scandinavian Journal of Public Health，39，12 – 16.

Tillyer，M. S. 2015. "The Relationship Between Childhood Maltreatment and Adolescent Violent Victimization. " Crime & Delinquency，61，973 – 995.

Torres，A. ，O. Sarmiento，C. Stauber，and R. Zarama. 2013. "The Ciclovia and Cicloruta Programs：Promising Interventions to Promote Physical Activity and Social Capital in Bogotá，Colombia. " American Journal of Public Health，103，E23 – E30.

Tovar，M. ，D. A. Patterson Silver Wolf，and J. Stevenson. 2015. "Toward a Culturally Informed Rehabilitation Treatment Model for American Indian/Alaska Native Veterans. " Journal of Social Work in Disability and Rehabilitation, 14, 163 – 175.

Transamerica Center for Retirement Studies. 2018, December. "A Precarious Existence: How Today's Retirees are Financially Faring in Retirement. "

Trattner, W. 1984. From Poor Law to Welfare State. 3rd ed. New York: Free Press.

Tse, A. C. , J. W. Rich – Edwards, K. Koenen, and R. J. Wright. 2012. "Cumulative Stress and Maternal Prenatal Corticotropin – Releasing Hormone in an Urban U. S. Cohort. " Psychoneuroendocrinology, 37, 970 – 979.

Tucker, D. J. 2008. "Interdisciplinarity in Doctoral Social Work Education: Does It Make a Difference?" Journal of Social Work Education, 44, 115 – 138.

Turner, H. A. , D. Finkelhor, and R. Ormrod. 2006. "The Effect of Lifetime Victimization on the Mental Health of Children and Adolescents. " Social Science and Medicine, 62, 13 – 27.

Turner, J. A. , and D. R. Kaye. 2006. "How Does Family Well – Being Vary Across Different Types of Neighborhoods?" Low – Income Working Families Series, Paper 6, The Urban Institute.

Turner, W. , J. Broad, J. Drinkwater, A. Firth, M. Hester, N. Stanley, E. Szilassy, and G. Feder. 2015. "Interventions to Improve the Response of Professionals to Children Exposed to Domestic Violence and Abuse: A Systematic Review. " Child Abuse Review, 26(1), 19 – 39.

Tushman, M. L. , and C. A. O'Reilly III. 1996. "Ambidextrous Organizations: Managing Evolutionary and Revolutionary Change. " California Management Review, 38, 8 – 30.

Umstattd Meyer, M. R. , C. K. Perry, and J. C. Sumrall. 2016. "Physical Activity – Related Policy and Environmental Strategies to Prevent Obesity in Rural Communities: A Systematic Review of the Literature. " Preventative Chronic

Disease,13,E03.

UNESCO. 2019. Leaving No One Behind: Executive Summary. Paris: Author.

Ungar,M. 2002. "A Deeper, More Social Ecological Social Work Practice." Social Service Review,76,480 – 497. U. S. Census Bureau. 2011. "Current Population Survey,2011." Annual Socialand Economic Supplement,POV46,Poverty Status by State.

UNICEF and World Health Organization. 2012. Progress on Drinking Water and Sanitation: 2012 Update. New York: WHO/UNICEF Joint Monitoring Programme for Water Supply and Sanitation.

United Nations Department of Economic and Social Affairs Population Division. 2012. World Urbanization Prospects: The 2011 Revision. Data Tables and Highlights. New York: United Nations.

United Nations Development Programme. 2016a. "Human Development Report. Multidimensional Poverty Index." Retrieved from http://hdr. undp. org/sites/default/files/hdr2016_technical_notes. pdf

United Nations Development Programme. 2016b. "Human Development Report: Statistical Annex." Retrieved fromhttp://hdr. undp. org/sites/default/files/hdr_2016_statistical_annex. pdf

United Nations Population Fund. 2012. State of World Population. New York: Author.

United Nations Population Fund. 2012. "Marrying Too Young: End Child Marriage." Retrieved from https://www. unfpa. org/sites/default/files/pubpdf/MarryingTooYoung. pdf. United Nations.

United Nations. 2015. Global Strategy for Women's, Children's and Adolescents' Health,2016 – 2030. New York: United Nations.

United Nations. 2015. Universal Declaration of Human Rights. New York: United Nations.

United Nations. n. d. "Sustainable Development Goals." Retrieved from https://

sustainabledevelopment. un. org

Upadhyay, S. 2005. "Law for the People: Interaction Approaches to Legal Literacy in India." Participatory Learning and Action, 53, 23 – 30.

U. S. Bureau of Labor Statistics. 2016, February 25. "Volunteering in the United States, 2015." Retrieved fromhttps://www. bls. gov/news. release/volun. nr0. htm

U. S. Bureau of Labor Statistics. 2018, December 14. "Work Experience of the Population (Annual) News Release."

U. S. Bureau of Labor Statistics. 2019. Historical Data on Unemployment.

U. S. Bureau of the Census. 2017. "Real Median Household Income in the United States." Retrieved from 198https://fred. stlouisfed. org/series/MEHOINU-SA672N

U. S. Census Bureau. 2018. Income and Poverty in the United States: 2017 (Report No. P60 – 263). Washington DC: U. S. Government Printing Office.

U. S. Census Bureau. 2019a. Health Insurance Coverage in the United States: 2018. Report Number P60 – 267. Washington DC: U. S. Government Printing Office.

U. S. Census Bureau. 2019b. Income and Poverty in the United States: 2018. Report Number P60 – 266. Washington DC: U. S. Government Printing Office.

U. S. Central Intelligence Agency. 2014. CIA World Factbook. Washington, DC: Author.

U. S. Department of Education, Equity and Excellence Commission. 2013. For Each and Every Child: A Strategy for Education Equity and Excellence. Washington, DC: Education Publications Center.

U. S. Department of Education, National Center for Education Statistics. 2006. "1992 National Adult Literacy Survey (NALS) and 2003 National Assessment of Adult Literacy (NAAL), A First Look at the Literacy of America's Adults in the 21st Century; and Supplemental Data. " Retrieved fromhttp://nc-es. ed. gov/naal/Excel/2006470_DataTable. xls

U. S. Department of Health and Human Services, Administration for Children and Families, Administration on Children, Youth and Families, Children's Bu-reau. 2017. Child Maltreatment 2015 – 2017. Washington DC: Author.

U. S. Department of Health and Human Services, Administration of Children and Families, Children's Bureau. 2019. " Child Maltreatment 2017. " Retrieved fromhttps://www. acf. hhs. gov/sites/default/files/cb/cm2017. pdf

U. S. Department of Health and Human Services, Office of Child Support Enforce-ment. 2016. "Building Assets for Fathers and Families (BAFF) Demonstration Grant. " (Financial Capability Fact Sheet # 1) . Retrieved from: https://www. acf. hhs. gov/sites/default/files/programs/css/baff _ grant _ financial _ apability_fact_sheet_1. pdf

U. S. Department of Health and Human Services. 2010. " Healthy People 2020. " Retrieved fromhttps://www. healthypeople. gov/2020/about/foundation – healthmeasures/Disparities

U. S. Department of the Treasury. 2017. " About myRA. " Retrieved fromhttps://myra. gov/about/U. S. Government Accountability Office. 2015. " Retirement Security: Most Households Approaching Retirement Have Low Savings. " GAO – 15 – 419. Report to the Ranking Member, Subcommittee on Primary Health and Retirement Security, Committee on Health, Education, Labor, and Pen-sions, U. S. Senate. Washington, DC: U. S. Government Accountability Office.

U. S. Environmental Protection Agency. 2019. " Environmental Justice. " Re-trieved from https://www. epa. gov/environmentaljustice

Vaithianathan, R. , T. Maloney, E. Putnam – Hornstein, and N. Jiang, N. 2013. "Children in the Public Benefit System at Risk of Maltreatment: Identification via Predictive Modeling. " American Journal of Preventive Medicine, 45, 354 – 359.

Vance, C. 2017. "Toward a Radical Model of Social Work in Rural Communities." Journal of Progressive Human Services, 28, 2 – 5.

Vartanian, T. P. , and J. M. McNamara. 2004. The Welfare Myth: Disentangling the Long – Term Effects of Poverty and Welfare Receipt for Young Single Mothers. Journal of Sociology and Social Welfare, 31, 105.

Ventry, D. J. 2002. "The Collision of Tax and Welfare Politics: The Political History of the Earned Income Tax Credits." Making Work Pay: The Earned Income Tax Credit and Its Impact on American Families. Edited by B. D. Meyer and D. Holtz – Eakin. New York: Russell Sage Foundation, pp. 15 – 66.

Vermeulen, S. 2005. "Power Tools for Participatory Learning and Action." Participatory Learning and Action, 53, 9 – 15.

Vibert, E. 2016. "Gender, Resilience and Resistance: South Africa's Hleketani Community Garden." Journal of Contemporary African Studies, 34, 252 – 267.

Wacker, R. R. , and K. A. Roberto. 2018. Community Resources for Older Adults: Programs and Services in an Era of Change. Thousand Oaks, CA: SAGE.

Wagner, M. , and L. Newman. 2012. "Longitudinal Transition Outcomes of Youth with Emotional Disturbances." Psychiatric Rehabilitation Journal, 35, 199 – 208.

Wald, M. S. 2014. "Beyond Maltreatment: Developing Support for Children in Multiproblem Families." Handbook of Child Maltreatment. Edited by J. Korbin and R. Krugman. Dordrecht, Netherlands: Springer, pp. 251 – 280.

Walker, E. R. , J. R. Cummings, J. M. , Hockenberry, and B. G Druss. 2015. "Insurance Status, Use of Mental Health Services, and Unmet Need for Mental Health Care in the United States." Psychiatric Services, 66, 578 – 584.

Walker, S. C. , A. S. Bishop, M. D. Pullmann, and G. Bauer. 2015. "A Research Framework for Understanding the Practical Impact of Family Involvement in the Juvenile Justice System: The Juvenile Justice Family Involvement Model." American Journal of Community Psychology, 56, 408 – 421.

Walsh, C. , H. L. Macmillan, and E. Jamieson. 2003. "The Relationship Between Parental Substance Abuse and Child Maltreatment: Findings from the Ontario Health Supplement. " Child Abuse and Neglect, 27, 1409 – 1425.

Walsh, F. 1996. "The Concept of Family Resilience: Crisis and Challenge. " Family Process, 35, 261 – 281.

Walsh, F. 2016. Strengthening Family Resilience. New York: Guilford Press.

Walters, K. L. , M. S. Spencer, M. Smukler, H. L. Allen, C. Andrews, T. Browne, P. Maramaldi, D. P. Wheeler, B. Zebrack, and E. Uehara. 2016. "Health Equity: Eradicating Health Inequalities for Future Generations. " Grand Challenges for Social Work Initiative Working paper No. 19. Retrieved fromhttp://grand-challengesforsocialwork. org/wp – content/uploads/2016/01/WP19 – with – cover2. pdf

Walters, K. L. , S. A. Mohammed, T. Evans – Campbell, R. E. Beltrán, D. H. Chae, and B. Duran. 2011. "Bodies Don't Tell Stories, They Tell Histories: Embodiment of Historical Trauma Among American Indians and Alaska Natives. " DuBois Review, 1, 179 – 189.

Warburton, J. , J. Paynter, and A. Petriwskyj. 2007. "Volunteering as a Productive Aging Activity: Incentives and Barriers to Volunteering by Australian Seniors. " Journal of Applied Gerontology, 26, 333 – 354.

Ward B, J. Schiller, M. Freeman, and T. Clarke. 2015. Early Release of Selected Estimates Based on Data from the 2014 National Health Interview Survey. Hyattsville, MD: National Center for Health Statistics, Division of Health Interview Statistics.

Ward J. S. , and A. Barker. 2013. "Undefined by Data: A Survey of Big Data Definitions. " arXiv, 1309. 5821.

Warren, E. J. , and S. A. Font. 2015. "Housing Insecurity, Maternal Stress, and Child Maltreatment: An Application of the Family Stress Model. " Social Service Review, 89, 9 – 39.

Washko, M. M. , R. W. Schack, B. A. Goff, and B. Pudlin. 2011. "Title V of The Older Americans Act, the Senior Community Service Employment Program: Participant Demographics and Service to Racially/Ethnically Diverse Populations. " Journal of Aging & Social Policy, 23, 182 – 197.

Wasserstein, R. L. , and N. A. Lazar. 2016. "The ASA's Statement on P – Values: Context, Process, and Purpose. " The American Statistician, 70, 129 – 133.

Watts, R. J. , and C. Flanagan. 2007. "Pushing the Envelope on Youth Civic Engagement: A Developmental and Liberation Psychology Perspective. " Journal of Community Psychology, 35, 779 – 792.

Webster – Stratton, C. L. 2014. "Incredible Years? Parent and Child Programs for Maltreating Families. " Evidence – Based Approaches for the Treatment of Maltreated Children. Edited by S. Timmer and A. Urquiza. Dordrecht, the Netherlands: Springer, pp. 81 – 104.

Wells, K. , R. Klap, A. Koike, and C. Sherbourne. 2001. "Ethnic Disparities in Unmet Need for Alcoholism, Drug Abuse, and Mental Health Care. " American Journal of Psychiatry, 158, 2027 – 2032.

Wen, H. , B. G. Druss, and J. R. Cummings. 2015. "Effect of Medicaid Expansions on Health Insurance Coverage and Access to Care Among Low Income Adults with Behavioral Health Conditions. " Health Services Research, 50, 1787 – 1809.

Western, B. , and C. Wildeman. 2009. "The Black Family and Mass Incarceration. " The Annals of the American Academy of Political and Social Science, 621, 221 – 242.

Westley, F. , and N. Antadze. 2010. "Making a Difference: Strategies for Scaling Social Innovation for Greater Impact. " The Innovation Journal, 15, 1 – 19.

White Hughto, J. M. , S. L. Reisner, and J. E. Pachankis. 2015. "Transgender Stigma and Health: A Critical Review of Stigma Determinants, Mechanisms, and Interventions. " Social Science and Medicine, 147, 222 – 231.

Whitehead, M. , G. Dahlgren, and L. Gilson. 2001. "Developing the Policy Response to Inequities in Health: A Global Perspective. " Challenging Inequities in Health Care: From Ethics to Action. Edited by T. Evans, M. Whitehead, F. Diderichsen, A. Bhuiya, and M. Wirth. New York: Oxford University Press, pp. 309 – 322.

Wiatrowski, W. J. 2012. "The Last Private Industry Pension Plans: A Visual Essay. " Monthly Labor Review, 135, 3.

Wickrama, K. A. S. , R. D. Conger, and W. T. Abraham. 2005. "Early Adversity and Later Health: The Intergenerational Transmission of Adversity through Mental Disorder and Physical Illness. " The Journals of Gerontology. Series B, Psychological Sciences and Social Sciences, 60, 125 – 129.

Widom, C. S. , S. J. Czaja, T. Bentley, and M. S. Johnson. 2012. " A Prospective Investigation of Physical Health Outcomes in Abused and Neglected Children: New Findings from a 30 – Year Follow – Up. " American Journal of Public Health, 102, 1135 – 1144.

Wilcox S, C. Castro, A. C. King, R. Housemann, and R. C. Brownson. 2000. "Determinants of Leisure Time Physical Activity in Rural Compared with Urban Older and Ethnically Diverse Women in the United States. " Journal of Epidemiological Community Health, 54, 667 – 672.

Wilkins, N. , B. Tsao, M. Hertz, R. Davis, and J. Klevins. 2014. " Connecting the Dots: An Overview of the Links Among Multiple Forms of Violence. " Report prepared for the National Center for Injury Prevention and Control, Centers for Disease Control and Prevention.

Wilkinson, R. , and K. Pickett. 2011. The Spirit Level: Why Greater Equality Makes Societies Stronger. New York: Bloomsbury.

Wilkinson, R. G. 2005. The Impact of Inequality: How to Make Sick Societies Healthier. New York: New Press.

Williams, D. R. , and C. Collins. 2001. "Racial Residential Segregation: A Fundamental Cause of Racial Disparities in Health. " Public Health Reports,116,404 – 416.

Williams, D. R. , M. V. Costa, A. O. Odunlami, and S. A. Mohammed. 2008. "Moving Upstream: How Interventions That Address the Social Determinants of Health Can Improve Health and Reduce Disparities. " Journal of Public Health Management and Practice,14,S8 – S17.

Wilson, W. J. 1987. The Truly Disadvantaged: The Inner City, the Underclass, and Public Policy. Chicago: University of Chicago Press.

Wilson, W. J. 1996. When Work Disappears: The World of the New Poor. New York: Vintage Books.

Wilson, W. J. 2009. More Than Just Race: Being Black and Poor in the Inner City. New York: W. W. Norton.

Wilson, W. J. 2016. "Urban Poverty, Race, and Space. " The Oxford Handbook of the Social Science of Poverty. Edited by D. Brady and L. M. Burton. New York: Oxford University Press, pp. 394 – 413.

Wimpfheimer, S. , K. Beyer, D. Coplan, B. Friedman, R. Greenberg. K. Hopkins, M. Mor Barack, and J. Tropman. 2018. "Human Services Management Competencies: A Guide for Non – Profit and For – Profit Agencies, Foundations and Academic Institutions. " Los Angeles: Network for Social Work Management.

Windham, A. M. , L. Rosenberg, and L. Fuddy. 2004. "Risk of Mother – Reported Child Abuse in the First 3 Years of Life. " Child Abuse and Neglect,28,645 – 667.

Witt, A. , R. C. Brown, P. L. Plener, E. Brähler, and J. M. Fegert. 2017. " Child Maltreatment in Germany: Prevalence Rates in the General Population. " Child and Adolescent Psychiatry and Mental Health,11(1),47.

Wolch, J. R. , J. Byrne, and J. P. Newell. 2014. " Urban Green Space, Public Health, and Environmental Justice: The Challenge of Making Cities 'Just Green Enough. ' " Landscape and Urban Planning,125,234 – 244.

Wolff, E. N. 2017. "Household Wealth Trends in the United States, 1962 to 2016: Has Middle Class Wealth Recovered?" National Bureau of Economic Research, Working Paper 24085.

Wolff, T. 2016. "Ten Places Where Collective Impact Gets it Wrong. " Global Journal of Community Psychology Practice, 7(1), 1 – 13.

Woo, B. , I. Rademachaer, and J. Meier. 2010. "Upside Down: The $400 Billion Federal Asset – Building Budget. " CFED Report.

World Bank. 2015. "Poverty and Equity Data Portal. " Retrieved from http://povertydata. worldbank. org/poverty/home/

World Health Organization. 2006. Preventing Child Maltreatment: A Guide to Taking Action and Generating Evidence. Geneva, Switzerland: Author.

World Health Organization. 2007. Global Age – Friendly Cities: A Guide. Geneva, Switzerland: Author.

World Health Organization. 2007. "Task Shifting: Rational Redistribution of Tasks Among Health Workforce Teams: Global Recommendations and Guidelines. " Retrieved fromhttps://apps. who. int/iris/handle/10665/43821

World Health Organization. 2010. Other Participating Cities Announced. Geneva, Switzerland: Author.

World Health Organization. 2016. Ambient Air Pollution: A Global Assessment of Exposure and Burden of Disease. Geneva: Author.

World Health Organization. 2016. "Child Maltreatment Fact Sheet. " https://www. who. int/en/news – room/fact – sheets/detail/child – maltreatment

Worthy, S. L. , and L. J. Beaulieu. 2016. "Turning the Tide on Poverty: Strategies and Challenges Related to Tackling Poverty in Rural Communities in the South. " Community Development, 47, 403 – 410,

Wuenschel, P. C. 2006. "The Diminishing Role of Social Work Administrators in Social Service Agencies. " Administration in Social Work, 30, 75 – 18.

Wutich, A. A. 2009. "Intrahousehold Disparities in Women and Men's Experiences of Water Insecurity and Emotional Distress in Urban Bolivia. " Medical Anthropology Quarterly,23,436 – 454.

Yanos, P. T. , D. Roe, K. Markus, and P. H. Lysaker. 2008. "Pathways Between Internalized Stigma and Outcomes Related to Recovery in Schizophrenia Spectrum Disorders. " Psychiatric Services,59,1437 – 1442.

Young, N. K. , S. M. Boles, and C. Otero. 2007. "Parental Substance Use Disorders and Child Maltreatment: Overlap, Gaps, and Opportunities. " Child Maltreatment,12,137 – 149.

YouthSave Initiative. 2015. "YouthSave 2010 – 2015: Findings from a Global Financial Inclusion Partnership. " A Report of the YouthSave Consortium.

Yuen Tsang, A. W. K. , and S. Wang. 2008. "Revitalization of Social Work in China: The Significance of Human Agency in Institutional Transformation and Structural Change. " China Journal of Social Work,1,5 – 22.

Zager, R. , Y. Kim, Y. Nam, M. Clancy, and M. Sherraden. 2010. "The SEED for Oklahoma Kids Experiment: Initial Account Opening and Savings. " CSD Research Brief 10 – 41.

Zakus, J. D. L. , and C. L. Lysack. 1998. "Revisiting Community Participation. " Health Policy and Planning,13,1 – 12.

Zeola, M. P. , J. Guina, and R. W. Nahhas. 2017. "Mental Health Referrals Reduce Recidivism in First – Time Juvenile Offenders, But How Do We Determine Who Is Referred?" Psychiatric Quarterly,88,167 – 183.

Zhai, F. , and Q. Gao. 2009. "Child Maltreatment Among Asian Americans: Characteristics and Explanatory Framework. " Child Maltreatment,14,207 – 224.

Zheng, J. 2018. Using data science for social good. Towards Data Science. com Available online: https://towardsdatascience. com/using – data – science – forsocial – good – c654a6580484

Zielinski, D. S. 2009. "Child Maltreatment and Adult Socioeconomic Well – Being. " Child Abuse and Neglect,33,666.

索　引